Eine kleine Geschichte der Biotechnologie

Klaus Buchholz · John Collins

Eine kleine Geschichte der Biotechnologie

Von Bier und Wein zu Penicillin, Insulin und RNA-Impfstoffen

Prof. Dr. Klaus Buchholz
Institut für Technische Chemie
TU Braunschweig
Braunschweig, Deutschland

Prof. Dr. John Collins
TU Braunschweig
Braunschweig, Deutschland

ISBN 978-3-662-63987-0 ISBN 978-3-662-63988-7 (eBook)
https://doi.org/10.1007/978-3-662-63988-7

Die Deutsche Nationalbibliothek verzeichnet diese Publikation in der Deutschen Nationalbiblio-grafie; detaillierte bibliografische Daten sind im Internet über http://dnb.d-nb.de abrufbar.

Planung/Konzeption/Lektorat: Dr. Rainer Münz, Lektorat: Stella Schmoll, Désirée Claus
Teile der Kapitel 2, 3, 4, 5 sind zuvor in Englisch publiziert worden in Buchholz, K. und Collins, J. (2010) Concepts in Biotechnology: History, Science and Business, S. 5–88, 2010, Copyright Wiley-VCH Verlag GmbH & Co. KGaA, Weinheim, Germany. Reproduced with permission. Teile von Kapitel 6 und 7 sind zuvor in Englisch publiziert worden in Arnold L. Demain, Erick J. Vandamme, John Collins und Klaus Buchholz, 2017, History of Industrial Biotechnology. In: Industrial Biotechnology, Vol. 3a, S. 3-84, Christoph Wittmann, James Liao (Edts.), Copyright Wiley-VCH Verlag GmbH & Co. KGaA, Weinheim, Germany. Reproduced with permission.
Springer Spektrum ist ein Imprint der eingetragenen Gesellschaft Springer-Verlag GmbH, DE und ist ein Teil von Springer Nature.
Die Anschrift der Gesellschaft ist: Heidelberger Platz 3, 14197 Berlin, Germany

Für Diana und Marie-Christiane

Vorwort

Beide Autoren haben zwischen 1960 und heute eine erstaunliche Revolution in der Forschung in den Bereichen Biologie und Biochemie und der Analyse komplexer biologischer Strukturen selbst miterlebt. Dabei wurde die enorme Vielfalt der Natur erkannt, besonders der Mikroorganismen, sowie die Verwandtschaft und gegenseitige Abhängigkeit aller Lebewesen. Dieses Phänomen beruht auf der vielfältigen Fähigkeit von Lebewesen, Stoffe umzuwandeln. Das Produkt eines Organismus ist Nahrungsmittel für einen anderen. In großen Gemeinschaften (Kommensalen) stellt sich am Ende ein Gleichgewicht ein. Die Nutzung dieser Fähigkeit, chemische Stoffe fast beliebig umzuwandeln, stellt eine zentrale Fähigkeit der Biotechnologie dar. Wie umfassend weit unsere Fähigkeiten in dieser Hinsicht sich mit der Zeit entwickelt haben, möchten wir den Leserinnen und Lesern vermitteln. Sie haben unser Leben hinsichtlich Gesundheit und Medizin, Umwelt, Nahrung und Chemie nachhaltig verändert.

Daraus resultiert die Faszination der Geschichte der Biotechnologie (BT) und ihrer Entwicklung zu einer Schlüsseltechnologie. Ihre Entwicklung verlief parallel zu den Erkenntnissen der Lebenswissenschaften und der Entschlüsselung ihrer Geheimnisse, wie erwähnt. Diese erfolgten insbesondere in der Mikrobiologie, der Biochemie, der Genetik und Molekularbiologie sowie den technischen Wissenschaften. Die Fortschritte der Wissenschaften führten schließlich zur Herausbildung einer neuen, eigenständigen Wissenschaft, der „molekularen Biotechnologie".

Immer hatte die BT einen bedeutenden Einfluss auf das Leben und auf seine Qualität. Im 19. Jahrhundert diente sie vorwiegend dem Genuss, der Gewinnung von Bier und Wein, aber auch der Herstellung von Lebensmitteln. Mit der Produktion von Penicillin verschob sich der Fokus auf Arzneimittel. Ein enormer Bedeutungszuwachs erfolgte mit der Entwicklung der Gentechnik, wobei wiederum zahlreiche Medikamente im Vordergrund standen, zusätzlich mit der Herstellung von Nahrungsmitteln und Verfahren der Umwelttechnik. In jüngster Zeit stellen zwei Nobelpreise für Chemie (2020) und der fulminante Erfolg bei der schnellen Entwicklung von Impfstoffen für COVID-19 in der Pandemie 2020 herausragende Erfolge dar und sprechen für eine große Zukunft.

Einer der Autoren (KB) hat die Faszination früh erfahren, im Kontext der Erstellung der Studie Biotechnologie der DECHEMA (Abschn. 5.6), an der er als junger Wissenschaftler beteiligt war. Es ging damals um die Zukunft und die Förderung der Biotechnologie; die Geschichte war dabei im Hintergrund präsent. Das politische Umfeld an der Universität Frankfurt in den Jahren ab 1968 regte darüber hinaus zu einer kritischen Sicht der Wissenschaftspolitik an und führte verstärkt zu einer allgemeinen Reflektion in studentischen und wissenschaftlichen Arbeitskreisen über den gesellschaftspolitischen und historischen Hintergrund von Wissenschaft und Technik.

Das Buch gibt einen Überblick über den Fortschritt der BT über einen großen Zeitraum, insbesondere seit Anfang des 19. Jahrhunderts. Es zeichnet Schlüsselereignisse nach und schildert die Forschung und zahlreiche Entwicklungen in Wissenschaft und Technik durch Pioniere. Von der Konzeption her, eine kurze Geschichte nachzuzeichnen, muss es sich auf Wesentliches konzentrieren, mit einer Auswahl von Beispielen, die den allgemeinen Fortschritt illustrieren. Zahlreiche Literaturzitate und Verweise auf Übersichten sollen neugierig machen und zu weiterem Lesen anregen. Die Autoren berichten aber auch über kritische Aspekte und Konflikte. Sie wollen den Zusammenhang von Forschung, Wissenschaft, von Entwicklung und technischen Innovationen mit wirtschaftlichen Aktivitäten sowie gesellschaftlichem Bedarf und politischen Rahmenbedingungen darstellen.

Das Buch richtet sich an einen breiten Kreis interessierter Leser, Studenten, auch Schüler, Lehrer und Hochschullehrer, (Fach-)Wissenschaftler und allgemein an Wissenschaft und Technik interessierte Leser. Es soll über wissenschaftliche und technische Entwicklungen in der BT informieren, auch mit dem Ziel, sie zu verstehen, zu interpretieren und zu erklären.

Dieses Buch bezieht sich in wesentlichen Teilen auf zuvor erschienene Publikationen, die jeweils am Anfang einzelner Kapitel angeführt sind. Vieles ist in diesen früheren Publikationen schon dargestellt worden, einiges ist in diesem Buch neu erzählt, etwa um an Beispielen und Episoden den Gang der Geschichte zu illustrieren. Neuere Aspekte und Ereignisse sind ergänzt worden, auch bezüglich der jüngsten Entwicklungen.

Danksagung

Herr Dr. Rainer Münz vom Verlag Springer-Nature hat die Anregung zu diesem Buch gegeben, dafür gebührt ihm besonderer Dank. Er förderte das Schreiben mit zahlreichen Anregungen, Kommentaren, auch wesentlichen Korrekturen. Dankbar sind wir auch den Mitarbeiterinnen des Verlags, Frau Stella Schmoll und Frau Désirée Claus, die uns mit Korrekturen und Hinweisen geholfen haben.

Besonderer Dank gilt weiterhin Prof. Dr. Uwe Bornscheuer, Universität Greifswald, und Prof. Dr. Joachim Klein, Technische Universität Braunschweig, die uns mit kritischen und konstruktiven Kommentaren und vielfältigen Anregungen, mit zahlreichen Hinweisen und wesentlichen Ergänzungen begleitet haben. Ihr umfassendes Wissen in der Biotechnologie und ihre Kenntnis des gesellschaftlichen Umfelds haben unseren Horizont erweitert.

Herzlicher Dank seitens Klaus Buchholz gilt meiner lieben Frau Diana Buchholz, die mich im gesamten Prozess des Schreibens begleitet und unterstützt hat. Sie hat als interessierte Leserin mit viel Geduld, zahlreichen Hinweisen und Anregungen zum allgemeinen Verständnis und zum Gelingen beigetragen.

Dem HZI (Helmholtz-Zentrum für Infektionsforschung, Braunschweig) möchte John Collins (bis 2004 Mitarbeiter des Instituts, kombiniert mit einer Professorenstelle an der TU Braunschweig) für die weitere Nutzung seines Email-Kontos und der Bibliothek des HZI (Leiter Axel Plähn) während 24 Stunden am Tag herzlich danken. Dies war ein große Hilfe.

Klaus Buchholz
John Collins

Inhaltsverzeichnis

Abkürzungsverzeichnis

1D, 2D	eindimensional, zweidimensional
6-APA	6-Aminopenicillansäure
7-ACA	7-Aminocephalosporansäure
a	Annum; Jahr
A	Adenin, Baustein in einer DNA oder RNA
α	alpha, z.B. glykosidische Bindung, Spezifität von Enzymen, insbes. Glykosidasen
Anm.	Anmerkung
AT	A: Adenosin, T: Thymidin (s. Alberts, S. 71)
BAC	*bacterial artificial chromosome*, bakterielles künstliches Chromosom, zum „Verpacken" von Genomfragmenten und Einschleusen in *E. coli*
Bd.	Band
Ber.	Berichte der Deutschen Chemischen Gesellschaft
block buster,	Produkte, in der Regel Pharmazeutika, mit sehr hohem Umsatz (über einer Milliarde $ oder €)
BMS	Bristol-Myers Squibb
BRCA-Gene	(breast cancer associated gene *1 and 2*), sog. Brustkrebsgene aus der Gruppe der Tumor-Suppressorgene, deren Aufgabe im Schutz der Zelle vor maligner Entartung liegt
BT	Biotechnologie
Bull.	Bulletin de la Société Chimique
C	Cytosin, Baustein in einer DNA oder RNA
Caltech	California Institute of Technology, Pasadena, USA
cDNA	copy DNA (ausgehend von RNA wird eine DNA-Kopie gemacht)
C&EN	Chemical & Engineering News
CHO-Zellen	Chinese-Hamster-Ovary-Zellen, Zelllinie aus Ovarien des chinesischen Zwerghamsters
Compt. rend.	Comptes rendus des séances de l'Académie des Sciences (Paris)

contigs	*clusters of overlapping sequences*, zusammenhängende überlappende Sequenzen: *contiguous sequences*
CRISPR-Cas9	*clustered regularly interspaced short palindromic repeats* und das assoziierte Cas9-Enzym (CRISPR stellt eine kurze RNA-Sequenz dar, die zielgenaues Andocken an einer Stelle in der DNA ermöglicht; Cas9 ist ein assoziiertes Enzym, das an der Zielstelle die DNA schneidet)
dA, dC, dG, dT	Deoxynucleotide
DNA	Deoxyribonucleinsäure, Bausteine der Gene
$, Dollar	Es sind damit immer US-Dollar bezeichnet
ds, dsDNA	Doppelstrang, Doppelstrang-DNA
E. coli	*Escherichia coli*
ELISA	*enzyme linked immunosorbent assay*, enzymgekoppelter Immunnachweis: ein bindender Antikörper ist mit einem Enzym gekoppelt, das aus einem Substrat ein farbiges Produkt erzeugt (die Empfindlichkeit der Test wird vielfach (bis 10.000-fach) erhöht)
EMEA	European Authority for Approval of Pharmaceuticals
EMP	Earth Microbiome Project
ES	*expressed sequences*
EST	*gene region tags*, Gen-Regionen-Tags
FAO/IAEA	Food and Agriculture Organization of the United Nations / International Atomic Energy Agency
FDA	Food and Drug Administration, USA
g	Gravitationskonstante (Stärke der Gravitation)
G	Guanosin, Baustein in einer DNA oder RNA
GBF	Gesellschaft für Biotechnologische Forschung, heute HZI, Helmholtz-Zentrum für Infektionsforschung, Braunschweig
GC	G: Guanosin, C: Cytosin
GCNV	*gene copy-number variants*
GCSF	*granulocyte colony stimulating factor*
GFP	*green fluorescent protein*, grün fluoreszierendes Protein
GMO	*genetically modified organism*
GSK	GlaxoSmithKline (USA)
HAC	*human accessory chromosome*
HCV-Infektionen	Hepatitis-C-Virus-Infektionen
HD	Chorea Huntington
h-Insulin	Human-Insulin
HL, hl	Hektoliter, entspricht 100 L
Hrg.	Herausgeber
HPLC	*high performance liquid chromatography*(Hochdruckflüssigkeitschromatographie)
HUGO	Human Genome Organisation, wird in Deutschland oft als Synonym für das Humangenom-Sequenzierungsprojekt benutzt.

HZI	Helmholtz-Zentrum für Infektionsforschung, Braunschweig
I	Inosin
IFN	Interferone, biologischen Regulatoren (*response modifiers*, Teil eines antiviralen Frühwarnsystems)
kb	Kilobasenpaare (1000)
L	Liter
L/a	Liter pro Jahr
lb	*pound*, 453 g
mAB	*monoclonal antibody*, monoklonaler Antikörper, ein einzelner Antikörpertyp, der gegen ein spezifisches Epitop (antigene Determinante) gerichtet ist.
MJ	Megajoule
mL	Milliliter (ein Tausendstel Liter)
Mio.	Million
MIT	Massachusetts Institute of Technology, Cambridge (USA)
Mrd.	Milliarde
mRNA	messenger- (Boten-)Ribonucleinsäure, die die Aminosäuresequenz eines Proteins festlegt, für die Übertragung von genetischer Information verantwortlich
NCBI	National Center for Biotechnology Information
Neue BT	Neue Biotechnologie
NIH	National Institute of Health (USA)
NTP	Nucleotidtriphosphat
OTA	Office of Technology Assessment, USA
PCR	*polymerase chain reaction* zur Vervielfältigung von DNA, von Gensequenzen
PiPS	*protein induced pluripotent stem cells*, eiweißinduzierte pluripotente Stammzellen
PNAS	Proc. National Acad Sciences (USA)
RFLP	Restriktionsfragment-Längenpolymorphismen, s. Anm. 12
rDNA	rekombinante DNA
rDNA-Technik	rekombinante DNA-Technik, Produktion von Pharmazeutika u. a. Produkten mittels genetisch modifizierten Mikroorganismen
RE	Restriktionsenzyme, Restriktionsendonucleasen
rI:rC	ribo-Inosin::ribo-Cytosin (eine synthetische dsRNA, ein Strang Polyinosin und ein komplementärer antiparalleler Strang Polycytosin)
RNAi	RNA-Interferenz, Methode, Gene zu inaktivieren durch Einführung kurzer doppelsträngiger RNA-Moleküle, die mit der mRNA des Zielgens hybridisieren und zu ihrem Abbau führen
SZ	Süddeutsche Zeitung
ss, ssDNA	*single strand*, Einzelstrang, *Single-strand*-DNA
t	Tonne
T	Thymin, Baustein in einer DNA oder RNA

t/a	Tonnen pro Jahr
tPA	*tissue plasminogen activator*, Blutgerinnungsfaktor zur Thrombolyse
tRNA	Transfer-RNA, kleine RNA-Moleküle, die bei der Proteinsynthese als Adapter zwischen mRNA und Aminosäuren dienen
U	Uracil, Baustein in einer RNA
UCSF	University of California, San Francisco
WHO	World Health Organization
YAC	*yeast artificial chromosome*

Einleitung

1

Inhaltsverzeichnis

Warum Geschichte ? Warum Geschichte der Technologie, speziell der Biotechnologie? Was treibt Wissenschaftler an, sich in unbekannte, unzugängliche, scheinbar verschlossene Gebiete vorzuwagen? Was begründet technische Innovationen?

„It's important to learn the history of your field and appreciate how you stand on the shoulders of those who came before you." Prägnant formuliert: Man sollte wissen, was vorher war, was sich vorher ereignete in dem Gebiet, in dem man arbeitet. Vielleicht eröffnet uns dies die Möglichkeit zu analysieren, wie ein Gebiet sich entwickelt und welche Parameter (Ideen, Personen, Institutionen, Bedarf und Notwendigkeit, Geld) dabei eine Rolle spielten.

Geschichte ist zweifellos von allgemeinem Interesse. Schiller begründet die systematische Reflexion über Geschichte in seiner berühmten Antrittsvorlesung an der Universität Jena (1789):

> „Was heisst und zu welchem Ende studiert man Universalgeschichte? [...] ein Feld zu durchwandern, das dem denkenden Betrachter [...] so wichtige Aufschlüsse und jedem ohne Unterschied so reiche Quellen des edelsten Vergnügens eröffnet: das große weite Feld der allgemeinen Geschichte."

> „Neue Entdeckungen [...] entzücken den philosophischen Geist. Vielleicht füllen sie eine Lücke, die das werdende Ganze seiner Begriffe noch verunstaltet hatte, oder setzen den letzten Stein in sein Ideengebäude, der es vollendet. Sollten sie es aber auch zertrümmern, sollte eine neue Gedankenreihe, eine neue Naturerscheinung, ein neu entdecktes Gesetz in der Körperwelt den ganzen Bau seiner Wissenschaft umstürzen: so hat er *die Wahrheit immer mehr geliebt als sein System,* und gerne wird er die alte mangelhafte Form mit einer neuern schönern vertauschen."

K. Buchholz und J. Collins, *Eine kleine Geschichte der Biotechnologie*,
https://doi.org/10.1007/978-3-662-63988-7_1

Die Kultur, insbesondere Sprache, Kommunikation und Schrift des Menschen, aber auch die Technik sind so alt wie die Menschheit selbst. Menschliche Geschichte ist auch eine Geschichte des technischen Fortschritts, fundamentale Technologien haben dazu beigetragen, dass die Stellung des Menschen in der Welt sich verändert hat. Der Mensch hat eine neue Macht über die Natur gewonnen, wobei der technische Wandel mit einem tief greifenden, radikalen sozialen Wandel einherging. Die Erfahrungen zeigen uns, wie technische Entwicklungen und Innovationen unsere Existenz grundlegend verändert haben. „Eine moderne Technikgeschichte muss Technik dabei in ihrem Wirkungszusammenhang mit Kultur, Wirtschaft und Gesellschaft darstellen." (Popitz, 1995, S. 7, 8; König, 1997; s. auch Parzinger, 2014, S. 49, 76–90, 136).

Die Geschichte der Technik beginnt mit dem Werkzeuggebrauch in der Steinzeit ab etwa 500.000 vor unserer Zeitrechnung (Popitz, 1995, S. 7, 8, 13; Parzinger, 2014, S. 49, 76–90, 136). „Mit der Sesshaftigkeit beginnt eine Periode, in der fundamentale Technologien in relativ kurzen Fristen aufeinander folgten". Die Rede ist von „Technologien", nicht „Techniken", weil die „gesamte Logik des Produzierens gemeint ist, von der grundlegenden Produktionsidee über die Mittel und Methoden bis zum Typus der hergestellten Artefakte." Technik bezeichnet die industriell, in der Praxis angewandten Verfahren, Technologie die Wissenschaft, die diese Verfahren optimiert, weiter- oder neu entwickelt (Popitz, 1995, S. 7, 8, 13).

Die erste technologische Revolution ereignete sich ab etwa 8000 vor unserer Zeitrechnung mit der Agrikultur, dem Wandel des Menschen zum sesshaften Bauern und der Vorratswirtschaft. Der Bau von und das Leben in Städten und in Staaten wären ohne die frühe Agrartechnik und die Großbautechnik nicht möglich gewesen. In diese Zeit fällt auch der Ursprung der Biotechnologie mit der Bierfermentation. Religiöse Zeremonien waren begleitet vom Genuss berauschender Getränke, frühen Formen des Biers (Reichholf, 2008) (s. Kap. 2). Die zweite technologische Revolution vollzog sich mit der Maschine, der Chemie und der Elektrizität Ende des 18. und im 19. Jahrhundert.

Die Geschichte der Technik umfasst „grundlegende Weichenstellungen" durch die, seit der Zeit der Renaissance, „kontingente Entscheidungen" gefällt wurden, die „weitreichende Festlegungen bezüglich des Charakters der modernen Wissenschaft und Technik beinhalteten und damit die gesellschaftliche Entwicklung bis in die Gegenwart prägten." (Weyer, 2008, S. 108–113). Mit Beginn der Renaissance im 16. Jahrhundert wurden das Handwerk und die Bauschulen zu einer Quelle der Wissenschaft. Den Übergang haben Böhme et al. (1977) ausführlich analysiert, ebenso Mittelstrass (1970, S. 167–179), im Kontext der „Nuova Scienza" mit Bezügen zu herausragenden Handwerkern, Künstlern, Wissenschaftlern und Ingenieuren, wie Brunelleschi, Leonardo da Vinci und Tartaglia. Die in der Folge gegründeten Akademien, die Royal Society in London (1662) und die Académie des Sciences in Paris (1666), akzeptierten und förderten Beobachtung, Experimentieren und Messen als Grundlage wissenschaftlicher Arbeit. Bezüglich der Biotechnologie sieht Bud (1992) Stahls „Zymotechnica Fundamentalis" (1697 publiziert) als den „Gründungstext (*founding text*)" an.

Die Geschichte der Biotechnologie (BT) handelt von zahlreichen, vielfältigen Faktoren, die sie vorantrieben, dem Forschertrieb, Neugier und epistemischen Dingen, Pioniergeist, der zum richtigen Zeitpunkt einsetzte, von dringendem gesellschaftlichem und medizinischem Bedarf, von Großprojekten zur Lösung gravierender Probleme (Penicillin für das Militär, u. a.), vom Bedarf der Umwelttechnik (oft infolge gesetzlicher Vorgaben, Grenzwerten für Emissionen), vom Bedarf der Industrie (rationellere, kostengünstigere Produktionsverfahren), auch dem des Marktes (Otto Röhms Lösung für die Gerberei). Sie erzählt von Ursprüngen, Ausgangspunkten, Zufällen, Initiativen, Veränderungen, auch Fehlern. Wissenschaftliche Lehrbücher leiten ihren Stoff oft durch einen historischen Rückblick ein. Ausführlich haben dies Fruton und Simmonds (1953) für die Biochemie geleistet.

Uns geht es darum – um den Anspruch – die Geschichte der BT zu erzählen im Hinblick auf Aspekte, die bleibende Bedeutung für Wissenschaft und Technik darstellen; aber auch für Gesellschaft und Wirtschaft, sie sollen verständlich, nachvollziehbar, aber auch nachprüfbar, sowohl wissenschaftlich als auch historisch belegbar sein (mittels Literaturzitaten). Die BT hat eine besondere Bedeutung im 20. Jahrhundert erlangt, aus unterschiedlichen Perspektiven, aus industriellen, solchen für das alltägliche Leben, und insbesondere für die Gesundheit, die Medizin und pharmazeutische Wirkstoffe; die BT gilt als eine der führenden innovativen Branchen der Gegenwart. Die Definition der Dechema-Studie (1974) lautet: „Die Biotechnologie behandelt den Einsatz biologischer Prozesse im Rahmen technischer Verfahren und industrieller Produktionen." Unser Ziel ist, die Entwicklung dieser neuen Wissenschaft, Technologie und Industrie darzustellen, wobei die handwerkliche Bier-und Weinherstellung der Wissenschaft über lange Perioden – Jahrhunderte und sogar Jahrtausende – vorrausgingen. Die Wissenschaft entwickelte sich später aus dem Bedürfnis, erfolgreiche handwerkliche und technische Prozesse besser zu handhaben, zu verstehen und auf eine rationale Basis zu stellen. So konnten Probleme behoben oder wesentliche Verbesserungen erzielt werden, auch um technische Innovationen zu entwickeln, die neue Produkte und Verfahren schufen. Die Antworten auf viele offene (zuvor akademische) Fragen konnten oft überhaupt erst erforscht werden, als neue, fundamentale wissenschaftliche Methoden und Technologien entwickelt waren.

Dieses Buch wendet sich an Schüler, Studenten, Lehrer, Wissenschaftler und Ingenieure, aber auch an allgemein interessierte Leser. Dabei geht darum, die Ereignisse dieser wissenschaftlichen und technischen Entwicklung zu erzählen, das Bestreben, sie zu verstehen, zu interpretieren und zu erklären – was treibt Forschung und technische Entwicklung voran? Das Buch will zum Verständnis dessen beitragen, was Innovationen hervorbringt, welche Mechanismen in Forschung und Entwicklung wirksam sind. Was bewegt Forscher – Neugier, Mut, Pioniergeist, auch gesellschaftliche und industrielle Bedürfnisse sind hier zu erwähnen. Auch über Widersprüche und Kontroversen und ist zu berichten, über die heftigen Konflikte zur Deutung der Fermentation zwischen den Vitalisten und der chemischen Schule um Liebig, dann zwischen Liebig und Pasteur, die Kontroverse um und Opposition gegen Buchners enzymatische Interpretation der Fermentation. In der jüngeren Entwicklung rief die Gentechnik Ängste hervor, die zum Moratorium von Experimenten und dem Erlass von Richtlinien führten, schließlich zu massiver Kritik und heftigem Widerstand gegen die Einführung genetisch modifizierter Pflanzen in der Landwirtschaft, und zu der jetzigen heißen Debatte über Eingriffe in das menschliche Erbgut.

Uns erscheint es auch interessant und wichtig zu wissen, wie sich das Leben der Menschen durch Wissenschaft und Technik verändert hat, speziell durch Biologie, Biochemie und Biotechnologie. Die Jahrtausende alten Techniken der Bier- und Weinfermentation, der Brot- und Käsebereitung haben den Genuss geprägt, Milchfermentation und saure Gemüsefermentationen haben die Haltbarkeit von Nahrungsmitteln entscheidend verlängert (Kap. 2). Enzympräparate haben unhygienische Gerbereimethoden ersetzt und Waschmittel umweltfreundlicher gemacht. Die biologische Abwasserreinigung half Abwässer zu reinigen und die Qualität der Flüsse entscheidend zu verbessern. Besonders deutlich wird dies in der medizinischen Versorgung durch Medikamente. Fleming entdeckte Penicillin, indem er in einem Zufallsbefund, mit genialem Blick, nicht (nur) einen experimentellen Fehler, sondern ein neues Phänomen erkannte. Nach einer Phase der Stagnation Anfang der 1940er Jahre wurde in den USA ein staatliches Großprojekt initiiert, um die technische Herstellung von Penicillin zu entwickeln, zunächst für die Invasion des US-Militärs 1944 in der Normandie und in der Folge, um die allgemeine Versorgung sicherzustellen, die millionenfach Leben rettete (Kap. 5). Boyer, Cohen und Falkow erfanden die Genklonierung, mit der zuerst Humaninsulin, dann zahlreiche neue Medikamente hergestellt werden konnten (Kap. 6).

Eine weitere spannende Frage ist, wie Grundlagenwissenschaft zu Innovationen und Technologien führt. Die Biologie hat, anders als die Physik, die Verfahrenstechnik und die Chemie, keine Tradition, in der Wissenschaftler oft in Innovationen involviert waren (Ausnahmen waren Pasteur und Ehrlich). Die Gründung von Genentech durch Boyer und Swanson 1976, des ersten Unternehmens, das auf der Genklonierung basierte, ist insofern zu einem Paradigma geworden für eine entsprechende Wende. Es folgten zahlreiche weitere solche Firmengründungen, ein Trend, der die moderne Medizin revolutionierte (Kap. 7). Wir stellen abschließend, im letzten Kapitel, die Frage, welche Faktoren Entdeckungen und Innovationen hervorbrachten oder begünstigten.

Uns fasziniert der Blick in die Werkstatt früherer Wissenschaftler und Techniker – in der ersten Hälfte des 19. Jahrhunderts, bei Schwann und Cagniard-Latour, die Fermentationserscheinungen untersuchten und deuteten, bei Payen und Persoz, die ein Verfahren zur Stärkehydrolyse entwickelten und anwandten (Kap. 2), um 1850 bei Pasteur, der die Ursachen von Fehlfermentationen untersuchte und die Grundlagen der Fermentation endgültig klärte (Kap. 3), um 1890 bei Eduard Buchner, der das Mysterium der Lebenskraft enträtselte und aufklärte (Kap. 4). Wir berichten über faszinierende Ereignisse und Entdeckungen, wie die Flemings, der Penicillin entdeckte, und dann in 1930er Jahren Florey und Chain dessen Wirkung bei oft tödlichen Infektionen belegten. Wir schildern den Kontext, in dem Anfang der 1950er Jahre Crick und Watson über die DNA-Struktur rätselten und die Röntgendiagramme von Rosalind Franklin analysierten, schließlich die Ereignisse, als

Anfang der 1970er Jahre Boyer, Cohen und Falkow die ersten Grundlagen der Gentechnik skizzierten.

Manchmal lagen kuriose Ereignisse bahnbrechenden Innovationen zugrunde, vergleichbar mit der Rolle der Musen in der Poesie, um mit Nietzsche zusprechen: „Man muss Chaos in sich haben um einen funkelnden Stern tanzen zu lassen“: Mullis‘ Erfindung der PCR, „[…] „when I snaked along a moonlit mountain road into northern California's redwood country […] all when a tropical flavor was in the air. […]“ (Mullis, 1990). Ebenso ungewöhnlich verlief die Erfindung der rekombinanten Gentechnik durch Boyer, Cohen, Falkow, als sie in einem Restaurant in Hawaii das Konzept der Klonierung erdachten, formulierten und auf einer Serviette notierten („I'll have the chopped liver please, or how I learned to love the clone.“ Falkow, 2001) (Kap. 7).

Rätsel in der Forschung, unerklärliche Phänomene regten häufig die Neugier von Wissenschaftlern zu großen, manchmal lange anhaltenden Anstrengungen an. Rheinberger (2001) bezeichnete diese Phänomene als epistemische Dinge und analysierte ihre Struktur: empirische Phänomene, die zunächst unentwirrbar erschienen, dann als umstrittene Hypothesen versuchsweise enträtselt, wieder neu formuliert wurden, bis sich gesicherte Theorien herausschälten (s. hierzu Kap. 8): die (scheinbar) spontan auftretenden Fermentationserscheinungen, die einer Urzeugung biologischer Wesen zugeschrieben wurden – von Pasteur widerlegt und aufgeklärt; die „vis vitalis“, die mysteriöse Lebenskraft, die Eduard Buchner enträtselte und erklärte als biochemische Vorgänge; Flemings Entdeckung des Penicillins, das Hoffnungen weckte, aber über mehr als ein Jahrzehnt ein unlösbares Problem blieb; der zunächst unerklärliche Erwerb von Resistenzen gegen Antibiotika – den Boyer, Cohen u. a., nach ihrer Klärung, in raffinierten Experimenten nutzten, um Gentransfer als rekombinante Technik zu etablieren; schließlich in jüngster Zeit „the mysterious Csn1“ „[…] the multitude of follow-up questions [to be] answered“ „[…] something that might unlock the deepest secrets about CRISPR” (Doudna & Sternberg, 2017, S. 72, 80).

Vielleicht ist im Ergebnis als wichtigste Erkenntnis festzuhalten, dass erstens alle Lebewesen miteinander durch gemeinsame Vorfahren verwandt sind und zweitens alle Menschen eine einheitlich engverwandte Spezies darstellen, gleichgültig welche Hautfarbe sie haben. Dadurch ist unser Platz im Universum noch deutlicher geworden und lässt unsere Einstellung zu unseren Mitmenschen und zu der Umwelt neu definieren.

Die Geschichte ist aus unserer Sicht als Naturwissenschaftler geschrieben, mit dem Blick in das Labor der Forschung und aus dem Technikum, dem Maschinenraum der Produktion – anders als bei Robert Bud (1993/1995) der die Geschichte der BT als Historiker dokumentiert. Sein Buch stellt eine umfassende, detailreich recherchierte Entwicklung dar, mit zahlreichen Aspekten der erzählten Ereignisse, des Agierens von Wissenschaftlern, ihrer Äußerungen und Handlungen „von außen“ gesehen, denen der Politik, der Wirtschaft und des allgemeinen und sozialen Lebens. Er bietet einen umfassenden historischen Überblick über Produkte, wirtschaftliche und politische Rahmenbedingungen sowie wichtige Personen und

Institutionen. Er behandelt nicht die wissenschaftlichen und technischen Grundlagen, Probleme und Fortschritte, die im vorliegenden Buch im Mittelpunkt stehen. Wir berichten im Gegensatz dazu „von innen“, aus der Sicht der Wissenschaft und Technologie, mit dem Versuch, die Akteure mit ihren – oft zufälligen – Beobachtungen, den auftretenden Rätseln, den aufgeworfenen Fragen, Ideen und Konzepten in ihrer Forschung zu verstehen und ihre Schlussfolgerungen nachzuvollziehen, mit Bezug auf die wissenschaftliche Literatur, von Lavoisiers Buch über das Journal für praktische Chemie und Liebigs Annalen, Pasteurs Schriften und sein Buch „Sur la Bière“ bis hin zu der großen Zahl wissenschaftlicher Publikationen des 19., 20. und 21. Jahrhunderts. Wir zitieren häufig aus diesen Dokumenten, um Wissenschaftler ihre Ansichten und Erkenntnisse mit eigenen Worten darstellen zu lassen, z. T. einleuchtende, und heute noch gültige Aussagen, z. T. widersprüchliche oder falsche Thesen aus heutiger Sicht. Nachfolgend sind im Anhang die wichtigsten Quellen angeführt.

Anhang: Wichtige Quellen der Recherchen

Das meiste – sehr umfangreiche – Material entnahmen die Autoren der wissenschaftlichen Literatur ab etwa 1830, vorwiegend aus Originalpublikationen, oft auch aus Übersichten bzw. Reviews (jeweils im Text zitiert). Umfangreiche Informationen insbesondere zu neueren Daten betreffend Industrie und Wirtschaft beziehen sich auf Chemical & Engineering News, zu pharmazeutischen Produkten, Umsätze der Pharmaindustrie, zu nachwachsenden Rohstoffen, Energie und Treibstoffen u. a., auch zu molekularbiologischen Entwicklungen der letzten Jahre.

Recherchen erfolgten über PubMed, SciFinder und Google Scholar

- Für das 19. und 20. Jahrhundert waren insbesondere relevant: Journal für praktische Chemie, Annalen der Pharmazie, Berichte der Deutschen Chemischen Gesellschaft, Liebigs Annalen der Chemie, Comptes rendus (Paris), Bulletin de la Sociétée Chimique de Paris, Annales de Pharmacie, Journal of the Society of Chemical Industry, Industrial and Engineering Chemistry

  Recherchen in: Chemisches Zentralblatt (19. Jahrhundert), Chemical Abstracts
- Enzyklopädien und Bücher: (darin finden sich ausführliche und umfangreiche Informationen über biotechnologische Prozesse und Produkte)

  Brockhaus (ab 1894). Konversations-Lexikon, Berlin.

  Ullmann, F. (ab 1915 und nachfolgende Editionen) Enzyklopädie der technischen Chemie, Urban & Schwarzenberg, Berlin.

  Lavoisier, M. (1793), Traité Elémentaire de Chimie. Tome premier (Seconde Edition) Cuchet, Paris.

  Pasteur, L. (1876) Etudes sur la Bière. Avec une Théorie Nouvelle de la Fermentation, Gauthier-Villars, Paris.

- Lehrbücher für chemische Technologie bzw. Technische Chemie im 19. Jahrhundert mit umfangreichen Kapiteln über Fermentationen und Fermentationsprodukte.

  Bud, R. (1993) The Uses of Life, A History of Biotechnology, Cambridge University Press, Cambridge; und Bud, R. (1995) Wie wir das Leben nutzbar machten, Vieweg, Braunschweig/Wiesbaden.

  Bud, R. (2007) Penicillin – Triumph and Tragedy, Oxford University Press, Oxford.

  American Institute of Chemical Engineers (1970), New York, The History of Penicillin Production, Chem. Eng. Progr. Symp. Ser. No. 100, vol. 66.

  Florkin, M. (1972) A history of biochemistry, in Comprehensive Biochemistry, vol. 30, (eds M. Florkin and E.H. Stotz), Elsevier, 1973.

  Fruton, j.S.; Simmonds, S. (1953) General Biochemistry, John Wiley & Sons, New York, London.

Literatur

Böhme, G., van den Daele,W., & Krohn, W. (1977). *Experimentelle Philosophie.* Suhrkamp.

Bud, R. (1993). *The Uses of Life, A History of Biotechnology.* Cambridge University Press.

Bud, R. (1995). *Wie wir das Leben nutzbar machten.* Vieweg.

Dechema. (1974). *Studie Biotechnologie.* Dechema.

Doudna, J. A., Sternberg, S. H. (2017). *A crack in creation.* Houghton Mifflin Harcourt.

Falkow, S. (2001). I'll have the chopped liver please, or how I learned to love the clone. A recollection of some of the events surrounding one of the pivotal experiments that opened the era of DNA cloning. *ASM News, 67,* 555–559.

König, W. (1997). Einführung in die „Propyläen Technikgeschichte". In W. König (Hrsg.) *Propyläen Technikgeschichte* (Bd. 1). Ullstein.

Mittelstrass, J. (1970). *Neuzeit und Aufklärung, in Studien zur Entstehung der neuzeitlichen Wissenschaft und Philosophie.* De Gruyter.

Mullis, K. B. (1990). The unusual origin of the polymerase chain reaction. *Scientific American, 262,* 56–61.

Parzinger, H. (2014). *Die Kinder des Prometheus – Eine Geschichte der Menschheit vor der Erfindung der Schrift.* Beck.

Popitz, H. (1995). *Der Aufbruch zur Artifiziellen Gesellschaft. Zur Anthropologie der Technik.* Mohr.

Reichholf, J. H. (2008). *Warum die Menschen sesshaft wurden.* Fischer.

Rheinberger, H.-J. (2001). *Experimentalsysteme und epistemische Dinge.* Wallstein.Rheinberger, H.-J. (1997). *Toward a history of epistemic things.* Stanford University Press.

Weyer, J. (2008). *Techniksoziologie.* Juventa.

2 Ursprünge, frühe wissenschaftliche Periode

Inhaltsverzeichnis

2.1 Einleitung

Mythen und schriftliche Quellen (Tontafeln) weisen auf die Ursprünge von Fermentationen vor Tausenden von Jahren hin und berichten von der Herstellung und dem Genuss von Bier und Wein. Es handelte sich um handwerkliche Verfahren und Traditionen. Frühe Kenntnisse und Gewerbe, Bierbrauen und Weingärung, zählen zu den ältesten handwerklichen Fähigkeiten des Menschen (Reichholf, 2008; Russo, 2005, S. 287, 300, 301). Jedoch existierten keinerlei Kenntnisse der involvierten Vorgänge, der Veränderungen, die von den Rohmaterialen, Gerste bzw. Traubensaft, zu den Getränken mit berauschender Wirkung führten.

Teile dieses Kapitels sind zuvor in Englisch publiziert worden:
Buchholz, K. und Collins, J. (2010) Concepts in Biotechnology: History, Science and Business, S. 5–26, 2010, Copyright Wiley–VCH Verlag GmbH & Co. KGaA, Weinheim, Germany. Reproduced with permission.

K. Buchholz und J. Collins, *Eine kleine Geschichte der Biotechnologie*,
https://doi.org/10.1007/978-3-662-63988-7_2

Seit Beginn der Versuche zur Erklärung der geheimnisvollen Erscheinungen, die zu berauschenden Getränken führten, etwa im 18. Jahrhundert entbrannten heftige Kontroversen darüber, einerseits vitalistische, andererseits chemische Deutungsversuche. Erstere glaubten, es seien (aus heutiger Sicht) mystische Vorgänge beteiligt, wie die spontane Entstehung lebender Wesen und eine spezielle „Lebenskraft", andererseits, seitens der chemische Schule Liebigs, dass nur chemische Zerfallsprozesse stattfänden und keinerlei lebende Organismen beteiligt seien..

Natürliche Prozesse dürften sehr früh entdeckt und erkannt worden sein, als die Aufbewahrung und das Speichern von Nahrungsmitteln begannen, wie z. B. Trocknen, Salzen und Räuchern, um Nahrungsmittel haltbar zu machen. Dazu dienten Gefäße und tierische Häute. Dabei dürften spontane Vorgänge entdeckt worden sein, die ebenfalls zur Haltbarmachung dienten, wie die Bildung von Sauermilch, Joghurt, die Fermentation von Gemüse, z. B. Sauerkraut, von Gerste und Fruchtsäften zu Bier und Wein. Vermutlich sind solche Vorgänge entdeckt und genutzt worden, lange bevor sie in Schriften dokumentiert wurden.

Reichholf vermutet, dass Gerste – ihr Ursprung dürfte im kleinasiatischen Hochland oder im Vorfeld des Kaukasus gelegen haben – das Rohmaterial nicht für Brot, sondern für die Bierbereitung war, das erste Getreide, das etwa 12.500 Jahre vor unserer Zeit kultiviert wurde, etwa 6000 Jahre, bevor Brot ein Hauptnahrungsmittel wurde. Das erste Dokument eines Brauverfahrens durch die Sumerer ist etwa 6000 Jahre alt. In diesem Fall brauchte man es, um der Göttin Nin-Harra zu opfern. „Sie war eine Fruchtbarkeitsgöttin und galt als die Erfinderin des Bieres." (Reichholf, 2008, S. 248–261). Der Autor suggeriert in diesem Kontext, dass die Sesshaftigkeit des Menschen auf die Entdeckung der Fermentation zurückgeht, und zwar, weil der dabei gebildete Alkohol der Stimulierung in religiösen Kulten diente (s. a. Parzinger, 2014, S. 135–137). Er präsentiert hierfür eine Reihe von Argumenten, u. a. dass das Sammeln von Körnern von damaligen ertragsarmen Gräsern zu aufwendig gewesen sei im Vergleich zur Jagd und damit dem Fleisch als Nahrungsquelle. Der Autor räumt jedoch ein, dass keine hinreichend schlüssigen Argumente zur Bestätigung dieser Theorie vorliegen angesichts der sehr begrenzten Quellenlage aus dieser Zeit (Reichholf, 2008, S. 259–269). Die Bier- und Weinfermentation stellen zweifellos die Ursprünge biotechnologischer Praktiken in der frühen Zeit menschlicher Tätigkeit dar. Um 3960 v. Chr. soll der König Osiris die Herstellung von Bier aus gemälztem Getreide eingeführt haben (Brockhaus, Bd. 2, 1894, S. 1001). Schriftliche Dokumente über die Bier- und Weinfermentation finden sich in der frühen Zeit um 3500 v. Chr. Demnach stellten Brauer in Mesopotamien Bier nach festgelegten Rezepturen an (Bud, 1993/1995). Hinweise auf die Bierbereitung finden sich auch in den Hieroglyphen der Ägypter (Ullmann, 1915, S. 408).

Wein hat seinen Ursprung vermutlich in den Regionen des Schwarzen und des Kaspischen Meers, er wurde in Indien, Ägypten und Palästina kultiviert. In der griechischen Mythologie gewährte der Gott Dionysos (bzw. Bacchus im Lateinischen) den Genuss des Weins (Abb. 2.1); dessen Geburt wird in dem indischen Gebirge Nysa im Hindukusch vermutet (Brockhaus, Bd. 16, 1895, S. 591–595; Ullmann, 1923, S. 1, 2). Wein wurde seit etwa 7000 v. Chr. in China, seit 6000 in

Abb. 2.1 Olympus, Nectar Time (Olymp, Nektar-Zeit – Dionysos: Der Blitz des Gottes – das Wunder der Weinbildung) (Searle, 1986)

Georgien und seit 3500 v. Chr. In Assyrien angebaut. Auch im Buch der Genesis wird er erwähnt, mit der Anmerkung, Noah habe etwas zu viel davon getrunken (Demain et al., 2017, S. 3, 4; Priewe, 2000, S. 16). In der Grabkammer des ägyptischen Pharao Tutanchamun (Herrscher von ca. 1332 bis 1323 v. Chr.) „fanden sich 26 Weinkrüge, sorgsam beschriftet mit Art und Herkunft der Trauben; die Weinmacher sind darauf namentlich erfasst wie Künstler" (Der Spiegel, 1/2017, S. 100–102). Die Etrusker etablierten vor etwa 2500 Jahren den Weinbau im heutigen Frankreich, er wurde durch die Benediktiner in Cluny gefördert (SZ, 4.6.13). Theophrastos von Eresos (um 371–287 v. Chr.), griechischer Philosoph und Naturforscher, beschrieb in zwei Abhandlungen Elemente einer botanischen Physiologie, in denen er Anweisungen zum Weinbau gab, die oft erstaunlich mit modernen Auffassungen übereinstimmen, und andeuten, „dass der griechische Genius den Weinbau auf ein sehr hohes Niveau geführt hat" (Russo, 2005, S. 286–288).

In Asien wurde die Fermentation alkoholischer Getränke vor etwa 4000 Jahren dokumentiert, und das Animpfen – die Übertragung einer kleinen Menge einer laufenden Fermentation auf neues Substrat – soll durch die Tochter des legendären Königs Woo, die Göttin des Reisweins in China, eingeführt worden sein (Lee, 2001). Die Sojafermentation wurde in China vor 3500 Jahren praktiziert, auch der Koji-Prozess zur Verzuckerung von Reis. Die Fermentationen von Tabak und Tee waren früh etabliert. Vor 2400 Jahren beschrieb Homer in der Ilias die Koagulation von Milch mittels des Saftes von Feigen, der Proteasen enthält. Die Milchfermentation diente zur Yoghurt- und Kefirherstellung, (Demain et al., 2017, S. 3, 4). Über Tausende von Jahren wurden Käse und Brot mittels Fermentation hergestellt. Um 100 v. Chr. existierten über 250 Bäckereien im antiken Rom. Pozol, ein nicht alkoholisches fermentiertes Getränk, wurde in der Maya-Kultur in Yukatan, Mexiko, konsumiert (Olivares-Illana et al., 2002). Ein Mythos berichtet, Dämonen verführten Quetzalcoatl, einen toltekischen König, im 10. Jahrhundert, mit seinen Dienern und seiner Schwester Wein zu trinken, und, betrunken, zu Begehren und Genuss. Er übte Reue und Buße, verbrannte sich selbst, lebte jedoch wieder auf und wurde König eines anderen Planeten (Nicholson, 1967).

Tacitus berichtete von der germanischen Tradition der Bierbereitung (Knapp, 1847, S. 299). Das berühmte deutsche Braugesetz aus dem Jahre 1516 hat seinen Ursprung in Bayern[1]). Die mittelalterliche Brautradition lässt sich in der Literatur zurückverfolgen, z. B. in den ersten Büchern des „Doktors beider Rechte" Johannes Faust, der fünf Bücher über die „göttliche und noble Art des Brauens" schrieb (Ullmann, 1915, S. 409, 410). Die Klosterbrauerei von Freising, seit 1143, gilt als erste – und noch heute tätige – Brauerei (Reichholf, 2008, S. 249).

So entwickelte sich, ohne vertiefte Kenntnis der Vorgänge, die Fermentation zu einer handwerklichen, empirisch begründeten Methode, lebende Organismen zu nutzen. Vermutlich wurden Fermentationen ausgehend von zufälligen Beobachtungen entwickelt. Alle nutzten lebende Organismen, jedoch gab es keinerlei Erkenntnis, weder über deren Quellen bzw. Ursprung noch über deren Identität und Eigenschaften. Ein wesentlicher Schritt war die Beobachtung von van Leeuwenhoek und seine Beschreibung winziger *animalcules* (Tierchen), die er um 1680 im Mikroskop beobachtete und die er der Royal Society in England mitteilte (Demain et al., 2017, S. 4). Ein Zusammenhang mit Fermentationen blieb dabei allerdings unerkannt. Stahl untersuchte in seinem Buch „Zymotechnika Fundamentalis" (1697) (griech. *zyme* bedeutet dabei Hefe) die Natur der Fermentation als einen bedeutenden industriellen Prozess, wobei „Zymotechnika" als Deskriptor bzw. Umschreibung für wissenschaftliche Untersuchung stand. „Für Stahl […] stellte Wissenschaft die Basis für Technik dar, […] sie entwickelte fundamentale Ideen, […] die Grundlage für die so bedeutende deutsche Industrie der ‚Gärungskunst' – die Kunst des Brauens". „Sein Interesse galt der chemischen Interpretation."

[1] Anm. 1: Noch heute wird in Deutschland überwiegend nach dem Reinheitsgebot von 1516 gebraut. Im Landtagsbescheid von 1516 bereits wurde das Surrogatverbot zum ersten Male ausgesprochen: „daß füran allenthalben in Unsere Stette, Märkte und auf dem Lande zu keinem Pier merer Stukh dann allein Gersten, Hopfen und Wasser genommen und gebraucht sölle werden". (Ullmann, 1915, S. 409).

Bud (1992) betrachtet Stahls „Zymotechnica Fundamentalis" (1697 publiziert) als Gründungstext der Biotechnologie.

1776 beobachtete A. Volta die Erscheinung von „brennbarer Luft" in Sedimenten und Marschboden am Lago Maggiore in Italien. „Diese Luft brennt mit einer schönen, blauen Flamme". Es handelte sich um Methan („hidrogenium carbonatum"), wie es Lavoisier 1787 analysierte, gebildet durch anaerobe mikrobielle Prozesse (Wolfe, 1993). Die ersten enzymatischen Reaktionen, als Fermentationen angesehen, wurden Ende des 18. Jahrhunderts beobachtet. Spallanzani beschrieb 1783 die Verflüssigung von Fleisch durch Magensaft (Sumner & Somers, 1953), Irvine die Hydrolyse von Stärke durch einen Extrakt keimender Gerste (Tauber, 1949) und Scheele 1786 die enzymatische Hydrolyse von Tannin (Hoffmann-Ostenhof, 1954). Diese Vorgänge unterschieden sich von „einfachen anorganischen" dadurch, dass sie durch Hitze (Denaturierung der organischen Substanz) gestoppt wurden.

Über den Genuss hinaus entwickelte sich die Produktion von Bier und Wein zu wirtschaftlich bedeutenden Faktoren, da sie seit Jahrtausenden, schon in Mesopotamien und Ägypten, erhebliche Steuereinnahmen brachte. Im 19. Jahrhundert entwickelte sich die Herstellung alkoholischer Getränke zu umfangreichen industriellen Aktivitäten. Weitere Fermentationsverfahren wurden eingeführt, um neue Geschäftszweige zu eröffnen. Diese Entwicklung spiegelte sich in der Gründung zahlreicher Forschungsinstitute in mehreren europäischen Ländern im 19. Jahrhundert (s. u. und Kap. 4).

Wir wollen uns im Folgenden auf die frühe wissenschaftliche Phase konzentrieren, deren Anfang Lavoisier, der Begründer der wissenschaftlichen Chemie, mit seinen Arbeiten und Konzepten markiert. Wir berücksichtigen nicht alchemistische Thesen, auch nicht Stahls Phlogiston-Theorie.

2.2 Frühe experimentelle wissenschaftliche Befunde

2.2.1 Die Alkoholfermentation

Aufgrund ihrer großen praktischen, wirtschaftlichen und gesellschaftlichen Bedeutung stand die alkoholische Fermentation früh im Zentrum sowohl technischer als auch wissenschaftlicher Aktivitäten. Der Abbé Spallanzani hatte Mitte des 18. Jahrhunderts mikroskopische Untersuchungen zum Wachstum von Mikroorganismen vorgenommen und festgestellt, dass sie nicht durch spontane Bildung entstehen (Vallery-Radot, 1948, S. 112). Ein Schlüsselereignis stellte die wissenschaftliche Begründung der Chemie (im Gegensatz zur Alchemie) durch Lavoisier Ende des 18. Jahrhunderts dar (Lavoisier, 1793). Er erstellte quantitative Korrelationen und Massenbilanzen auf der Grundlage präziser Experimente und formulierte den Grundsatz, dass bestimmte Substanzen spezifische Zusammensetzungen und Proportionen von Atomen aufweisen. Er untersuchte auch die Alkoholfermentation, wobei er die Existenz eines Ferments unterstellte und sich darauf beschränkte, die Chemie der Umsetzung zu untersuchen. Er stellte fest, dass die alleinigen Produkte Ethanol und Kohlendioxid waren. In seinem berühmten Buch von 1793 gab er eine phänomenologische Beschreibung der Fermentation. Er fasst das Ergebnis bezüglich der Produkte wie folgt zusammen: „Ainsi puisque du môut de raisin donne du gaz acide carbonique & de l'alkool, je peu dire que le môut de raisin = acide carbonique + alkool.“ („Da der Traubensaft Kohlensäure und Alkohol ergibt, kann ich sagen Traubensaft = Kohlensäure + Alkohol.“) Lavoisier gibt außerdem – entscheidend gemäß seiner Konzeption der wissenschaftlichen Chemie – eine quantitative Bilanz. Aus Abb. 2.2 geht die Präzision seiner experimentellen Anordnung hervor (Lavoisier 1793, Bd. 1, S. 141–147).

Ende des 18. Jahrhunderts erfolgten zunehmende Anstrengungen, eine Lösung des Fermentationsproblems zu finden und das Phänomen zu erklären, entweder als Resultat der Aktivität lebender Organismen oder einer reinen Interaktion chemischer Komponenten. Ab den 1830er Jahren jedoch ergaben sich zunehmend Hinweise auf biologische Tätigkeit als Ursache der Fermentationen (Teich & Needham, 1992, S. 24).

Bedeutende Befunde auf der Grundlage sorgfältig angelegter Experimente wurden von Schwann (1837) und Cagniard-Latour (1838) publiziert. Sie zeigten

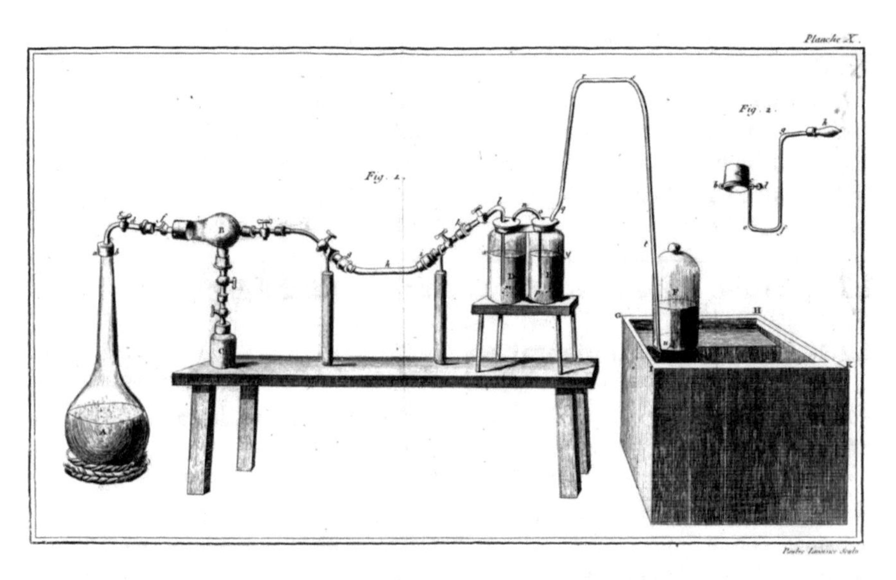

Abb. 2.2 Lavoisiers experimentelle Anordnung für die Untersuchung der Fermentation. Im ersten Gefäß A werden das zu fermentierende Material, z. B. Zucker, und Bierhefe zu Wasser in genau bestimmten Mengen gegeben, der bei der Fermentation gebildete Schaum wird in den beiden nachfolgenden Gefäßen B und C gesammelt, das Glasrohr h enthält ein Salz, z. B. Nitrat oder Calciumacetat, es folgen die beiden Gefäße D, E mit einer alkalischen Lösung, die CO_2 absorbieren, Luft wird in dem letzten Gefäß gesammelt. Diese Anordnung ermöglichte die exakte Bestimmung der Gewichte der Substanzen, die in der Fermentation umgesetzt und gebildet wurden (Lavoisier, 1793. Bd. 2, Planche X)

unabhängig voneinander, dass Hefe ein Organismus ist, ein „organisierter Körper", und dass die alkoholische Fermentation von lebender Hefe abhängig ist. 1838 berichtete Cagniard-Latour, dass „im Jahr VIII (1799–1800) die Klasse der physikalischen und mathematischen Wissenschaften des Instituts [Institut de France] einen Preis ausgelobt hat für das Thema [die Fermentation], um folgende Fragen zu klären. [...] Welche sind die Charakteristika von pflanzlichen und tierischen Organismen." Diese Ausschreibung belegt die große Bedeutung des Themas für die Wissenschaften zu Beginn des 18. Jahrhunderts.

„Ich habe eine Reihe von Untersuchungen unternommen, jedoch in anderer Weise als dies bisher geschehen war. Das heißt, dass ich die Phänomene dieser Aktivitäten mithilfe eines Mikroskops untersucht habe. [...] Dieser Versuch erwies sich als hilfreich, da er einige neue Beobachtungen ergab mit folgenden wesentlichen Ergebnissen: 1. Dass die Bierhefe (dieses Ferment, von dem man so viel Gebrauch macht, und das deshalb geeignet war um es in besonderer Weise zu untersuchen) eine Masse kleiner kugelförmiger Körper ist, die sich selbst reproduzieren, also organisiert sind, und nicht eine einfache organische oder chemische Substanz, wie man angenommen hat. 2. Dass diese Körper zum vegetativen [pflanzlichen] Reich gehören und sich in zweierlei Weise regenerieren. 3. Dass sie offenbar auf eine Zuckerlösung einwirken solange sie leben. Daraus lässt sich schließen, dass sie sehr wahrscheinlich durch eine Eigenschaft ihrer vegetativen Natur Kohlensäure aus dieser Lösung abscheiden und sie in eine alkoholische [spirituous] Flüssigkeit umwandeln. [...] Ich möchte hinzufügen, dass die zuvor durch das Institut vorgeschlagene Frage nunmehr gelöst ist. [...] Ich habe dies [die Ergebnisse] der Philomatischen Gesellschaft in den Jahren 1835 und 1836 mitgeteilt." (Cagniard-Latour, 1838).

Schwann (1837) teilte seine Experimente und Befunde bezüglich der „Urzeugung" (der „generatio spontanea", der spontanen Bildung lebender Organismen) anlässlich der Jahrestagung der Deutschen Gesellschaft für Naturforscher und Ärzte in Jena im September 1836 mit. Er zeigte, dass, wenn die (umgebende) Luft erhitzt worden war, in einem Fleischextrakt weder Schimmel noch Infusorien sich entwickelten und dass die organische Substanz sich nicht zersetzte oder verfaulte. Schwann hielt fest, dass diese Experimente nicht die Ergebnisse der Anhänger der „generatio spontanea" bestätigten. Diese ließen sich damit erklären, dass die Luft normalerweise Keime enthielt. Er folgerte, dass die alkoholische Fermentation durch die Entwicklung von Hefe bedingt ist, die er als „Zuckerpilz" klassifizierte (Schwann, 1837; Teich & Needham, 1992).

„Bei der mikroskopischen Untersuchung der Bierhefe erscheinen die bekannten Kügelchen, die das Ferment bilden. [...] Außer Zucker ist eine stickstoffhaltige Substanz erforderlich. Man muß sich die Weinfermentation als Zersetzung vorstellen, die dadurch erfolgt, dass der Zuckerpilz von dem Zucker und dem stickstoffhaltigen Körper die Substanzen für seine eigene Ernährung und sein Wachstum nimmt. Dabei bilden diejenigen Substanzen dieser Körper, welche nicht von dem Pilz aufgenommen werden, [...] vorzugsweise Alkohol." „Bierhefe ist nahezu vollständig aus diesen Pilzen zusammengesetzt. [..] Sie wachsen sichtbar unter dem Mikroskop, so daß schon nach ½ bis 1 h man die Zunahme des Volumens einer sehr kleinen Kugel beobachtet, die auf einer größeren sitzt [...]. Es ist sehr wahrscheinlich, daß diese Letztere das Phänomen der Fermentation bewirkt." (Schwann, 1837).

Unabhängig führte Kützing (1837) mikroskopische Untersuchungen zu Hefe und „Essigmutter" (aus der Essigsäurefermentation) durch. Er bestätigte die These lebender Organismen sowohl hinsichtlich der Hefe als auch der „vegetabilischen" Organismen, die bei der Essigfermentation („Essigmutter") aktiv sind. Kützing vertritt, ausgehend von seinen Beobachtungen, entschieden die These der „Urzeugung": „Daraus folgt aber auch notwendig, dass sich überhaupt organische Masse aus unorganischen Verbindungen bilden kann, wenn diese nur die Bestandtheile enthalten, welche zur Zusammensetzung der organische Masse nöthig sind [...]" (damit sind lebende Organismen gemeint) (Kützing, 1837). Turpin (1839) bezog sich auf die „interessanten Untersuchungen des Hrn. Cagniard-Latour" und unternahm sorgfältige Untersuchungen in einer großen Brauerei. Er beschrieb sein Vorgehen im Detail, die Probenahme aus den technischen Gefäßen zu verschiedenen Zeiten, er berücksichtigte dabei das Animpfen (Zusatz von Bierhefe) und das Wachstum der Hefe, die Bildung von „Knospen" (neuer Hefekügelchen), auch die Bildung von Sporen. Aus seinen Beobachtungen „[...] blieb kein Zweifel mehr über ihre [der Hefe] vegetabile organisierte Existenz; alle waren mit organischem Leben begabte Individuen [...]" (Turpin, 1839).

Weitere Fermentationen haben Gay-Lussac und Pelouze (1833) (die Milchsäurefermentation) sowie de Claubry (1836) und Schill (1839) (verschiedene Fermentationen) beschrieben. Schill berichtete von einer beträchtlichen Zahl früherer Studien zur Fermentation von Milch seit 1754, wobei die Fermentationen mit oder auch ohne Animpfen (Zugabe eines Starters, in einigen Fällen Hefe, in anderen Käse) verliefen. Die Lehrbücher der ersten Hälfte des 19. Jahrhunderts (s. u.) stellten weitere Fermentationen dar, u. a. die zur Branntwein-, Essig-, Brot- und Käseherstellung. Hierzu schrieb Knapp (1847, 2. Bd., S. 38–43, die katalytische Wirkung von Enzymen, Proteasen, die im Lab aktiv sind, war noch unbekannt):

> „Die berühmten holländischen, limburger, schweizer etc. Käse werden nicht aus saurer, sondern frischer, theils abgerahmter, theils nicht abgerahmter Milch theils aus beiden zugleich gemacht; deshalb ist die künstliche Gerinnung mit Lab nothwendig. Man versteht unter Lab eine gewisse Zubereitung des Labmagens der Kälber, welcher die Eigenschaft, Milch zu koagulieren, ... auch nach dem Tode des Thieres in einem überaus hohen Grade beibehält. ... Es ist auffallend zu sehen, wie groß die Wirkung von einer verhältnißmäßig geringen Menge Lab ist."

Da die Entstehung von Lactosetoleranz sehr spät in der menschliche Evolution erfolgte und diese auch heute in nur in einem Teil der Weltbevölkerung vorliegt, war der Abbau von Lactose im Gärungsprozess durch Lactose abbauende Mikroorganismen (bzw. deren Einnahme) ein wesentliche Faktor für das erfolgreiche Aufblühen einer Milch und Milchprodukte produzierenden Landwirtschaft.

Den alkoholischen Fermentationen widmeten alle Lehrbücher des 19. Jahrhunderts ausführliche Beschreibungen. In seinem Buch über Technologie führt Poppe (1842, S. 387) das Kapitel über Bier ein mit enthusiastischen Bezeichnungen – „ein herrliches, erquickendes, nahrhaftes und gesundes, weinartiges Getränk". Knapp (1847, S. 269–280) gab eine detaillierte Darstellung des Wachstums der Hefe mit Abbildungen, die die Zunahme der Zahl der Hefezellen zeigten, ähnlich „primitiven Pflanzenzellen“, anhängig von der Zeit über mehrere Generationen. Er notierte auch einige Einzelheiten bezüglich der Zellwand und einer „internen, eiweiß-ähnlichen Substanz“ und zeigte Abbildungen von Hefezellen nach unterschiedlichen Wachstumsphasen (S. 273, 274). Das Animpfen (die Zugabe von Hefe aus vorangehenden Fermentationen beim Start) war bei handwerklichen und industriellen Prozessen, insbesondere bei der Bierbrauerei, gängige Praxis. Knapp merkte dazu an, dass Verfahren ohne diesen Schritt Gefahr liefen, zu Fehlfermentation zu führen. Die Brauereien produzierten einen Überschuss an Hefe, der an Bäckereien und an die Alkoholindustrie geliefert wurde. – Damit war erwiesen, dass das Wachstum von Hefe ein offensichtlicher und sogar ökonomischer Faktor war, was Liebigs Theorie obsolet machte.

Knapp schloss daraus: „Alles das zusammengenommen, was man über die Natur der Hefe weiß, führt auf den Hauptschluß, daß dieselbe kein unbelebter Niederschlag, sondern ein organisiertes Wesen von der niedrigsten Art, eine Anfangsstufe des Pflanzentums ist.“ (Knapp, 1847, S. 277). „Ueber das Wesen dieser Ursache oder Kraft, welche den Gährungserscheinungen im Allgemeinen zugrunde liegt, ist die Wissenschaft bis jetzt noch zu keiner klaren Anschauung oder bestimmtem Begriff gelangt; über die Ansichten, welche darüber aufgestellt worden, sind die Verhandlungen noch lange nicht geschlossen und keine derselben hat sich bis jetzt zur unbestrittenen Wahrheit durchgerungen.“ (Knapp, 1847, S. 271). Gmelin fasste in seinem Lehrbuch die Bedingungen der Fermentation (der „geistigen Gährung“) zusammen: „Zur geistigen Gährung wird wesentlich erfordert: 1) Gegenwart eines gährfähigen Zuckers …; 2) Gegenwart von Wasser; 3) Ein gewisser Grad von Wärme; 4) Gegenwart eines die Gährung einleitenden Stoffes (Ferment).“ (Gmelin 1835, S. 1213). Einen ausführlichen Überblick über die Arbeiten der erwähnten Wissenschaftler gab Barnett (1998).

Trotz aller überzeugenden Befunde der biologischen Forschung blieb die Fermentation ein epistemisches Ding (s. Kap. 8). Liebig und die chemische Schule ignorierten nicht nur die experimentellen Befunde der Wissenschaftler, die die biologische Natur der Fermentation belegten, sondern vertraten hartnäckig eine abstruse Theorie eines rein chemischen Fäulnisprozesses – Liebigs großer und dominierender Einfluss in der Chemie zu der Zeit verhinderte die Akzeptanz der biologischen Interpretation:

> „Betrachten wir zuförderst die merkwürdige Materie, die sich aus gährendem Biere, Wein und Pflanzensäfte in unlöslichem Zustande absetzt, und die den Namen Ferment, Gährungsstoff, von ihrem ausgezeichneten Vermögen erhalten hat, Zucker und süße Pflanzensäfte in Gährung zu versetzen, so beobachten wir, daß das Ferment sich in jeder Hinsicht wie ein in Fäulniß und Verwesung begriffener stickstoffhaltiger Körper verhält.“ (Liebig, 1846, S. 403, 404) (Ausführlich in: Liebig, 1839).

Liebig ging so weit, dass er die wissenschaftlichen Gegner anonym mit Spott in einer boshaften Glosse überzog:

„Ich bin im Begriff, eine neue Theorie der Weingährung zu entwickeln.[…] Mit Wasser zertheilte Bierhefe löst sich unter diesen Umständen auf, in unendlich kleine Kügelchen […]. Bringt man diese Kügelchen in Zuckerwasser, […] entwickeln sich daraus kleine Thiere […]. Die Form dieser Thiere ist abweichend von jeder der bis jetzt beschriebenen 600 Arten […]. Die Röhre des Helms ist eine Art Saugrüssel, der mit langen Borsten besetzt ist […]; man kann übrigens einen Magen, Darmkanal, den Anus […] deutlich unterscheiden. […] Die Urinblase besitzt im gefüllten Zustande die Form einer Champagnerbouteille […]." (Anonymos (Liebig) 1839).

2.2.2 „Ungeformte, unorganisierte Fermente" (Enzyme)

„Ungeformte" oder „unorganisierte" Fermente zeigten Eigenschaften, die sie offensichtlich von Hefe unterschieden: die Substanzen waren wasserlöslich, sie konnten gefällt und so isoliert werden. Es handelte sich um Enzyme (griech.: „in Hefe") im heutigen Sinne, eine Bezeichnung, die zuerst Kühne (1877) vorschlug. Einige solche isolierte Fermente, z. B. Diastase (Amylasen und Amyloglucosidasen in heutiger Terminologie) wurden in beträchtlichem Ausmaß charakterisiert. Ihre Natur jedoch blieb unbekannt, sogar obskur.

Payen und Persoz (1833) untersuchten im Detail und mit hoher Präzision die Extrakte keimender Gerste, die sie (hinsichtlich ihrer hydrolysierenden Wirkung auf Stärke) als Diastase bezeichneten; sie formulierten einige grundlegenden Prinzipien der enzymatischen Wirkung (s. a. Hoffmann-Ostenhof, 1954, S. 5):

- Das „aktive Prinzip" kann durch Fällung isoliert und gereinigt werden.
- Es ist wasserlöslich.
- Kleine Mengen des Präparats können große Mengen von Stärke verflüssigen.
- Die Substanzen sind thermolabil, d. h. sie verlieren ihr (katalytisches) Potenzial beim Kochen.

Payen und Persoz (1833) beschrieben auch ausführlich die Isolierung und Reinigung der Diastase aus keimender Gerste durch Mazerieren bzw. Extrahieren, Pressen, Filtrieren und wiederholte Fällung durch Alkohol. Die Substanz ließ sich nicht kristallisieren, blieb amorph und chemisch undefinierbar. Diese Eigenschaft schien im Kontrast zu dem Befund, dass einige Produkte der Reaktion Zucker z. B. Glucose waren, die ihrerseits kristallisiert werden konnten. Guerin-Varry (1836) hatte die chemische Zusammensetzung eines Produktes ermittelt, wenn auch nicht ganz korrekt ($C_{12}H_{28}O_{14}$, wahrscheinlich Maltose, $C_{12}H_{22}O_{11}$).

Das erste industrielle Verfahren auf der Basis der Enzymwirkung wurde in den 1830er Jahren in Frankreich auf der Grundlagen der Arbeiten von Payen und Persoz etabliert (s. Abschn. 2.3)[2].

[2] Anm. 2: Interessant ist in diesem Zusammenhang, dass Biot (1833) eine Methode angab, mit der Saccharose und Glucose (Traubenzucker aus der Hydrolyse von Dextrin) sich mittels der optischen

1830 beobachteten Robiquet und Boutron, dass ein Extrakt aus bitteren Mandeln, von Liebig und Wöhler als „Emulsin“ bezeichnet, ein Glykosid, Amygdalin, hydrolysiert (Hoffmann-Ostenhof, 1954). Schwann (1836) hatte die enzymatische Wirkung von Pepsin, die Auflösung von Eiweiß, untersucht, von der er als „aktives Prinzip einer individuellen Substanz“ und von der „Contactwirkung“ sprach, auch von „Katalysis“, „[...] vorläufig nur der Repräsentant einer Idee [...]“. Er charakterisierte auch die Wirkung von Pepsin bei der Fällung von Casein.

2.3 Anwendung biotechnologischer Verfahren

Handwerkliche Produktionsverfahren erfuhren wissenschaftliches Interesse und wurden zu einer Quelle der Forschung. Die Anwender der Fermentation und der „ungeformten Fermente“ verfuhren pragmatisch während des frühen 19. Jahrhunderts, da es keine allgemein akzeptierte Theorie gab. Mehrere Lehrbücher beschrieben ausführlich und auf hohem (praktischen) Niveau die Verfahren der Bierbrauerei, der Herstellung von Wein, Brot, und Essigsäure, Käse usw. Die Darstellung technischer Aspekte in Lehrbüchern war gleichbedeutend und sogar oft dominant gegenüber grundlegenden Aspekten seit Beginn des 19. Jahrhunderts. Dies geht aus den umfangreichen Texten hervor, die in den Büchern der chemischen Technologie den Fermentationsprozessen gewidmet waren (Otto, 1838; Graham, 1838; Poppe, 1842; Knapp, 1847; Wagner, 1857; Payen, 1874). Knapp widmete den Fermentationsprozessen 110 Seiten (Knapp, 1847, S. 269–379). Aus diesen Büchern geht auch die enge Beziehung zwischen Technologie, Industrie und wissenschaftlicher Forschung hervor (Knapp, 1847, S. 367). (Im nachfolgenden Kap. 3 wird ausführlicher die Technologie der Bierherstellung beschrieben). Obwohl diese Darstellungen auf umfangreicher technischer Erfahrung beruhten, verlief die Diskussion theoretischer Konzepte der Fermentationsphänomene z. T in mysteriösen und widersprüchlichen Zusammenhängen (s. unten und Kap. 8). Dennoch stellten sowohl handwerkliche als auch industrielle Fermentationsverfahren höchst wichtige und erfolgreiche Produktionsprozesse dar.

„Keine Art der Gährung ist für die Industrie [...] von solcher Bedeutung, als die sogenannte ‚geistige Gährung‘ weil die Darstellung aller geistigen Getränke, des Weins, Biers, des Branntweins, dieselbe zum gemeinschaftlichen Ausgangspunkt hat.“ (Knapp, 1847, S. 271). In seinem Lehrbuch der chemischen Technologie beschrieb Knapp sehr ausführlich die aktuelle Technologie der Bier- und Weinfermentation. Er sah wissenschaftliche, praktische und industrielle Interessen als gleichbedeutend an (Knapp, 1847, S. 269–379). Er berichtet, dass das Bierbrauen in Deutschland als Handwerk, in Gefäßen von 1000 bis 2000 L, erfolgte, während es in England im industriellen Maßstab betrieben wurde, in großen Fabriken, mit erheblichen Investitionen an Kapital; die Fermenter hatten Volumina bis zu 240.000 L (Abb. 2.3). Schätzungen ergaben, dass in Deutschland um 1840

Rotation polarisierten Lichtes unterscheiden ließen; dieser Effekt wurde wichtig für die frühen Arbeiten Pasteurs (Kap. 3).

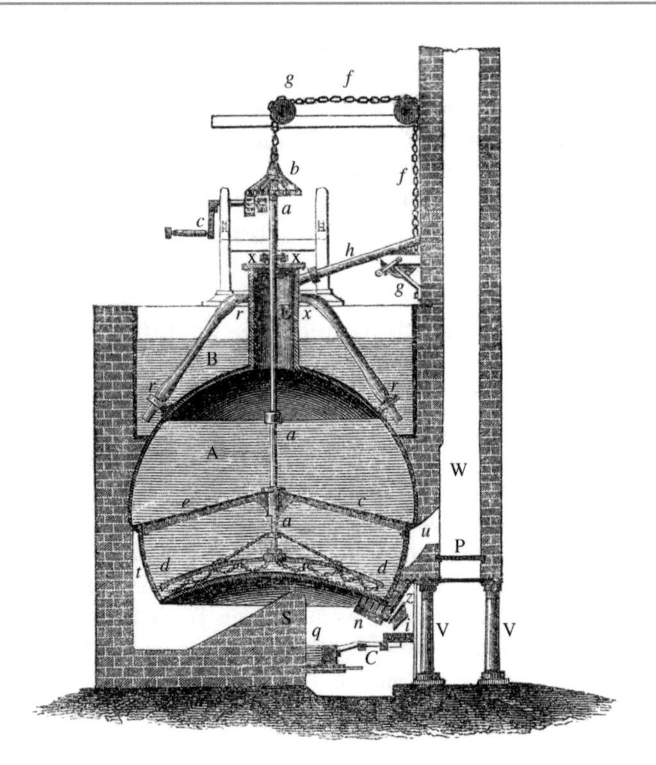

Abb. 2.3 Braukessel, wie sie in England und Belgien benutzt wurden. Das Substrat wird im Kompartiment B vorgewärmt; zu diesem Zweck wird Wasserdampf durch die Röhren rr eingeführt. Die Fermentation erfolgt anschließend in Kompartiment A (während das nächste Substrat in B vorgewärmt wird). Kompartiment A ist mit einem Rührer dd ausgestattet (an der Stelle aa gehalten), der mit Ketten versehen ist, die das Sediment vom Boden des Gefäßes aufrühren (Knapp, 1847, S. 332)

22,7 Mio. hl (Hektoliter) produziert wurden. Wagner (1857) führt 42 verschiedene Bierspezialitäten an, einschließlich bayerischer und englischer Produkte, mit ihren unterschiedlichen Charakteristiken wie dem Alkoholgehalt (damals meist im Bereich von 3,5–4 %). Bier und andere Fermentationsprodukte, wie Wein, Essig- und Milchsäure, stellten somit bedeutende Faktoren der Wirtschaft dar.

Schützenbach entwickelte 1823 eine „Schnellessig-Fabrikation", die mit auf Buchenholzspänen immobilisierten, aktiven Essigsäurebakterien arbeitete – bemerkenswert, aber zu dieser Zeit nicht erkannt. Das Verfahren wurde in großen Holzgefäßen mit 1–2 m Durchmesser und 2–4 m Höhe ausgeführt, die belüftet wurden, um das Substrat Alkohol zu oxidieren. Zuerst wurde Essigsäurezu nassen Buchenholzspänen im Reaktionsgefäß gegeben, Alkohol dann kontinuierlich zugeführt und oxidiert. Das Verfahren benötigte nur drei Tage im Gegensatz zu der klassischen Fermentation, die einige Wochen erforderte. Da die Bakterien immobilisiert waren, war eine lange Wachstumsphase nicht erforderlich, die Oxidation begann unmittelbar mir der Zufuhr des Alkohols (Abb. 2.4) (Payen, 1874; Bd. 2, S. 480–498; Ost, 1900, S. 514).

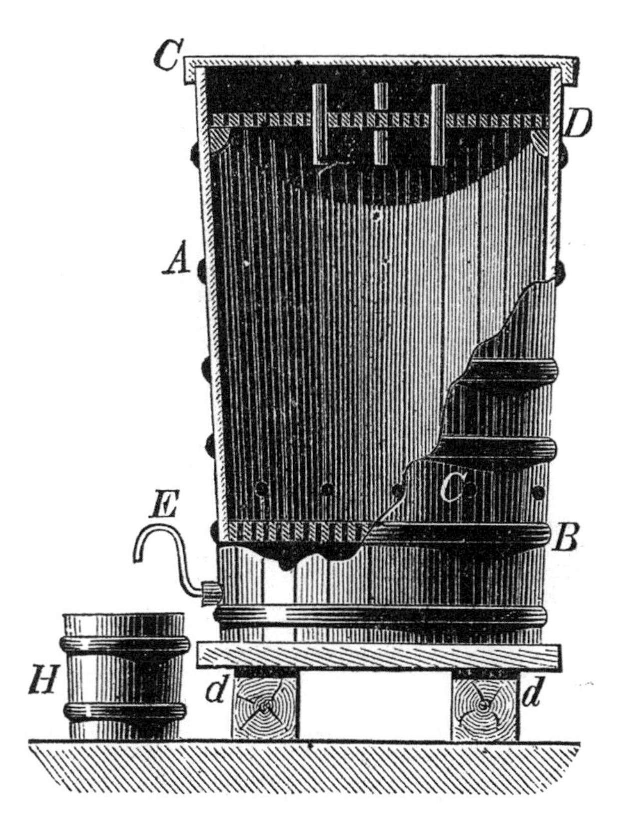

Abb. 2.4 Essigsäurefermentation mit immobilisierten Bakterien. Das Gefäß war mit Siebplatten in den Positionen D und B ausgestattet. Der Raum A war mit Buchenholzspänen gefüllt (auf denen die Bakterien anhafteten). Eine 20%ige Essigsäurelösung mit Nährstoffen wurde eingefüllt, dann eine 6–10%ige Alkohollösung von oben zugegeben. Luft wurde zur Oxidation durch Löcher /Öffnungen in Position C, oberhalb B, zugeführt, die Temperatur auf 20–25 °C eingestellt. Das Produkt mit 4–10 % Essigsäure wurde kontinuierlich durch E abgezogen (Ost, 1900, S. 514)

Der erste industrielle Prozess mit einem „ungeformten Ferment" (einem Enzym), mit Diastase (Amylasen und Amyloglucosidasen in heutiger Terminologie), wurde Anfang der 1830er Jahre in Frankreich eingeführt, auf der Grundlage der Arbeiten von Payen (Abb. 2.5). Payen und Persoz (1833) hatten Einzelheiten der Gewinnung von Dextrin aus Stärke durch partielle Hydrolyse mit 6–10 % Diastase publiziert. Das Produkt wurde in Bäckereien und bei der Herstellung von Bier und Wein angewandt (Knapp, 1847; Wagner, 1857).

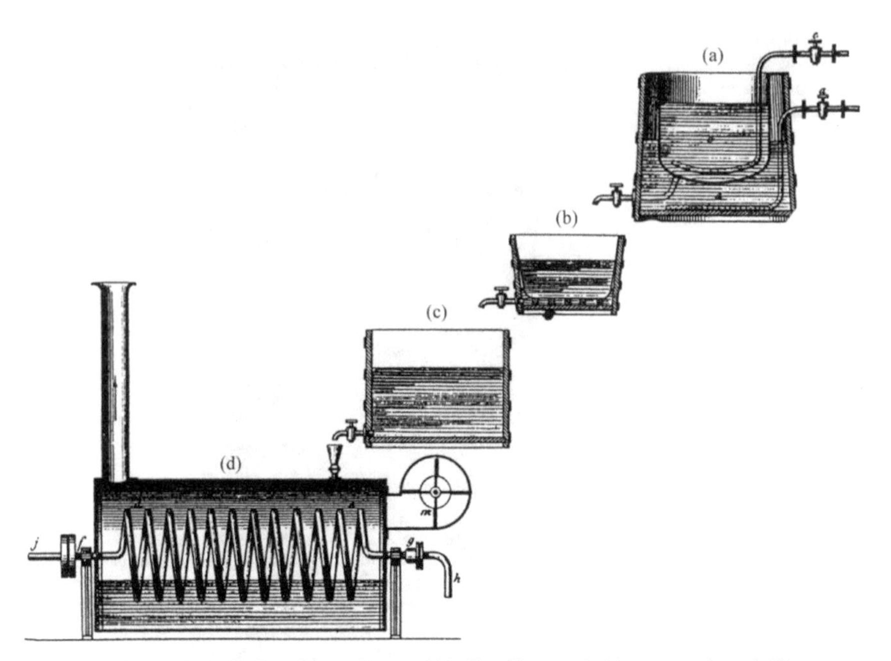

Process for dextrin production with reaction vessel (a), filter (b), reservoir (c), concentration unit (d).

Abb. 2.5 Prozess der Dextrinherstellung, mit (**a**) Reaktionsgefäß, (**b**) Filter, (**c**) Reservegefäß und (**d**) Konzentrierungseinheit (Payen, 1874, Bd. 1, Tafel XXV)

2.4 Theoretische Konzepte

2.4.1 Ausbildung

Infolge der wirtschaftlichen Bedeutung der Fermentation wurden zahlreiche Ausbildungsgänge im 19. Jahrhundert etabliert. Die Wirtschaftsschulen in den deutschsprachigen Ländern begannen, handwerklich erworbene mit wissenschaftlichen Kenntnissen zu kombinieren. In Deutschland wurde die erste landwirtschaftliche Hochschule 1806 gegründet, 1810 in die neue Berliner Universität integriert. Weitere 20 landwirtschaftliche Schulen entstanden in der Folge bis 1858, darunter Schulen in Braunschweig und Wien. Der Lehrstuhlinhaber des Braunschweiger Instituts Otto publizierte 1838 ein Lehrbuch mit sehr ausführlichen Darstellungen verschiedener Fermentationen. Im Wiener polytechnischen Institut bot ein Lehrstuhl für „spezielle technische Chemie" Kurse über Brauen, Weinherstellung, Destillation und Essigherstellung an (Röhr, 2000). In Frankreich gründete Boussigault 1835 ein privates landwirtschaftliches Institut, in London gründeten Lawes und Gilbert 1842 ein entsprechendes Labor. Die böhmischen Brauer baten den Direktor des Ingenieurdisziplinen in Prag ein Institut zu errichten, um Fachleute für ihre Industrie auszubilden. Daraufhin bot dieser einen ersten Kurs über Fermentationsindustrie an. Sein Nachfolger Balling führte wissenschaftliche und gleichzeitig praktisch orientierte Kurse über Brauen ein (Bud, 1993, S. 21–24).

2.4.2 Die vitalistische Schule

Bedeutende Fortschritte zum Verständnis der Fermentationen erarbeiteten Schwann(1837) , Cagniard-Latour (1838) u. a. in den 1830er Jahren (s. o.), wobei zunächst das Interesse der Praxis der Fermentation galt, nicht der Beobachtung natürlicher Vorgänge. Cagniard-Latour und ebenso Turpin (1839) unternahmen ihre Untersuchungen in Brauereien. Dies macht deutlich, dass der Ursprung des wissenschaftlichen Problems auf einen industriellen Prozess zurückging (wie es später auch bei Pasteur der Fall war). Umfangreiche mikroskopische Untersuchungen in Brauereien zeigten, dass Mikroorganismen die Ursache der Fermentation waren.

Schwann (1837) und Cagniard-Latour (1838) hatten bedeutende experimentelle Befunde publiziert, die mit sorgfältig konzipierten und durchgeführten Experimenten begründet waren. Beide entwarfen eine Theorie der Fermentation im Sinne der vitalistischen Theorie, die im Wesentlichen der Pasteurs entsprach, die dieser etwa zwei Jahrzehnte später (mit essenziellen zusätzlichen Befunden und Argumenten) entwickelte und mit äußerst exakter Experimentierkunst und Überzeugungskraft durchsetzen konnte (s. folgendes Kapitel). Die Tatsache, dass die Fermentation eine Animpfung erforderte, hatte Schwann mit schlüssigen Experimenten belegt. Das Wachstum von Hefe hatten Schwann, Cagniard-Latour und Turpin (1839) eindeutig beobachtet. Das Animpfen mit Hefe war gängige, etablierte Praxis in der Brauerei-Industrie (s. o.). „Dass diese Pilze die Ursache der Fermentation sind folgt erstens aus der Beständigkeit ihres Auftretens im Prozess, zweitens aus dem Ende der Fermentation unter jeder Art von Einfluss, durch den sie bekanntermaßen zerstört werden,[...] ein Phänomen, das man nur bei lebenden Organismen kennt.“ (zitiert nach Florkin, 1972, S. 139).

Die Theorie von Schwann und Cagniard-Latour wurde jedoch nicht allgemein akzeptiert, obwohl die experimentellen Grundlagen wissenschaftlich eindeutig belegt erschienen – im Gegensatz zu Pasteurs Theorie der Fermentation (die im Prinzip der früheren entsprach), die er in den 1860er Jahren etablieren und durchsetzen konnte (s. Kap. 3). Ein Grund lag in der massiven Argumentation und Opposition der chemischen Schule – die führenden Chemiker dieser Zeit, Berzelius, Liebig und Wöhler führten eine massive Opposition gegen den vitalistischen Standpunkt an und diskreditierten ihn argumentativ (s. u.).

Eine heftige Debatte entwickelte sich zu den Fragen, ob

- die Fermentation durch lebende Organismen und eine „Lebenskraft“ bedingt war, die die rein chemischen Kräfte (Gesetze der Affinität) überwanden und außer Kraft setzten, entsprechend der Ansicht der „Vitalisten“ oder

- einen rein chemischen Vorgang darstellte – entsprechend der Ansicht der chemischen Schule, insbesondere der Liebigs.

Weiterhin diskutierten die „Vitalisten“ die Frage, ob die Fermentation

- ein spontanes Phänomen sei, das durch die unmittelbare Erzeugung lebender Organismen bedingt sei, oder
- ob die Zugabe eines Ferments (Animpfung aus einer vorangegangenen Fermentation) erforderlich war, wie es Schwann experimentell gezeigt hatte und wie es übliche Praxis in der Brauerei war.

Hinsichtlich des Ursprungs der Fermente hatte Gay-Lussac 1810 eine „generatio spontanea“ („Urzeugung“), bei entsprechenden Bedingungen, in einer Kette von (mysteriösen) Ereignissen postuliert (Florkin, 1972; Anonymous, 1862) (s. hierzu auch Kap. 8).

Ein frühes Lehrbuch der Technologie fasste mysteriöse Konzepte zur Erklärung der Fermentationen zusammen (Poppe, 1842, S. 229):

> „Unter Gährung überhaupt versteht man eine, nach Zeit und Umständen schon von freien Stücken erfolgende *gewaltsame Bewegung* in einer aus verschiedenartigen Bestandteilen bestehenden Flüssigkeit oder in manchen mit einer Flüssigkeit versehenen festen Körpern, eine Bewegung, welche dadurch veranlaßt wird, daß manche Bestandteile freundschaftlich, andere feindschaftlich aufeinander wirken, folglich jene einander anziehen, diese einander abstoßen. Dadurch werden manche Bestandteile *zersetzt* und *andere Bindungen* veranlaßt, wodurch der, flüssige oder feste, Körper selbst ganz andere Eigenschaften erlangen kann. Wir verdanken der Gährung viele wohlschmeckende, zum Theil auch sehr gesunde, den Geist belebende und unsern Körper stärkende Getränke, nämlich viele Arten *Weine, Biere, Branntweine und Essige.*“ (Poppe, 1842, S. 229).

Der Mythos der „Lebenskraft“ („vis vitalis“) wurde weiterhin diskutiert, ausführlich von Kützing (1837) (s. u.). Er geht weiterhin von der „generatio spontanea“, der Urbildung von Lebewesen aus, die Gay-Lussac vorgeschlagen hatte: „Daraus folgt aber auch notwendig, *dass sich überhaupt organische Masse aus unorganischen Verbindungen bilden kann, wenn diese nur die Bestandteile enthalten, welche zur Zusammensetzung der organischen Masse nöthig sind.*“ […] „Die unumstösslichen Beweise von Urbildung organischer Materie liefert uns die Entstehung der Hefe und Essigmutter [Essigsäurebakterien] […]“. Quevenne (1838) nahm ebenfalls an, dass die Fermentation vom „Geheimnis der Lebenskraft“ abhängig sei.

Knapp (1847, S. 271) folgte in seinem Buch – das einen hohen wissenschaftlichen und technischen Standard aufwies – den Konzepten der führenden Chemiker (s. u.), indem er festhielt, Fermente seien keine lebenden Organismen. Dennoch betonte er die Tatsache, dass Animpfen (mit Hefe) allgemeine Praxis in Brauereien darstellte, ebenso das Wachstum und die Überschussproduktion der Hefe. Seine Darstellung blieb widersprüchlich.

Die vitalistische Schule begründete eine bedeutende empirische Basis auf der Grundlage umfangreicher Beobachtungen für die vitalistische Theorie der Fermentation (Barnett, 1998). Aus heutiger Sicht jedoch enthielt sie eine Reihe irrationaler Argumente: den Mythos der Lebenskraft, die „vis vitalis" und Urbildung von Lebewesen, die „generatio spontanea" (s. a. Kap. 8).

Ungeformte Fermente (Enzyme) waren zwar identifiziert und charakterisiert worden, sie wurden sogar in einem industriellen Verfahren angewandt. Ihre Natur bzw. Struktur blieb jedoch unbekannt, sogar obskur, da sie nicht kristallisierbar waren. Knapp (1847, S. 303) stellte anschaulich die Situation (am Beispiel der Diastase und ihrer Stärke hydrolysierenden Fähigkeit) folgendermaßen dar:

> „Obgleich diese sogenannte Diastase nur ein Gemenge von Stoffen sein kann, obgleich man von ihrer chemischen Zusammensetzung nicht das Geringste kennt, [...] so hat man doch diesem, ganz und gar hypothetischen Körper, in Wissenschaft und Literatur das Bürgerrecht gewährt. Sie ist somit nur eine Art Symbol und unter diejenigen Begriffe zu verweisen, welche (wie manche Wertpapiere) als Anweisung auf eine, in der Zukunft zu erhebende Thatsache, schon in der Gegenwart circulieren."

Fortschritte in diesem Gebiet stagnierten ab 1840, wahrscheinlich weil die widersprüchlichen Theorien zunächst der Schule Liebigs, später Pasteurs Forschung in diesem Bereich entmutigten.

2.4.3 Die chemische Schule

Berzelius (1837, S. 19, 23, 24) entwickelte ein neues Konzept zur Deutung von Reaktionen in der Chemie, in die er auch Fermentationen und die Wirkung „ungeformter Fermente" (Enzyme) wie Diastase einbezog. „Die Untersuchungen der letzten Jahre haben uns mit einer, sowohl in der unorganischen als in der organischen Natur wirksamen Kraft bekannt gemacht, die verschieden ist von den uns früher bekannten Kräften, und deren bis jetzt wenig entwickelte Geschichte ich hier kurz entwerfen will."

> „Es ist also erwiesen, dass viele, sowohl einfache als auch zusammengesetzte Körper, sowohl in fester als auch in aufgelöster Form, die Eigenschaft besitzen, auf zusammengesetzte Körper einen, von der gewöhnlichen chemischen Verwandtschaft ganz verschiedenen Einfluss auszuüben, indem sie dabei in dem Körper eine Umsetzung der Bestandtheile in anderen Verhältnissen bewirken, ohne dass sie dabei in ihren Bestandtheilen nothwendig selbst Theil nehmen, wenn dies auch mitunter der Fall sein kann."
>
> „Ich werde sie daher [...] die *katalytische Kraft* der Körper, und die Zersetzung durch dieselben *Katalyse* nennen [...]." „Die katalytische Kraft scheint darin zu bestehen, dass Körper allein durch ihre Gegenwart, und nicht durch ihre Affinität, Affinitäten zu erwecken vermögen, die bei dieser Temperatur [noch] schlummern." (Berzelius, 1837, S. 19, 23, 24; Berzelius, 1836, S. 237).

Berzelius spekulierte sogar über eine Vision synthetischer Prozesse in der Natur, die erst Jahrzehnte später in wissenschaftlichen Untersuchungen und Diskussionen zum Thema wurden.

> „Wir bekommen dadurch gegründeten Annahme zu vermuthen, dass in lebenden Pflanzen und Thieren tausende von katalytischen Prozessen zwischen den Geweben und Flüssigkeiten vor sich gehen und die Menge gleichartiger chemischer Zusammensetzungen hervorbringen, von deren Bildung aus dem gemeinschaftlichen rohen Material, dem Pflanzensaft oder dem Blut, wir nie eine annehmbare Ursache einsehen konnten, und die wir künftig vielleicht in der katalytischen Kraft des organischen Gewebes, woraus die Organe des lebenden Körpers bestehen, entdecken werden." (Berzelius, 1837, S. 25).

Als theoretischen Hintergrund bezog sich Berzelius auf Affinitäten, die Berthollet (1803) behandelt hatte. Diese besagt, dass jede Substanz entsprechend ihrer Affinität und Menge reagiert, die chemische Reaktionen hervorruft entsprechend den Affinitäten der Komponenten. Berzelius definierte Katalysatoren als Materialien, die chemische Reaktionen beschleunigen, die ohne die Anwesenheit dieser Materialien nicht ablaufen würden (Berzelius, 1837, S. 19–24). (Diese Definition gilt im Prinzip noch heute). Berzelius nannte eine Reihe von Katalysatoren, u. a. Säuren, die z. B. Stärke hydrolysieren, Alkali, Silber und Platin, auch Fermente, die die alkoholische Fermentation bewirken.

Liebig argumentierte heftig gegen das Konzept lebender Körper, die bei der Fermentation aktiv seien. Er vertrat seine „mechanische Theorie" der Fermentation, die sich noch auf Stahl bezog. Ein Körper in Zersetzung übertrage das gestörte Gleichgewicht auf andere metastabile Substanzen.

> „Ich will nun jetzt die Aufmerksamkeit der Naturforscher auf eine bis jetzt nicht beachtete Ursache lenken, durch deren Wirkung die Metamorphosen und Zersetzungserscheinungen hervorgerufen werden, die man im Allgemeinen mit *Verwesung, Fäulnis, Gährung und Vermoderung* bezeichnet. *Diese Ursache ist die Fähigkeit, welche ein in Zersetzung begriffener Körper besitzt, in einem anderen, ihn berührenden Körper dieselbe Thätigkeit hervorzurufen, oder ihn fähig zu machen, dieselbe Veränderung zu erleiden, die er selbst erfährt.* Diese Wirkungsweise lässt sich am besten durch einen brennenden Körper (einen in Aktion begriffenen) versinnlichen, mit welchem wir in anderen Körpern, indem wir sie den brennenden nähern, dieselbe Thätigkeit hervorrufen." (Liebig, 1839, S. 139).
>
> „Aus dem Vorhergehenden ergibt sich, dass bei der Gährung des reinen Zuckers mit Ferment beide nebeneinander eine Zersetzung erleiden, in deren Verfolg sie völlig verschwinden. Ihre Elemente ordnen sich zu neuen Verbindungen. [...] von dem Zucker weiss man mit positiver Gewissheit, dass durch diese Umsetzung Kohlensäure und Alkohol gebildet werden, [...]" „Das Ferment ist also ein in Zersetzung, in Fäulnis begriffener Körper; seine Fähigkeit erhält es durch Berührung mit dem Sauerstoff, durch Verwesung; [...]. Das Ferment, als Erreger der Gährung, existiert mithin nicht [...]. Es ist mithin kein eigentümlicher Körper, kein Stoff oder Materie, welche Zersetzung bewirkt, *sondern diese sind nur Träger einer Thätigkeit, die sich über die Sphäre des in Zersetzung begriffenen Körpers hinaus erstreckt*". „Die Metamorphosen werden bedingt durch eine Störung des Gleichgewichts [...]. Bringt man zu dem in Metamorphose begriffenen Ferment Zucker, so beginnt in diesem der nämliche Umsetzungsprozess, den es selbst erleidet." (Liebig, 1839, S. 132, 152, 153).

Liebigs Thesen sind vage, sogar obskur, und in den wesentlichen Punkten falsch, so z. B. die Behauptung, das Ferment sei kein „eigentlicher Körper", es verschwinde völlig, sie waren durch keine systematischen Untersuchungen, z. B. mikroskopische, belegt, – und standen in offensichtlichem Gegensatz zu den experimentell belegten Befunden von Schwann und Cagniard-Latour und der Tatsache, dass in Brauereien Überschusshefe produziert und als Produkt verkauft wurde. Liebig und sein Schüler und Freund Wöhler publizierten sogar eine böse Satire, um die vitalistische Gegenposition lächerlich zu machen:

> „Ich bin im Begriff, eine neue Theorie der Weingährung zu entwickeln. [...] Ich verdanke sie der Anwendung eines vortrefflichen Mikroskops [...]. [...] es entwicklen sich kleine Thiere [...]. Sie besitzen die Form einer Beindorf'schen Destillierblase [...]. Die Röhre des Helms ist eine Art Saugrüssel, der inwendig mit feinen langen Borsten besetzt ist, Zähne und Augen sind nicht zu bemerken, man kann übrigens einen Magen, Darmkanal und Anus (als rosaroth gefärbten Punkt), die Organe der Urinsecretion deutlich unterscheiden. [...] Die Urinblase besitzt im gefüllten Zustande die Form einer Champagnerbouteille." (Anonymous, 1862; s. a. Barnet, 1998).

Pasteur widerlegte definitiv die Thesen von Liebigs Schule etwa 20 Jahre später. Den Aufstieg und Fall dieser Thesen hat Florkin (1972, S. 145–162) ausführlich dargestellt und diskutiert. Liebigs große Verdienste lagen in der organischen und Agrikultur-Chemie. (Er ermittelte auch eine korrekte Massenbilanz für Zucker und die Produkte der Gärung.) Ein bedeutender Befund Friedrich Wöhlers brachte einen weiteren kritischen Aspekt gegen die vitalistische Position zur Geltung: Es gelang ihm 1828, Harnstoff chemisch zu synthetisieren, damit erstmals ein Produkt eines lebenden Organismus herzustellen. Er widerlegte somit das Paradigma, organische Substanzen könnten nur in lebenden Organismen gebildet werden. (Wöhler, 1828; s. a. Fruton & Simmonds, 1953).

2.4.4 Fermentation – ein Rätsel, ein epistemisches Ding

Die Kontroverse verdeutlicht das Problem, die offene, noch unbestimmte, umstrittene Natur der Fermentation. Sie verdeutlicht auch das große Interesse, das die Fachwelt dem Phänomen entgegenbrachte, dem zudem eine hohe wirtschaftlicher Bedeutung zukam. Es blieb weitgehend ein Rätsel, ein epistemisches Ding, das Rheinberger im Hinblick auf Forschungsfelder definierte, das Neugier erweckt und bedeutende Anstrengungen der Wissenschaftler hervorruft: „Epistemische Dinge sind Dinge, denen die Anstrengung des Wissens gilt – nicht unbedingt Objekte im engeren Sinn, es können auch Strukturen, Reaktionen, Funktionen sein." „[...] epistemische Dinge verkörpern, paradox gesagt, das, was man noch nicht weiß." [...]. (Rheinberger, 2001, S. 24, 25, 33) (s. a. Kap. 8).

Die Widersprüche aus frühen Ergebnissen zu Fermentationen von Schwann, Cagniard-Latour, Kützing u. a. weisen auf die typischen Eigenschaften eines solchen epistemischen Dings hin: Der Mythos der „Lebenskraft" („vis vitalis") wurde ausführlich von Kützing (1837) diskutiert: „[...] durch eine Reihe von zahlreichen

Beobachtungen [begründet er], dass während der Bildung eines jeden organischen Körpers zugleich zwei Kräfte, die organische Lebenskraft und die chemische Verwandtschaft thätig sind. Beide sind im organischen Leben stets im Kampfe miteinander begriffen und so lange ein Körper noch organisches Leben besitzt, ist die organisierende Lebenskraft vorherrschend". Typische kontroverse Argumente seinen durch folgende Zitate anschaulich gemacht: Béral (1815) formulierte analog: „Alle einfachen Körper in der Natur sind der Wirkung zweier Kräfte unterworfen, von denen eine, die Anziehung [Affinität in der Theorie Berthollets (1803)], dazu tendiert, die Moleküle der Körper miteinander zu vereinen, während die andere, erzeugt durch Wärme, sie auseinander drängt [...]. Einige dieser einfachen Körper sind in der Natur einer dritten Kraft unterworfen, bedingt durch den ‚vitalen Faktor', der die beiden anderen verändert, modifiziert und überwindet, dessen Grenzen bisher noch nicht verstanden werden."

Die Charakteristika des Gebietes der Fermentation im Hinblick auf epistemische Dinge lassen sich folgendermaßen zusammenfassen: eindeutige experimentelle und analytische Fakten waren bekannt bezüglich Produkten, der Massenbilanz, es ergaben sich analoge Phänomene zu lebenden Körpern; aber es blieben erhebliche Zweifel bezüglich unumstößlichen Fakten hinsichtlich der Reproduktion der involvierten Objekte (der Mikroorganismen). Adäquate Arbeitsmethoden für den Gegenstand, die unumstößliche, zweifelsfreie Ergebnisse ermöglicht hätten, waren noch nicht verfügbar, unterschiedliche experimentelle Verfahren wurden angewandt, Mikroskopie, Analyse der Produkte und ihre quantitative Untersuchung einschließlich Massenbilanzen. Fermente konnten als lebende Körper im Mikroskop beobachtet werden, sie konnten aber nicht mit chemischen Methoden analysiert werden, bzw. diese waren dem Gegenstand nicht angemessen. Das Forschungsgebiet betraf Phänomene, Reaktionen und Strukturen, die weder verstanden, noch erklärt werden konnten. Ergebnisse waren schwierig zu reproduzieren und ergaben widersprüchliche Resultate in verschiedenen Untersuchungen. Fermente wurden als lebende Organismen seitens der Wissenschaftler, die experimentell arbeiteten, angesehen, was die führenden Chemiker vehement bestritten. Sog. unorganisierte Fermente (Enzyme) waren offensichtlich keine lebenden Organismen, jedoch in der Lage, organische Materie zu transformieren (Reaktionen, die in der Chemie nicht möglich waren). Sie konnten nicht als Substanzen identifiziert werden, ließen sich aber durch eine Liste von Aktivitäten und Eigenschaften charakterisieren.

Obwohl Animpfen in der Praxis der Bierbrauerei als wesentlicher Vorgang zum Start der Fermentation bekannt war, haben führende Wissenschaftler eine „generatio spontanea", eine spontane Bildung lebender Organismen, postuliert bzw. (vermeintlich) beobachtet. Fermentationsprozesse erforderten eine „vis vitalis", eine „Lebenskraft" – was auch später noch Pasteur behauptete – sie folgten nicht den bekannten Gesetzen der Chemie. Viele Forscher sahen das Gebiet als schwierig und sogar mysteriös, dessen Geheimnisse noch ungelöst blieben – Ansichten, die die führenden Chemiker um Liebig strikt ablehnten, die aber keine alternativen, schlüssigen, experimentell belegte Erklärungen geben konnten. Das Forschungsfeld blieb in hohem Maße kontrovers und hinsichtlich allgemein akzeptierter

Erklärungen offen. Die Orientierung durch ein etabliertes Paradigma blieb aus, bis Pasteur (etwa 30 Jahre später) seine Theorie der Fermentation publizierte und zweifelsfrei, experimentell und logisch belegen konnte (s. hierzu Kap. 3 und 8).

Literatur

Anonymos (Liebig). (1839). Das enträthselte Geheimnis der geistigen Gärung. *Annalen der Pharmacie 29,* 100–104.

Anonymous (1862) Ueber die Gährung und die sogenannte generatio aequivoca (summary article). *Journal für Praktische Chemie, 85*, 465–472.

Barnett, J. A. (1998). A history of research on yeasts 1: Work by chemists and biologists 1789–1850. *Yeast, 14,* 1439–1451.

Béral. (1815). Zitiert in: Roberts, S.M., Turner, N.J., Willets, A.J., & Turner, M.K. (1995). *Biocatalysis.* Cambridge University Press.

Berthollet, C. L. (1803). *Essai de Statique Chimique, a) 1ère partie, b) 2ème partie.* F. Diderot.

Berzelius, J.J. (1836). Einige Ideen über eine bei der Bildung organischer Verbindungen in der lebenden Natur wirksame, aber bisher nicht bemerkte Kraft. *Jahres-Berichte, 15*, 237.

Berzelius, J. J. (1837). *Lehrbuch der Chemie.* Übersetzt von F. Woehler, Dresden und Leipzig. In der Arnoldischen Buchhandlung.

Biot, J. B. (1833). Über eine optische Eigenschaft, mittels deren man unmittelbar erkennen kann, ob irgend ein vegetabilischer Saft Rohrzucker oder Traubenzucker geben kann. *Annales de Pharmacie, 7,* 257–260.

Brockhaus. Konversations-Lexikon (1894). *Bier* (Bd. 2, S. 992–1002). F. A. Brockhaus.

Brockhaus. Konversations-Lexikon (1895). *Wein* (Bd. 16, S. 591–595). F. A. Brockhaus.

Bud, R. (1992). The zymotechnic roots of biotechnology. *The British Journal for the History of Science, 25,* 127–144.

Bud, R. (1993). *The uses of life.* Cambridge University Press. Wie wir das Leben nutzbar machten. Vieweg, Braunschweig (1995).

Cagniard-Latour, C. (1838). Mémoire sur la fermentation vineuse. *Annales de Chimie, 68,*206 (zitiert nach Teich, 1992).

de Claubry, F. G. (1836). Ueber Stärkemehlgewinnung ohne Fäulnis. *Annalen der Pharmazie, 20,* 194–196.

Demain, A. L., Vandamme, E. J., Collins, J.,& Buchholz, K. (2017). History of industruial biotechnology. In C. Wittmann & J. Liao (Hrsg.) *Industrial biotechnology Bd. 3a* (S. 3–84). Wiley-VCH.

Florkin, M. (1972). A history of biochemistry. In M. Florkin &E. H. Stotz (Hrsg.) *Comprehensive Biochemistry* (Bd. 30, S. 129–144). Elsevier.

Fruton, J. S., & Simmonds, S. (1953). *General biochemistry* (S. 1–14, 17–19, 199–205). Wiley.

Gay-Lussac, J., & Pelouze, J. (1833). Ueber die Milchsäure. Annalen der. *Die Pharmazie, 7,* 40–47.

Gmelin, C. G. (1835). Einleitung in die Chemie. Erster Band. In der H. Laupp'schen Buchhandlung, Tübingen.

Graham, T (1838). *Elements of Chemistry, (including the application of science in the arts).* H. Baillere.

Guerin-Varry (1836). Wirkung der Diastase auf Kartoffelstärkemehl. *Annalen der Pharmazie, 17,* 261–269.

Hoffmann-Ostenhof, O. (1954). *Enzymologie.* Springer.

Knapp, F. (1847). *Lehrbuch der chemischen Technologie* (Bd. 2). Vieweg.

Kühne, W. (1877). Ueber das Verhalten verschiedener organisierter und sog. *ungeformter Fermente Verhandlungen des naturhistorisch-medicinischen Vereins, 1,* 190.
Kützing, F. (1837). Microscopische Untersuchungen über die Hefe und Essigmutter, nebst mehreren anderen dazu gehörigen vegetabilischen Gebilden. *Journal für Praktische Chemie, 11,* 385–409.
Lavoisier, M. (1793). *Traité Eélementaire de Chimie. Tome premier* (2. Aufl). Cuchet.
Lee, C.-H. (2001). *Fermentation Technology in Korea.* Korea University Press.
Liebig, J. (1839). Ueber die Erscheinungen der Gährung, Fäulnis und Verwesung und ihre Ursachen. *Journal fuer Praktische Chemie/Chemiker-Zeitung, 18,* 129–165.
Liebig, J. (1846). *Die Chemie in ihrer Anwendung auf Agrikultur und Physiologie.* Vieweg.
Nicholson, I. (1967). *Mexikanische Mythologie.* E. Vollmer.
Olivares-Illana, V., et al. (2002). Characterization of a cell-associated inulosucrase from a novel source. *Journal of Industrial Microbiology and Biotechnology, 28,* 112–117.
Ost, H. (1900). *Lehrbuch der Chemischen Technologie.* Gebrüder Jänecke.
Otto, J. (1838). *Lehrbuch der rationellen Praxis der landwirtschaftlichen.* Gewerbe, Vieweg. Reprint VCH, Weinheim, 1987.
Parzinger, H. (2014). *Die Kinder des Prometheus – Eine Geschichte der Menschheit vor der Erfindung der Schrift.* Beck.
Payen, A. (1874). *Handbuch der Technischen Chemie.* Nach A. Payens Chimie industrielle, Bd. II (frei bearbeitet von F. Stohmann und C. Engler). E. Schweizerbartsche Verlagsbuchhandlung.
Payen, A., & Persoz, J. F. (1833). Mémoire sur la diastase, les principaux produits de ses réactions, et leurs applications aux arts industriels. *Annales de Chimie et de Physique, 2me. Série,* 53, 73–92. (Übersetzt in: Ann. Pharm., 1834, 12, 295–299).
Poppe, J. H. M. v. (1842). *Volks-Gewerbslehre Oder Allgemeine und Besondere Technologie* (5. Aufl., die ersten drei Auflagen erschienen vor 1837). Carl Hoffmann.
Priewe, J. (2000). *Wein.* Verlag Zabert Sandmann GmbH.
Quevenne, T. A. (1838). Mikroskopische und chemische Untersuchungen der Hefe, nebst Versuchen über die Weingährung. *Journal für Praktische Chemie, 14,* 328–349, 458–478.
Reichholf, J. H. (2008). *Warum die Menschen sesshaft wurden.*Fischer.
Rheinberger, H. -J. (2001). *Experimentalsysteme und epistemische Dinge.* Wallstein, H-J Rheinberger, Stanford University Press (Erstveröffentlichung 1997).
Röhr, M. (2000). History of biotechnology in Austria. *Advances in Biochemical Engineering, 69,* 125–149.
Russo, L. (2005). *Die vergessene Revolution.* Springer (Landwirtschaft, Weinbau in der Antike, S. 286–290, Bier S. 300, 301).
Schwann, T. (1837). Vorläufige Mittheilung, betreffend Versuche über die Weingärung und Fäulnis. *Annalen der Physik, 11*(2), 184.
Schill, A. F. (1839). Ueber den Milchbranntwein. *Annalen der Pharmazie 31,* 152–168.
Schwann, T. (1836). Ueber das Wesen des Verdauungsprocesses. *Annalen der Pharmazie, 20,* 28–34.
Searle, R. (1986). *Something in the cellar.* Souvenir Press.
Sumner, J. B., & Somers, G. F. (1953). *Chemistry and methods of enzymes* (S. XIII–XVI). Academic Press.
Tauber, H. (1949). *The chemistry and technology of enzymes.* Wiley.
Teich, M., & Needham, D. M. (1992). *A Documentary History of Biochemistry 1770–1940.* Associated University Press.
Turpin, E. (1839). Ueber die Ursache und Wirkung der geistigen und sauren Gährung. *Annalen der Pharmazie, 29,* 93–100.
Ullmann, F. (1915). *Enzyklopädie der technischen Chemie. Bier* (Bd. 2, S. 408–535).

Ullmann, F. (1923). *Enzyklopädie der technischen Chemie. Wein* (Bd. *12*, S.1–63).
Vallery-Radot, R. (1948). *Louis Pasteur, Schwarzwald-Verlag Freudenstadt, Original: La vie de Pasteur*. Flammarion (Erstveröffentlichung 1900).
Wagner, R. (1857). *Die chemische Technologie*. O. Wiegand.
Wöhler, F. (1828). Über künstliche Bildung des Harnstoffs. *Pogg. Ann. für Physik und Chemie, 12*, 253.
Wolfe, R. S. (1993). An historical overview of methanogenesis. In J. G.Ferry (Hrsg.) *Methanogenesis*. Chapman and Hall.

3 Pasteur: Mikrobiologie – eine neue Wissenschaft – Grundlage der Technik

Inhaltsverzeichnis

Die Fermentationen von Alkohol, Bier und Wein stellten im 19. Jahrhundert, wie zuvor, bedeutende Wirtschaftszweige dar (s. Kap. 2). Die Technik der Fermentation war jedoch noch nicht ausgereift, es gab immer wieder erhebliche Probleme, der Prozess und die Qualität der Produkte blieben instabil und unzureichend, insbesondere durch Fehlgärungen, die die Qualität beeinträchtigten und bedeutende Verluste verursachten, besonders in Frankreich (u. a. wegen des wärmeren Klimas).

Alle bedeutenden Lehrbücher der chemischen Technologie behandelten Fermentationsprozesse, oft im Detail, da sie technisch und ökonomisch von höchster Bedeutung waren. Die wissenschaftlichen Grundlagen der Fermentation jedoch blieben umstritten. In sorgfältigen Experimenten hatten einige führende Wissenschaftler der ersten Hälfte des 19. Jahrhunderts, insbesondere Schwann und Cagniard-Latour, in den 1830er Jahren die Fermentation von Bier und Wein im

Teile dieses Kapitels sind zuvor in Englisch publiziert worden:
Buchholz, K. und Collins, J. (2010) Concepts in Biotechnology: History, Science and Business, S. 27–49, 2010, Copyright Wiley-VCH Verlag GmbH & Co. KGaA, Weinheim, Germany. Reproduced with permission.

K. Buchholz und J. Collins, *Eine kleine Geschichte der Biotechnologie*,
https://doi.org/10.1007/978-3-662-63988-7_3

Abb. 3.1 Porträt Pasteurs von Adalbert Edelfelt (1885) (© Archivist/stock.adobe.com)

Wesentlichen richtig gedeutet, als (mikro-)biologischen Prozess, als Stoffwechseltätigkeit von Mikroorganismen, insbesondere Hefe, die sich als die aktiven Agenzien der Fermentation erwiesen. Die wesentliche Rolle der Inokulation (Animpfung) war in der Praxis etabliert (s. Kap. 2).

Trotz präziser Experimente und Resultate mit eindeutigen Befunden konnten sie sich gegen die Kritiker der chemischen Schule, vor allem Liebig und Wöhler – die dominierenden Chemiker dieser Zeit –, nicht durchsetzen. Diese überzogen deren Ergebnisse mit Zweifel und bösem Spott und diskreditierten sie, postulierten dagegen abenteuerliche Konzepte und blockierten damit ihre Anerkennung. Die Fermentation blieb weiterhin, bis Mitte der 1850er Jahre, ein umstrittenes Phänomen – ein geheimnisvoller Vorgang, ein epistemisches Ding.

Ein junger Chemiker, Louis Pasteur (Abb. 3.1), durchbrach diese Blockade mit ausgeklügelten Experimenten, aufbauend auf den zuvor erwähnten experimentellen Ergebnissen und logischen Schlussfolgerungen. Er löste den gordischen Knoten, der die Aufklärung der Grundlagen der Fermentation blockierte, der in den scheinbaren Widersprüchen der richtigen Erkenntnisse von Cagniard-Latour, Schwann u. a. einerseits und den abstrusen Postulaten von Liebig und Wöhler andererseits verharrte. Pasteur konnte Liebigs und Wöhlers Ansichten, Hypothesen und Postulate falsifizieren und eine korrekte biologische Deutung etablieren.

Er war auf ungewöhnlichem Wege zur Biologie gestoßen. Mit chemisch identischen, aber optisch unterschiedlich aktiven Substanzen, die aus Fermentationen gewonnen waren, erschien ein geheimnisvolles Phänomen, nach dessen Lösung er beharrlich suchen wird, das sich ausweitete und vertiefte. Der zweite Impuls zu seinen umfangreichen Forschungen kam aus der industriellen Praxis, der Alkoholfermentation.

Pasteur schuf, aufbauend auf genialen experimentellen Konzepten, ein neues wissenschaftliches Gebäude, er entwickelte eine Theorie der Fermentation und legte damit die Grundlagen einer neuen wissenschaftlichen Disziplin, der Mikrobiologie bzw. Bakteriologie. Schließlich würde er technische Lösungen gravierender aktueller Probleme der Fermentation entwickeln. Dazu konzipierte und realisierte Pasteur in den 1850er Jahren ausgeklügelte, richtungweisende, äußerst präzise und zugleich anschauliche Experimente, die die Stoffwechseltätigkeit von Hefe als Ursache der alkoholischen Fermentation belegten und gegen die keine Einwände mehr möglich waren, schon gar keine unseriöse Spiegelfechterei, wie sie Liebig und Wöhler betrieben hatten. Ihre Argumentationen waren ad absurdum geführt – ein Coup, ein schwerer Schlag gegen die Ansichten der Chemiker. (Erst ein halbes Jahrhundert später legte Eduard Buchner die Grundlagen der Biochemie, die die Vorgänge auf einem neuen, molekularen Niveau erklärten.) Pasteur beantwortete eine zweite grundlegende Frage, die nach einer „generatio spontanea", der spontanen Keimbildung als Quelle lebender Organismen, eindeutig und definitiv negativ. Er bewies: Nur durch Animpfen (Übertragung lebender Organismen) findet Wachstum und Vermehrung lebender (Mikro-)Organismen statt. „In the late 1850's a strong counter current in favour of the biological explanation of fermentation made itself felt. It arose from the work of Louis Pasteur (1822–1895), a remarkable fabric woven from intellectual, experimental and social threads." (Teich & Needham, 1992, S. 35). Dies soll nachfolgend, mit Bezug auf seine Publikationen und einige Biografien, ausführlich dargestellt werden.

3.1 Ein rätselhaftes Phänomen

Mehrere Biografien beschreiben Leben und wissenschaftliche Entwicklung und Arbeit Pasteurs, sehr detailliert und begeistert René Vallery-Radot (1948/1900), B. Birch (1990) und Gerald L. Geison (1995) aus wissenschaftshistorischer und kritischer Perspektive. Louis Pasteur (1822–1895) war als junger Chemiker auf ungewöhnlichem Wege zur Biologie gestoßen. Schon 1844, hatte ihn ein Phänomen fasziniert: die optische Aktivität zweier Weinsäuresalze, die identisch in ihrer chemischen Zusammensetzung waren, von denen eines aber die Ebene polarisierten Lichts drehte, das andere sich indifferent verhielt. Die zu ihrer Zeit berühmten Chemiker Mitscherlich und Biot, mit denen Pasteur später ausführlich diskutierte und korrespondierte, hatten sich mit dem Phänomen befasst, ohne es erklären zu können (Vallery-Radot, 1948/1900, S. 34–50). Pasteur würde es hartnäckig weiterverfolgen, bis er auf den biologischen Ursprung, Stoffwechselprodukte der

Hefe, stieß. Nach seiner Promotion 1847 an der École Normale in Paris untersuchte er weiterhin die Kristallformen und optische Aktivität der Weinsäuresalze und fand, dass ein Gemisch der beiden unterschiedlich kristallisierenden Weinsäuresalze optisch inaktiv war – eine Beobachtung von grundlegender Bedeutung, die er ausführlich mit Biot diskutierte. 1849 folgte er einem Ruf für eine Chemieprofessur an die Universität Straßburg. Einem Freund, Chappius, berichtete er 1851, „[...] dass ich den Geheimnissen auf der Spur bin [...]". Einem Hinweis von Mitscherlich folgend, der Weinstein (ein Salz der Weinsäure) sei von einem Fabrikanten in Triest, äußerte Pasteur „ [...] ich werde nach Triest reisen [...] ich gehe bis ans Ende der Welt, ich muss die Quelle der Traubensäure entdecken und diesen Weinstein bis an seinen Entstehungsort verfolgen." Er reiste schließlich nach Zwickau, den Wohnort eines Fabrikanten, „und nach Leipzig zurück mit 2 Portionen Weinstein (dem Kaliumsalz der Weinsäure), wie ihn Herr Fikentscher gegenwärtig verwendet, die teils aus Österreich, teils aus Italien kommen", um Untersuchungen in einem Labor der Universität durchführen zu können; er fuhr zu weiteren Weinsäurefabriken, nach Wien, Prag, untersuchte Weinstein aus Neapel, aus Österreich, von Kroatien und Krain (Vallery-Radot, 1948/1900, S. 80, 82)[1]. – Es ist ein *epistemisches Ding,* experimentelle Fakten, die sich zu keiner Erklärung zusammenfügen ließen, ein scheinbar unlösbares Rätsel, – das zu fieberhaftem Suchen anregte und das Pasteur antrieb, quer durch Europa zu reisen, mit großem Aufwand, ungeduldig und fieberhaft nach einer Lösung zu suchen, bis er die Lösung des Rätsels fand.

Pasteur suchte nach Quellen der Traubensäure, die Gay-Lussac beschrieben hatte, und fand sie schließlich in unterschiedlichen Mengen im Weinstein verschiedener regionaler Hersteller (von Neapel bis Sachsen).[2] In ausgeklügelten Laborversuchen konnte er durch Erhitzen die Weinsäure in Traubensäure überführen. Untersuchungen der Kristallformen ergaben wechselseitige Beziehungen zwischen der nicht zur Deckung zu bringenden Hemiedrie (den verschiedene Kristallformen) und dem (optischen) Drehungsvermögen, es „war für ihn eine glückverheißende Ahnung". Es gelang ihm schließlich, die für das polarisierte

[1] Anm. 1: Weinsäure – HO_2C–CHOH–CHOH–CO_2H – umfasst zwei asymmetrische Kohlenstoffatome (R_1–CHOH– R_2), es kommen drei molekular unterschiedliche Formen vor, eine polarisiertes Licht links-, eine rechtsdrehende und eine optisch inaktive Form. Sie können z. B. durch Kristallisation getrennt werden, was Pasteur gelang. Die Herstellung von „Rechtsweinsäure" aus Weinstein, ein Nebenprodukt der Weinherstellung, ist beschrieben in Ullmann (1923, S. 64–69).

[2] Anm.2: Kestner, ein elsässischer Fabrikant in Thann, hatte zufällig bei der Herstellung von Weinsäure aus Weinstein eine andere Säure erhalten, die Gay-Lussac, berühmter Physiker und Chemiker seiner Zeit, bei seinem Besuch der Fabrik 1826 als Traubensäure (die Salze werden als Tartrate bezeichnet) benannte. Sie sind chemisch in der Zusammensetzung identisch mit Weinsäure, aber optisch inaktiv. In Weintrauben wird nur D- oder rechtsdrehende Weinsäure gebildet (Traubensaft enthält 0,3–1,7 % Weinsäure) (Ullmann, 1923, S. 63, 64). Bei hohen Temperaturen lagern sich die Isomeren, die verschiedenen optisch aktiven Säuren, ineinander um; bei den verschiedenen Quellen muss man unterschiedliche Temperaturen im Herstellungsverfahren vermuten, die zu unterschiedlichen Gehalten an Traubensäure durch Umlagerung aus Weinsäure führten (K B).

Licht inaktive Traubensäure in zwei Weinsäuren, eine rechts- und eine linksdrehende (über die Kristallisation) zu zerlegen – eine „denkwürdige“ Entdeckung, die ihn in der akademischen Welt bekannt machte. Pasteur sprach von der „molekularen Asymmetrie“ – zunächst eine Spekulation, da erst viel später (1874) die molekularen Grundlagen durch die Theorie von Le Bel und van't Hoff (erster Nobelpreis für Chemie 1901) gelegt wurden.[3] Er sah diese überall im Universum. „Das Universum ist ein asymmetrisches Ganzes. Ich möchte glauben, dass das Leben, wie es sich uns darstellt, eine Funktion der Asymmetrie des Universums oder ihrer Folgen sein muß..... Das Leben ist beherrscht von asymmetrischen Vorgängen“ (Vallery-Radot, 1948/1900, S. 82–87). Diese Episoden sollen Pasteurs Faszination für Phänomene wie die optische Aktivität zeigen, die er mit lebenden Organismen verband, konkret mit den Quellen aus Trauben und Nebenprodukten der Fermentation, die er später im Detail mit größter Ausdauer und Energie untersuchte.

In der Natur ist tatsächlich die molekulare Asymmetrie von größter Bedeutung. Sie beruht meist auf einem, oder, in komplexeren Molekülen, auf mehreren asymmetrischen C-Atomen.[4] Alle Aminosäuren, die aus ihnen aufgebauten Proteine, und die Zucker, also auch Polysaccharide wie Stärke und Cellulose, liegen als Isomere vor. Bei der chemischen Synthese, z. B. von Aminosäuren, werden immer beide Isomeren gebildet. Für die Anwendung in Nahrungs-, Futtermitteln oder Pharmazeutika wird jedoch nur das L-Isomere eingesetzt.[5]

---

[3] Anm. 3: Das Phänomen beruht auf Kohlenstoffverbindungen mit einem oder mehreren asymmetrischen Kohlenstoffatomen. Le Bel und van't Hoff erklärten das Phänomen der optischen Aktivität durch die Annahme, in optisch aktiven Verbindungen seien die chemischen Bindungen zwischen den Kohlenstoffatomen und ihren vier Substituenten (Nachbarn) räumlich so angeordnet, dass sich das Kohlenstoffatom im Zentrum und die benachbarten Atome an den Ecken eines Tetraeders befinden. Wenn die vier Bindungen (bzw. die Substituenten) unterschiedlich sind, kann das Molekül in Form zweier spiegelbildlich gleichen Bauweisen vorkommen, die durch Drehung nicht zur Deckung zu bringen sind. Le Bel und van't Hoff haben damit die Stereochemie – ein entscheidender Faktor für Eigenschaften und Wirkungen vieler Naturstoffe – grundlegend weiterentwickelt (s. a. Mortimer, 1983).

[4] Anm. 4: Ein einfaches Beispiel ist die Aminosäure Serin, in der das zentrale C-Atom mit vier unterschiedlichen Substituenten, –H, $-NH_2$, –COOH, und $-CH_2OH$, verbunden ist. Sie existiert in zwei Isomeren (räumlichen Anordnungen der Atome), die sich wie Bild und Spiegelbild verhalten. Diese sind in den chemischen Eigenschaften (Reaktionen) identisch, unterscheiden sich aber darin, dass eines die Ebene polarisierten Lichts nach links (L-Isomer, L-Serin), das andere nach rechts dreht (D-Serin). In der Natur kommen in der Regel nur L-Aminosäuren vor, aus denen die Proteine aufgebaut sind. Komplexer ist der Aufbau von Zuckern, die in mehreren Isomeren vorkommen.

[5] Anm. 5: Dieses kann nicht durch klassische chemische Verfahren abgetrennt und isoliert werden. Die Trennung erfolgt i. d. R. über eine chemische Derivatisierung (z. B. mittels Acetyl- bzw., Essigsäuregruppen). Anschließend folgt die selektive enzymatische Spaltung zum L-Isomeren, wobei eben nur das eine Derivat umgesetzt wird; die Abtrennung erfolgt dann z. B. durch Chromatographie. So wird z. B. im Gemisch von D,L-Acetylmethionin aus chemischer Synthese L-Methionin enzymatisch abgespalten und dann chromatographisch isoliert.

Enzyme, die Biokatalysatoren der Natur, katalysieren aufgrund ihrer räumlichen Struktur Reaktionen stereoselektiv. So wird u. a. – wie erwähnt – L-Methionin gewonnen, das in großen Mengen

3.2 Probleme der Alkoholproduktion– und ihre Lösung

1854 wurde Pasteur als Professor und Dekan der neu eingerichteten Fakultät der Naturwissenschaften in Lille berufen. Der Minister für öffentlichen Unterricht erwartete von ihm, dass er sein wissenschaftliches Wissen für die regionalen chemischen und Brauereiindustrien nützlich machen würde. In seiner Antrittsrede als Dekan im Dezember 1854 bekräftigte er dieses Ziel. Seine Studenten führte er zu Beginn seiner Vorlesungen in seine Konzeption wissenschaftlicher Arbeit ein: „Ohne Theorie ist die Praxis nichts als gewohnheitsmäßige Routine. Die Theorie allein kann den Erfindungsgeist wecken und entwickeln. [...] Sie berechtigt zu Hoffnungen, das ist alles." (Vallery-Radot, 1948/1900, S. 92, 93). Bezüglich der Fermentation jedoch – trotz der Erkenntnisse von Cagniard-Latour und Schwann – notierte er vier Monate vor seinen Untersuchungen in einer Alkoholfabrik für seine Vorlesung: „Worin besteht die Gärung? Sie ist eine völlig dunkle Erscheinung." Auch Dumas, ein anerkannter Wissenschaftler der Zeit, betrachtete „den Vorgang der Gärung als sonderbar und geheimnisvoll." (Vallery-Radot, 1948/1900, S. 97). Die irreführenden Theorien von Berzelius und Liebig blieben dominierend. – Auch die Fermentation blieb ein *epistemisches Ding.*

Die ersten technischen Fragen und die Bitte um Hilfe richtete M. Bigot 1856, ein Fabrikant von Alkohol in Lille, an Pasteur (Vallery-Radot, 1948/1900, S. 92–96). Bigot und andere Fabrikanten produzierten Alkohol aus Zuckerrüben; sie erlitten beträchtliche Verluste, wenn der „Saft (die Maische) sauer" wurde. Pasteur begann sofort mit Untersuchungen, besuchte die Fabrik von Bigot fast täglich und nahm Proben, die er in seinem Labor untersuchte.

Pasteur „verbrachte fast täglich lange Zeit in der Fabrik. [...] In seinem Laboratorium untersuchte er die kleinen Kügelchen in der gärenden Brühe, [...] stellte Hypothesen auf, verließ sie sofort wieder, wenn etwas dagegen sprach, schrieb: Falsch, Irrtum. Nein." (Vallery-Radot, 1948/1900, S. 96, 97). In einer Reihe von Experimenten und in zahlreichen mikroskopischen Untersuchungen beobachtete er ovale oder kugelförmige Hefezellen in normal verlaufenden Fermentationen, jedoch Stäbchen, wenn die Fermentation „sauer" wurde (bedingt durch Essig- oder Milchsäure) (Abb. 3.2, 3.3). Pasteur war aufgrund seiner mikroskopischen Untersuchungen überzeugt, dass die Fermentation durch mikroskopisch kleine Organismen bedingt war und dass verschiedene Spezies für die unterschiedlichen Produkte verantwortlich waren (Pasteur, 1857a, b; Vallery-Radot, 1948, S. 92–97; Birch, 1990, S. 25–29; Geison, 1995, S. 92, 93).

Das Wachstum von Hefezellen bei der Alkoholfermentation war experimentell eindeutig belegt durch deren zunehmende Masse und die Bildung neuer Hefekügelchen. Die Umsetzung von Zucker zu Alkohol und Kohlendioxid korrelierte mit

---

Futtermitteln zugesetzt wird. Methionin kommt in Futtermitteln auf pflanzlicher Basis in zu geringen Mengen vor, ebenso wie L-Lysin (Buchholz et. al. 2012, S. 297–301). D-Aminosäuren können von Tieren nicht genutzt werden. Bei Pharmazeutika kann die Anwendung eines Isomerengemisches fatale Folgen haben, wie im Beispiel Thalidomid (Contergan), bei dem eines der Isomeren teratogen ist und zu schweren Fehlbildungen bei Neugeborenen führte.

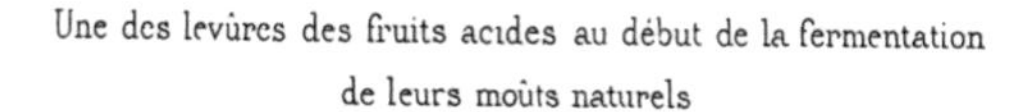

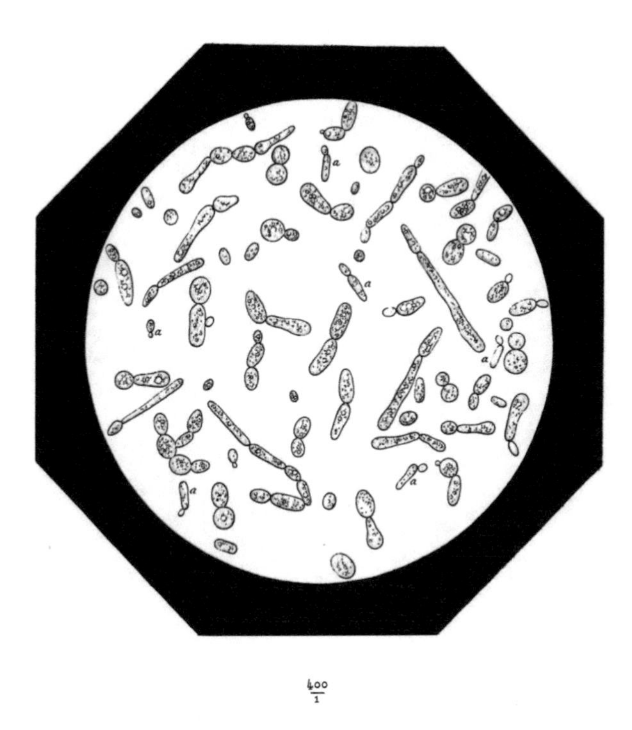

$\frac{400}{1}$

Abb. 3.2 Natürliche Hefe am Beginn der Fermentation des Mosts von sauren Früchten (Une des levûres des fruits acides au début de la fermentation de leurs mouts naturels) (Pasteur, 1876, Pl. X, S. 164)

dem Lebenszyklus der Hefe und war kein rein chemischer Vorgang, wie z. B. noch Berthelot und die chemische Schule Liebigs behaupteten. Pasteur hatte weitere Fermentationen, wie die Milchsäure- und Buttersäuregärung, identifiziert und auf die Aktivität unterschiedlicher Mikroorganismen zurückgeführt. Diese waren verantwortlich für die Verluste bei der industriellen Alkoholfermentation – damit hatte er den ersten Ansatz zur Lösung der praktischen Probleme gefunden (s. u.). Er hatte auch festgestellt, dass Hefe sowohl in Gegenwart als auch in Abwesenheit von Sauerstoff leben kann. Im ersteren Fall wächst sie schnell, ohne Alkohol zu bilden, im zweiten assimiliert sie Sauerstoff aus Zucker und bildet Alkohol. Er hatte damit wesentliche Grundlagen aeroben und anaeroben Stoffwechsels und Wachstums ermittelt (Pasteur, 1862, 1863, 1876).

Schon nach einem Jahr veröffentlichte Pasteur (1857a), basierend auf seinen Befunden – zahlreichen Laborexperimenten –, die wesentlichen Elemente der Fermentation. In der Einleitung beschrieb er die Umsetzung von Zucker in Milchsäure, mit der Anmerkung, dass das Phänomen sehr schwierig zu verstehen sei.

Bière tournée. Aspect au microscope de son dépôt

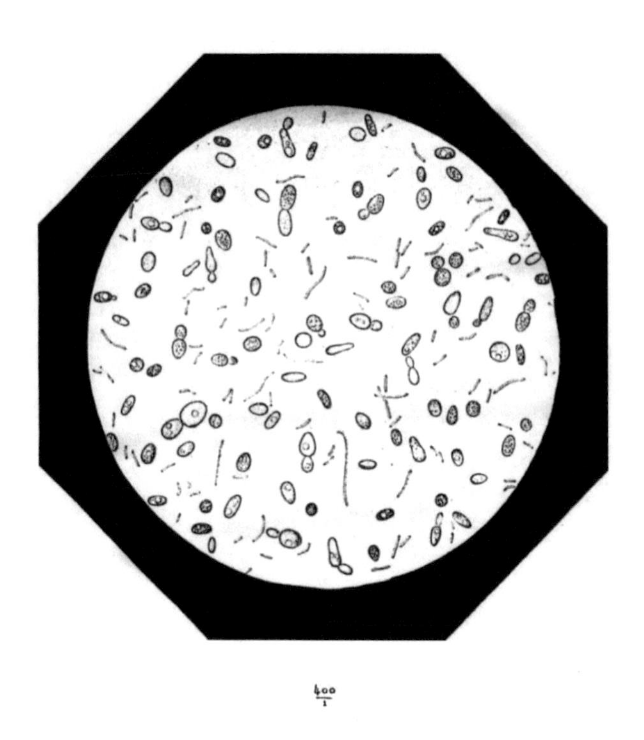

Abb. 3.3 Hauptsächliche Fermente der Fehlfermentation von Most und Bier (Principaux ferments de maladie du môut et de la bière) (Pasteur, 1876, Pl. I, S. 6)

Zunächst schienen die Fakten Liebigs Theorie zu bestätigen. Diese würden auch durch mehrere Veröffentlichungen von Frémy, Boutron und Berthelot gestützt. Dann jedoch hob er hervor, dass seine Untersuchungen zu grundsätzlich anderen Ergebnissen führten, denn in allen Experimenten, in denen Zucker in Milchsäure umgesetzt wurde, konnte er ein spezielles Ferment, eine „Milchsäure-Hefe" beobachten. Er beschrieb das Verfahren, mit dem er es in Reinkultur isolieren konnte. Pasteurs kurze Diskussion der Milchsäuregärung eröffnete 1) das biologische Konzept der Fermentation als Resultat der Aktivität lebender Organismen, 2) eine Diskussion des Animpfens, entsprechend der allgemeinen Praxis in der Bierbrauerei, um eine zuverlässige Fermentation zu starten, 3) die Feststellung der Spezifität, gemäß der jede Fermentation auf einen speziellen Mikroorganismus zurückzuführen ist (entsprechend seinen Erfahrungen in der Alkoholfabrik), 4) die wichtige experimentelle Erfahrung, dass das Fermentationsmedium die für einen Mikroorganismus erforderlichen Nährstoffe (insbesondere stickstoffhaltige Substanzen) enthalten muss, 5) die chemischen Charakteristika, die durch die Produkte und Nebenprodukte der Fermentation gekennzeichnet sind.

Pasteur hatte seine Experimente mit wohldurchdachter Logik geplant und mit größter Sorgfalt durchgeführt, insbesondere bezüglich steriler Arbeitsweise, wozu er spezielle Glasgefäße entwickelt hatte (Abb. 3.4). Natürlich waren ihm die – hervorragenden – Arbeiten von Schwann und Cagniard-Latour bekannt, deren Ergebnisse jedoch umstritten blieben (s. o.). Im Gegensatz dazu ließen Pasteurs Logik der Argumentation und Planung der Experimente sowie seine experimentelles Geschick und seine Präzision keine Zweifel an der Richtigkeit seiner Interpretation und den Schlussfolgerungen mehr zu.

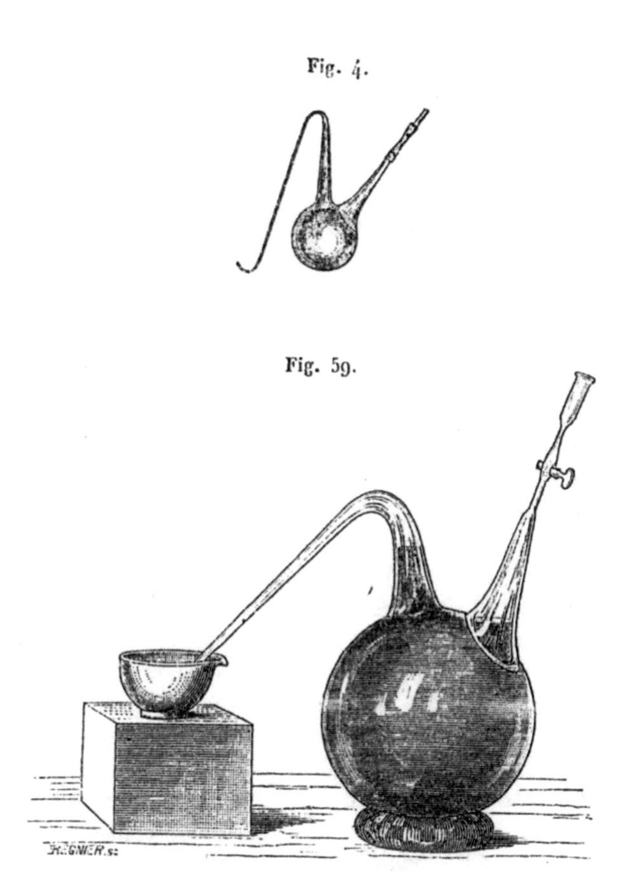

Abb. 3.4 Gefäße für die Experimente zur Fermentation. Oben: Flasche für sterile Fermentationsexperimente (das Röhrchen auf der rechten Seite ermöglicht den Austritt von Wasserdampf beim Kochen zur Sterilisation der Substratlösung; reine Hefe wird anschließend als Inokulum (Impfen zum Start der Fermentation) zugesetzt und das Röhrchen verschlossen. Die Kapillare auf der linken Seite dient zum Druckausgleich, ohne dass Mikroorganismen oder Sporen in das Gefäß eindringen können. Unten: Gefäß für Experimente zur anaeroben Fermentation (ohne Sauerstoff; eine kleine Menge Hefesuspension wird rechts zugesetzt zur Substratlösung, die zuvor gekocht wurde; gebildetes Kohlendioxid kann durch die linke Kapillare und einen Becher mit Quecksilber austreten (Pasteur 1876, Figure 4, S. 29; Figure 59, S. 232)

3.3 Eine Theorie der Fermentation

Pasteur (1860) führte in seiner klassischen Schrift einen schweren und entscheidenden Schlag gegen die chemische Schule aus, deren Kopf Liebig war. Darin fasste er seine vorangehenden Befunde zusammen und fokussierte sich auf die Diskussion und Auseinandersetzungen zur Fermentation. „It inflicted on the chemical theory a series of blows" (Geison, 1995). Liebig hatte es versäumt, vor der Konzeption seiner Hypothese präzise experimentelle Untersuchungen durchzuführen. Pasteurs Publikationen (Pasteur, 1860, 1862) kennzeichneten eine Umwälzung in der Debatte zur biologischen bzw. chemischen Deutung und Erklärung der Fermentation, – they „[...] marked a watershed in the debate over biological vs. chemical explanations of fermentation." Er war offensichtlich der Sieger in der langen und erbitterten Auseinandersetzung mit Liebig – „[...] it is easy enough to declare Pasteur the victor in his long and rancorous dispute with Liebig". (Geison, 1995).

Eines der Mysterien der Fermentation blieb noch immer umstritten – die Hypothese der spontanen Keimbildung („générations dites spontanées") – also der spontanen Neubildung von lebenden Organismen in geeigneten Nährlösungen (z. B Pflanzensäften oder Zuckerlösungen). „It remained a battlefield of outstanding scientists for more than five decades" (Geison, 1995). Pasteur untersuchte das umstrittene Problem grundlegend, mit großer Sorgfalt und seinen hoch entwickelten Techniken zu steriler Arbeitsweise (Abb. 3.4). Er diskutierte in seinem Werk „Études sur la Bière" (1876, S. 59–80; zuvor publiziert 1862 in Compt. Rend. 51, 348; Compt. rend. 51, 676) ausführlich die Schwierigkeiten und Fehler der vorangehenden Untersuchungen von Trécul und Fremy (die die Hypothese noch 1872 vor der Akademie vertraten), insbesondere aber die des bedeutenden Physikers Gay-Lussac, der 1810 eigene Untersuchungen publiziert hatte und dem er hohe Achtung entgegenbrachte. Er bezog sich auf die – hochgeschätzten – Arbeiten von Schwann und Cagniard-Latour, die er, mit wesentlichen experimentellen Modifikationen, wiederholte und bestätigte (s. a. Geison, 1995, S. 115). Er beschreibt in vielen Details umfangreiche Versuche, die seine Theorie belegen, dass Fermentationen nur durch die Übertragung von Keimen (Mikroorganismen), durch Animpfen oder durch Übertragung von solchen die z. B. in der Luft vorhanden sind, verursacht werden, und dass eine spontane Keimbildung auszuschließen ist. „Toute altération maladive dans la qualité de la bière coincide avec le développement d'organismes microscopiques étrangers à la nature de la levure de bière". (Pasteur, 1876, S. 19; 25)[6] (s. a. Abb. 3.4).

---

[6] Anm. 6: „[...] je dois insister sur la difficulté qu'on éprouve souvent à interpréter les faits d'ensemencement spontané des liquides organiques." ("[...] ich muß hier die Schwierigkeiten betonen, die man oft bei der Interpretation der Fakten des spontanen Animpfens (d. h. spontaner Infektionen) organischer Lösungen erfährt.") Pasteur behandelt hierbei ausführlich den Eintrag von Keimen, u. a. aus der Luft, in Flüssigkeiten (Pasteur, 1862). „Toute altération maladive dans la qualité de la bière coincide avec le développement d'organismes microscopiques étrangers à la nature de la levure de bière". ("Jede abträgliche Veränderung der Qualität des Bieres fällt zusammen

Darüber hinaus führte er 1860 eine Art Show durch, eine Expedition ausgehend von der Ebene ins Hochgebirge nahe Chamonix, auf den Gletscher Mer de Glace, um die Bedeutung von Keimen in der Luft bzw. keimfreier Luft vor Augen zu führen. Er führte bei seiner Exkursion, die von der Ebene ausging bis zum Hochgebirge bei Chamonix, versiegelte und sterilisierte Flaschen mit Nährlösung mit sich, die er in verschiedenen Höhen öffnete und der Luft aussetzte, die mit der Höhe zunehmend keimarm wurde, sodass, nach Inkubation, immer weniger Wachstum von Mikroorganismen resultierte, bis auf dem Gletscher kein Wachstum mehr zu beobachten war.[7] Die Ergebnisse präsentierte Pasteur zuerst 1861 in einem Vortrag vor der Société Chimique de Paris, später, 1864, in einer berühmten Vorlesung in der Sorbonne, einer Show für „tout Paris", mit prominenten Gästen wie Alexandre Dumas, um nicht nur die wissenschaftliche Gemeinschaft, sondern die allgemeine Öffentlichkeit von seiner Theorie zu überzeugen. Zur Demonstration seiner These – der Anwesenheit von Keimen in der Luft –, ließ er den Saal abdunkeln und einen starken Lichtstrahl durch den Raum projizieren, in dem zahlreiche Partikel sichtbar wurden, Staubpartikel, die zweifelsohne auch Keime von Mikroorganismen mitführten.

Mit seinen ausführlichen Experimenten – und dem allgemeinen Stand des Wissens – begründete er das Ende der Theorie der spontanen Keimbildung („générations dites spontanées") (Pasteur, 1862, 1876; Vallery-Radot, 1948/1900, S. 119–121, 131, 132; Geison, 1995, S. 118–125). Seine Theorie der Fermentation fasst Pasteur in Kap. VI seines Buches „Études sur la Bière. Avec une Théorie Nouvelle de la Fermentation" (1876) zusammen: „Théorie physiologique de la fermentation". Die Kernthesen hatte er schon früh formuliert (Pasteur, 1857a). Mit seinen grundlegenden Arbeiten begründete Pasteur die neue Wissenschaft der Mikrobiologie (damals oft als Bakteriologie bezeichnet). Hierzu trugen auch die Arbeiten von Robert Koch entscheidend bei, in denen dieser die Identifizierung und Anzucht eines breiten Spektrums von Mikroorganismen untersuchte und Methoden dazu entwickelte (s. u.). Weitere bedeutende Wissenschaftler, die zu den Grundlagen der Mikrobiologie beitrugen, waren Joseph Lister (Großbritannien) und Sergei Winogradsky (Russland).

Andere Wissenschaftler publizierten Ergebnisse über Fermentationen, allerdings vergleichsweise weniger bedeutend als die Pasteurs. Berthelot untersuchte die Fermentation anderer Substrate als Zucker, Glycerin, Mannit und Sorbit, und beobachtete nicht nur Alkohol und CO_2 als Produkte, sondern auch Wasserstoff – es musste sich also auch um anaerobe Bedingungen handeln (Berthelot, 1856, 1857). Eine Reihe von Béchamps Arbeiten waren von Bedeutung für technische

mit der Entwicklung mikroskospischer Organismen, die fremder Natur gegenüber der Bierhefe sind.") In § 2: „L'absence d'altération du moût de bière et de la bière coincide avec l'absence d'organismes étrangers". (Die Abwesenheit einer Fehlgärung der Würze und des Bieres korrelieren mit der Abwesenheit fremder Organismen). (Pasteur, 1876, S. 19, 25).

[7] Anm. 7: Inkubation bedeutet, nach Animpfen einer für das Wachstum geeigneten Nährlösung mit Keimen eines Mikroorganismus, das „Bebrüten" dieser Nährlösung bei geeigneter Temperatur (oft 37 °C) in einem Brutschrank über einen Zeitraum, der für das Wachstum ausreichend ist.

Probleme und ihre Lösung (s. Abschnitt 3.5, Technische Entwicklung) (Béchamp, 1864a, b, 1866). Jedoch – noch 1897 erscheint im Bulletin de la Société Chimique de Paris eine kontroverse Diskussion der spontanen Keimbildung mit Maumené, der die Frage als noch sehr obskur betrachtet, „ [...Je] regarde la question des fermentations comme encore très obsure." („Ich betrachte die Frage der Fermentationen noch als sehr obskur." Bulletin 17, S. 796, Séance du 23 Juillet, 1897). Dem widerspricht Béchamp „Or, le sucre de canne et l'eau ne pouvant donner naissance à rien d'organisé et vivant par génération spontanée [...]." (Der Rohrzucker und Wasser können aber keine Entstehung organisierter oder lebender [Substanz] durch spontane Erzeugung bewirken"). Er bezieht sich auf eigene Experimente aus den Jahren 1853 bis 1857, wobei er die weit umfangreicheren Experimente Pasteurs nicht zitiert (Bulletin 17, S. 796, Séance du 23 Juillet, 1897).

3.4 Enzyme

Fortschritte gab es im Bereich Enzyme, damals als „ungeformte, lösliche Fermente" bezeichnet – im Unterschied zu „organisierten, geformten Fermenten" (Mikroorganismen wie Hefe) –, ein Vorspiel auf die große Epoche der Biochemie, eingeläutet von Eduard Buchner 1897. Eine Reihe aktiver Substanzen wurden aus unterschiedlichen Quellen isoliert (u. a. aus Blumen, über Früchte bis hin zu Pankreas), von Béchamp (1865, 1866), Dobell (1869), Berthelot (1860), Marckwort und Hüfner (1875) und Schwarzer (1870). Es handelte sich um Saccharose spaltende Invertase, Stärke hydrolysierende Diastasen (Amylasen, Amyloglucosidasen), fettspaltende Lipasen, Eiweiß und Emulsin spaltende Aktivitäten u. a. Hüfner (1872) entwickelte eine neue Methode, um Enzyme aus Pankreas – eine reichhaltige Quelle zahlreicher Aktivitäten – zu isolieren. Marckwort und Hüfner und Schwarzer führten Experimente aus, die kinetische Eigenschaften kennzeichneten, indem sie den Einfluss unterschiedlicher Parameter, wie Konzentration, Zeit und Temperatur, untersuchten. (Eine Übersicht geben Buchholz & Poulson, 2000.)

Berthelot (1857) unternahm Versuche, die – nach eigener Einschätzung – zeigten, dass eine besondere Substanz, die er aus Hefe isolierte, Zucker in Alkohol umwandelt, also die alkoholische Gärung durchführt. Er schloss daraus, dass die Alkoholfermentation ein rein chemischer Vorgang sei. Allerdings führte er seine Experimente nicht unter sterilen Bedingungen durch, es waren vermutlich (damals unbekannte) anaerobe Bakterien, die geringe Mengen an Alkohol und CO_2, außerdem Wasserstoff, Essig- und Buttersäure bildeten. Erst 40 Jahre später gelang Buchner der eindeutige und schlüssige Nachweis dieser Reaktionsfolge mit zellfreien Extrakten und damit die Begründung der Biochemie (s. Kap. 4).

Berzelius hatte schon 1836 eine noch heute gültige Charakterisierung enzymatischer Aktivität als katalytische Reaktionen formuliert. Willy Kühne (1877) führte die Bezeichnung „Enzyme" ein, um deutlich zu machen, dass es sich um Substanzen aus Hefe (griech. „en zyme") handelte. Nur etwa ein Dutzend solcher Enzyme war bis 1880 bekannt, da die Forschungsaktivitäten begrenzt waren. In einer bemerkenswerten Publikation diskutierte Hüfner (1872, S. 388, 391) die offene Frage der „ungeformten Fermente“ (im Sinne von Enzymen), ihre Rolle in lebenden Organismen und das Dogma, Leben sei essenziell für Fermentationen. Er formulierte die Hoffnung, dass ein weitergehender Einblick in die Fermentation ohne die Annahme unbekannter Kräfte – der „vis vitalis“ – auskäme, und sie den gleichen Gesetzen wie denen aller chemischer Reaktionen folge. Ein erstaunlicher, zukunftsweisender Standpunkt war in Payens Buch über „Industrielle Chemie“ (1874, Bd. 2. S. 399) formuliert, in dem ein Zusammenhang als wahrscheinlich angesehen wurde: „1. Der Gährungserreger, das Ferment, ist eine stickstoffhaltige organische (nicht organisierte Substanz), wie z. B. in Zersetzung begriffene Proteinstoffe [....], 2. Das Ferment ist ein organisierter Körper, eine niedere Pflanze oder ein Infusorium, wie z. B. bei der weingeistigen Gährung. Es ist wahrscheinlich, dass die Art und Weise der Wirkung dieser beiden Classen von Fermenten ein und dieselbe ist, dass das Ferment der zweiten Klasse durch seine Lebenstätigkeit einen Körper der ersten Classe produciert, welcher selbst erst den Gährungsprozess, sei es innerhalb oder ausserhalb des Fermentes selbst, hervorruft.“ (Hier werden beide Arten von Fermenten nicht eindeutig getrennt, wie überwiegend in der zeitgenössischen Literatur, als „Gährungserreger“ und organisierter Körper, und mit Liebigs Hypothese vermischt). Traube formulierte 1878 die Ansicht, dass „auch innerhalb der Zellen den Enzymen ähnliche Agenzien betätigt sind und die Gärungsprozesse auslösen.“ – Es sind dies Argumentationen, die in die Richtung von Buchners Arbeiten und Konzeption, 1897 erstmals publiziert, zielen.

Die Natur „ungeformter Fermente“ (im Sinne von Enzymen) wurde folgendermaßen charakterisiert: die primäre Eigenschaft stellt ihre Rolle in Reaktionen dar (von Berzelius schon 1836 als katalytische bezeichnet), wie bei Diastase in der Stärke-, bei Invertase in der Saccharosehydrolyse usw. Sekundäre Merkmale waren die Fällbarkeit mit Alkohol, der Verlust der Aktivität bei Erhitzen, Nichtkristallisierbarkeit und die Tatsache, dass keine definierte chemische Zusammensetzung zu ermitteln war (Payen, 1874, Bd. 2). Insgesamt blieben die Forschungsaktivitäten in diesem Bereich relativ gering, eher unbedeutend, gemessen an denen zu Fermentationen (Ullmann Bd. 5, 1914, S. 326, 327). Es ist zu vermuten, dass Liebigs und Wöhlers dominante chemische Schule mit ihren falschen Behauptungen und Hypothesen und Pasteur mit seinem dogmatischen Festhalten an der „vis vitalis“ die Forschungsaktivitäten zu Enzymen, „ungeformten Fermenten“, demotivierten. Übersichten, auch zu Anwendungen von Enzymen in dieser Periode, finden sich bei Buchholz und Poulson (2000), Poulson und Buchholz (2003), Ullmann (1915–1923) und Brockhaus (1894–1897) (bei den letzteren unter den jeweiligen Stichworten, Diastase, Pepsin, Trypsin usw.).

3.5 Technische Entwicklungen und Produkte

Industrielle Fermentationsprozesse erfuhren bedeutende Fortschritte, insbesondere durch Pasteurs Entwicklungen, operative, durch die Beachtung keimfreier oder keimarmer Arbeitsweise und Prozessführung, und apparative, durch den Entwurf der geschlossenen Fermenterbauweise (Abb. 3.5) (zuvor waren überwiegend offene

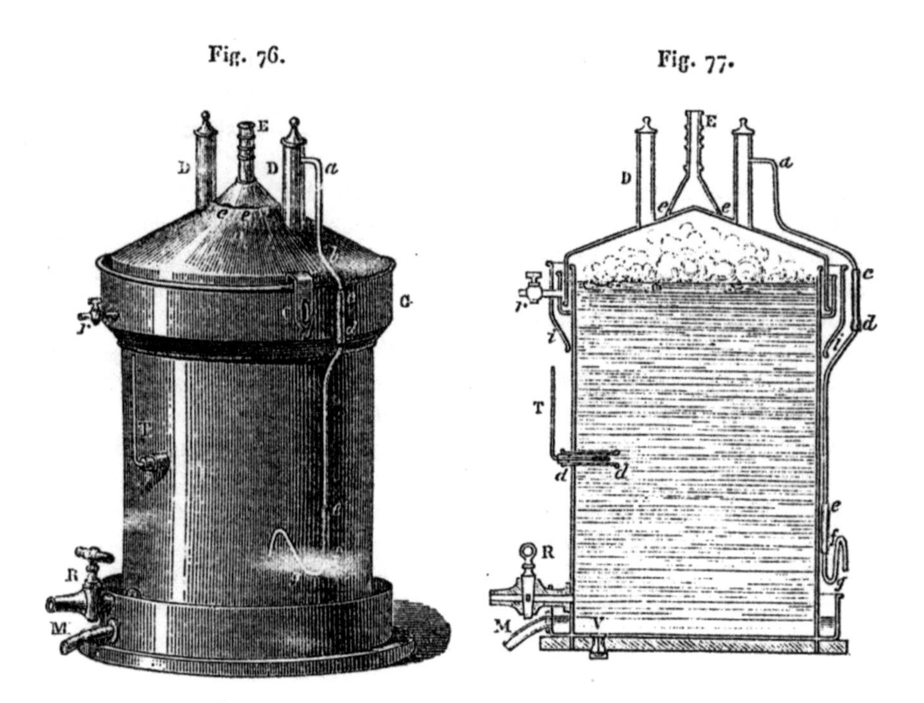

Abb. 3.5 Pasteurs technischer Fermenter. In T befindet sich ein Thermometer. Auf dem Deckel befindet sich eine Wasserrinne, die mit kochendem Wasser gefüllt wird, durch r kann diese entleert werden. Der Überlauf mündet in eine weitere untere Rinne mit einem Ablauf M. R und V sind Ventile zum Entleeren. D ist ein Ventil. Durch E kann Kühlwasser geleitet werden. Ein Kautschukschlauch cd verbindet das Metallrohr ac (das in ein darüberliegendes Rohr mündet) mit den Rohren defg. ef ist ein Rohrstück aus Kautschuk, das den Teil de mit dem gekrümmten Glasrohr verbindet (Pasteur 1876, S. 328)

Braukessel im Einsatz)[8] (Knapp, 1847, S. 330–347). Basierend auf seinen Untersuchungen entwickelte Pasteur Strategien, die Probleme der Alkoholproduktion und später der Brauereien zu lösen. „L'idée de ces recherches m'a été inspirée par nos malheurs. [...] J'ai la conviction d'avoir trouvé une solution rigoureuse et pratique du problème ardu que je m'étais proposé, celui d'une fabrication applicable en toute saison et en tout lieu [...]". „Unsere Probleme haben mich zu diesen Untersuchungen angeregt. [...] Ich bin überzeugt, eine durchgreifende und praktikable Lösung des dringenden, schwierigen Problems, das ich mir gestellt habe, gefunden zu haben, nämlich das einer zu jeder Jahreszeit und an jedem Ort anwendbaren

[8] Anm. 8: „Die Geräte zum Kochen der Würze sind entweder flach und dann in der Regel viereckig, Braupfannen, oder tief und rund, Braukessel; beide aus Kupferblech." [...] „Die Obergährung wird am besten in Bottichen, also in großen, offenen Gefäßen, aber auch häufig in Fässern vorgenommen.[...] Die Einrichtung geschlossener Braukessel, [...], wie sie in England und Belgien viel im Gebrauch sind, ist aus Fig. 76 und 77 ersichtlich." (Knapp, 1847, S. 330–344) (Abb. s. Kap. 2).

Produktion ...“ (Pasteur, 1876; Préface). Pasteur hält hier fest, dass er von Problemen der Produktionspraxis zu seinen Untersuchungen angeregt wurde. In der Tat führten seine äußerst präzisen Forschungen über Fermentation (Pasteur 1857a, b, 1860, 1876), auch die von Béchamp (1864a, b, 1866), zur Lösung der dringenden Probleme der französischen Brauer, indem sie das Handwerk, die Kunst des Brauens, mit verbesserter Technik ausstatteten, die schließlich zu gleichbleibend guter Qualität des Bieres beitrug.

Schon in seiner frühen Publikation (Pasteur, 1857a) hatte Pasteur die wesentlichen Befunde beschrieben, die für die Lösung und Behebung der Probleme der Fermentation der Alkoholproduzenten essenziell waren: Infektionen der Ansätze der Fermentation mit Fremdkeimen, oft Milchsäure- oder Essigsäurebakterien, die durch die Luft eingetragen wurden, und die Milchsäure oder Essigsäure produzierten, dadurch die Lösungen sauer machten und Verluste bei der Alkoholausbeute verursachten. In seinem Buch (Pasteur, 1876) schreibt er in Kapitel II „Recherches des causes des maladies de la bière et celles du môut qui sert al la produire“ (Untersuchungen der Ursachen der Fehlgärungen des Bieres und der Würze für dessen Produktion, S. 19); in Kap. II, § 1: „Jede krankhafte Veränderung der Qualität des Bieres korreliert mit der Entwicklung von – der Natur der Bierhefe – fremden Mikroorganismen“.[9] Damit sind die Kernthesen seiner frühen Arbeit angesprochen und ausführlich behandelt, die er in den nachfolgenden Jahren in äußerst umfangreichen Arbeiten vertiefte und präzisierte. In seinem Buch gab er eine umfassende Darstellung seiner Forschung: Ergebnisse, theoretische Schlussfolgerungen, technische Lösungsansätze und Empfehlungen, die zur Lösung der dringendsten Probleme der Bierfermentation führten.

Darüber hinaus untersuchten Pasteur und Béchamp die Weinfermentation, besonders die des Verderbs (des sauer Werdens; „vins tournés“), die auftritt, wenn Essigsäure aus Alkohol gebildet wird, was oft zu beobachten war, wenn Wein oder Apfelwein der Luft ausgesetzt waren. Béchamp (1864a, b) hatte in solchen Fällen die Anwesenheit von filamentösen Stäbchen beobachtet. Pasteur hatte bei mikroskopischen Untersuchungen diese als Ursachen für die Säuerung erkannt. Er beschrieb sie als „Infusorien“, einen Mikroorganismus, „Mycoderma aceti“, der Essig- und Buttersäure bildet (Pasteur, 1865). Auch für dieses Problem empfahl er als Lösung, geschlossene Gefäße zu benutzen. Im letzten Kapitel VII seines

[9] Anm. 9: „[...] je dois insister sur la difficulté qu'on éprouve souvent à interpréter les faits d'ensemencement spontané des liquides organiques.“ ("[...] ich muß hier die Schwierigkeiten betonen die man oft bei der Interpretation der Fakten des spontanen Animpfens (d. h. spontaner Infektionen) organischer Lösungen erfährt.“) Pasteur behandelt hierbei ausführlich den Eintrag von Keimen, u. a. aus der Luft, in Flüssigkeiten (Pasteur, 1862). „Toute altération maladive dans la qualité de la bière coincide avec le développement d'organismes microscopiques étrangers à la nature de la levure de bière“. ("Jede abträgliche Veränderung der Qualität des Bieres fällt zusammen mit der Entwicklung mikroskospischer Organismen, die fremder Natur gegenüber der Bierhefe sind.“) In § 2: „L'absence d'altération du môut de bière et de la bière coincide avec l'absence d'organismes étrangers“. (Die Abwesenheit einer Fehlgärung der Würze und des Bieres korrelieren mit der Abwesenheit fremder Organismen). (Pasteur, 1876, S. 19; 25).

Buches fasst Pasteur sein Konzept zur Vermeidung von Fehlgärungen zusammen: „Nouveau procédé de fabrication de la Bière“, Abb. 3.5 gibt das Konzept wieder, die Anwendung eines geschlossenen Großfermenters, der das Eindringen fremder Mikroorganismen verhindert.[10] „A cet effet, disposons l'appareil ci-joint en fer-blanc ou en cuivre étamé.“ „Zu diesem Zweck setzen wir den hier dargestellten Apparat aus Stahl oder verzinntem Kupfer ein“. Wie Abb. 3.5 zeigt, setzt er sich zusammen aus einem Gefäß auf einer Bodenplatte; er ist verschlossen mit einem Deckel, dessen abgesenkter Rand in einer mit Wasser gefüllten Rinne liegt – damit ist der Fermenter gegen Fremdkeime, die mit der Luft eindringen könnten, abgeschirmt (Pasteur, 1876, S. 328, 329). Einige Jahre später (ab 1874) wurden im Berliner „Institut für Gärungsgewerbe“ und in Dänemark durch Hansen die Reinhefeanzucht und -herstellung entwickelt, die zu industriellen Fermentationen, insbesondere für das Animpfen der Bierfermentation, eingesetzt wurden. Die Produktionsprozesse für Bier und Wein sind, ihrer Bedeutung wegen, in allen relevanten Lehrbüchern der chemischen Technologie des 19. Jahrhunderts ausführlich beschrieben worden.

Das Spektrum technisch-industrieller Produkte umfasste die zuvor beschriebenen, Bier und Wein, außerdem industriellen Alkohol, Hefe, Essig- und Milchsäure, Sojasauce und Sake. Sie stellten bedeutende Produkte der Volkswirtschaften in Europa, Nordamerika und einigen asiatischen Ländern dar. Bier war eines der beliebtesten Getränke. Der Konsum pro Kopf (je Einwohner und Jahr) war 1885 am höchsten in Belgien mit 168 L, gefolgt von Großbritannien und Deutschland mit 97 L, er stieg hier 1890 an auf 106 L im deutschen Zollverein, in Bayern jedoch auf 229 L. Der Alkoholgehalt der Biere variierte erheblich, von 3,7 % in Weißbier bis 4,7 % in Hofbräu Bock, gebraut in München, 4,9 % in Ale und 5,3 % in Porter. Verschiedene Spezialbiere genossen (und genießen bis heute) einen besonderen Ruf, Berliner Weißbier, die dunklen Biere, als Hauptrepräsentanten das dunkle Münchener und das Nürnberger (bedingt durch den hohen Gehalt an Farbmalzextraktstoffen, die Spezialsorten Bock, Salvator und ähnliche Phantasienamen, die Märzenbiere, als mittelfarbiges das Wiener Bier, die hellen Biere mit dem „sattgelben“ böhmischen, oder Pilsener und das Dortmunder Bier. Bekannte englische Biertypen waren (und sind) dunkle Biere, Porter und Stout, helle Sorten, das leichte Pale Ale und Mild Ale, und belgische Biertypen (Ullmann, 1915, S. 517, 518, 532–534; Brockhaus, 1894, 2. Bd., S. 1000).

Bier repräsentierte einen der wichtigsten ökonomischen Faktoren, mit einer Produktion von 6–8 Mio. Hektoliter (M: Millionen, 1 hl – Hektoliter – entspricht 100 L) allein in Deutschland zu Beginn des 19. Jahrhunderts, mit rasant steigenden Mengen, 22,7 M um 1840 und 50 M 1890 (Ullmann, 1915, S. 533). In der wirtschaftlichen Bedeutung lag die Brauereiindustrie an zweiter Stelle hinter dem Maschinenbau und vor der Metallherstellung und der Kohleindustrie (Vandamme,

[10] Anm. 10: Pasteur widmet dem Einfluss von Luft bzw. Sauerstoff und Sulfit auf die Hefe und die Würze besondere Aufmerksamkeit, Belüften bedürfe großer Vorsicht. Es kann zweckmäßig sein, den Fermenter zu belüften, wobei gewährleistet sein muss, dass keine Fremdkeime mit der Luft eingetragen werden. (Pasteur, 1876, S. 340–371).

in Demain et al., 2017, S. 8). Es gab eine große Zahl kleiner Brauereien, nahezu in jeder Stadt wurde eine, oft mehrere, betrieben. Große Brauereien waren industrielle Anlagen, die größte in München produzierte 233.500 hl, diejenige in Wien 450.000 hl jährlich. Die ökonomische Relevanz resultierte – über Jahrtausende, schon im Zweistromland – aus der Biersteuer, als bedeutendem Teil des Staatseinkommens (Brockhaus, 2. Bd., S. 991, 992, 1000–02).

„Bei der Darstellung des Biers aus dem Malz handelt es sich zuerst um die Umwandlung des noch in demselben enthaltenen Stärkemehls in Dextrin und Zucker, dann um die Vergährung dieses Zuckers zur Umwandlung desselben in Alkohol und Kohlensäure." Der historische Brauprozess umfasste folgende Schritte:[11] vorbereitende Prozesse: 1) Einmaischen, meist von Gerste, in Wasser, 2) Keimen, 3) Darren (Erwärmen und Trocknen), 4) die Abtrennung der Keime, 5) Schroten; der Brauprozess umfasste vier Schritte: 1) Maischen und Umwandlung der Stärke zu Glucose (durch die Wirkung gebildeter Enzyme), Bildung der Würze mit weiteren wasserlöslichen Substanzen (Eiweiß-, Hemicellulose- und Pectinstoffe); „Zweck des Maischprozesses ist es, das noch in dem Malzschrot vorhandene Stärkemehl durch Einwirkung der Diastase in Dextrin und Zucker umzuwandeln" (die Bildung der Würze); 2) Würzekochen und Zugabe von Hopfen, Inaktivierung der Enzyme, Konzentrieren und Sterilisation der Würze, Überführung der löslichen Bestandteile des Hopfens in die Würze;[12] 3) Kühlen, und 4) Fermentation, Zugabe von Bierhefe (*Saccharomyces cerevisiae*) zur Einleitung der Gärung (Alkoholgärung, Überführung der Glucose in Alkohol und CO_2, dabei werden eine Reihe von Nebenprodukten gebildet, wie Milch- und Essigsäure, höhere Alkohole, Ester u. a., die maßgeblich den Geschmack beeinflussen). Alle Schritte wurden analytisch überwacht. „Die Gährung der Würze hat den Zweck, durch Einwirkung eines Fermentes, der Hefe, den in derselben enthaltenen Zucker, sowie eines großen Theils des Dextrins in Alkohol und Kohlensäure zu spalten [...]". (Die in Payens Buch gegebene Deutung zu „Gährungserreger, das Ferment" ist oben zitiert) (Payen 1874, S. 415–433; Ullmann, 1915, S. 426).

Die Menge des zuzusetzenden Hopfens ist verschieden, je nachdem, ob das Bier mehr oder weniger lange aufbewahrt werden soll. „Der Hopfen ist für die Bierbereitung unentbehrlich; es gibt keine Surrogat für ihn; er verleiht dem Bier den angenehm bitteren Geschmack und das charakteristische feine Hopfenaroma,

[11] Anm. 11: Das deutsche Reinheitsgebot von 1516, nach dem in Deutschland noch überwiegend gebraut wird, ist in Kap. 2 beschrieben. Umfangreiche Darstellungen des historischen Brauprozesses finden sich in Büchern der chemischen Technologie: Otto, 1838; Graham, 1838; Poppe, 1842, Knapp, 1847; Wagner, 1857; ausführlich Payen, 1874; sehr ausführlich: Ullmann, 1915, S. 408–520. Die aktuelle Technik des Brauens ist ausführlich beschrieben in neuesten Auflage von Ullmann, Enzyklopädie der technischen Chemie: Ullmanns Encyclopedia of Industrial chemistry. First published: 15 June 2000, Print ISBN: 9783527303854| Online ISBN: 9783527306732| DOI: 10.1002/14356007.

[12] Anm. 12: „Es ist ferner vorgeschlagen worden, einen kleinen Theil des Hopfens zu Anfang, den Rest erst zu Ende des Kochens zuzusetzen. [...] rationell erscheint es jedenfalls, den gesamten anzuwendenden Hopfen [...] nicht während der ganzen Operation mit der Würze zu kochen, weil dabei zuviel aromatische Stoffe entweichen müssen [...]" (Payen, 1874, S. 415–433).

erhöht die Haltbarkeit und Schaumhaltigkeit des Bieres." „Das Kühlen der Würze hat den Zweck, die gehopfte Würze rasch abzukühlen, um sie dann in die geistige Gährung zu versetzen." (Payen, 1874, S. 415–433; Ullmann, 1915, S. 426). „Die Art der Gährung ist verschieden, nach der Beschaffenheit der zugesetzten Hefe und der Temperatur der gährenden Flüssigkeit. Danach sind auch die Erscheinungen der Gährung verschieden, man unterscheidet Obergährung und Untergärung. Die Obergährung wird durch Oberhefe hervorgerufen und letztere wird in denjenigen Fällen als Fermentzusatz gegeben, bei welchen es sich darum handelt, aus der Würze bald ein trinkbares Bier herzustellen [...]. Die Untergährung verläuft langsamer [...] und wird immer da zur Anwendung gebracht, wo es sich um die Darstellung eines sehr haltbaren Bieres handelt [...]. Die Würze wird auf 6–10° abgekühlt [...]; sie wird mit ½–¾ Vol. p.C. Unterhefe gestellt. [...] Nach 7–10 Tagen ist die Hauptgährung vollendet, das Bier wird dann auf Fässer gebracht, auf denen die Nachgährung verläuft. [...] Zum Versenden und Schenken wird es schliesslich auf kleinere Fässer abgezogen." (Payen, 1874, S. 415–433).

„Die Gährung findet zuweilen in Fässern statt, meistens jedoch in offenen Bottichen, den Gährbottichen; selten in ganz verschlossenen Kufen [...]." „Die Braukessel sind rund, meist aus Kupferblech angefertigt, [sie] dienen sowohl zum Erhitzen des Wassers und der Würze als auch zum Kochen und Hopfen der Würze [...]" (Payen, 1874, S. 415–433; Ullmann, 1915, S. 4269) (s. aber hierzu den von Pasteur entworfenen geschlossenen Fermenter, der Infektionen verhindern soll; Abb. 3.5).

In der neuen Welt, den USA, erfolgte die Einführung der Bierbraukunst durch die deutschen Einwanderer, gefolgt von einem wachsenden Absatz. Eine absurde Geschichte spielte sich hier in den 1920er Jahren ab: die Prohibition. Sie bedeutete das landesweite Verbot der Herstellung, des Transports und des Verkaufs von Alkohol von 1920 bis 1933 (*„The Noble Experiment"*, „Das ehrenhafte Experiment"). Die illegale Produktion und Verbreitung von Alkohol breiteten sich rasch aus, in New York gab es 1927 rund 30.000 illegale „Speakeasy", Flüsterkneipen. Die Kriminalität, insbesondere die organisierte Kriminalität, erfuhr einen beachtlichen Aufschwung. Gangster wie Al Capone in Chicago bauten sich eine eigene Alkoholindustrie auf, da vielfach höhere Preise für Alkohol zu erzielen waren. Zusätzlich blühte der Schmuggel, u. a. durch „Schnapsstraßen" (engl. *Rum Row*)[13]. Im Verlauf der Prohibition kam es zu etwa 10.000 Todesfällen durch Vergiftung (durch unsauberen Brand gebildetes Methanol). Die Prohibition wurde während der Großen Depression zunehmend unpopulär.[14]. Am 23. März 1933 unterzeichnete Präsident Franklin D. Roosevelt ein Gesetz, um das Alkoholverbot aufzuheben und Herstellung und Verkauf bestimmter alkoholischer Getränke zu erlauben (https://de.wikipedia.org/wiki/Prohibition_in_den_Vereinigten_Staaten, zugegriffen: 5. Juli 2021).

[13] Anm. 13: Dieses bestand unter anderem aus Tunneln und präparierten Lastwagen sowie Schmuggelschiffen.

[14] Anm. 14: „Vor dem Hintergrund der Weltwirtschaftskrise wurde die Prohibition schließlich aus fiskalischen Gründen aufgehoben...." (Brockhaus, Bd. 17, S. 521).

Der Weinfermentation und -herstellung kamen seit jeher eine große wirtschaftliche und gesellschaftliche Bedeutung zu. Wein trinken stellt nicht nur einen Genuss dar, es wurden ihm auch bei maßvollem Trinken vorteilhafte gesundheitliche Wirkungen zugeschrieben. Als physiologische Wirkung beschreibt der Brockhaus (1895, Bd. 16, S. 591–595): „Der Wein wirkt vorteilhaft auf den Organismus durch seinen Gehalt an Alkohol, [...] das Nervensystem wird angeregt, die Blutzirkulation belebt, das subjektive Befinden und die Leistungsfähigkeit gehoben. [...] der Wein ist daher ein unschätzbares Mittel zur Erhaltung der Kräfte und Erhöhung der Widerstandsfähigkeit bei akuten Infektionskrankheiten. Mäßiger Weingenuß ist gesunden Personen, insbesondere in höherem Alter, dienlich." In den letzten Jahrzehnten hat insbesondere das *„French Paradoxon"*, auch in der Fachwelt der Lebensmittelchemie, Aufsehen erregt. Es handelt sich um das Phänomen, dass Franzosen trotz ihres regelmäßigen Konsums fettreicher Speisen und Weins seltener an Herz-Kreislauf-Erkrankungen leiden als andere Nationen.[15] Das Phänomen wurde bereits 1819 von dem irischen Arzt Samuel Black beobachtet, der Begriff „französisches Paradox" 1992 von Serge Renaud geprägt, der ausführliche Untersuchungen zu dem Problem durchführte (Renaud & de Lorgeril, 1992). Warum das so ist, stellt seitdem eine grundlegende Frage dar. Auf die zitierte Publikation folgte eine Serie wissenschaftlicher Untersuchungen zu dem Phänomen (de Lorgeril et al., 2002; Ferrières, 2004). Ein klarer, unbestrittener Befund ist, dass mäßiger Alkoholkonsum, insbesondere von Rotwein, einen protektiven Effekt gegen Herz-Kreislauf-Erkrankungen (CHD, „coronary heart disease") bewirkt, und eine deutlich geringere Zahl an Todesfällen, trotz des Konsums gesättigter Fette, zur Folge hat. – Mit zunehmendem Alkoholkonsum steigt (und überwiegt) allerdings die toxische Wirkung des Alkohols.– Polyphenole, vor allem aus den Schalen roter Trauben, die die rote Farbe bedingen, werden für die protektive Wirkung der Inhaltsstoffe des Rotweins als verantwortlich angesehen. Das Phänomen bleibt nicht eindeutig erklärbar. Man könnte mit Samuel Butler schließen: „Life is the art of drawing sufficient conclusions from insufficient premises" (zitiert nach https://www.ncbi.nlm.nih.gov), und „if the molecules – definitely in the thousands – are unknown, winemaking is just art" (Wolf, 2014

Die Trauben und die Lage, in Frankreich das „terroir", bringen die charakteristischen Eigenschaften mit – und den Genuss: Als beste weiße Trauben werden in Europa Riesling, Sylvaner, Pinot blanc (Weißer Burgunder) und Chardonnay,

[15] Anm 15: 1987 lag die durch Herz-Kreislauf-Erkrankungen verursachte Sterblichkeit in Finnland und England etwa dreimal höher als in Spanien oder Portugal (de Lorgeril et al., 2002).

Polyphenole, mit Flavonoiden, Anthocyanen die Farbstoffe, die den Rotwein charakterisieren, gelten als die Inhaltstoffe mit gesundheitsfördernder Wirkung. Insbesondere Flavonoide zählen zu den wirksamsten antioxidativen Pfanzeninhaltsstoffen. Sie erwiesen sich als vorteilhaft bei der Hemmung der (schädlichen) Oxidation von LDL („low density lipoprotein") – resultierend in einem protektiven Effekt. Resveratrol hat besondere Aufmerksamkeit gefunden, es soll außer Herzkrankheiten Autoimmunkrankheiten, Arteriosklerose u. a. positiv beeinflussen (de Lorgeril et al., 2002; Ferrières, 2004).

der „Charme des Chablis" (Burgund), angesehen, als rote das „volle und kräftige Bouquet mit Blume und Charakter" des Cabernet Sauvignon, des Merlot und des Syrah, sie bringen die „besondere Note" des Bordeaux, der Pinot Noir der Côte d'Or in Burgund den „Duft und Körper". Die Lagen bedeuten oft den Ruhm, die Côte d'Or, das „Juwel" der Weinlagen Burgunds, mit Nuits-St-Georges, Château de Vougeot u. a., der Châteauneuf-du-Pape, Clos de l'Oratoire des Papes der Côtes du Rhône (die Kirchoberen wussten seit jeher die Qualität zu schätzen und zur Förderung der Andacht für sich zu beanspruchen). Vom Haut Médoc geht der größte Glanz des Bordeaux aus, der Pauillac bildet, mit den Châteaus Lafitte-Rothschild und Mouton-Rothschild, das Herzstück des Haut Médoc (auch die Hochfinanz wusste sich die Qualität zu sichern), St.-Emilion und Pomerol auf der linken Seite der Gironde. Malerische Name deuten in Deutschland Geschmack und Geschichten an, Jesuitengarten, Pfaffenberg, Höllenberg im Rheingau, Piesporter Goldtröpfchen, Zeltinger Sonnenuhr, Bernkasteler Doctor an der Mosel. Auch außerhalb Europas werden Weine von großer Beliebtheit produziert, der berühmte Madeira (dem Zucker, Honig und Cognac zugesetzt werden, um sein spezifisches Aroma zu erzeugen), amerikanische, arabische, chinesische, japanische und australische Weine stehen in hohem Ruf (Ullmann Bd. 12, 1923, S. 2–31; Priewe, 2000).

Die Produktionsmethoden wurden in allen relevanten Lehrbüchern der chemischen Technologie des 19. Jahrhunderts ausführlich beschrieben, insbesondere durch Payen (1874, Bd.2, S. 443–455). Darin sind auch der Anbau, das Zerkleinern bzw. Zerquetschen der Trauben, damit beim anschließenden Pressen oder Keltern der Saft ausfließen kann, beschrieben. „Die Gährung des Mostes wird durch dasselbe Ferment, die Hefe, bewirkt, wie die Gährung der Bierwürze [...]. Der Zucker des Mostes zerfällt durch die Einwirkung des Fermentes in Alkohol und Kohlensäure, etwas Glycerin und Bernsteinsäure, und ein geringer Theil desselben wird zur Bildung von Hefezellsubstanz verbraucht." „Man unterscheidet bei der Weingährung drei Stadien: die Hauptgährung, die Nachgährung und die Lagergährung".[16] Bei der Nachgährung verlaufen „Neben der eigentlichen Gährung noch

[16] Anm. 16: „Die Hauptgährung des Mostes wird von selbst eingeleitet durch Keime oder Sporen pilzartiger Gebilde, welche in der Luft in Form von Staub enthalten sind, [...] theils durch die Beeren und Kämme, der Trauben [...] welche mit solchen Sporen und Keimen bedeckt sind. [...] Die Bildung dieses die Gährung hervorrufenden Fermentes ist andererseits dadurch bedingt, dass der Most die nöthigen Nahrungsmittel für die Entstehung und das Wachstum der Hefepilze enthält. Es sind dies vornähmlich eiweissartige Stoffe, Zucker, Kalisalze und phosphorsaure Verbindungen. Man kann auch mittels (der Bierhefe) den Most zu Wein vergähren lassen [...]." (Payen, 1874, Bd.2, S. 443–455). Pasteur hatte Mikroorganismen auf der Oberfläche von Weintrauben identifiziert, die beim Beginn der Fermentation anwesend sind, verschiedene Hefen, aber auch Milch- und Essigsäurebakterien; letztere können zu Fehlfermentationen führen. Deshalb wurde die Züchtung reiner Weinhefen entwickelt und allgemein angewendet (Ullmann, Bd. 12, 1923, S. 12–14, 52–56). „Die Nachgährung des Weines ... ist eine in Folge niedriger Temperatur und geringer Zuckermenge sehr langsam verlaufende Untergährung. [...] Die nach dem Keltern der Trauben zurückbleibenden Trester erfahren die verschiedenartigste Anwendung. [...] Vielfach werden die Trester auf Branntwein, Essig, auch auf Pottasche verarbeitet [...] " (Payen, 1874, Bd.2, S. 443–455).

eine Reihe anderer chemischer Prozesse, durch welche aus den vorhandenen Säuren, wie Essigsäure und deren Homologen [...], Milchsäure, Bernsteinsäure etc. mit Alkohol und Amylalkohol die Säureäther gebildet werden, von welchen das Bouquet des Weines herrührt [...]. Bei der Lagergährung schreitet die Bildung der Säure-Aether fort, der Wein wird also bouquetreicher". (Payen, 1874, Bd.2, S. 443–455). Die aktuelle Praxis der Weinfermentation ist z. B. durch Priewe (2000, S. 66–104) dargestellt.

Alkohol wurde in großen Mengen produziert, sowohl für den Konsum als auch für industrielle Zwecke, ausgehend von verschiedenen Rohmaterialien, wie Wein, anderen Früchten, Melasse, Getreide, und Kartoffeln. In Deutschland erreichte die Produktion 1893/4 3,7 Mio. Hektoliter, hergestellt in 71.500 Anlagen unterschiedlicher Größe, in Russland 3,6 Mio. Hektoliter, in Österreich-Ungarn 2,3 Mio. Hektoliter, in 118.000 Anlagen, darunter 1580 großen Fabriken. In solchen Anlagen wurden fortgeschrittene Technologien entwickelt und angewandt, bei stärkehaltigen Rohstoffen „Henzedämpfer", die den Stärkeaufschluss bei hohem Druck bewirkten, große Rührtanks zur Hydrolyse mittels zugesetzter Diastase (Amylasen und Amyloglucosidasen) und anschließende Fermentation mittels speziell gezüchteter Hefe, die Destillationsanlagen wurden automatisch gesteuert (Brockhaus 1895, Bd. 15, S. 172–178). Hefe wurde als kommerzielles Produkt in Alkoholfabriken, in der Fermentation, hergestellt, gewaschen, mit Stärke gemischt und gepresst (Presshefe). Sie wurde für andere industrielle Prozesse vermarktet, z. B. für die Brotherstellung (Payen, 1874, Bd.2, S. 403).

Andere Fermentationsprodukte, die im industriellen Maßstab produziert wurden, umfassten Brot, Käse, Essig- und Milchsäure, sowie Enzyme. Historisch stellte Brot seit jeher, schon zu biblischen Zeiten, ein Grundnahrungsmittel dar, z. T. mittels Sauerteigfermentation zubereitet. Animpfen durch Übernahme eines Teils der vorangehenden Fermentation, oder mittels „künstlicher Hefe" aus industrieller Herstellung ab etwa 1850, war allgemeine Praxis (Payen, 1874, 2. Bd, S. 169, 170).

> „[...] da viele bei der Fabrikation auftretende chem. und bakteriologische Vorgänge noch der Aufklärung harren, muß die Käsebereitung großenteils noch als Kunst bezeichnet werden. Am schwierigsten ist die Herstellung des Emmenthalers. Derselbe soll einen zarten Nußgeschmack, einen feinen bildsamen Teig, sowie gleichmäßig verteilte, 4–6 cm voneinander entfernte, erbsen- bis kirschgroße kugelrunde Höhlungen („Augen") besitzen." (Brockhaus, 1894, 10. Bd., S. 211–214).

> „Die berühmten holländischen, limburger, schweizer etc. Käse werden nicht aus saurer, sondern frischer, theils abgerahmter, theils nicht abgerahmter Milch theils aus beiden zugleich gemacht; deshalb ist die künstliche Gerinnung mit Lab nothwendig. Man versteht unter Lab eine gewisse Zubereitung des Labmagens der Kälber, welcher die Eigenschaft, Milch zu koagulieren, ... auch nach dem Tode des Thieres in einem überaus hohen Grade beibehält. [...] Es ist auffallend zu sehen, wie groß die Wirkung von einer verhältnißmäßig geringen Menge Lab ist." (Knapp 2. Bd. 1847, S. 38–43). (Die katalytische Wirkung von Enzymen, Proteasen, die im Lab aktiv sind, war noch unbekannt.)

Die Milchsäurefermentation wurde auch angewandt zur Gewinnung von Sauermilchprodukten, außer für Käse auch für Joghurt und gesäuertes Gemüse, ohne dass die Natur des Vorgangs bekannt war. Essigsäure wurde seit Jahrhunderten hergestellt, in jüdischen Staaten, in Griechenland und im römischen Reich. Die Produktion basierte auf der Oxidation von Wein mittels Bakterien, „Mycoderma aceti" (wie Pasteur sie bezeichnete) in Gegenwart von Luftsauerstoff. Schützenbach hatte 1823 ein besonders effizientes Verfahren, die „Schnellessigfabrikation" entwickelt (s. Kap. 2) (Payen, 1874, S. 169, 170). In der Lebensmittelindustrie wurde zur schonenden Haltbarmachung, insbesondere von Milch, die Pasteurisierung (durch Pasteur) eingeführt. Es handelt sich um die kurzzeitige Erwärmung von Lebensmitteln auf Temperaturen von mindestens 60 °C zur Abtötung der vegetativen Phasen von Mikroorganismen – insbesondere von Milchsäurebakterien und Hefen – bei Erhaltung von Nährwert und Geschmack (Ullmann, 1920; Bd. 8, S. 96, 97).

Ein bedeutender Zweig der Landwirtschaft in Frankreich war die Seidenraupenzucht. Sie wurde um 1866 von einer Krankheit befallen, deren Ursache unbekannt war. Pasteur löste das Problem, indem er mittels mikroskopischer Untersuchungen die Ursache identifizierte, einen Mikroorganismus, der den Seidenspinner, den Schmetterling, der zur Zucht verwendet wird, infizierte. Pasteurs Lösung war einfach: Es waren mikroskopische Untersuchungen durchzuführen und nur solche Seidenspinner zur Zucht zu verwenden, die nicht befallen waren (Vallery-Radot, 1948/1900, S..189–195, 227–235).

Diastase – als „ungeformtes Ferment" im Sinne von Enzym – wurde seit etwa 1830 in Frankreich angewandt, um Dextrin aus Stärke herzustellen (s. Kap. 2). Weitere enzymatische Verfahren bzw. Enzyme als Produkte wurden in der zweiten Hälfte des 19. Jahrhunderts eingeführt. Christian Hansen gründete „Christian Hansen's Labor" in Kopenhagen als erste Firma – die heute noch existiert –, die industriell Enzyme herstellte. Er war der Pionier für die Produktion von Rennet (Chymosin) für die Käseherstellung (Brockhaus, 1894, 10. Bd., S. 863, 864; Poulson & Buchholz, 2003). Pankreasenzyme, Trypsin und Pepsin, wurden aus Schweine- oder Rinderpankreas extrahiert und als Medikamente verwendet, z. B. als Verdauungshilfsmittel.

> „Das Pepsin ist insofern ein rationelles Arzneimittel, als die physiol. Versuche ergeben haben, [...] daß die geschwächte Magenthätigkeit (Dyspepsie) durch kleine Gaben P. unterstützt wird, und in der That liegen zahlreiche günstige ärztliche Berichte darüber vor. P. hat man deshalb in neuerer Zeit in Form von Pastillen, Körnern, Pulver ..., Elixier und Wein (s. Pepsinwein) fabrikmäßig dargestellt und in den Handel gebracht." (Brockhaus, 1894, 12. Bd., S. 1007).

3.6 Neue Forschungsinstitute

Die wissenschaftlichen Fortschritte legten die Grundlagen für technische Entwicklungen, den Übergang von handwerklichen Betrieben zu großen industriellen Anlagen, die auf rationaler Prozessentwicklung und -kontrolle basierten: reine Hefe als Inokulum, Kontrolle und Verhinderung von Infektionen bei der Fermentation, verbesserte, geschlossene Fermenter, analytische Prozess- und Produktkontrolle sowie erste Automatisierungsprotokolle. Im Kontext von Hungerepidemien im 19. Jahrhundert gewannen rationelle Produktion und Konservierung von Nahrungsmitteln besondere Bedeutung, wie Milchsäurefermentationen, Pasteurisierung und Sterilisierung (Pasteur, 1866; Bud, 1993/95, S. 20, 21).

Neue Forschungsfelder und eine neue Disziplin mit den Bezeichnungen Bakteriologie oder Mykologie, in der heutigen Bezeichnung Mikrobiologie, konnten sich etablieren (als Oberbegriff wurde auch „Zymotechnologie" verwendet). Eine Reihe von neuen Instituten wurden gegründet, meist mit staatlicher Initiative: für die Forschung im Bereich Bierbrauerei ein Institut in Weihenstephan bei München (1872/1876), das „Institut für Gärungsgewerbe" in Berlin (1874), ein Institut in Hohenheim (1888), an der Universität Birmingham die „British School of Malting and Brewing" (1899); mit breiterer Aufgabenstellung in Wien das „Institut für Gärungsphysiologie und Bakteriologie" (an der Technischen Hochschule, 1897), in Paris das berühmte „Institut Pasteur" (1888), in Kopenhagen das Carlsberg Institut (1875). Im Berliner Institut arbeiteten 80 Wissenschaftler sowohl im Labor als auch in einem Technikum mit Pilotanlagen an den Themen Chemie, Biologie, Physiologie, Ingenieurwesen und Ökonomie der Fermentation. In den USA wurden durch staatliche Initiativen ab 1863 Forschungsinstitute gegründet, die sich später zu bekannten Universitäten entwickelten, wie das MIT, Cornell und Wisconsin (Bud, 1993/1995, S. 21–32; Dellweg, 1974, S. 20; Röhr, 2001). In deutschsprachigen Ländern wurden zehn Zeitschriften zum Thema Brauen veröffentlicht sowie mehrere Bücher über Mykologie, Mikroorganismen oder Bakterien, außerdem ein Handbuch „Technische Mikrobiologie" (1897–1903) (Brockhaus, 1894, Bd. 2, S. 1002). Jorgensen gründete 1885 die Zeitschrift „Zymotechnisk Tidende" sowie ein Forschungsinstitut, er veröffentlichte ein Buch „Microorganisms and Fermentation". Analog gründete J. E. Siebel ein Jahr darauf in Chicago die Zeitschrift „Zymotechnic Magazine: Zeitschrift für das Gärungsgewerbe, „Food and Beverage Critic", dann, 1872, ein analytisches Labor, und, 1884, das „Zymotechnic College" für Brauer (Bud, 1993/1995, S. 21–32; Ullmann, 1915, Bd.2, S. 410). Bücher veröffentlichten A. de Bary (1884), Flügge (1886) u. a. (Brockhaus, 1894, Bd. 2, S. 312–315; Metz, 1997).

Diese umfangreichen Aktivitäten in der Gründung von Instituten und Publikationen illustrieren die ökonomische Bedeutung von Bier, Wein und anderen Fermentationsprodukten, insbesondere aber die neue Rolle von Forschung und Ausbildung.

3.7 Impfen – eine kühne, lebensrettende Erfindung

Hier soll nur in kurzer Form dieses Thema erwähnt werden, da es nicht Gegenstand der technischen Entwicklung der BT ist. Dramatische Ereignisse schildern Geison (1995, S. 177–220) und Vallery-Radot (1900, 1948, S. 600–602) im Verlaufe der Entwicklung einer Impfmethode gegen Tollwut. Als Junge hatte Pasteur

„mit Horror" Opfer gesehen, die von tollwütigen Wölfen gebissen und mit glühenden Eisen – einer archaischen Methode – behandelt worden waren. Im Juli 1885 kam ein neujähriger Junge, Joseph Meister, mit seiner Mutter aus dem Elsaß nach Paris zu Pasteur, von dem bekannt war, dass er an einer Tollwutimpfmethode in Tierversuchen arbeitete[17]. Der Junge war zwei Tage zuvor von einem tollwütigen Hund mehrfach gebissen worden und nach ärztlicher Einschätzung dem Tod geweiht. Pasteur entschied sich, ihn mit zuvor an Hunden getesteten Seren – entwickelt in drei Jahren mit „unzähligen Experimenten" – zu behandeln. Im Verlauf von elf Tagen erhielt der Junge durch Pasteurs Mitarbeiter Dr. Roux 13 Injektionen, er überlebte und war geheilt – es war dies die erste Anwendung eines Impfstoffes am Menschen.

1886 konnte Pasteur der Akademie mitteilen, dass die neue Methode an 350 Personen erprobt worden sei. Dabei war nur ein Todesfall vorgekommen. Pasteurs Schlussfolgerung lautete – man erkennt seinen Stolz –: „Man sieht, wenn man sich auf die denkbar genauesten Statistiken stützt, welche hohe Zahl von Menschen schon jetzt dem Tode entrissen wurde. Die Prophylaxe gegen Tollwut nach dem Biß ist fest begründet. Es ist an der Zeit, eine Impfanstalt für Tollwutbehandlung zu schaffen". (Vallery-Radot, 1900, 1948, S. 631). Mit privaten Spenden aus aller Welt wurde 1888 das neuerbaute „Institut Pasteur" in der Bibliothek, mit einer Galaveranstaltung in Gegenwart zahlreicher Gäste, feierlich eröffnet. Es umfasste ein Großlabor für die Tollwutbehandlung, eine Forschungsstelle für das Studium ansteckender Krankheiten, Räume für Lehrtätigkeit und eine Abteilung für Milzbrandimpfungen von Schafen und Rindern (Vallery-Radot 1900, 1948, S. 656, 657). Bis zu Pasteurs Tod 1895 waren weltweit etwa 20.000 Personen gegen Tollwut geimpft worden (Geison, 1995, S. 218). Pasteur war zum Nationalhelden geworden, ausgezeichnet mit zahlreichen Ehrungen, dem Kreuz der Ehrenlegion, zum Mitglied der Akademie berufen, seine Statue vielfach im Land, insbesondere im Hof der Sorbonne, aufgestellt. Sein Tod wurde zum nationalen Ereignis, zum Trauergottesdienst in Notre Dame, am 5. Oktober 1895, erschienen hochgestellte Gäste, so der Präsident der Republik; es folgte ein Trauerzug durch die Straßen von Paris mit militärischen Ehren. Pasteurs Leichnam wurde dann in eine Kapelle von Notre Dame geleitet, später – auf seinen Wunsch – beigesetzt in einer Krypta, „die eines Pharao würdig wäre", im Institut Pasteur (Geison S. 259–262). Bemerkenswert erscheint Geison (1995, S. 267–269), in welchem Ausmaß Pasteur seinen eigenen Mythos begründete: Der Stil seiner Publikationen, die oft mit einem historischen Rückblick beginnen. Er löste und kommunizierte zahlreiche Probleme

[17] Anm. 17: Pasteur hatte zwei Patienten – Notfälle – zuvor mit einer improvisierten Methode behandelt, mit positivem – der Patient hatte überlebt – und negativem Ergebnis – der Patient starb. Pasteur hatte diese Fälle nicht der Akademie mitgeteilt. Ein weiterer dramatische Fall, nach dem Joseph Meisters, ist ebenso von Geison (1995, S. 195–198, 207–212) und Vallery-Radot (1948, S. 600–602) beschrieben worden. Geison gibt Details zur Entwicklung des Impfserums an.

Die erste Impfung von Kühen gegen Kuhpocken wurde 1796 durch Edward Jenner eingeführt. Er beobachtete auch, dass Melkerinnen, die zuvor von Kuhpocken befallen waren, dann auch gegen Pocken immun waren (Wikipedia).

„mit experimenteller und rhetorischer Virtuosität", verbunden mit „dramatischer Gestik".

Etwa zur gleichen Zeit wie Pasteur arbeitete *Robert Koch* über das Bakterium, das Anthrax (Milzbrand) verursacht; er konnte zeigen, auf welchen Wegen Tiere infiziert wurden, und publizierte 1876 einen ersten Artikel über seine Arbeiten. Pasteur begann seine Forschung zu Anthrax 1877, zu Geflügel-Cholera und die Entwicklung einer Impfmethode 1879. Robert Koch gilt mit seinen grundlegenden Arbeiten als Mitbegründer der Bakteriologie bzw. Mikrobiologie. Seine Forschungen galten vorwiegend medizinischen Aspekten, den Ursachen von Infektionskrankheiten und der Beschreibung pathogener Mikroorganismen, außerdem dem Erreger von Anthrax, den Ursachen von Wundinfektionen und dem Erreger der Tuberkulose, den er identifizierte. Er erhielt 1905 den Nobelpreis für Physiologie oder Medizin. Da seine Arbeiten keine technischen Entwicklungen beinhalteten, werden sie hier nicht weitergehend behandelt.

Kochs Schüler, *Emil Adolf von Behring* erhielt als Begründer der passiven Schutzimpfung („Blutserumtherapie") 1901 den ersten Nobelpreis für Physiologie oder Medizin. Er entwickelte seine Forschungsergebnisse zur Anwendung und industriellen Produktion. Er war besonders anerkannt aufgrund seiner Erfolge bei der Entwicklung von aus Blutserum gewonnenen Heilmitteln gegen die Diphtherie und den Wundstarrkrampf (Tetanus), das Tetanusheilserum. Seine ersten Arbeiten an der Serumtherapie führte er 1890 mit dem Japaner Kitasato Shibasaburō durch, mit dem er eine erste Publikation „Über das Zustandekommen der Diphtherieimmunität und der Tetanusimmunität bei Thieren" veröffentlichte. Behring dehnte seine Untersuchungen über die Diphtherie und die Diphtherietoxine auch auf Tetanus aus: „Über die chemische Natur dieses Diphtherietoxins weiß man so gut wie nichts". Es gelang Behring, nachzuweisen, dass „das verheerende Bild des Wundstarrkrampfes lediglich dem Toxin (des Tetanuserregers) seinen Ursprung verdankt". Mit dem Tetanustoxin wurden Tiere erfolgreich immunisiert, und es gelang mit dem Blutserum solcher Tiere, die Resistenz oder Immunität auf andere Tiere zu übertragen. Er konnte neben „antitoxischen" Sera auch Immunsera gewinnen, die nicht nur gegen die Toxine, sondern auch gegen die Erreger einen Schutz erzielten[18] (Ullmann Bd. 10, 1922, S. 401–413).

In der Folge von Pasteurs und Kochs wissenschaftlichen Fortschritten und Erfolgen hinsichtlich der Rolle von Mikroorganismen in Fermentationsvorgängen und als Ursache von Krankheiten richteten auch pharmazeutische Firmen bakteriologische Laboratorien ein, die Impfstoffe herstellten und Substanzen bezüglich antimikrobieller Eigenschaften prüften (Metz, 1997). 1894 kam es zu einer

[18] Anm. 18: Behring gelang der Durchbruch zur Entwicklung von Seren mit Antikörpern (passive Schutzimpfung) in Tierversuchen. „Von größter Wichtigkeit war die Entdeckung Behrings, dass man dem Blutserum von Meerschweinchen die Fähigkeit zur Abtötung von „Vibrionen" dadurch verleihen kann, dass man sie durch wiederholte Einspritzungen mit Reinkulturen des *Vibrio Metschnikoff* systematisch immunisiert." Die fabrikatorische Herstellung des Diphtherie- und des Tetanusserums ist ausführlich beschrieben (Ullmann, Bd. 10, 1922, S. 401–411).

Zusammenarbeit Behrings mit den Farbwerken Hoechst sowie zu einer Produktion in Frankfurt-Höchst. Bis zum Ende des Jahres wurden bereits über 75.000 Serumfläschchen mit Diphterieserum versandt. 1904 gründete Behring ein eigenes Unternehmen, die „Behringwerke oHG", die ein rasantes Wachstum erfuhren. Mit Beginn des Ersten Weltkrieges wurde die Produktion enorm ausgeweitet, da Behrings Tetanusheilserum für die in den Schützengräben liegenden Soldaten zur Rettung vor dem tödlichen Wundstarrkrampf eingesetzt wurde (Ullmann, 1922, S. 401–429).

3.8 Zusammenfassung und Fazit

Das „Zeitalter der Bakteriologie" (bzw. Mikrobiologie) begann mit einem neuen Paradigma, einer neuen wissenschaftlichen Disziplin, einer breiteren industriellen und wirtschaftlichen Basis und eigenen, speziellen Forschungsinstituten, Zeitschriften und Büchern.

Pasteur dominierte die Epoche, die zweite Hälfte des 19. Jahrhunderts, mit seinen außergewöhnlichen wissenschaftlichen und technischen Leistungen als Forscher und Pionier: ein Besessener, der durch Europa irrte, um Fermentationsprodukte mit ungewöhnlichen optischen Eigenschaften zu finden („... ich gehe bis ans Ende der Welt"); ein Phantast, der mit „idées préconcues" (vorgefassten Ideen) seine Forschungen konzipierte (Geison S. 95/96); ein Arbeitstier, indem er unzählige Experimente zur Untermauerung und Bestätigung seiner Befunde ausführte; ein Pedant, der nach höchster Präzision in seinen Experimenten strebte; ein Genie, begnadeter Theoretiker und Experimentator, der kühne Ideen, Hypothesen und Konzepte entwarf – und sie experimentell prüfte und bestätigte. „[...] a strong counter current in favour of the biological explanation of fermentation [...].arose from the work of Louis Pasteur, a remarkable fabric woven from intellectual, experimental and social trends." (Teich & Needham, 1992, S. 35).

Zwei epistemische Dinge trieben Pasteur an: die geheimnisvollen optischen Eigenschaften der Weinsäure, die bei der Weinfermentation gebildet wird und die er aufklären konnte als zwei Kristallformen der sonst chemisch identischen Verbindung, die er als unterschiedliche Anordnung der Atome im Raum deutete. Dann die noch immer umstrittene Deutung und Interpretation der Fermentation, die er endgültig mit der Aktivität lebender Mikroorganismen erklärte – ausgehend von Problemen industrieller Produktion und dem Rätsel, das die Fermentation bis dahin immer noch darstellte. (Dies wird ausführlicher diskutiert in Kap. 8, im Kontext von Rheinbergers Konzept experimenteller Systeme, und im Kontext wissenschaftlicher Entwicklungsstadien durch Buchholz & Collins, 2010, S. 44, 46).

Die entscheidenden Schritte in diesem epochemachenden Prozess waren

- Ausgangspunkte waren Pasteurs Faszination durch unerklärte biologische Phänomene, die optische Aktivität von Molekülen organischen Ursprungs und praktische, industrielle Probleme der Fermentation.

- Pasteur löste, als exzellenter Experimentator und Theoretiker, die offenen Fragen zu den Grundlagen der Fermentation.
- Er eliminierte die Hypothese der „Urzeugung“, der „spontaneous generation“.
- Er widerlegte Liebigs falsche, verfehlte Ansichten und Hypothesen über die Fermentationen und führt sie ad absurdum mit „malicieux plaisir“ (maliziösem, schadenfrohem Spaß).
- Pasteur verfestigte eine jahrzehntealte Hypothese zum Dogma: die „vis vitalis“, die „Lebenskraft“ als essenzielles, nicht chemisch-naturwissenschaftliches Element lebender Zellen und Organismen. Pasteur blieb dabei, er vertiefte die Frage nicht, „worin der chemische Prozess des Abbaus des Zuckers besteht, und worin genau die Ursache liegt – ich gestehe, ich weiß es nicht“ (Pasteur, 1860).

Erst Buchners Befunde zeigten, dass auch in lebenden Organismen enzymatische Vorgänge alle Reaktionen nach klassischen physikalisch-chemischen Gesetzen katalysieren. „[…] völlig gestürzt wurde aber die vitalistische Theorie PASTEURS erst durch den epochemachenden Befund ED. BUCHNERS (1897, 1898, 1899) […].“ „Auch bei der Milchsäuregärung des Zuckers und der Essiggärung des Alkohols wurde die Unabhängigkeit der Fermentwirkungen von dem Leben der Mikroorganismen von BUCHNER in endgültiger Weise festgestellt.“ (Ullmann Bd. 5, 1914 S. 327).

Mit seinen grundlegenden Arbeiten begründete Pasteur die Grundlagen einer neuen wissenschaftlichen Disziplin, der Mikrobiologie (damals oft als Bakteriologie bezeichnet), – bemerkenswerterweise ausgehend von technischen Problemen. Hierzu trugen auch die Arbeiten von Robert Koch bei, in denen er die Identifizierung und Anzucht eines breiten Spektrums von Mikroorganismen untersuchte und Methoden dazu entwickelte. In Kapitel VI seines Buches präsentierte Pasteur (1876) ausführlich seine Theorie der Fermentation „Théorie physiologique de la fermentation“. Pasteur schuf gleichzeitig mit seinen praktischen Arbeiten und theoretischen Konzepten eine rationale Basis für die Fermentation und die Fermentationstechnologie.

Die folgenden Jahrzehnte brachten bedeutende Innovationen in etablierten Prozessen, überwiegend alkoholischen Fermentationen, und anderen biotechnischen Verfahren, die auf der Kenntnis spezifischer Mikroorganismen basierten. Die Bierproduktion war zu einer großen Industrie geworden. „In the late nineteenth century, several renowned scientists believed that the emerging industrial application of microbiology would form a new type of industry […] This idea was, at least in Europe, based on the huge importance and value of the German beer industry at the turn of the nineteenth century; it was second only to machinery building and surpassed metallurgy and coal mining.“[19] (Vandamme, in Demain et al., 2017,

[19] Anm. 20: "Indeed, on the basis of Pasteur's theories and practical findings in France, combined with those of Koch and Cohn in Germany, Lister in the United Kingdom, and Emil Christian Hansen in Denmark, brewing had evolved from an art into a controlled and well-understood malting, mashing, and yeast fermentation process" (Vandamme, in Demain et al., 2017, S. 8).

S. 8). In der Folge entstanden Forschungsinstitutionen mit Schulen, die fortgeschrittene Ausbildung, die Qualität, Verbesserung und Optimierung von Prozessen und Produkten gewährleisteten, insbesondere mit kontrolliert hergestellten Hefen. Sie ermöglichten damit die Entwicklung einer rationalen Fermentationstechnik, die Expansion der Fermentationsindustrie zu erstrangiger wirtschaftlicher Bedeutung.

Literatur

Arnold, L., Demain, E. J., Vandamme, J. C., & Buchholz, K. (2017). History of industruial biotechnology. In C. Wittmann & J. Liao (Hrsg.) *Industrial Biotechnology* (Bd. 3a, S. 3–84). Wiley-VCH.

Béchamp, M. A. (1864a). Über die Weingährung. *Journal für praktische Chemie, 93,* 168–171; Comtes Rendus hebdomadaires des séances de l'Académie des Sciences (Paris) LVII, 112.

Béchamp, M. A. (1864b). Sur la fermentation alcoolique. *Bulletin de la Société Chimique de Paris, 1,* 391–392.

Béchamp, M. A. (1865). Matière albuminoide, ferment de l'urine. *Bulletin de la Société Chimique de Paris, 3,* 218–219.

Béchamp, M. A. (1866a). Sur les variations de la néfrozymase dans l'état physiologique et dans l'état pathologique. *Bulletin de la Société Chimique de Paris, 1,* 231–232.

Béchamp, M. A. (1866b). Sur l.épuisement physiologique et la vitalité de la levûre de bière. *Bulletin de la Société Chimique de Paris, 1,* 396–397.

Berthelot, M. (1856), Ueber die Gärung. *Journal für praktische Chemie, 69,* 454–455; Comtes Rendus hebdomadaires des séances de l'Académie des Sciences (Paris), XIII, 238 (1856).

Berthelot, M. (1857). Ueber die geistige Gährung. *Journal für praktische Chemie, 71,* 321–325; Comtes Rendus hebdomadaires des séances de l'Académie des Sciences (Paris), XLIV, 702 (1857).

Berthelot, M. (1860). Sur la fermentation glucosique du sucre de cannes. *Les Comptes rendus de l'Académie des Sciences, 50,* 980–984.

Berthelot, M. (1864). Remarques sur la note de M. Béchamp relative à la fermentation alcoolique. *Bulletin de la Société Chimique de Paris, 1,* 392–393.

Berzelius, J. (1836). Einige Ideen über eine bei der Bildung organischer Verbindungen in der lebenden Natur wirksame, aber bisher nicht bemerkte kraft. *Jahres-Berichte, 15,* 237.

Birch, B. (1990). *Louis Pasteur*. Exley Publications.

Brockhaus (1894–1897). *Brockhaus Konversations-Lexikon.* F. A. Brockhaus in Leipzig.

Buchholz, K., & Poulson, P. B. (2000). Introduction/overview of history of applied biocatalysis. In A. J. J. Straathof & P. Adlercreutz (Hrsg.) *Applied Biocatalysis* (S. 1–15). Harwood Academic Publishers.

Buchholz, K., & Collins. J. (2010). *Concepts in biotechnology – History, science and business.* Wiley-VCH.

Bud, R. (1993). *The uses of life, a history of biotechnology.* Cambridge University Press. German translation: Wie wir das Leben nutzbar machten. Vieweg (1995).

Bulletin de la Société Chimique de Paris, 17. (1897). S. 796, Séance du 23 Juillet 1897.

de Bary, A. (1884). *Vergleichende Morphologie und Biologie der Pilze. Leipzig Flügge 1886*. Die Mikroorganismen.

de Lorgeril, M., Salen, P., Paillard, F., Laporte, F., Boucher, F., & de Leiris, J. (2002). Mediterranean diet and the French paradox: Two distinct biogeographic concepts for one consolidated scientific theory on the role of nutrition in coronary heart disease. *Cardiovascular Research, 54,* 503–515.

Dellweg, H. (1974). Die Geschichte der Fermentation. *100 Jahre Institut für Gärungsgewerbe und Biotechnologie zu Berlin* (S. 1874–1974). Institut für Gärungsgewerbe und Biotechnologie.

Dobell, M. H. (1869). Action du Pancréas sur les graisses et sur l'amidon. *Bulletin de la Société Chimique de Paris, 2,* 506.

Ferrières, J. (2004). The French paradox: lessons for other countries. *Heart Jan, 90*(1), 107–111.

Gale, G. (1979). *Theory of science* (S. 143–168, 169–277). Mc Graw-Hill.

Geison, G. L. (1995). *The private science of Louis Pasteur*. Princeton University Press.

Graham, T. (1838). *Elements of Chemistry, (including the application of science in the arts)*. T. O. Weigel.

Hüfner, G. (1872). Untersuchungen über „ungeformte Fermente" und ihre Wirkungen. *Journal für Praktische Chemie, 113,* 372–396.

Knapp, F. (1847). *Lehrbuch der chemischen Technologie* (Bd. 2). Vieweg.

Kühne, W. (1877). *Verhandlungen des Naturhistorische-Medicinischen Vereins*(Bd. 1, S. 190). „Über das Verhalten verschiedener organisierter und sog Ungeformter Fermente".

Marckwort, E. & Hüfner, G. (1875). Über ungeformte Fermente und ihre Wirkungen. *Journal für praktische Chemie, 11*(neue Serie), 194–209.

Metz, H. (1997). *Nutzung der Biotechnologie in der chemischen Industrie, in Technikgeschichte als Vorbild moderner Technik* (Bd. 21, S. 105–115). Schriftenreihe der Georg-Agrikola-Gesellschaft.

Mortimer, C. E. (1983). *Chemie* (S. 493–495). Georg Thieme.

Otto, J. (1838). *Lehrbuch der rationellen Praxis der landwirtschaftlichen.* Vieweg. (Reprint VCH, Weinheim, 1987).

Pasteur, L. (1856). Ueber den Amylalcohol. *Journal für praktische Chemie, 67,* 359–362. (1855) Comptes rendus de l'Académie des Sciences, XLI (8), 269.

Pasteur, L. (1857a). Mémoire sur la fermentation appelée lactique. *Comtes Rendus hebdomadaires des séances de l'Académie des Sciences (Paris), XLV* (22), 913–916. Über die Milchsäuregährung. *Journal für praktische Chemie, 73,* 447–451 (1858).

Pasteur, L. (1857b). Mémoire sur la fermentation alcoolique. *Les Comptes rendus de l'Académie des Sciences, 45,* 1032–1036. Über die alkoholische Gährung. *Journal für praktische Chemie, 73,* 451–455 (1858) .

Pasteur, L. (1860). Mémoire sur la fermentation alcoolique. *Annales de Chimie et de Physique, 58,* 323–426.

Pasteur, L. (1862). Über die Gährung und die sogenannte generatio aequivoca. *Journal für praktische Chemie, 85,* 465–472. Comtes Rendus hebdomadaires des séances de l'Académie des Sciences (Paris), 52 (LII), 344; 1260; 48 (XLVIII), 753; 1149.

Pasteur, L. (1863). Nouvel exemple de fermentation déterminé par des animalcules infusoires pouvant vivre sans oxygène libre et en dehors de tout conact avec l'air. *Bulletin de la Société Chimique de Paris,* 221–223.

Pasteur, L. (1865). Recherches sur la fermentation acétique. *Bulletin de la Société Chimique de Paris, 1,* 306–308.

Pasteur, L. (1866). Sur l'emploi de la chaleur pour conserver les vins. *Bulletin de la Société Chimique de Paris, 1,* 468.

Pasteur, L. (1876). *Etudes sur la Biére. Avec une Théorie Nouvelle de la Fermentation.* Gauthier-Villars.

Payen, A. (1874). Handbuch der Technischen Chemie. In F. Stohmann & C. Engler (Hrsg.) *Nach A. Payen's Chimie industrielle* (Bd. II). E. Schweizerbartsche Verlagsbuchhandlung.

Poppe, J. H. M. v. (1842). *Volks-Gewerbslehre Oder Allgemeine und Besondere Technologie* (fünfte Aufl.; die ersten drei erfolgten vor 1837). Carl Hoffmann.

Poulson, P. B. & Buchholz, K. (2003). History of enzymology with emphasis on food production. In J. R. Whitaker, A. G. J. Voragen, & D. W. S. Wong (Hrsg.) *Handbook of Food Enzymology* (S. 11–20). M. Dekker.

Priewe, J. (2000). *Wein.* Zabert Sandmann.

Renaud, S., & de Lorgeril, M. (1992). Wine, alcohol, platelets, and the French paradox for coronary heart disease. *Lancet, 339,* 1523–1526.

Röhr, M. (2001). Ein Jahrhundert Biotechnologie und Mikrobiologie an der Universität Wien, personal communication; CD Rom.

Schwarzer, M. A. (1870). Sur la transformation de l'amidon par la diastase. *Bulletin de la Société Chimique de Paris, 2,* 400–402.

Teich, M., & Needham, D. M. (1992). *A Documentary History of Biochemistry 1770–1940*. Associated University Press.
Traube, M. (1858). Zur Theorie der Gährungs- und Verwesungserscheinungen, wie der Fermentwirkungen überhaupt. *Annual Review of Physical Chemistry, 103,* 331–344.
Ullmann, F. (1914–1923). *Enzyklopädie der technischen Chemie* (Bd. 2). Bier, Urban & Schwarzenberg.
Ullmann, F. (1920). *Enzyklopädie der technischen Chemie* (Bd. 8, S. 96, 97). Urban & Schwarzenberg.
Ullmann, F. (1922). *Enzyklopädie der technischen Chemie* (Bd. 10, S. 401–429). Urban & Schwarzenberg.
Ullmann, F. (1923). *Enzyklopädie der technischen Chemie* (Bd. 12). Urban & Schwarzenberg.
Vallery-Radot, R. (1948). *Louis Pasteur, Schwarzwald-Verlag Freudenstadt, (1900) Original: La vie de Pasteur* (S. 600–602). Flammarion.
Wagner, R. (1857). *Die chemische Technologie*. O. Wiegand.
Wolf, L. K. (2014). A taste of wine science. C&EN (Sept. 22, S. 28, 2014).

4 Die Begründung der Biochemie: Buchner

Inhaltsverzeichnis

4.1 Das Schlüsselexperiment Buchners

Die biologischen Wissenschaften, auch die physiologische Chemie, waren noch weitgehend der rätselhaften, mystischen Ansicht, die Vorgänge in Organismen seien bedingt durch eine „vis vitalis“, eine besondere Lebenskraft – jenseits der physikalischen und chemischen Kräfte und Gesetze. Der Streit zwischen „Vitalisten“ und der „chemischen Fraktion“ (Liebig und Schüler) zog sich seit den 1830er Jahren hin, ohne dass eine Seite schlüssige Belege für ihre Thesen vorweisen konnte (s. Kap. 3 sowie Buchholz & Collins, 2010, S. 17–23, 41,42).

Teile dieses Kapitels sind zuvor in Englisch publiziert worden:
Buchholz, K. und Collins, J. (2010) Concepts in Biotechnology: History, Science and Business, S. 51–88, 2010, Copyright Wiley–VCH Verlag GmbH & Co. KGaA, Weinheim, Germany. Reproduced with permission.

K. Buchholz und J. Collins, *Eine kleine Geschichte der Biotechnologie*,
https://doi.org/10.1007/978-3-662-63988-7_4

Buchner fand eine Antwort auf diese Kernfrage der Biowissenschaften mit einem epochemachenden, experimentell begründeten Befund: Ein Enzym bewirkt die Fermentation, die Transformation von Zucker zu Alkohol und Kohlendioxid. „Eine Trennung der Gährwirkung von den lebenden Hefezellen ist bisher nicht gelungen; im Folgenden sei ein Verfahren beschrieben, welches diese Aufgabe löst.“ … „Für die Theorie der Gährung sind bisher etwa folgende Schlüsse zu ziehen. Zunächst ist bewiesen, dass es zur Einleitung des Gährungsvorganges keines so complicirten Apparates bedarf, wie ihn die Hefezelle vorstellt. Als Träger der Gährwirkung des Presssaftes ist vielmehr eine gelöste Substanz, zweifelsohne ein Eiweisskörper zu betrachten; derselbe soll als Zymase bezeichnet werden.“ (Buchner, 1897a).

Die mysteriöse Lebenskraft, die „vis vitalis“ bzw. „vital force“, der letzte geheimnisvolle Vorgang, der in Hefezellen die Gärung – und in allen Organismen die Lebensvorgänge – bewirkt, war aus der Biologie und Biochemie eliminiert. Buchner legte damit – in einer Reihe von Publikationen (Buchner, 1897b, 1898; Buchner & Rapp, 1898a, b, c, d, e) – die Grundlage der modernen Biochemie, in der alle Reaktionen strikt chemischen und physikalischen Gesetzen folgen. Hierbei sind experimentelle Begründung und Überprüfbarkeit grundlegende Forderungen der Naturwissenschaften für Erklärungen und Theorien.

Zuvor war mehrfach die Annahme gemacht, bzw. behauptet worden, dass alle Prozesse in Lebewesen enzymatisch katalysiert seien (z. B. Berthellot, 1857; Hüfner, 1872), aber es fehlten experimentelle Nachweise. Es blieb beim Glauben, entweder an die „vis vitalis“ oder aber an die rationale Erklärung mittels enzymatischer Vorgänge. „Zahlreiche Theorien über das Zustandekommen dieses Prozesses folgten aufeinander, bis die bahnbrechenden Arbeiten *Pasteur's*, begonnen in der Mitte unseres Jahrhunderts, zur endgültigen Aufstellung des Satzes führten: *Keine Gährung ohne Organismen.*“ …„Andere Forscher dagegen, wie Moritz Traube, Berthelot, Liebig und Hoppe-Seyler waren der Ansicht, dass die Hefe, wie sie […] das Invertin producirt„[…] eine Substanz erzeuge, der die Gährwirkung zukommt. Aber, so anschaulich diese Theorie war, ES FEHLTE JEDER EXPERIMENTELLE BEWEIS […]. Die rein vitalistische Theorie blieb also unbedingt Siegerin.“ (Buchner, 1898b).

Buchners Publikationen beschrieben umfangreiche Experimente, die mit hoher Sorgfalt durchgeführt worden waren und die insbesondere auf den ausgefeilten Arbeitsmethoden Pasteurs bezüglich Steriltechnik basierten. Diese umfassten Aufschlussmethoden für Hefezellen, die ursprünglich von dem Bruder Hans Buchner initiiert waren, um „Protoplasma“ für immunchemische Arbeiten zu gewinnen, und die umfangreiche Experimente erforderten. Alle Infektionen durch Mikroorganismen mussten ausgeschlossen werden.

Buchners Schlüsselexperiment bestand darin, einen Presssaft aus Hefe zu gewinnen, der eindeutig frei von lebenden Organismen war und der die (komplexe) Umwandlung von Glucose in entsprechende Mengen von Alkohol und Kohlendioxid (CO_2) bewirkte – eine Revolution für das damals herrschende Konzept der Biologie und physiologischen Chemie. In einem Experiment mit Hefepresssaft (im Kontext immunchemischer Versuche) hatte Eduard Buchner Glucose zugesetzt, um den Extrakt zu stabilisieren. Er beobachtete dabei eine stetige Entwicklung von Gasblasen und schloss daraus auf die Umwandlung von Glucose in Alkohol und CO_2 – also ein Zufallsbefund, den er richtig deutete und daraus die umwälzende Idee und umfangreiche Folgeexperimente ableitete (Kohler, 1971). Essenziell war die Erstellung von Stoffbilanzen, seit Lavoisier eine der Grundlagen der wissenschaftlichen Chemie, auch der Hefegärung (Lavoisier, 1793), die Buchner in zahlreichen Publikationen angab.[1] Er führte, auch um Kritik zu entkräften, zahlreiche ergänzende Untersuchungen durch (u. a. Buchner & Rapp, 1898a, b, e) (s. a. Buchholz & Collins, 2010, Kap 4; Florkin, 1975).

Buchners revolutionärer Befund bedeutete:

- Fermentation ist ein (bio-)chemischer Prozess, der nicht von einer mysteriösen „Lebenskraft", einer „vis vitalis", abhängig ist.

Zugleich warf dieser Befund in der Folge gravierende, komplexe Fragen auf: Kann eine so umfassende stoffliche Umwandlung durch ein Enzym und in einer Reaktion bewirkt werden? – Buchner hatte 1898 zusammenfassend ausgeführt, dass es „gelungen ist, … einen höchst complicirten Lebensprozess … auf die verhältnismässig einfache Wirkung eines bestimmten Stoffes zurückzuführen." (Buchner, 1898).

Die Lösung und Klärung dieser Frage, die schließlich zu einer hochkomplexen Reaktionsfolge führte, katalysiert durch mehrere Enzyme und Coenzyme, erforderte die Forschungen zahlreicher Wissenschaftler. Diese erwarben damit höchstes Renommee (mehrere Nobelpreise), und die Forschung erstreckte sich über etwa 40 Jahre, bis die molekularen Details der Glykolyse untersucht und bekannt waren (s. u. und Abb. 4.1).

Buchners Experimente und Befunde stellten die rationale Basis für die neue Wissenschaft der Biochemie – und die Biotechnologie – dar. Sie lösten die unklaren und teilweise mystischen Vorstellungen der Biologie und teilweise auch der physiologischen Chemie ab. Deren Konzepte beinhalteten noch das Protoplasma und die „vis vitalis" als notwendige Agenzien und Kräfte, die jenseits der Gesetze der Chemie und Physik wirksam sein sollten. Buchner schuf ein neues *Paradigma* (Kuhn, 1967, 1973), das strikt innerhalb der Gesetze der Chemie und Physik gilt, das die komplexen Vorgänge bei der Fermentation, und allgemein bei den Prozessen in Lebewesen, in der belebten Natur auf der Basis molekularer Vorgänge erklärt. Es eröffnete gleichzeitig neue Forschungsstrategien zu ihrer Untersuchung. Für die Biotechnologie ergaben sich zunächst keine neuen Perspektiven; erst Fernbach, der Buchners Arbeiten verfolgte, ins Französische übersetzte und Folgeuntersuchungen unternahm, begann um 1910, Entwicklungen zu technischen Verfahren durchzuführen, mit denen neue Produkte mikrobiologisch industriell hergestellt werden konnten (s. u.).

[1] Anm. 1: Buchner (1898) und Mitarbeiter publizierten ausführlich und präzise ihre experimentellen Methoden, einschließlich Aufschluss der Hefezellen, Filtration, Keimfreiheit und Stoffbilanzen. („In dieser Mitteilung sind einige quantitative Versuche über die Gärkraft des Hefepresssaftes … beschrieben …" Buchner & Rapp, 1898a).

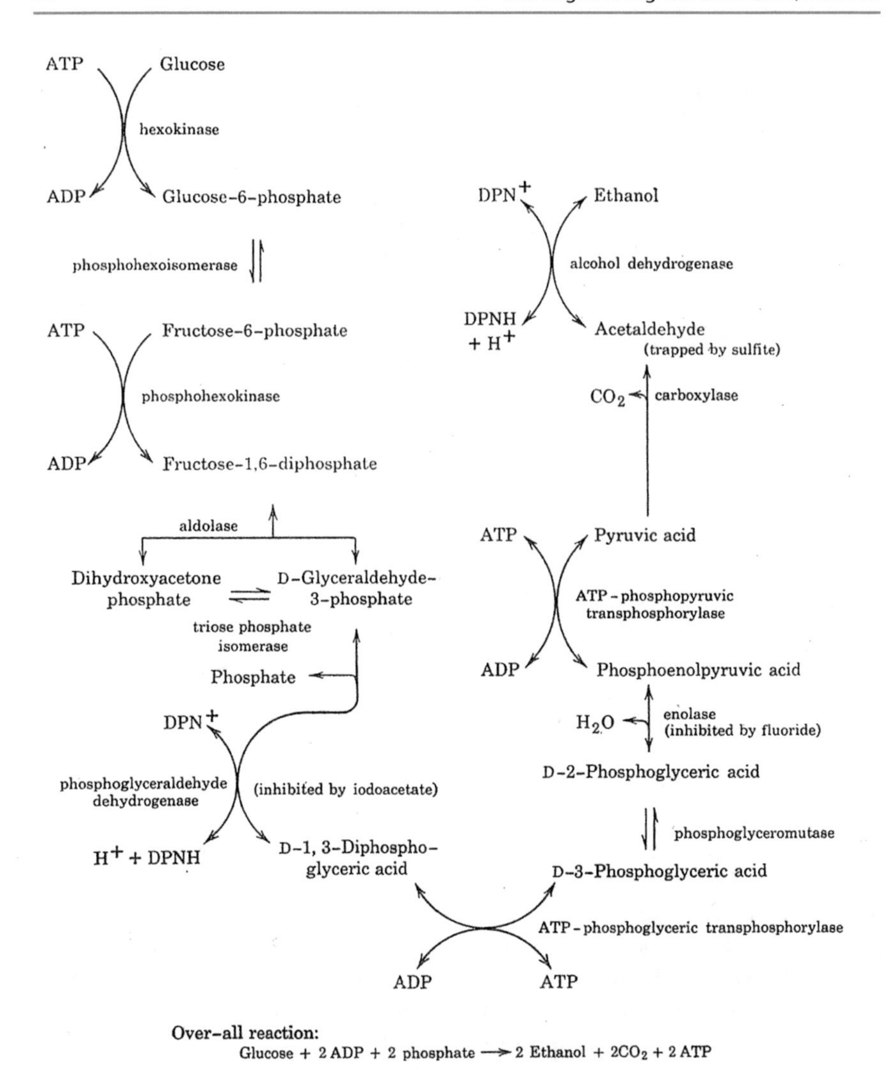

FIG. 2. Pathway of anaerobic breakdown of glucose to ethanol and carbon dioxide in yeast.

Abb. 4.1 Reaktionsschritte, Zwischenprodukte und Coenzyme der Glykolyse und nachfolgende anaerobe Bildung von Ethanol und Kohlendioxid, wie sie korrekt in den frühen 1950er Jahren formuliert wurden. Energie wird in ATP gespeichert (DPN^+ ist NAD^+, DPNH ist NADH in der aktuellen Nomenklatur; ein zusätzliches Phosphatmolekül wird eingeführt, um D-1,3-Diphosphoglycerinsäure, engl. D-1,3-diphosphoglyceric acid, zu bilden) (Fruton & Simmonds, 1953, S. 435–436)

4.2 Widerspruch und Bestätigung

Sehr schnell erhob sich Widerspruch und Opposition gegen Buchners Befund. Es waren im Wesentlichen zwei Arten von Einwänden: Erstens konnten einige Wissenschaftler Buchners Experimente nicht reproduzieren – der schwerwiegendste Einwand bei chemischen und allgemein naturwissenschaftlichen Forschungsergebnissen. Der zweite Einwand war historischer und dogmatischer Art, gegen diejenigen gerichtet, die sich auf Pasteurs Festhalten an der „vis vitalis", der Lebenskraft, beriefen. Die Auseinandersetzungen wurden in den Jahren 1897 bis etwa 1902 weltweit geführt (Kohler, 1972).

Bei dem ersten Einwand stellte sich schnell heraus, dass die Kritiker nicht mit der experimentellen Präzision Buchners gearbeitet hatten, die auf der aufwendigen Extraktionstechnik Buchners und der ausgefeilten Steriltechnik Pasteurs aufbaute (Florkin, 1975, S. 32–33). Dellbrück, Stavenhagen und Will, renommierte Vertreter der Brauereitechnologie in Instituten in Berlin und München (bzw. Weihenstephan), berichteten, dass Hefepresssaft inaktiv war; sie wandten außerdem ein, dass das (enzymatische) Konzept der Zymase in striktem Widerspruch zu Pasteurs Theorie stand (Kohler, 1971). Stavenhagen (1887) führte als Gegenargument an, dass noch im Presssaft vorhandene Mikroorganismen die Gärung verursachen könnten (die jedoch Buchner sorgfältig ausgeschlossen hatte)[2]. Buchner und Rapp (1898a, b, c, d, e) antworteten ausführlich und mit umfangreichen ergänzenden Experimenten auf die Einwände der Kritiker.

Dem zweiten Einwand konnte Buchner mit einem einfachen, klassischen Argument begegnen: „Was aber *Pasteur*'s Theorie betrifft, so können neue Experimentalthatsachen durch ältere Theorien nicht wiederlegt werden. Der Beweis [...] ist übrigens [...] gar kein „Umstand", welcher sich mit den Anschauungen von *Pasteur* im vollsten Gegensatz befindet [....es] bedarf nur einer Modifikation: Keine Gährung ohne Zymase, welche in Organismen gebildet wird." (Buchner & Rapp, 1898a). Rückblickend argumentierte Buchner, die Bedeutung von Experimenten – und damit die seiner eigenen neueren – hervorhebend: „Zahlreiche Theorien über das Zustandekommen dieses Prozesses folgten aufeinander, bis die bahnbrechenden Arbeiten *Pasteur*'s, begonnen in der Mitte unseres Jahrhunderts, zur endgültigen Aufstellung des Satzes führten: *Keine Gährung*

---

[2] Anm. 2: „...so erscheint mir doch andererseits der Beweis für eine Gährung ohne lebende Hefezellen ein Umstand, der zu der *Pasteur*'schen Theorie im vollsten Gegensatz stände, nicht eher möglich, als bis bei diesen Versuchen die Mitwirkung irgendwelcher Mikroorganismen vollständig ausgeschlossen ist." (Stavenhagen, 1897).

Analoge Argumente äußerten Neumeister (1897), Schunk (1898) und Voit, ein bekannter physiologischer Chemiker, der auch auf frühere vergebliche Ansätze verwies, in denen Traube, Hoppe-Seyler, von Manassein und andere versucht hatten, eine chemische Theorie der Fermentation zu begründen (Kohler, 1971). Von Manassein (1897) beanspruchte Priorität für Buchners Befund, da sie schon 1871 ein Fermentationsenzym gefunden hätte. Buchner und Rapp (1898a) entgegneten, dass die angewandten experimentellen Techniken sterile Arbeitsweise nicht ermöglichten und mikrobielle Aktivität nicht ausschlössen.

ohne Organismen.“ Experimentelle Befunde (und Freiheit von inneren Widersprüchen) – nicht historische Priorität – entscheiden über die Akzeptanz oder Widerlegung naturwissenschaftlicher Theorien.

Es folgten auch unmittelbare Akzeptanz und Zustimmung. Bemerkenswerterweise waren es Schüler und Nachfolger Pasteurs im Institut Pasteur in Paris, die Buchners Theorie nicht nur akzeptierten, sondern auch als bedeutenden wissenschaftlichen Fortschritt begrüßten. Emile Duclaux, Direktor am renommierten Institut Pasteur, äußerte sich enthusiastisch und bezeichnete Buchners Befunde als Ereignis in der Wissenschaftsgeschichte, das eine „Neue Welt eröffnete“ (Duclaux, 1897). Fernbach, ebenfalls Direktor am Institut Pasteur, verfolgte zustimmend Buchners Publikationen von Beginn an und veröffentlichte Übersetzungen als Kurzfassungen in dem führenden Journal Bulletin de la Société Chimique (s. z. B. Fernbach, 1897). Auch Pasteurs Nachfolger an der Universität Lille, Emile Roux, akzeptierte das Konzept der Zymase und führte in die Lehre von Fermenten und Mikroben die Bedeutung chemischer und enzymatischer Reaktionen ein. (Florkin, 1975).

Nach wenigen Jahren bestätigten auch anfängliche Kritiker, insbesondere die der Brauereitechnik nahestehenden Gruppen, wie die von Delbrück in Berlin, Buchners Ergebnisse. Delbrück wurde sogar ein überzeugter Anhänger, „a definitive advocate“ Buchners mit der Formulierung, dass „enzymatische Kräfte in Mikroorganismen wirken, dass ein Enzym für die Umwandlung von Zucker in Alkohol verantwortlich sei, und dass Pasteurs Ansicht überholt sei“ (Engel, 1996; Kohler, 1971). Weitere Zustimmung und Unterstützung kam von Wissenschaftlern aus den Gebieten physiologische Chemie und Zoologie, u. a. Wilhelm Pfeffer, Jacques Loeb, Augustin Wroblewski und Alfred Wohl (Kohler, 1971). Pfeffer drückte seine Begeisterung aus: „Es ist von *höchster Bedeutung,* dass Hr. Buchner den *empirischen Beweis* erbracht hat, dass es sich um ein Enzym handelt, das auch getrennt von der lebendigen Zelle zu wirken vermag […]“. „Wir müssen für den sicheren Nachweis dankbar sein, dass die Zerspaltung des Zuckers in der Alkoholgährung durch einen enzymartig wirkenden Körper bewirkt wird. […] Jedenfalls handelt es sich dabei (wie bei allen spezifischen Enzymen) um distincte chemische Körper (oder Gemische), die noch nach völliger Vernichtung des Lebens und der Organisation wirksam sind.“ (Pfeffer, 1899). Alfred Wohl (1901) war überzeugt, dass enzymatische Prozesse die Vorgänge in Lebewesen bewirkten. Er entwickelte 1907 ein Schema der Alkoholfermentation mit Zwischenprodukten wie Methylglyoxal, das sich allerdings als falsch erwies (Engel, 1996, (ref. 36)).

Buchner und Mitarbeiter setzten ihre Forschungs- und Publikationstätigkeit in den Jahren 1900 bis 1910 fort. Im Mittelpunkt standen Zwischenprodukte der Fermentation mit Hefepresssaft. 1904 veröffentlichten Buchner und Meisenheimer (1904) bemerkenswerte Ergebnisse, mit Zwischen- oder Nebenprodukten wie Milch- und Essigsäure. In einer ausführlichen Diskussion stellten sie darin fest: „Ueber den Mechanismus der Zuckerspaltung bei der alkoholischen Gährung fehlen bisher experimentell gestützte Anhaltspunkte“. Sie beziehen sich hierbei erneut auf Neumeister (1897), der, wie erwähnt, eine einfache Reaktion, durch ein Enzym katalysiert, angezweifelt hatte, und kündigten an, diese Hypothese im

Detail zu untersuchen (was sie schon 1903 erwähnt hatten und in ihrer Arbeit schon vornahmen).

Neumeister, Chemiker, der auf dem Gebiet der physiologischen Chemie arbeitete, zählt zu den wichtigsten Anhängern von Buchners Konzept, der in sorgfältiger Arbeit die (Zwischen-)Stufen der Fermentation untersuchte. Er hatte aber schon 1897 eingewandt, dass die Komplexität der Transformation unvereinbar sei mit der Aktivität eines einzigen Enzyms, sondern verschiedene Proteine erforderte (Neumeister, 1897), worauf Buchner 1903, wie erwähnt, einging. Neumeister entwickelte später eine Hypothese für den Mechanismus der Fermentation mit Methylglyoxal als Zwischenprodukt, der sich jedoch als irrtümlich erwies (Florkin, 1975; Kohler, 1971).

Nach sieben Jahren deutete sich ein neues Stadium der Forschung an – die Tatsache der enzymatischen Transformation von Zucker in Alkohol war inzwischen akzeptiert. Der Schwerpunkt verschob sich zu mechanistischen Aspekten. Diese umfangreichen Arbeiten kennzeichnen und illustrieren den Prozess, der Fortschritt, Stagnation, Widersprüche und Irrtümer im Forschungsprozess bedeutete. Mit der Glykolyse befasste sich mittlerweile eine bedeutende Zahl kompetenter, später prominenter Forscher (von denen einige später mit dem Nobelpreis ausgezeichnet wurden, s. u.).

4.3 Die Etablierung der Biochemie

Im Hinblick auf die Entwicklung der Biochemie in ihren Anfängen erschien eine Umsetzung des komplexen Moleküls Glucose in zwei einfache Verbindungen, Alkohol (Ethanol) und CO_2, in einem Schritt durch ein Enzym überraschend und zu einfach. Neumeister, der Buchners Theorie unterstützte, hatte, wie erwähnt, erkannt, dass ein so radikaler Umbau des komplexen Zuckermoleküls (E. Fischer hatte kurz zuvor die Struktur ermittelt) zu zwei einfachen Molekülen nicht in einem Schritt erfolgen konnte (Neumeister, 1897).

Buchner selbst fand in fortführenden Arbeiten Zwischenprodukte und führte mit Mitarbeitern eine große Zahl von Untersuchungen mit hohem Aufwand und großer Sorgfalt durch.

Buchner und Meisenheimer (1906) stellten die „... große experimentelle Schwierigkeiten ..." dieser Untersuchungen heraus. Zahlreiche andere Forscher, unter ihnen Pioniere wie Neumeister, Harden und Young, Fernbach ... engagierten sich in dem neuen, mit bedeutenden Fragen, großer Spannung und hohen Erwartungen eröffneten Wissenschaftsgebiet und suchten nach Zwischenprodukten der Reaktion und der Formulierung einer widerspruchsfreien, im chemischen Sinne logischen Reaktionsfolge.

Neumeister und Lebedev wagten Erklärungsversuche, Hypothesen, in denen sie die komplexe Stoffumwandlung mit mehreren chemischen Schritten und zahlreichen Zwischenprodukten beschrieben, die sich aber als fehlerhaft bzw. falsch erwiesen (Florkin, 1975; Kohler, 1971). Buchner konnte sich erst nach über zehn Jahren definitiv zu der Erkenntnis durchringen, dass es sich bei Zymase um mehrere Enzyme handeln muss, die eine Kette von Reaktionen mit zahlreichen Zwischenstufen katalysieren (Buchner & Haen, 1909).

Damit begann sich die Erforschung der chemischen Prozesse in lebenden Organismen als chemische Wissenschaft, als Biochemie zu etablieren. Die Geschichte der Biochemie ist in Büchern von Florkin (1972, 1975, in den Bänden 30 und 31 der Serie „Comprehensive Biochemistry") und Fruton und Simmonds (1953) umfassend dargestellt, sowie von Kohler (1975) in einer Übersicht dokumentiert. Fruton und Simmonds (1953) gaben folgende Definition der Biochemie: Sie behandelt a) die chemischen Bestandteile lebender Organismen und deren Produkte, b) ihre Funktionen und die Transformationen durch die Aktivität biologischer Systeme, sowie c) die energetischen Veränderungen und Vorgänge, die mit diesen Transformationen verbunden sind. Enzyme sind die (Bio-) Katalysatoren, die diese Transformationen – mit hoher Präzision und Effizienz – bewirken. „This definition formed the basis for the successful establishment of enzymology, the identification of the intermediate steps of a microbiological phenomenon and alcoholic fermentation during the first decades of the 20th century." (Fruton & Simmonds, 1953).

Der Begriff Biochemie fand Eingang in die Titel wissenschaftlicher Zeitschriften, z. B. Biochemische Zeitschrift, herausgegeben von Springer 1906, mit Neuberg als Herausgeber. (Neuberg gehörte zu den führenden Biochemikern, die wegen der Herrschaft der Nationalsozialisten Deutschland verlassen mussten, wodurch die führende Rolle Deutschlands in der Biochemie verloren ging) (Engel, 1996). Felix Hoppe-Seyler hatte 1877 die Zeitschrift für physiologische Chemie begründet, die jedoch in der alten Tradition verhaftet war (s. o.) (Jaenicke & Schomburg, 1999). Franz Hofmeister führte 1901 den Untertitel „Zeitschrift für die gesamte Biochemie" ein, und Carl Oppenheimer begründete 1903 ein Referateorgan „Biochemisches Zentralblatt". Von 1910 an entstand eine vielseitige biochemische Literatur mit Lehrbüchern, Monografien und Enzyklopädien, die die Biochemie als eigenständige Disziplin dokumentierten (Engel, 1996).

Mit der Biochemie war eine neues Paradigma (Kuhn, 1973) etabliert, das alle Reaktionen in lebenden Organismen als (bio-)chemische postulierte – ohne mysteriöse Kräfte, die naturwissenschaftlich unerklärlich blieben –, somit „ein neues Programm biochemischer Forschung", das mit dem Namen Buchner verbunden war und das neue Forschungsprobleme und ein umfangreiches, entscheidend erweitertes Forschungsfeld definierte (Kohler, 1975).

Fernbach, Direktor am Institut Pasteur, hatte von Beginn an Buchners Arbeiten zustimmend verfolgt und beteiligte sich an der Forschung zu den zahlreichen offenen Fragen, die aus Buchners Forschung folgten, mit der Untersuchung von Zwischenprodukten der alkoholischen Gärung. Er ging einen Schritt weiter und erarbeitete entscheidende Ansätze und Perspektiven zur Anwendung, der Nutzung mikrobieller Produkte in der industriellen Technik. Zuvor schon war die Produktion einiger organischer Säuren (Essigsäure, Milchsäure) durch Mikroorganismen in handwerklicher oder industrieller Praxis eingeführt worden (s. o.). Fernbach hob mit seinen Untersuchungen und Patenten diese Methoden auf eine neue, systematische Ebene (s. u.).

4.4 Die Glykolyse, eine komplexe biochemische Stoffumwandlung

Das Problem, die Erforschung und Aufklärung der Glykolyse, die Buchner 1897 angestoßen hatte, zog zahlreiche prominente Wissenschaftler, einige mit Nobelpreisen ausgezeichnet, in seinen Bann, und erforderte deren Beteiligung, bis alle Schritte im molekularen Detail aufgeklärt waren[3] [4] (Abb. 4.1). Es stellte ein hochkomplexes wissenschaftliches Puzzle dar (ein epistemisches Ding), das mit korrekten Ergebnissen und falschen Hypothesen bis zur Lösung etwa vier Jahrzehnte intensiver Forschung in Anspruch nahm.

Im Folgenden können nur ausgewählte Einzelschritte des Forschungsprozesses erwähnt werden, da ihre Aufklärung keine unmittelbaren Auswirkungen auf die technische Entwicklung hatten; mittelfristig aber stellten sie auch die Biotechnologie auf eine neue, rationale Basis. (Ausführliche Darstellungen finden sich in Publikationen zur Geschichte der Biochemie: Fruton & Simmonds, 1953; Florkin, 1972, 1975; Kohler, 1975). Glucose wird nach Phosphorylierung in mehreren Stufen zunächst gespalten und dann zu Pyruvat umgelagert, das zu den Endprodukten Alkohol (Ethanol) und CO_2 (in der alkoholischen Gärung) bzw. Milchsäure

[3] Anm. 3: Glykolyse bezeichnet den Gesamtvorgang der Umwandlung von Glucose in Pyruvat über mehrere Zwischenstufen, mit der nachfolgenden Transformation in Ethanol und CO_2 in Hefe, oder, im Muskel, in Milchsäure, oder mit der Umsetzung von Pyruvat in Aceta-CoA (Coenzym A) und dem nachfolgenden Abbau im Citronensäurecyclus zu CO_2 and H_2O unter Gewinnung von chemischer Energie in Form von ATP (Adenosintriphosphat) (Abb. 4.1).

[4] Anm. 4: Zu bedeutenden Forschungsgruppen, die an der Aufklärung des Gesamtkomplexes der Glykolyse und weiterer Schritte beteiligt waren, zählen: Franz Hofmeister und drei seiner Schüler, J.K. Parnas, G. Embden und C. Neuberg, die führend in dem Gebiet wurden, Parnas entwickelte seinerseits eine bedeutende Forschergruppe in Polen. G. Embden baute eine große Gruppe in Frankfurt auf, u. a. mit M. Oppenheimer als Mitarbeiter, die zahlreiche Beiträge erarbeitete, ebenso Carl Neubergs Labor in Berlin mit zahlreichen Mitarbeitern und die Gruppen von O. Warburg mit Pionierarbeiten zur biologischen Oxidation, den prominenten Schülern H.A. Krebs und H. Theorell, und O. Meyerhof an Kaiser-Wilhelm-Instituten in Berlin, letzterer später an einem Kaiser-Wilhelm-Institut in Heidelberg, mit Untersuchungen zur Muskelglykolyse. Zu seinen berühmten Schülern zählten F. Lipmann und K. Lohmann. An dem ersten dieser Institute in Berlin hatte Emil Fischer gearbeitet, der mit der Konstitution von Zuckern und der Spezifität enzymatischer Reaktionen Pionierarbeit leistete. Führende Institute außerhalb Deutschlands waren das Pasteur-Institut Paris (seit 1888), das Carlsberg-Institut in Kopenhagen (seit 1875), das Lister-Institut in London, (mit C. Martin und A. Harden, seit 1891), das Rockefeller-Institut für medizinische Forschung in New York bzw. Princeton, New Jersey, (mit J. Northrop), Institute an den Universitäten in Liverpool, F. G. Hopkins Labor in Cambridge, in Harvard, an der Columbia University (Florkin, 1975, S. 15–16). Historische und wissenschaftssoziologische Aspekte behandelt R. E. Kohler, u. a. die Schulen, die Ablösung der Konzepte von Protoplasma („... the protoplasm concept seemed more and more just an excuse for ignorance...") und „colloid" für enzymatische Aktivität; schließlich den hohen Standard der Forschung deutscher Biochemiker, der verloren ging, nachdem nach 1930 die besten geflohen waren (Kohler,1975).

Die führende Stellung der deutschen Forschung in der Biochemie ging durch die Vertreibung bzw. Exilierung von Pionieren durch die Nazis verloren; Biografien u. a. von Haurowitz, Lipmann, Krebs, Chargaff, Perutz und Delbrück finden sich in Jaenicke (2007).

(im Muskel) umgesetzt wird. Dabei wird Energie gewonnen und chemisch in Form von ATP gespeichert, die für die Lebensvorgänge (Synthese der Zellbausteine, Muskelbewegung usw.) erforderlich ist.

Wegweisend erwiesen sich die Befunde von Harden und Young (1905), die den Einfluss von Phosphat bzw. phosphorylierten Verbindungen, organischen Phosphorsäureestern, als aktivierende Komponenten bzw. als Coenzyme bezeichnet, feststellten. Auch von Buchner und Klatte (1908) wurden aktivierende Phosphorsäureester (vermutet wurden solche von Zuckern als Zwischenstufen) gefunden – später stellte sich heraus, dass diesen (insbesondere den Coenzymen) eine zentrale Rolle für Energieerhaltung und Transfer zukamen. 1929 isolierte Lohmann eine neue Substanz, einen Phosphorsäureester, die sich als ATP herausstellte, wie erwähnt eine zentrale Verbindung für die Speicherung chemischer Energie[5]. 1933 machten Embden und Mitarbeiter eine weitere entscheidende Entdeckung: Fructosediphosphat, durch Phosphorylierung und Umlagerung aus Glucose gebildet, wird in Dihydroxyacetonphosphat und Glycerinaldehyd-3-phosphat gespalten (zwei Verbindungen mit je drei Kohlenstoffatomen, gebildet aus dem Zucker mit sechs Kohlenstoffatomen), die anschließend in Phosphoglycerinsäure und schließlich Pyruvat umgesetzt werden. In zwei anschließenden Reaktionsschritten wird Pyruvat in Acetaldehyd und CO_2 gespalten und ersteres zu Alkohol (Ethanol) reduziert (Abb. 4.1).

Euler und Harden entdeckten schließlich ein weiteres essenzielles Coenzym, NAD^+ (Nicotinamid-Adenin-Dinucleotid), das für Oxidationen und Reduktionen (u. a. die Reduktion von Acetaldehyd zu Alkohol mittels NADH) eine Schlüsselrolle spielt.[6] Erst in den späten 1930 er Jahren wurden die Rollen und die beteiligten Mechanismen dieser Coenzyme endgültig geklärt (Florkin, 1975). Schließlich entdeckte Krebs 1937 einen weiteren Schlüsselprozess im Metabolismus: den Citronensäurecyclus (auch als Krebs-Cyclus oder Tricarbonsäurecyclus bezeichnet; 1953 mit dem Nobelpreis geehrt). In dieser Zeit, der Herrschaft des Nationalsozialismus, spielte die Politik eine fatale Rolle in der wissenschaftlichen Forschung: Krebs verlor 1933 seine Universitätsstelle (Heidegger als Rektor hatte ihm als Jude Hausverbot für die Universität Freiburg erteilt) und verließ Deutschland, wie auch Neuberg und viele andere prominente Biochemiker (mehrere später mit dem Nobelpreis geehrt) wegen der Verfolgung durch die Nazis; in der Folge

[5] Anm. 5: ATP, Adenosintriphosphat ist ein mit drei Phosphorsäuremolekülen verestertes Adenosin, ein DNA-Baustein, dessen Esterbindung einen hohen Energiegehalt aufweist, der in Reaktionen übertragen werden kann. Die Zwischenstufen der Glykolyse, Phosphorsäureester von Zuckern, haben ebenso die Funktion, chemische Energie zu speichern.

[6] Anm. 6: NAD^+, Nicotinamid-Adenin-Dinucleotid, ursprünglich – wie in Abb. 4.1 – als DPN^+ bezeichnet, eine veraltete Abkürzung; analog ist *DPNH* eine veraltete Abk. für reduziertes Diphosphopyridinnucleotid, aktuell als NADH bezeichnet; dieses dient ebenfalls der Energiespeicherung und zur Reduktion von Acetaldehyd zu Alkohol am Ende der Reaktionskette (Abb. 4.1).

verschob sich die Schlüsselrolle Deutschlands in der biochemischen Forschung nach England und den USA.[7]

Die vielen Einzelergebnisse, die zur Aufklärung der Glykolyse beitrugen, waren von zahlreichen Hypothesen (richtigen und falschen) und Irrtümern begleitet. So wurden z. B. Glycerin, Milchsäure und insbesondere Methylgyoxal, das lange durch die Literatur geisterte, als Zwischenprodukte postuliert bzw. gefunden, stellten sich aber als irrtümliche Befunde heraus (Florkin 1975).[8] Zu bedenken sind hierbei einerseits die außerordentliche Komplexität des Themas, andererseits die enormen Probleme der experimentellen und besonders analytischen Techniken, die sehr großen experimentellen Aufwand erforderten und darüber hinaus in beträchtlichem Maße fehlerbehaftet waren.[9]

---

[7] Anm. 7: Zu weiteren für die Entwicklung der Biochemie und der Molekularbiologie bedeutenden Wissenschaftlern, die emigrierten bzw. emigrieren mussten, zählen: *Carl Neuberg,* wesentliche Beiträge zur alkoholischen Gärung im Kontext der Arbeiten Buchners (s. Text und Anm. 18), floh 1938 über Palästina und den Orient nach New York. *Max Perutz,* Biochemiker, bis 1936 in Wien, emigrierte nach Cambridge, England. Um ihn kristallisierte sich die Molekularbiologie in Cambridge in ihrer Entstehungsphase (Nobelpreis 1962). *Max Delbrück,* Biophysiker, ab 1932 am Kaiser-Wilhelm-Institut für Chemie in Berlin-Dahlem, emigrierte zunächst als Forschungsstipendiat in die USA, arbeitete ab 1947 am Caltech (Kalifornien) über Bakteriophagen, legte, zusammen mit Hershey und Luria, wesentliche Grundlagen der modernen Molekularbiologie und Genetik (1969 zusammen Nobelpreis für Physiologie oder Medizin). *Otto Meyerhof,* Biochemiker, emigrierte 1940 in die USA, Professor in Philadelphia. Er klärte gemeinsam mit Gustav Embden und Jakub Karol Parnas 1929 den Mechanismus der Glykolyse auf (Embden-Meyerhof-Parnas-Weg; 1922 Nobelpreis für Medizin, gemeinsam mit A. V. Hill). *Fritz Albert Lipmann,* emigrierte 1939 in die USA, lehrte zunächst an der Cornell University School of Medicine in New York, leitete ab 1941 das biochemische Forschungslabor am Massachusetts General Hospital in Boston, 1949 Professor der Biochemie an der dortigen Harvard Medical School, 1957 bis 1969 an der Rockefeller-Universität in New York City. (Nobelpreis für Medizin 1953 gemeinsam mit Hans Adolf Krebs). *Erwin Chargaff,* verließ Deutschland 1933 und wechselte nach Paris ans Institut Pasteur. 1935 emigrierte er in die USA und arbeitete an der New Yorker Columbia University, ab 1952 als Professor für Biochemie. Die sogenannten Chargaff'schen Regeln stellten eine Grundlage dar für die Formulierung der Struktur der DNA als Doppelhelix-Struktur. *Felix Michael Haurowitz* stammte aus dem Deutsch-Prager Bürgertum, ab 1930 Professor für physiologische Chemie an der Karls-Universität Prag. Wichtige Entdeckungen über die Struktur des Hämoglobins. Nach der Besetzung Prags emigrierte er nach Istanbul und wurde 1939 Professor der Universität Istanbul. 1948 ging er als Professor an die Indiana University in Bloomington (Jaenicke, 2007).

[8] Anm. 8: So hatten Neuberg und Kerb (1913, 1914) Methylglyoxal vermeintlich als Zwischenprodukt identifiziert, und diese Hypothese wurde etwa 20 Jahre lang anerkannt, obwohl Buchner und Meisenheimer dies falsifiziert hatten. Weitere falsche Befunde als Zwischenprodukte betrafen Ameisen-, Essig- und Milchsäure (Buchner & Meisenheimer, 1906, 1910; Florkin 1975). Neuberg und Kerb (1914) hatten ein Gärungsschema mit Methylglyoxal als Zwischenprodukt publiziert, das sich ebenfalls als falsch erwies (Engel, 1996).

[9] Anm. 9: Die heute üblichen schnellen und präzisen analytischen Methoden, chromatographische Techniken (Gas-, Flüssigchromatographie/HPLC, gekoppelt mit verschiedenen, z. T. hochspezifischen Detektionssystemen), IR-, NMR-Spektroskopie, Massenspektrometrie usw. wurden erst Jahrzehnte später entwickelt und verfügbar.

Diese umfangreichen Arbeiten kennzeichnen und illustrieren den erratischen Prozess, der Fortschritt, Stagnation, Widersprüche und Irrtümer im Forschungsprozess bedeutete – ein verwirrendes wissenschaftliches Puzzle, ein „epistemisches Ding" (s. Theoretische Überlegungen, Abschn. 8.4) – mit oft unklaren, manchmal widersprüchlichen oder falschen Ergebnissen, die durch nachfolgende Experimente korrigiert wurden, wie es oft bei der Entwicklung der Wissenschaften in entscheidenden, revolutionären Phasen, dem Aufbruch in unbekannte, unerforschte und rätselhafte Gebiete auftritt (Rheinberger, 2001; s. Kap. 9).

Buchners Gruppe konnte diesbezüglich eindeutige Befunde erarbeiten. Sie fanden lediglich Glycerinaldehyd und Dihydroxyaceton als gesicherte Zwischenprodukte, was sich als korrekt erwies (Buchner & Meisenheimer, 1906). Zymase wurde definitiv als Sammelbegriff für mehrere Enzyme definiert, die mehrere Reaktionsstufen bei der alkoholischen Gärung katalysieren.

In den 1930er Jahren waren wichtige Zwischenstufen der Glykolyse gefunden, keineswegs aber der Gesamtablauf, der chemische Mechanismus geklärt. Erst 1940 konnte, nach umfangreicher weiterer Forschung zu den Einzelschritten, den beteiligten Enzymen und Coenzymen, dieser komplexe Verlauf korrekt zusammengefasst werden (Abb. 4.1) (z. B. Fruton & Simmonds, 1953; Nord, 1940). Das Problem, das Neumeister (1897) schon unmittelbar nach Buchners erster Publikation benannt hatte (und das eigentlich für Chemiker offensichtlich war), hatte sich als hochkomplexe Reaktionsfolge erwiesen, war entschlüsselt, mit elf Zwischenprodukten und 12 Reaktionsstufen, katalysiert durch elf Enzyme und zwei Coenzyme, die in zahlreichen biochemischen Prozessen eine Schlüsselrolle einnehmen – ein Entschlüsselungsprozess jahrzehntelanger Arbeit.

Die Vielzahl von Experimenten zur Glykolyse mündete schließlich in die Erkenntnis, dass komplexe biologische Stoffumwandlungen in Reaktionsketten organisiert sind, andere Schlüsselprozesse, wie der Citratcyclus, in zyklischen Reaktionsfolgen, die in hoher Präzision, katalysiert durch zahlreiche Enzyme und Coenzyme, ablaufen, den Regeln der chemischen Bindung und der Stöchiometrie folgen und energetisch zweckmäßig verlaufen:[10] die im Zuckermolekül gespeicherte Energie wird chemisch gespeichert (in Form von ATP); sie steht zur Erhaltung der Lebensvorgänge (dem Stoffwechsel, dem Aufbau der Zellsubstanz, der Bewegung durch Muskelkraft usw.) zur Verfügung. Zu den zentralen Reaktionsketten zählen die Glykolyse und der Citratcyclus, der Bausteine zur Synthese von Zellsubstanz, Proteinen, Nucleinsäuren, Polysacchariden und der Vielzahl der weiteren Stoffwechselprodukte zur Verfügung stellt.

Die Enträtselung, die Aufklärung dieser vielen Schritte trugen zur Begründung der Methodik und des Konzepts der Biochemie bei, das Geschehen in biologischen Systemen im molekularen Detail zu erklären und zu verstehen.

---

[10] Anm. 10: Stöchiometrie beschreibt die (konstanten) Massenverhältnisse zwischen Elementen und Verbindungen, die in Formeln und Gleichungen wiedergegeben werden.

4.5 Anwendung, neue Produkte und Prozesse

Die Fortschritte der Biochemie seit 1900 ließen erwarten, dass zahlreiche Produkte mit Ausbeuten, die nahe den theoretischen liegen, mittels selektierter Mikroorganismen bzw. deren Enzymen erhalten werden können. Chapman hob die „Leichtigkeit“ hervor, mit der diese komplexen Transformationen (ausgehend von gut verfügbaren Ausgangsstoffen) bei normalen Temperaturen erfolgen, in Folge des großen Fortschritts der Biochemie, vorteilhaft für erfolgreiche Herstellungsverfahren im internationalem Wettbewerb („...the ease and completeness with which these complex transformations are effected at ordinary temperatures, [...] the great progress in biochemistry, successful and profitable manufacturing, and international competition..“ (Chapman, 1919; Review, 1919).

Fernbach, Direktor am Institut Pasteur in Paris, arbeitete in den ersten Jahren des 20. Jahrhunderts an praktischen Aspekten der Lebensmitteltechnologie, über Hefe, die Bierfermentation, die Struktur und enzymatische Hydrolyse von Stärke für die Herstellung von Dextrinen und Maltose (s. z. B. Fernbach, 1910, 1912, 1913). Er wandte sich von Beginn an zustimmend den Arbeiten von Buchner zu und veröffentlichte Übersetzungen als Kurzfassungen in dem führenden Journal „Bulletin de la Société Chimique (z. B. Fernbach, 1897). Von 1910 an richtete er seine Aufmerksamkeit und Interessen auf grundlegende biochemische Fragen, die von Buchners Arbeiten aufgeworfen worden waren. „[...] die alkoholische Fermentation wurde eine enzymatische Reaktion [...]“ („... alcoholic fermentation became an enzymatic reaction“.) (Fernbach 1912). Darüber hinaus aber bearbeitete er mit Intensität praktisch-technische Aspekte, die sich aus der Anwendung biochemischer Forschung ableiten ließen.

Fernbach arbeitete mit Extrakten (frei von lebenden Zellen) sowohl von Hefe als auch des Mikroorganismus *Tyrothrix* über die Hydrolyse von Stärke und die alkoholische Fermentation. Er wies als Raktionsprodukte Maltose, Glucose und Triosen (Zucker mit drei C-Atomen, also Spaltprodukte der Glucose) nach, darüber hinaus Glycerinaldehyd und, zweifelsfrei („... reconnu indiscutablement ...“), Dihydroxy- („dioxy“) Aceton – Beiträge zu zentralen Fragen des Mechanismus der Fermentation. Das galt insbesondere für neuartige, zuvor unbekannte „Diastasen“, die die Spaltung von Hexosen (hier Glucose) in Triosen katalysieren („... diastases capables de produire le dédoublement des hexoses en trioses ...“). Mit der Spaltung der Glucose in Triosen entdeckte er einen der wichtigsten Teilschritte der Fermentation. Er benannte zahlreiche Enzyme (anhand der Zwischenprodukte), die durch *Tyrothrix* gebildet werden – Amylase, Maltase (Glucoamylase nach heutiger Nomenklatur), Sucrase (eine alpha-Glucosidase) (Fernbach, 1910).[11]

[11] Anm. 11: Fernbach fand weiterhin Brenztraubensäure („pyruvic acid“) bei der alkoholischen Fermentation mittels Hefe und, in relativ hoher Ausbeute (mit 8 g aus 100 g Zucker), bei der Fermentation mittels einer Hefe von Duclaux (*mycolevure* de Duclaux). Die Autoren nahmen an, dass es sich um ein Zwischenprodukt der Fermentation handele (Fernbach, 1913; Fernbach & Schoen, 1913, 1914). Weiterhin untersuchte Fernbach die Bildung verschiedener Säuren bei der Fermentation mittels verschiedener Hefen, u. a. Essig- und Bernsteinsäure (Fernbach, 1913). Er

Fernbach selbst betrachtete seine Befunde zu (teilweise) neuen Zwischenprodukten als „von höchster Bedeutung" für die Untersuchungen zum *Mechanismus der alkoholischen Fermentation* („ … les faits que nous venons d'exposer nous semblent avoir la plus haute importance pour l'étude du méchanisme profond de la fermentation alcoolique."). Er bezog sich dabei auf die Arbeiten Buchners mit Hefeextrakten und nahm an, dass in dem von ihm untersuchten Mikroorganismus, *Tyrothrix,* die biochemischen Reaktionen analog abliefen (was sich bestätigte) (Fernbach, 1910). Erneut betonte er die Bedeutung seiner Befunde für die *Theorie,* für den Mechanismus der alkoholischen Fermentation, darüber hinaus aber als ein „praktisches Mittel", um die Ausbeute von Säure durch Hefe zu steigern (Fernbach, 1913, 1919). Seine „Message" besteht darin, dass die Kenntnis der Biochemie auf molekularem Niveau für die Anwendung bedeutend sei, für *praktische Aspekte,* wie Ausbeute,[12] und möglicherweise das Potenzial der Gewinnung neuer Produkte. Fernbach unternahm also *grundlegende biochemische Forschung* auf fortschrittlichstem Niveau. Umso erstaunlicher erscheint sein Interesse auch an technischen Anwendungen, mit denen er ganz *neue Wege der biotechnologischen Gewinnung* von industriell bedeutenden Produkten eröffnete. Erste Erkenntnisse im Gebiet der noch offenen Forschung, die zum Teilverständnis im komplexen System führen, regten zu technischen Überlegungen an.

4.5.1 Aceton, Butanol und Glycerin

Zwei *bedeutende Innovationen* wurden – basierend auf Fernbachs Arbeiten –, durch externe Faktoren ausgelöst: die fermentative Herstellung von Butadien für die Gummi- und von Aceton für die Sprengstoffindustrie – neben nützlichen Erfindungen eben auch solche, die zerstörerischen Zwecken dienten. Eine Initiative seitens wirtschaftlicher und industrieller Interessen, die den englischen Chemiker Perkin und Fernbach einschloss, regte die Entwicklung neuer Prozesse an – auf dem Weltmarkt war ein Engpass bei Gummi aufgetreten, das von strategischer Bedeutung für die Autoindustrie, für die Herstellung von Autoreifen, war. Die Firma Messrs. Strange and Graham Ltd. machte auf dieses Problem aufmerksam. Eine Lösung stellte die Entwicklung synthetischen Kautschuks dar. Es folgte ein internationaler Wettlauf um die chemische Synthese in Großbritannien und Deutschland, die in fieberhafte Erregung in Großbritannien mündete. (Die Briten litten noch unter der Demütigung durch die BASF in Deutschland, die durch die

entdeckte darüber hinaus weitere Enzymaktivitäten, die nicht unmittelbar mit der Fermentation zusammenhingen, z. B. eine Aktivität, die Sorbitol zu Sorbose oxidierte, das später technisch bedeutsam wurde für die Vitamin-C-Synthese; darüber hinaus fand er Methylglyoxal als vermeintliches Zwischenprodukt, wie andere Forscher zuvor (Fernbach, 1910).

[12] Anm. 12: „Les faits rapportés […] sembles […] importants au point de vue théorique, pour l' étude du mécanisme de la fermentation alcoolique. Ils nous fournissent un moyen pratique d'augmenter la production d'acide par la levure, et … peut être pour la recherche des produits intermediaires de la fermentation." (Fernbach, 1913).

Synthese von Indigo den Markt für den Farbstoff aus der indischen Plantagenindustrie zerstört hatte; Bud, 1993, 1995, S. 49). Es fehlte jedoch der Rohstoff Butadien (Bud, 1993, 1995, S. 48–49).

Perkin arbeitete über die Polymerisation u. a. von Butadien (Perkin, 1912); Fernbach hatte einen Fermentationsprozess von „höchster Bedeutung“ entdeckt, durch den Aceton oder Butanol (Butylalkohol) mittels Fermentation hergestellt werden konnte und dafür Patente erhalten (Fernbach & Strange, 1911, 1913). Butanol kann chemisch in Butadien umgewandelt, dieses dann zu synthetischem Gummi polymerisiert werden (Perkin, 1912). Perkin schlug einen Verbund vor, der auch C. Weizmann von der Universität Manchester einbezog (Bud, 1993, 1995). Die Dramatik der Situation geht hervor aus einer Publikation Perkins, in der er Patente der BASF und der Bayer AG – deutsche Weltmarkführer der chemischen Industrie mit starken Interessen im Polymerbereich –, und Gerüchte über große Investitionen der BASF anführte (Perkin, 1912; Bud 1953, 1955, S. 48–49). Der neue Prozess und die Rohmaterialien (z. B. Kartoffelstärke) waren kostengünstig verfügbar (Fernbach, 1910; Perkin, 1912).

Nach dieser Initiative war es ein zweites Ereignis, der erste Weltkrieg, der zur Entwicklung neuer Prozesse führte, die allerdings nach dem Krieg wieder weitgehend aufgegeben wurden. Bei Kriegsausbruch entstand ein großer Bedarf für Chemikalien, der gedeckt werden musste, insbesondere für Aceton als unentbehrliches Lösungsmittel für die Sprengstoffherstellung. Die Aceton- und Butanolproduktion entwickelte sich zur Schlüsseltechnologie (Speakman, 1919; Gill, 1919; Weizmann 1917, Weizmann und Hamlin 1920). Ein neuer industrieller Fermentationsprozess wurde von Chaim Weizmann entwickelt und wird allgemein als Weizmann-Prozess bezeichnet (Chaim Weizmann war später der erste Präsident Israels). Er hatte die Fermentation zur Gewinnung von Aceton und Butanol in Fernbachs Labor am Institut Pasteur kennengelernt. Er führte zwei wesentliche Modifikationen ein: Er nutzte Mais, der in großen Mengen und zu geringen Kosten verfügbar war, als Quelle für Stärke bzw. Zucker in der Fermentation, und fand einen neuen Mikroorganismus, *Clostridium acetobutylicum Weizmann*, der vierfach mehr Aceton bildet (Ullmann, 1953, S. 781–795). Er erkannte das Potenzial seiner Entwicklungen für die Kriegsführung, brachte es im Frühjahr 1915 der Admiralität zur Kenntnis und regte Winston Churchill, den „First Lord oft the Admirality“, an, eine Pilotanlage zu bauen. Im Juli wurde eine solche Pilotanlage bei der Nicholson‘s London Gin Distillery gebaut. Eine Produktionsanlage bei der Royal-Navy-Cordite-Fabrik mit einem Vorfermenter von 1900 L und einem Fermenter von 45 m^3 Produktionsvolumen war an Weihnachten des gleichen Jahres betriebsbereit (Speakman, 1919; Bud, 1993, 1995, S. 57). Dieser sehr kurzfristige Übergang (Scale Up) zur großen Produktionsanlage brachte erhebliche Schwierigkeiten mit sich, die die Notwendigkeit weiterer wissenschaftlicher Untersuchungen, auch durch Weizmann, erforderlich machten; neue Anforderung war u. a. Sterilität der Fermentationen im industriellen Maßstab (Gill, 1919; Speakman, 1919). Das „Ministery of Munitions“ entschied, weitere drei Alkoholfabriken in London und in Schottland für den Weizmann-Prozess, die Acetonherstellung, umzurüsten. Den größten *Erfolg und Umfang* erreichte die Acetonproduktion bei der British Acetones Factory Toronto Ltd. in Kanada. Die Produktion begann im Mai 1916, sie profitierte von den vorangegangenen Erfahrungen, auch von negativen. Insgesamt 14 große Fermenter mit je 91 m^3 Volumen wurden errichtet, die 200 t Produkt im Monat erzeugten. Der Erfolg beruhte auf der engen Kooperation bakteriologischer, chemischer und Ingenieur-Abteilungen. Nach dem Krieg mussten einige Fabriken schließen, jedoch wurden in der Folge neue Fabriken errichtet wegen des zunehmenden Bedarfs an Butanol als Lösungsmittel für Celluloselacke und für die Flugzeugindustrie in den USA (Speakman, 1919; Nathan, 1919; Ullmann, 1928a, b, 1953).

In Deutschland war kriegsbedingt Glycerin, üblicherweise aus Fetten gewonnen, knapp, bedingt durch eine Blockade der Einfuhr. Untersuchungen durch Neuberg sowie Connstein und Lüdecke zur Erzeugung von Glycerin durch Fermentation von Zucker bzw. Melasse begannen 1914 und erhielten oberste Priorität (Connstein & Lüdecke, 1919a, b). Pasteur hatte Glycerin bei der alkoholischen Fermentation in geringen Mengen nachgewiesen, und Neuberg entdeckte, dass die Zugabe von Sulfit die Ausbeute erheblich, auf 20–25 %, steigerte. Der industrielle Prozess wurde von der Firma Protol entwickelt, mehrere Fabriken erzeugten etwa 1000 t im Monat (Review, 1919). Das Glycerin wurde aufgearbeitet, zu nitriert Nitroglycerin und als Sprengstoff eingesetzt (Ullmann, Bd. V, 1914, S. 88). Nach dem Krieg erwies sich die Produktion als unwirtschaftlich, viele Werke wurden geschlossen (Bud 1953, 1955, S. 58).

Mit diesen Beispielen neuer (Pionier-)Entwicklungen erhebt sich die Frage nach der Verantwortung von Wissenschaft und Technik: Wie sind solche Entwicklungen ethisch zu bewerten, die in jeweils nationalem militärischem Interesse vorangetrieben wurden und zerstörerischen Zwecken dienten (s. dazu Kap. 8)? Dürfen Wissenschaftler (Chaim Weizmann, später Präsident Israels!) und Techniker sich an solchen Entwicklungen beteiligen?

Eine weitere, schwierigere Herausforderung stellte sich für Wissenschaft und Technik im zweiten Weltkrieg: die Penicillin-Herstellung im industriellen Maßstab – dies wird im folgenden Kap. 5 dargestellt.

4.5.2 Organische Säuren, Hefe

Um die Jahrhundertwende wurden einige wenige organische Säuren mittels biotechnologischer Verfahren hergestellt. Grundlage war Pasteurs Entdeckung, dass Mikroorganismen durch bestimmte Produkte charakterisiert sind, in einem Beispiel durch die Bildung von *Milchsäure*. Diese wurde schon 1881 durch Charles E. Avery in Littleton, (Mass., USA) hergestellt, allerdings mit geringem Erfolg. Lister fand 1878 einen Mikroorganismus („lactic fungus“) in saurer Milch, der die Milchsäure bildet, und Leichmann erhielt 1886 eine Reinkultur, die er als „Bacillus delbruckii" bezeichnete. Diese wurde das wahrscheinlich meistgenutzte Bakterium zur Herstellung von Milchsäure. Die industrielle Anwendung begann um 1894 in der Leder- und Textilindustrie, um Leder von Kalk zu befreien, bzw. in der Baumwoll- und Seidenfärberei zum „Griffigmachen“, dann zunehmend in der Lebensmittel- und Getränkeindustrie als Geschmacksmittel (Ullmann Bd. 8, 1920, S. 135; Garret, 1930; Frey, 1930a).

Die Bildung von *Citronensäure* durch Mikroorganismen wurde zuerst von Wehmer 1893 als Nebenprodukt der Oxalsäurebildung durch *Penicillium* sp. beobachtet, später patentiert. Versuche einer industriellen Herstellung aber scheiterten. Noch 1930 war in der führenden Zeitschrift „Industrial and Engineering Chemistry“ zu lesen „Daß die Schwierigkeiten keineswegs klein sind, wird durch die Tatsache belegt, daß nur sehr wenige Konzerne Zitronensäure … herstellen können …“ (Bud 1995, S. 61). Es war Jahre später die Pionierleistung von Currie im Mikrobiologischen Labor des Bureau of Chemistry in Washington D.C., die die industrielle Produktion durch systematische Studien begründete. Er entdeckte, dass der Pilz *Aspergillus niger* bei ungewöhnlich niedrigen pH-Werten um 2,5 wuchs und überwiegend Citronensäure bildete. Die umfangreichen Ergebnisse Curries, die Ermittlung optimaler Fermentationsbedingungen, stellten die Grundlage dar für die Produktion durch die kleine – heute als Pharmakonzern bedeutende – Firma Chas. Pfizer & Co. in New York, die 1923 begann und gegen die traditionelle Gewinnung von Citronensäure aus Zitronen, vorwiegend in Italien, zu konkurrieren begann. Schon 1933 stellte die fermentative Herstellung etwa 85 % der Weltproduktion von 10.400 t dar. Ein weiteres industrielles Fermentationsprodukt war Gluconsäure (May & Herrick, 1930; Roehr, 1998; Roehr et al., 1996).

Alkohol stellte, wie schon im 19. Jahrhundert, ein Fermentationsprodukt von außerordentlicher wirtschaftlicher Bedeutung dar. In den wichtigsten Ländern (Russland, bemerkenswerterweise größter Produzent mit 550 Mio. L, USA, Deutschland, Frankreich, Österreich-Ungarn und England) betrug das Produktionsvolumen 1911/1912 fast „2 Mio. m^3 (2 Mrd. L). Außer über 10.000 agrarischen Anlagen gab es 770 industrielle Produktionsanlagen. Das Einkommen aus der Besteuerung von Alkohol in Deutschland betrug 203 Mio. Mark (Bud, 1993, 1995; Ullmann, 1915, Bd. 1). Im zweiten Weltkrieg gewann Alkohol weiter steigende Bedeutung, 1944 wurden allein in den USA 2,3 Mio. m^3 produziert (Boruff & van Lanen, 1947).

Das bedeutende Potenzial, das sich aus Pasteurs Arbeiten und den umfangreichen Forschungsergebnissen in der Folge von Buchners Entdeckung ableiten ließ, erkannte Fulmer (1930). In einer Übersicht zu chemischen Möglichkeiten und Problemen der Fermentation („The chemical approach to problems of fermentation“) stellte er die Möglichkeiten zur Herstellung industrieller Produkte mittels Fermentation dar, die sich allgemein aus Pasteurs Arbeiten und den umfangreichen Forschungsergebnissen in der Folge von Buchners Entdeckung ableiten ließen. Er stellte eine große Zahl von Produkten der Fermentation von Kohlenhydraten zusammen, wobei er für jedes dieser Produkte das Potenzial einer kommerziellen Herstellung sah. Er stellte der meist komplexen chemischen Synthese Mikroorganismen als kompetente Werkzeuge bzw. Katalysatoren gegenüber.[13] Neu entdeckt

[13] Anm. 13: „From a chemical viewpoint zymology deals with catalysis (or rather autocalalysis) [...] the enzymes are manufactured during the course of the reaction. [...] The chart immediately shows the complexity of the chemical problems involved. It is evident that the fermentation

und genutzt wurden z. B. die Herstellung von L-(–)-Ephedrin (einem Bronchodilator) und mikrobielle Steroidtransformationen (z. B. für Testosteron), die allerdings erst in den 1950er Jahren industriell angewandt wurden (Demain et al., 2017, S. 12–13).

Weitere traditionelle und neue innovative Prozesse in der Lebensmittelindustrie gewannen an Umfang und wirtschaftlicher Bedeutung. Hier kann nur eine gedrängte Darstellung gegeben werden (s. u. a. Ullmann, 1915–1923; Buchholz & Collins, 2010, Kap. 4, S. 69). Lange etabliert waren die Fermentation von Tee, Kaffee- und Kakaubohnen, Herstellung von Weinessig, Saucen wie Sojasauce, Sauerkraut, u. a. Lebensmittel (Poulson & Buchholz, 2003). Von besonderer Bedeutung war seit jeher die Fermentation von Käse, mit einer äußerst großen Zahl von Varianten, besonders von Camembert und Roquefort mittels *Penicillium camembertii* bzw. *Penicillium roqueforti* (Blank, 1930; s. a. Rehm, 1980).

Die Produktion von Bier ist in Kap. 3 ausführlich dargestellt worden, Umfang und wirtschaftliche Bedeutung waren weiter gestiegen. Dem entspricht eine außerordentlich umfangreiche Beschreibung verschiedener Brauereitechniken (Ullmann, 1915, Bd. 2, S. 408–535) Die Produktion in Deutschland erreichte 1912 68 Mio. hl (gegenüber 1873 mit 36), die Zahl der Brauereien 15.800 – mit Abstand die größte Zahl weltweit, vor Großbritannien mit 3800 und Belgien mit 3200. Der Pro-Kopf-Verbrauch lag 1912 am höchsten in Bayern mit 238 L/a, in Belgien bei 220 L/a (1909).

Neu, innovativ, und von großer wirtschaftlicher Bedeutung in den USA war Hefe, von Hansen in Dänemark und Delbrück in Berlin in Reinkultur gezüchtet. Mehr als die Hälfte des in den USA hergestellten Brots – 4 bis 5 Mio. t/a im Wert von nahezu 700 Mio. $ – wurde um 1927 mittels Presshefe gebacken, die mit über 100.000 t/a in einer großen Zahl industrieller Anlagen hergestellt wurde (anders als in Europa, wo bis heute, besonders in Deutschland, die handwerkliche Herstellung von Brot in vielfältiger Qualität bevorzugt wird.) In China und Japan wurde Hefe zur Produktion von Sake verwendet (Blank, 1930; Frey, 1930b). Auch Enzyme für die Bäckerei und Bierbrauerei fanden in den USA in großem Umfang Anwendung. Amerikanische Bäcker setzten 1922 30 Mio. Pfund (13.500 t) Malzextrakt (vorwiegend Amylasen) bei der Teigbereitung im Wert von 2,5 Mio. $ ein (Tauber, 1949, S. 396–494).

Bedeutend ist ein Prozess zur Herstellung von Vitamin C (Ascorbinsäure): *Acetobacter suboxydans* setzt Sorbit (erzeugt aus Glucose) mit hoher Regioselektivität und Ausbeute um in L-Sorbose, die in einer komplexen chemischen Reaktionssequenz zu Vitamin C umgesetzt wird – in den 1930er Jahren ausgearbeitet und bis heute in sehr großem Maßstab, trotz des aufwendigen Prozesses, angewandt (Buchholz & Seibel, 2008). In der gleichen Zeit wurde ein Verfahren zur Synthese des Pharmazeutikums L-Ephedrin entwickelt.

---

products are not simply degraded products of the substrate, but that in many instances there occur synthetic reactions. Each item […] holds the possibility of commercial production." (Fulmer, 1930).

4.5.3 Enzyme für Brauerei und Bäckerei

In der Technik hatten Enzyme (als Fermente bezeichnet) im 19.Jahrhundert kaum eine Rolle gespielt (außer zur Anwendung zur Herstellung von Dextrin, s. voriges Kapitel). Ihre chemische Natur und Struktur blieb bis in die 1940er Jahre weitgehend unbekannt und heftig umstritten, obwohl Emil Fischer sie schon um 1900 als Proteine ansah und Sumner 1926 Urease als erstes Enzym und Northrup und Kunitz 1930–1932 weitere Enzyme kristallisiert hatten. In Pionierarbeiten hatte Fischer den chemischen Aufbau von Proteinen – hochmolekulare Substanzen aus Aminosäuren – ermittelt und seine – begründete – Überzeugung geäußert, dass Enzyme Proteine seien (Fischer, 1894, 1909; Fruton, 1979; Sumner & Somers, 1953) (s. Kap. 5). Enzyme galten lange als abbauende Katalysatoren, die Frage des Aufbaus von Zellsubstanz, und damit der Substanz lebender Organismen, wurde kaum aufgeworfen – obwohl schon 1836 von Berzelius postuliert (Berzelius, 1836). Erst 1898 bzw. 1900 beobachteten Croft-Hill bzw. Kastle und Lovenhart synthetische, also aufbauende enzymatische Reaktionen (Sumner & Somers, 1953). In der Technik fanden solche synthetischen enzymatischen Reaktionen erst später Anwendung.

Obwohl also die Natur und Struktur von Enzymen noch umstritten und unbekannt waren, setzte gegen Ende des 19. Jahrhunderts eine schnelle *Expansion der technischen Anwendung* ein. Diastase (amylolytische Enzyme), Proteasen und Pectinasen wurden aus verschiedenen Organismen extrahiert, vorwiegend aus *Bacillus subtilis, Aspergillus oryzae* und *Aspergillus niger.* Takamine begann in den 1890er Jahren, bakterielle Amylasen zu isolieren, und erhielt 1894 ein Patent für die Produktion diastatischer Enzyme aus Pilzen, die er „Takadiastase" nannte. Das Präparat wurde in Oberflächenkultur mit *Aspergillus oryzae* hergestellt ((Tauber, 1949; Poulsen & Buchholz, 2003). Für die Brauereien in den USA war der Bedarf an Proteasen für die Herstellung von kältestabilisiertem Bier so dringend, dass die US-Brewmasters Association 1909 und 1910 zwei Prämien („cash awards") ausschrieb, um Lösungen zu finden und zu honorieren. Seit 1911 wurden Proteasen in amerikanischen Brauereien dann eigesetzt. Zahlreiche Patente der Jahre 1890–1940 wurden von Neidleman (1991) zusammengefasst (s. a. Poulsen & Buchholz, 2003, Tab. 2).

Eine *Pionierleistung* gelang dem Chemiker Otto Röhm. Er suchte nach einer Alternative für die unhygienische Praxis der Gerberei, in der enthaarte Häute in warmem Hunde- oder Vogelkot behandelt wurden. Röhm testete zunächst Ammoniaklösungen, um den Effekt des Gerbens zu erzielen, und auch wenn er kurzfristig positive Resultate erzielte, waren die Leder nach längerer Zeit unbrauchbar. Da er Vorlesungen bei Buchner gehört hatte, kam er zu der Überlegung, dass Enzyme des Pankreas im Kot die Ursache der eigentlichen Wirkung erzielten. Schon 1898 hatte Wood gezeigt, dass die gerbende Wirkung auf Enzymen – Pepsin, Trypsin,

Abb. 4.2 Die Röhm und Haas GmbH, Darmstadt, 1911 (Trommsdorf, 1976)

Lipasen – beruhte, die der Kot enthielt (Tauber, 1949). Röhm kannte die Arbeiten. Tests mit Pankreasextrakt verliefen positiv.[14] Röhm patentierte die Erfindung, die Anwendung von Pankreasextrakt mit Ammoniumsalzen, und gründete 1907 zusammen mit Otto Haas die Firma Röhm und Haas GmbH in Esslingen bei Stuttgart. Die Markteinführung des Produktes in der Gerberei war so erfolgreich, dass die Firma nach zwei Jahren nach Darmstadt umziehen musste, da in Esslingen kein Platz für die schnelle Expansion verfügbar war (Abb. 4.2). 1908 wurden 10 t des Produkts mit dem Handelsnamen Oropon verkauft, in den Folgejahren 53 bzw. 150 t. 1913 beschäftigte die Firma bereits 22 Chemiker, 30 andere Angestellte und 48 Arbeiter (Trommsdorf 1976). Später wurden die Enzyme für die Gerberei, dann auch für Waschmittel – für das bekannte Waschmittel Burnus – durch Fermentation mittels *Bacillus* sp. oder *Aspergillus* sp. gewonnen – die Herstellung aus Bauchspeicheldrüsen war nicht nur aufwendiger, sondern der Rohstoff wurde auch

[14] Anm. 14: Röhm experimentierte wie heute unternehmerische Neulinge, Start-ups, mit einfachsten Mitteln, einem Fleischwolf, um Pankreas aus Schlachtereien zu zerkleinern, diesen in Tüchern zu filtrieren und das Filtrat dann bei Fellen anzuwenden – in vielfachen Ansätzen und Experimenten. Zahlreiche Rezepturen und Ergebnisse hat Trommsdorf (1976) im Detail geschildert. Aus Röhms Protokollen: 18.05.1907: „Aus dem gestrigen Versuch ist zu schließen, daß die Felle im Mist irgend einen Stoff aufnehmen, welcher dann zusammen mit meiner Beize wirke. Nachsuchen in der Literatur über Mist ...“. Er diskutiert die Wirkung der einzelnen Bestandteile der Mistbeize. „Sollte es ein Enzym sein? Es sollten nun die Enzyme des Hundemistes und der Bauchspeicheldrüse hergestellt werden...“. 24.05.1907: „Bauchspeicheldrüse wirkt wie Mist.“ (Trommsdorf, 1976, S. 42–44).

knapp (Tauber, 1949). Die spätere Röhm GmbH wurde zu einem der führenden Enzymproduzenten.[15]

Diese Erfolgsgeschichte zeigt, dass bei Innovationen der wissenschaftliche Hintergrund, die Kenntnis der Enzymquelle und -wirkung, bedeutend sind, dass aber auch der Bedarf ein wichtiger Faktor ist, und dass Pioniergeist erforderlich ist, um diese Faktoren zu nutzen.

4.5.4 Biologische Abwasserreinigung

Zu Beginn des 20. Jahrhunderts begannen Prozesse zur *biologischen Abwasserbehandlung* eine Rolle zu spielen, die stetig, über mehr als ein Jahrhundert, an Bedeutung gewannen und heute einen großen Industriezweig darstellen. Gründe waren sowohl Hygiene, u. a. um Pathogene im Abwasser zu eliminieren, wie die Vermeidung der äußerst unangenehmen Gerüche. (Die dramatischen Folgen verschmutzter Abwässer Ende des 19. Jahrhunderts hat Wilhelm Raabe eindringlich in seiner Novelle „Pfisters Mühle" dargestellt) (W. Raabe, Pfisters Mühle, Walter-Verlag AG Olten 1980). Verschiedene Verfahren mit Mischkulturen von Mikroorganismen und intensiver Belüftung zum aeroben Abbau organischer Inhaltsstoffe waren und sind im Einsatz. 1928 wurde in Essen eine Großanlage zu Behandlung von 40.000 m^3 Abwasser pro Tag errichtet (Ullmann, 1928a, b, 2. Auflage, Bd. 1, S. 62–87; s. a. Buchholz & Collins, 2010, S. 70, 357).

Eine bemerkenswerte frühe Beobachtung von Volta, aus dem Jahr 1776 stellte später die Grundlage eines alternativen Verfahrens dar. Er hatte die Bildung von „brennbarer Luft", die mit einer „schönen blauen Flamme brennt", am Lago Maggiore beobachtet, (nämlich Methan, „hidrogenium carbonatum", das Lavoisier 1787 analysierte). Der Prozess, der – viel später und empirisch entwickelt – darauf aufbaute, wurde schon 1897 in Bombay angewandt. In diesem wird die anaerobe Behandlung von Abwasser und Abfällen (u. a. der Schlämme aus Abwasseranlagen), ohne die sehr kostenaufwendige Zufuhr von Luft bzw. Sauerstoff, durchgeführt. Die wissenschaftlichen Grundlagen dieses Verfahrens erarbeitete Buswell (1930) mit biologischen und physikalisch-chemischen Analysen. Verschiedene Verfahrensvarianten sind heute mit Tausenden von anaeroben Abwasseranlagen und Biogasreaktoren weltweit im Einsatz (Wolfe, 1993; Buchholz & Collins, 2010, S. 70–82, 358).

[15] Anm. 15: Später begann die Röhm und Haas GmbH auch Kunststoffe herzustellen und entwickelte sich zum bedeutenden Acrylglashersteller; Ende des letzten Jahrhunderts wurde sie durch die BASF übernommen. Die heute zu den führenden Pharmafirmen gehörende Rohm & Haas Company Inc. in den USA entstand durch Enteignung der Deutschen Niederlassung in den USA nach dem ersten Weltkrieg (Trommsdorf, 1976, S. 170).

4.6 Wissenschaften und Institutionen

Die *Wissenschaft* – Biochemie, physiologische Chemie, Bakteriologie bzw. Mikrobiologie – wurde in Universitätsinstituten, vor allem aber in staatlichen Instituten in zunehmendem Umfang betrieben und gefördert. (s. Abschn. 3.6). Die genannten Institute boten ab Ende des 19. bzw. Anfang des 20. Jahrhunderts meist auch Ausbildung in der Biochemie und Kurse zu praktischen Aspekten der Fermentation an, insbesondere in Berlin, wo Max Dellbrück als renommierter Forscher lehrte. Weitere Institute entstanden in Wien, in Paris, wo durch Weizmann bei Fernbach am Institut Pasteur in die Fermentation eingeführt wurde, in Kopenhagen mit Orla-Jensen und an der Deutschen Universität in Prag, wo Konrad Bernhauer als renommierter Praktiker, aber sehr umstrittene Persönlichkeit – er war überzeugter und gefürchteter Nazi – arbeitete.[16] Das „Institut für Gärungsgewerbe“ in Berlin führte seit 1888 Kurse zur Fermentation durch, ebenso das „Institut für Gärungsphysiologie und Bakteriologie“, 1897 an der technischen Hochschule in Wien errichtet. Das Institut für landwirtschaftliche Bakteriologie, umbenannt in Institut für Mikrobiologie, an der Universität Göttingen wurde ab 1935 einem der führenden Institute für angewandte Mikrobiologie mit entsprechenden Ausbildungsangeboten. In den USA wurden Kurse zur Bakteriologie und Fermentation ab den 1930er bzw. 1940er Jahren angeboten an den Universitäten Stanford, Berkeley, Columbia und Pennsylvania (Bud 1995, S. 38, 39, 41, 47, 60, 61; Buchholz & Collins, 2010, S. 61).

Neue Zeitschriften und Monografien signalisierten den Aufbruch in das Zeitalter der Biochemie und industriellen Mikrobiologie bzw. Biotechnologie. Die seit 1877 durch Hoppe-Seiler herausgegebene „Zeitschrift für physiologische Chemie“ widmete sich der Untersuchung chemischer Lebensvorgänge noch vorwiegend im Sinne der physiologischen Chemie, die durch die Biochemie ins Abseits verdrängt wurde. Die „Biochemische Zeitschrift“ wurde durch Neuberg ab 1906 herausgegeben. Der Untertitel „Zeitschrift für die gesamte Biochemie“ zu der Zeitschrift „Beiträge zur chemischen Physiologie und Pathologie“ wurde 1901 von Hofmeister herausgegeben, das Referateorgan „Biochemisches Zentralblatt“ 1903 von Oppenheimer. 1905 wurden das „Journal of Biological Chemistry“ und das Biochemical Journal herausgegeben, 1914 „das Bulletin de la Sociétée de Chimie Biologique“. Weiterhin erschien umfangreiche Literatur mit Büchern und Monografien, früh ein Buch von Effront über Fermente im Sinne von Enzymen (Les Diastases, 1898) und 1927 das umfangreiche Werk „Lehrbuch der Enzyme“ von Oppenheimer und Kuhn (1927). Die Bücher von Nord und Weidenhagen (1940) sowie Hoffmann-Ostenhof (1954) illustrieren die bedeutenden Fortschritte seit den

[16] Anm. 16: Konrad Bernhauer, bildete einerseits als renommierter Wissenschaftler an der Deutschen Universität Prag das Zentrum eines internationalen Netzwerks („heart of a network“) von Wissenschaftlern, die über die Fermentation von organischen Säuren arbeiteten. Er war andererseits glühender Nazi, an der Schließung der Karls-Universität in Prag beteiligt sowie der Entlassung zahlreicher Wissenschaftler, die arbeitslos oder gar ermordet wurden (Bud 2011).

1920er Jahren. Es folgten bedeutende Enzyklopädien, Comprehensive Biochemistry (Hrg. Florkin und Stotz), 1932 Annual Reviews in Biochemistry, Ergebnisse der Enzymforschung, gefolgt 1941 von Advances in Enzymology und 1950 von The Enzymes – bis heute maßgebliche Reihen.

4.7 Zusammenfassung

Mit der Begründung der Biochemie wurden die komplexen Stoffwechselvorgänge in Mikroorganismen untersucht und erklärt – eine essenzielle Grundlage für Verständnis und Optimierung von Fermentationsprozessen.

Große und bedeutende Verfahren konnten entwickelt und etabliert werden, für ganz unterschiedliche Anwendungen: Citronensäure, Aceton/Butanol, Glycerin usw. Enzyme, zunächst für die Bäckerei, die Gerberei, dann für Waschmittel u. a. Anwendungen stellten die Grundlage für neue Industriezweige dar.

Literatur

Berthelot, M. (1857). Über die geistige Gährung. *Journal für praktische Chemie, 71,* 321–325; (1857) Comtes Rendus hebdomadaires des séances de l'Académie des Sciences (Paris), XLIV, 702.

Berthelot, M. (1860). Sur la fermentation glucosique du sucre de cannes. *Les Comptes rendus de l'Académie des Sciences, 50*, 980–984.

Berzelius, J. (1836). Einige Ideen über eine bei der Bildung organischer Verbindungen in der lebenden Natur wirksame, aber bisher nicht bemerkte Kraft. *Jahres-Berichte, 15*, 237.

Blank, F. C. (1930). Fermentations in the food industries. *Industrial and Engineering Chemistry, 22*, 1166–1168.

Boruff, C. S. & van Lanen, J. M. (1947). The fermentation industry during world war II. *Industrial and Engineering Chemistry, 39*, 934–937.

Buchholz, K. (2007). Science – or not? The status and dynamics of biotechnology. *Biotechnology Journal, 2*, 1154–1168.

Buchholz, K. & Seibel, J. (2008). Industrial carbohydrate biotransformations. *Carbohydrate Research, 343*, 1966–1979.

Buchholz, K. & Collins, J. (2010). *Concepts in biotechnology – History, science and business.* Wiley.

Buchholz, K. & Poulson, P. B. (2000). *Introduction/overview of history of applied biocatalysis, Applied biocatalysis* (Hrsg. A. J. J. Straathof & P. Adlercreutz). Harwood Academic Publishers.

Buchner, E. (1897a). Alkoholische Gährung ohne Hefezellen. *Berichte der Deutschen Chemischen Gesellschaft, 30*, 117–124.

Buchner, E. (1897b). (Kohler, 1971, ref. 4,8,10). Die Bedeutung der activen löslichen Zellprodukte für den Chemismus der Zelle. *Münchener Medizinische Wochenschrift, 44*, 299–302, 321–322

Buchner, E. (1898b). Ueber zellfreie Gährung. *Berichte der Deutschen Chemischen Gesellschaft, 31*, 568–574.

Buchner, E. & Rapp, R. (1898a). Alkoholische Gährung ohne Hefezellen. *Berichte der Deutschen Chemischen Gesellschaft, 31*, 209–217

Buchner, E. & Rapp, R. (1898b). Alkoholische Gährung ohne Hefezellen (5). *Berichte der Deutschen Chemischen Gesellschaft, 31*, 1084–1090.

Buchner, E. & Rapp, R. (1898c). Alkoholische Gährung ohne Hefezellen (6). *Berichte der Deutschen Chemischen Gesellschaft, 31*, 1090–1094.

Buchner, E. & Rapp, R. (1898d). Alkoholische Gährung ohne Hefezellen (7). *Berichte der Deutschen Chemischen Gesellschaft, 31*, 1531–1533.

Buchner, E. & Rapp, R. (1898e). Alkoholische Gährung ohne Hefezellen. *Berichte der Deutschen Chemischen Gesellschaft, 31,* 2668 (Zit. Nach Fernbach)

Buchner, E. & Rapp, R. (1899). Zur Frage der Alkoholische Gährung ohne Hefezellen. *Berichte der Deutschen Chemischen Gesellschaft, 32*, 127–137.

Buchner, E. & Rapp, R. (1901). Alkoholische Gährung ohne Hefezellen. *Berichte der Deutschen Chemischen Gesellschaft, 34*, 1523–1530.

Buchner, E. & Meisenheimer, J. (1906). Die chemischen Vorgänge bei der alkoholischen Gährung (III. Mitteilung). *Berichte der Deutschen ChemischenGesellschaft, 39,* 3201–3218.

Buchner, E., Meisenheimer, J. & Schade, H. (1907). Fermentation without enzymes. Chemical Abstracts, 1, 1041. *Berichte der Deutschen Chemischen Gesellschaft, 39,* 4217–4231.

Buchner, E. & Klatte, F. (1908a). *Über die Eigenschaften des Hefepreßsaftes und die Zymasebildung in der Hefe., 9*, 414–435.

Buchner, E. & Klatte, F. (1908b). Über das Ko-Enzym des Hefepreßsaftes. *Biochemische Zeitschrift, 8*, 520–557.

Buchner, E. & Klatte, F. (1908c). The coenzyme of the yeast press-juice. *Chemical Abstracts, 2*, 2568.

Buchner, E. & Haen, H. (1909a). Über das Spiel der Enzyme im Hefepreßsaft. *Biochemische Zeitschrift, 19*, 191–218.

Buchner, E. & Haehn, H. (1909b). The action of the enzymes in the press fluid of yeast. *Chemical Abstracts, 3*, 2820.

Buchner, E. & Duchavek, F. (1909c). Fractional precipitations from the press juice of yeast. *Chemical Abstracts, 3*, 1539.

Buchner, E. & Meisenheimer, J. (1910). Die chemischen Vorgänge bei der alkoholischen Gährung (IV. Mitteilung). *Berichte der Deutschen Chemischen Gesellschaft, 43,* 1773–1795 (Chemical processes in alcoholic fermentation. Chemical Abstracts, 4, 2844; 20 Ref. Buchner).

Bud, R. (1995). *Wie wir das Leben nutzbar machten.* Vieweg, Braunschweig (Erstveröffentlichung 1993). The uses of life, a history of biotechnology. Cambridge University Press (Seitenhinweise beziehen sich auf die deutsche Ausgabe 1995).

Buswell, A. M. (1930). Production of fuel gas by anaerobic fermentations. *Industrial and Engineering Chemistry, 22*, 1168–1172.

Bud, R. (2011). Innovators, deep fermentation and antibiotics: promoting applied science before and after the Second World War. *Dynamis [0211-9536] 2011*, 31, 323–341.

Chapman, C. (1919). The employment of micro-organisms in the service of industrial chemistry. A plea for a national institute of industrial microbiology. *Journal of the Society of Chemical Industry, 38*(14), 282T–286.

Connstein, W. & Lüdecke, K. (1919a). Über Glyceringewinnung durch Gärung. *Berichte der Deutschen Chemischen Gesellschaft, 52*, 1385–1391.

Connstein, W. & Lüdecke, K. (1919b). Preparation of glycerol by fermentation. *Journal of the Society of Chemical Industry, 38*, 691A – 692.

Dellweg, H. (1974). *Die Geschichte der Fermentation, 100 Jahre Institut für Gärungsgewerbe und Biotechnologie zu Berlin 1874–1974* (S. 17–41). Institut für Gärungsgewerbe und Biotechnologie.

Demain, A. L., Vandamme, E. J., Collins, J. & Buchholz, K. (2017). History of Industruial Biotechnology. In C. Wittmann, J. Liao, (Hrsg.). *Industrial Biotechnology* (Bd. 3a, S. 3–84). Wiley-VCH.

Duclaux, E. (1897). Ann. Inst. Pasteur 11, 287; Sur l'action des diastases. *Annales de l'Institut Pasteur, 11*, 793–800.

Engel, M. (1996). Enzymologie und Gärungschemie: Alfred Wohls und Carl Neubergs Reaktionsschemata der alkoholischen Gärung. Der „chemische Gesichtspunkt" als Kennzeichen der Berliner Schule. Mitteilungen Nr. 12, Fachgruppe „Geschichte der Chemie" in der Gesellschaft Deutscher Chemiker, Frankfurt a. M.

Fernbach, A. (1910). Sur la dégradation biologique des hydrates de carbonne. *Comptes rendus de l'Académie des Sciences., 151*, 1004–1006.

Fernbach, A. (1912). Ueber den Mechanismus der alkoholischen Gärung. *Abstract. In: Z. angew. Chemie, 25*, 650.

Fernbach, A. (1913). L'acidification des moûts par la levure au cours de la fermentation alcoolique. *Comptes rendus de l'Académie des Sciences, 156, 77–79.*

Fernbach, A. & Schoen, M. (1913). L'acide pyruvique, produit de la vie de la levure. *Comptes rendus de l'Académie des Sciences., 157*, 1478–1480.

Fernbach, A. & Schoen, M. (1914). Nouvelles observations sur la production de l'acide pyruvique par la levure. *Comptes rendus de l'Académie des Sciences, 158*, 1719–1722.

Fernbach, A. & Strange, E. H. (1911). Fermentation process producing amyl, butyl, or ethyl alcohol, butyric, propionic, or acetic acid, etc. Brit., 15,203 June 29.

Fernbach, A. & Strange, E. H. (1913). Fermentation process for producing acetone and higher alcohols from starch, sugars and other carbohydrates. US 1,044,368. Nov. 12 (CA 1913, Bd. 7, S. 206).

Fernbach, A. (1897). Bull. 18 Fermentation alcoolique sans cellules de levure. (E. Buchner et R. Rapp, D. ch. G. 30, 117, 1897).

Fernbach, A. (1919). Discussion, following the article by A. Gill. J. Soc. hem. Ind., 38, 280T–281.43 Speakman, H.B.

Fischer, E. (1894). Einfluß der Konfiguration auf die Wirkung der Enzyme I. *Berichte Deutschen chemischen Gesellschaft, 27*, 2985.

Fischer, E. (1909). *Einfluß der Konfiguration auf die Wirkung der Enzyme. Untersuchungen über Kohlenhydrate und Fermente* (S. 836–844). Springer.

Florkin, M. (1973). *A history of biochemistry, in comprehensive biochemistry* (Hrsg. M. Florkin and E. H. Stotz) (Bd. 30, S. 30–33). Elsevier (Erstveröffentlichung 1973).

Florkin, M. (1972). (a) The nature of alcoholic fermentation, the theory of the cells and the concept of cells as units of metabolism. (b) The rise and fall of Liebigs metabolic theories. (c) The reaction against analysm antichemicalists and physiological chemists of the 19th century. In: A history of biochemistry. Florkin, M., Comprehensive Biochemistry Bd. 30, ((a) 129–144; (b) 145–162 (c) 173–189).

Florkin, M. (1975). The discovery of cell free fermentation, in a history of biochemistry, comprehensive biochemistry. (Hrsg. M. Florkin). (Bd. 31, S. 23–37).

Florkin, M. & Stotz, E. H. (Hrsg.), *Comprehensive biochemistry*. Elsevier

Frey, J. F. (1930). History and development of the modern yeast industry. *Industrial and Engineering Chemistry, 22*, 1154–1162.

Frey, J. F. (1930). Lactic acid. *Industrial and Engineering Chemistry, 22*, 1153–1154.

Fruton, J. S. & Simmonds, S. (1953). *The scope and history of biochemistry, general biochemistry* (S. (a) 1–14, (b) 17–19, (c) 199–205). Wiley.

Fruton, J. S. (1979). *Early theories of protein structure. The origins of modern biochemistry* (Hrsg. P. R. Srinivasan, J. S. Fruton, & J. T. Edsall) (S. 1–18). Academy of Sciences.

Fulmer, E. I. (1930). The chemical approach to problems of fermentation. *Industrial and Engineering Chemistry, 22*, 1148–1150.

Garret, J. F. (1930). Lactic acid. *Industrial and Engineering Chemistry, 22*, 1153–1154.

Gill, A. (1919). The acetone fermentation process and its technical application. *Journal of the Society of Chemical Industry, 38*, 278T-280T.

Hammersten, O. (1926). *Lehrbuch der Physiologischen Chemie*. Bergmann .

Harden, A. & Young, W J. (1904). The alcoholic ferment of yeast juice. *Proceedings of the Physical Society*. November 12, i, ii

Harden, A. & Young, W. J. (1905). The influence of phosphates on the fermentation of glucose by yeast juice. *Proceedings of the Chemical Society, 21,* 189–191.

Hoffmann-Ostenhof, O. (1954). *Enzymologie*. Springer.

Hüfner, G. (1872). Untersuchungen über „ungeformte Fermente" und ihre Wirkungen. *Journal für Praktische Chemie, 113*, 372–396.

Jaenicke, L., & Schomburg, D. (1999). Biochimia – unde venis/quo vadis? *Nachrichten aus Chemie Technik und Laboratorium, 47*, 997–1005.

Jaenicke., L. (2007). *Profile der Biochemie.* Hirzel.

Kohler, R. (1971). The background to Eduard Buchner's discovery of cell-free fermentation. *Journal of the History of Biology, 4*, 35–61.

Kohler, R. (1972). The reception of Eduard Buchner's discovery of cell-free fermentation .*Journal of the History of Biology, 5*(2), 327-353.

Kohler, R. (1973). The enzyme theory and the origin of biochemistry. *Isis, 64*, 181–196.

Kohler, R. (1975). The history of biochemistry – A survey. *Journal of the History of Biology, 8*, 275–318.

Kuhn, T. S. (1973). *Die Struktur wissenschaftlicher Revolutionen.* Suhrkamp. Kuhn, T. S. (1967). *The structure of scientfic revolutions.* The University of Chicago Press.

Lavoisier, M. (1793). Traité Elémentaire de Chimie. Tome premier (Bd. 2). Cuchet.

May, O. E. & Herrick, H. T. (1930). Some minor industrial fermentations. *Industrial and Engineering Chemistry, 22*, 1172–1176.

Metz, H. (1997). *Nutzung der Biotechnologie in der chemischen Industrie, in Technikgeschichte als Vorbild moderner Technik* (Bd. 21, S. 105–115). Schriftenreihe der Georg-Agrikola-Gesellschaft.

Nathan, F. (1919). The manufacture of acetone. *Journal of the Society of Chemical Industry, 38*, 271T-273T.

Neidleman, S. L. (1991). Enzymes in the food industry: A backward glance. *Food Technology, 45*(1), 88–91.

Neuberg, C. & Kerb, J. (1913). Über die Vorgänge bei der Hefegärung. *Berichte, 46*, 2225–2228.

Neuberg, C. & Kerb, J. (1914). *Über zuckerfreie Hefegärungen. Biochemische Zeitschrift, 58*, 158–170.

Neumeister, R. (1897). Bemerkungen zu Eduard Buchner's Mittheilungen über "Zymase". *Berichte der Deutschen Chemischen Gesellschaft, 30*, 2963–2966.

Nord, F. F. (1940). Alkoholische Gärung. In F. F. Nord & R. Weidenhagen (Hrsg.), *Handbuch der Enzymologie* (S. 968–1011). Akademische.

Nord, F. F. & Weidenhagen, R. (1940). *Handbuch der Enzymologie.* Akademische.

Northrop, J. H., Ashe, L. H. & Morgan, R. R. (1919). Fermentation process for the production of acetone and ethyl alcohol. *Journal of the Society of Chemical Industry, 38*, 786A – 787.

Oppenheimer, C. & Kuhn, R. (1927). *Lehrbuch der Enzyme, Einleitung* (S. 3–10). Thieme.

Pasteur, L. (1876). *Études sur la Bière. Avec uneThéorie Nouvelle de la Fermentation.* Gauthier-Villars.

Perkin, W. H., Jr. (1912). The production and polymerization of butadiene, isoprene, and their homologues. *Journal of the Society of Chemical Industry, 31*, 616–623.

Pfeffer, W. (1899). *Verhandl. d. Ges. d. Naturforscher u. Aerzte*, II 1, 210.

Poulson, P. B. & Buchholz, K. (2003). History of enzymology with emphasis on food production. Handbook of Food Enzymology (Hrsg. J. R. Whitaker, A. G. J. Voragen, & D. W. S. Wong) (S. 11–20). Dekker.

Rehm, H. J. (1980). *Industrielle Mikrobiologie.* Springer.

Review (1919).The manufacture of fermentation glycerin in Germany during the war. *Journal of the Society of Chemical Industry, 38*, 287R

Review. (1919). Conference on recent developments in the fermentation industries. *Journal of the Society Chemical Industry, 38*, 261R.

Rheinberger, H.-J. (2001). *Experimentalsysteme und epistemische Dinge.* Wallstein. (s. auch: Rheinberger, H.-J. (1997). Toward a history of epistemic things. Stanford).

Roehr, M. (1998). A century of citric acid fermentation and research. *Food Technology and Biotechnology, 36*(1), 163–171.

Roehr, M. (2001). Personal communication.

Roehr, M., Kubicek, C. P. & Kominek, J. (1996). *Citric acid, biotechnology* (Bd. 6, S. 307–345) (Hrsg. M. Roehr). VCH.

Roehr, M. (2000). History of biotechnology in Austria. *Advances in Biochemical Engineering, 69*, 125–149.
Schunk, E. (1898). Alkoholische Gährung ohne Hefezellen. *Ber. D. Chem. Ges., 31*, 309.
Speakman, H.B. . (1919). The production of acetone and butyl alcohol by a bacteriological process. *Journal of the Society of Chemical Industry, 38*, 155T – 161.
Stavenhagen, A. (1897). Zur Kenntniss der Gährungserscheinungen. *Berichte der deutschen chemischen Gesellschaft, 30*, 2422–2423.
Sumner, J. B. & Myrbäck, K. (1950). The enzymes, vol. 1. *Part, 1*, 1–27.
Sumner, J. B. & Somers, G. F. (1953). *Chemistry and methods of enzymes* (S. XIII–XVI). Academic Press.
Tauber, H. (1949). *The chemistry and technology of enzymes*. Wiley.
Trommsdorf, E. (1976). *Dr. Otto Röhm – Chemiker und Unternehmer.* Econ.
Ullmann, F. (1914). *Enzyklopädie der technischenChemie* (Äthylalkohol) (1. Aufl., Bd. 5, S. 88). Urban & Schwarzenberg.
Ullmann, F. (1915a). *Enzyklopädie der technischen Chemie* (Äthylalkohol) (1. Aufl., Bd. 1, S. 636–795). Urban & Schwarzenberg.
Ullmann, F. (1920). *Enzyklopädie der technischen Chemie* (Äthylalkohol) (1. Aufl., Bd.8, S. 135). Urban & Schwarzenberg.
Ullmann, F. (1915b). *Enzyklopädie der technischen Chemie* (Bier) (1. Aufl., Bd. 2, S. 408–535). Urban & Schwarzenberg.
Ullmann, F. (1915–1923). *Enzyklopädie der technischen Chemie* (Bd. 12). Urban & Schwarzenberg.
Ullmann, F. (1928a) *Enzyklopädie der technischen Chemie* (Bd. 2, 1. Aufl., S. 62–87). Urban & Schwarzenberg.
Ullmann, F. (1928b) *Enzyklopädie der technischen Chemie* (Bd. 2, 2. Aufl., S. 709–715). Urban & Schwarzenberg
Ullmann, F. (1953). *Enzyklopädie der technischen Chemie* (Bd. 4, S. 781–795). Urban & Schwarzenberg.
von Manassein, M (1897). Zur Frage der alkoholischen Gährung ohne lebende Hefezellen. *Ber 30*, 3061–3062.
Weizmann, C. (1917). Fermentation process for the production of acetone and butyl alcohol. E. P.S. 150,360. 25.1.17.
Weizmann, C. & Hamlin. (1920). Fermentation process for the production of acetone and butyl alcohol. U.S. Patent 1,329,214. 27.1.20. Appl. 27.3.18.
Wolfe, R.S. (1993). An historical overview of methanogenesis, in Methanogenesis (Hrsg. J.G. Ferry), Chapman and Hall.

Penicillin, die Ära der Antibiotika und die Expansion biotechnischer Produktionen

5

Inhaltsverzeichnis

5.1 Flemings Entdeckung

Eine Erfahrung Anfang der 1920er Jahre dürfte Fleming 1928 veranlasst haben, eine verunreinigte Agarplatte, die er schon verworfen hatte, näher zu untersuchen. Schon Anfang der 1920er Jahre hatte Fleming eine Entdeckung gemacht:

Teile dieses Kapitels sind zuvor in Englisch publiziert worden: Buchholz, K. und Collins, J. (2010) Concepts in Biotechnology: History, Science and Business, S. 51–88, 2010, Copyright Wiley-VCH Verlag GmbH & Co. KGaA, Weinheim, Germany. Reproduced with permission.

K. Buchholz und J. Collins, *Eine kleine Geschichte der Biotechnologie*,
https://doi.org/10.1007/978-3-662-63988-7_5

Er fand das Enzym Lysozym, das Keime abtötet, in Tränenflüssigkeit. Auf der Agarplatte war ein dunkelgrüner filziger Pilz gewachsen, umgeben von einem keimfreien Ring, der ihn von (angeimpften) Bakterien trennte.[1] Ausgehend von der Überlegung, dass der fremde Mikroorganismus eine ähnliche Substanz wie das zuvor entdeckte Lysozym ausscheiden könnte, untersuchte er weitergehend das Filtrat des Bewuchses und entdeckte, dass dieses einige Bakterien abtötete oder ihr Wachstum hemmte.[2] 1929 publizierte er diese Beobachtung in einer Fachzeitschrift (Fleming, 1929). Es gelang ihm allerdings nicht, die mysteriöse Substanz, die die Bakterien abtötete oder hemmte, zu isolieren, und er nannte die Flüssigkeit als Ganze „Penicillin". Die Kultur, die sie produzierte, gab er an Kollegen weiter. Später, als das Interesse wieder erwachte, fand man Proben in Labors in Oxford, Paris, Kopenhagen, Baarn (Niederlande) und Columbia (USA). In einem anderen Londoner Labor versuchte Harold Raistrick, ein führender Biochemiker, vergeblich, das aktive Prinzip zu extrahieren, alle Versuchsansätze zerstörten die offenbar hochempfindliche Substanz. Auch eine Reihe anderer britischer Chemiker versuchten vergeblich, Penicillin zu isolieren, es blieb für ein Jahrzehnt eine Laborkuriosität. Fleming berichtete später, er habe keine Chemiker für das Problem der Isolierung interessieren können, und zeigte sich irritiert über die fachliche Spezialisierung der Scientific Community (Bud, 2007, S. 25–34). Dennoch – mit Flemings Entdeckung begann „the golden era of antibiotics" (Abb. 5.1) (Demain et al., 2017).

5.2 Floreys, Chains und Heatleys strategischer Blick

Anfang der 1930er Jahre, als Forschungsarbeiten über Vitamine, Insulin und Steroide die erfolgreiche Kooperation von akademischer und industrieller Forschung demonstrierten, wurde an der Universität Oxford im Rahmen einer neuen Organisation der Forschung eine multidisziplinäre Forschungsgruppe mit Harold Florey aufgebaut, die sich mit den Ursachen von Krankheiten befasste und die pathologische und bakteriologische Kompetenzen einschloss. Florey engagierte Ernst Boris Chain – einen aus Deutschland geflohenen Biochemiker – 1937 in seinem Team. Chain hatte Flemings Veröffentlichungen gelesen und nahm – mit Floreys Zustimmung – die Herausforderung an, das aktive Prinzip zu isolieren, das Fleming als „Penicillin" bezeichnet hatte, aber nur als Wirkung zu beobachten war – keinerlei Substanz war isolierbar, viel weniger identifizierbar. In einem Nachbarlabor hatte er eine Probe von Flemings Stamm (*Penicillium notatum*, von Thom in den USA identifiziert) gefunden (Bud, 2007, S. 27, 28). In Laborversuchen in kleinem

[1] Anm. 1: Die ersten Beobachtungen antibakterieller Aktivität hatten Pasteur und Joubert 1877 gemacht, als sie verlangsamtes Wachstum von Chlostridien in der Gegenwart anderer Bakterien beobachteten (Demain et al., 2017, S. 16).

[2] Anm. 2: „… he (Fleming) suggested that the substance might be a useful antiseptic for application to infected wounds." (Chain et al., 1940).

Abb. 5.1 Professor Alexander Fleming, 1930

Maßstab gelang es dem Team um Florey, Chain und Heatley, 1940 die therapeutische Wirkung von „Penicillin" nachzuweisen (Abraham et al. 1941; Chain et al. 1940).[3] Sie bestimmten auch die chemische Struktur (Abb. 5.2), und legten eine zunächst willkürliche Wirkungseinheit, die „Oxford Unit", fest, die später als äquivalent zu 0,6 Mikrogramm Penicillin G festgestellt wurde. 1945 ermittelte Dorothy Hogdkin die Röntgenstruktur (Kardos & Demain, 2011; Coghill, 1970; Bud, 2007, S. 51).

Der Lösung des Problems, an dem andere zuvor gescheitert waren, konnte das Team in Oxford in einem ersten Schritt näher kommen, mit einer neuen Technik, der Gefriertrocknung, die in Cambridge erprobt wurde. Es konnte ein aktives Pulver erhalten, das zwar nur ein Prozent Penicillin enthielt (wie sich später herausstellte) – und dennoch einen entscheidenden Fortschritt darstellte: Penicillin

[3] Anm. 3: „The present report is the result of a cooperative investigation on the chemical, pharmacological and chemotherapeutic properties of this substance." … „Conclusions: The results are clear cut, and show that penicillin is active in vivo against at least three of the organisms inhibited in vitro. … and is particularly remarkable for its activity against the anaerobic organisms associated with gas gangrene" (Wundbrand) (Chain et al., 1940). „From experiments *in vivo* and *in vitro* much evidence has now been assembled that penicillin combines to a striking degree two most desirable qualities of a chemotherapeutic agent – low toxicity to tissue cells and powerful bacteriostatic action. … penicillin is a new and effective type of chemotherapeutic agent, and possesses some properties unknown in any antibacterial substance hitherto described.… reasons are adducted why penicillin can be expected to operate when the sulfonamides are ineffective". (Abraham et al., 1941).

Abb. 5.2 Chemische Struktur von Penicillin

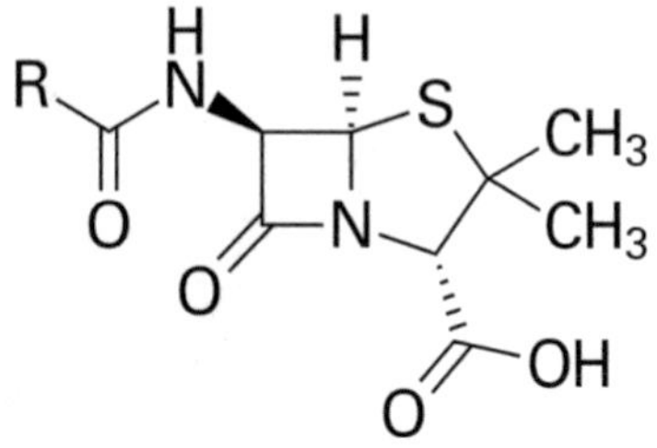

Benzyl Penicillin: R = $-CH_2-C_6H_5$

war darin um den Faktor 10.000 angereichert; die ursprüngliche Flüssigkeit hatte Penicillin nur zu 1 ppm (einem Teil in einer Million) enthalten, darüber hinaus war die Lösung äußerst instabil, „as unstable as an opera singer" (Bud, 2007, S. 29–33). Im März 1940 konnte Chain erste Tests mit Mäusen durchführen, die keine Immunreaktion zeigten – Penicillin war offenbar nicht toxisch und kein Protein. Einen weiteren Fortschritt konnte Heatley, der zum Team gestoßen war, erzielen, indem er Penicillin mit Ether extrahierte. Die Kombination beider Methoden brachte einen zusätzlichen erheblichen Fortschritt, das Produkt war damit leichter und schonender zu extrahieren. Weitere Tests mit infizierten Mäusen waren so positiv, dass Florey und Chain „reflected on a miracle". Florey konzentrierte die Arbeit in seinem Labor ganz auf Penicillin, einschließlich chemischer, biochemischer Arbeiten, Bakteriologie, Wachstum des *Penicillium*-Stammes, Extraktion von Penicillin in größerem Maßstab, Pharmakologie und klinischen Tests. Innerhalb eines halben Jahres wagten sie einen Test an einem schwer durch pathogene Bakterien infizierten Polizisten. Anfangs verlief der Test, die Behandlung mit Penicillin, vielversprechend und der Zustand des Patienten verbesserte sich. Dann aber war das Penicillin verbraucht, aus dem Urin des Patienten wurde es zwar teilweise zurückgewonnen, dennoch starb der Patient, da die verfügbare Menge an Penicillin unzureichend war (Bud, 2007, S. 29–33) Es wurde offensichtlich: Die Gewinnung von Penicillin stellte eine multidisziplinäre Herausforderung dar. Über ein Jahrzehnt blieb Penicillin ein *epistemisches Ding* – ein eindeutig zu beobachtendes, hochinteressantes Phänomen, dessen Wirkung zunächst nur bei Mäusen beobachtet werden konnte. Keinerlei Substanz war zu erkennen oder zu fassen, allenfalls zu vermuten (es waren unfassbar, unmessbar geringe Mengen an Wirkstoff, wie später berechnet wurde). Das Phänomen ließ sich mit keinerlei rationalem biologischen oder chemischen Konzept erklären und blieb im Grunde ein Geheimnis (Rheinberger, 2001; s. a. Kap. 8).

Florey hatte vergeblich versucht, die Unterstützung britischer Pharmafirmen zu erlangen, um genügend Penicillin für Tests mittels Fermentationen in größerem Maßstab zu erhalten. Die Möglichkeiten anspruchsvoller Laborarbeit waren in England sehr begrenzt; daher beantragte das Team im November 1939 Unterstützung durch die Rockefeller Foundation in New York.[4] Florey teilte seinem amerikanischen Kollegen Weaver, verantwortlich für die Rockefeller Foundation, seine Frustration mit. Ihm wurde innerhalb von Tagen eine positive Antwort übersandt. Weaver, überzeugt von dem Potenzial Penicillins, überlegte, Florey und Heatley in die USA einzuladen, um eine amerikanische Institution mit Fermentationserfahrung zu kontaktieren, die in großem Maßstab Penicillin für Testzwecke produzieren könnte.[5] Florey und Heatley erhielten mit Priorität Flüge nach New York für den 27. Juni 1941 und trafen auf eine Scientific Community in Peoria, die vorinformiert war über die potenziell große Bedeutung ihrer Mission (Bud, 2007, 25–34).

Es zeichnete sich ab, dass die Penicillinproduktion im großen Maßstab sich in der Folge zur beherrschenden Herausforderung der 1940er Jahre entwickeln würde – mit dramatischen Episoden. Die Kooperation während des Krieges in den USA und England umfasste Forschungs- und Entwicklungsarbeiten von buchstäblich Hunderten Biochemiker, Chemiker, Bakteriologen, Biologen, Ingenieuren, Ärzten, Toxikologen, Pathologen und Pharmakologen beidseits des Atlantiks, koordiniert und gemanagt von Regierungsbeamten, akademischer Verwaltung und Industriemanagern in den USA (Greene & Schmitz, 1970).

5.3 Die Entwicklung in den USA – ein neues Konzept für Wissenschaft und Technik

Florey und Heatley wurden zum Northern Regional Research Laboratory (NRRL), in Peoria, Illinois (USA), eingeladen, um die Probleme der Penicillingewinnung zu erörtern, da dieses Labor gerade eine neue Fermentationsabteilung eingerichtet hatte. Die Arbeiten zur Fermentation begannen unmittelbar, am 15. Juli 1941, weniger als drei Wochen nach der Ankunft von Florey und Heatley in den USA. Heatley blieb in Peoria, um seine Erfahrung an das Team dort weiterzugeben, mit einer Kultur von Flemings *Penicillium notatum,* mit der er in Oxford gearbeitet hatte. Dr. Moyer war betraut mit der Durchführung der neuen Aufgabe und begann mit Routinearbeiten zu Penicillinfermentationen. Wesentlich waren der Einsatz von Maisquellwasser („corn steep liquor") und Lactose als Nährmedien,

[4] Anm. 4: Chain und Florey reichten einen Forschungsantrag bei der Rockefeller Foundation in New York (die weltweit über die meisten Forschungsmittel verfügte) ein, mit dem Vorhaben, nach Proteinen zu suchen, die Bakterien angreifen (wie Lysozym, das Fleming entdeckt hatte), auch mit dem Thema Penicillin (dessen Natur ja unbekannt war). Innerhalb von Stunden entschied sich der Leiter der Stiftung in New York, Weaver, der in den biologischen Wissenschaften eine strenge wissenschaftliche Grundlage einführen wollte, für eine Unterstützung (Bud, 2007, S. 29).

[5] Anm. 5: Weaver über das Potenzial, „the attraction of the model of the wonder drug": „It is probable that this new chemotherapeutic agent will outrank the sulfadrugs in combating a long series of infectious diseases." (Bud, 2007, S. 33).

die sich als Schlüsselfaktoren für erheblich gesteigerte Ausbeuten – und erheblich geringere Produktionskosten für Penicillin – herausstellten. In kurzer Zeit, bis Herbst des Jahres, stiegen die Gehalte an Penicillin von 6 auf 10 und schließlich auf 24 „Oxford Units" je mL (Milliliter) – ein mehrfaches der in Oxford erzielten. Die Ergebnisse überzeugten Mitarbeiter der Industrie, dass es möglich sein sollte, die industrielle Produktion im Kilogramm-Maßstab zu realisieren. Als weitere Schlüsselfaktoren stellten sich Stammentwicklung, einschließlich Mutation, die Suche nach neuen Stämmen und Screening heraus. Die US-Armee sammelte für das Projekt Hunderte Proben mit potenziell Penicillin produzierenden Stämmen aus unterschiedlichen Quellen, einschließlich Bodenproben aus aller Welt, die isoliert, kultiviert und untersucht wurden. Als Ironie der Geschichte stellte sich heraus, dass ein Pilz von einer befallenen Melone vom Früchtemarkt in Peoria sich als der beste Penicillinproduzent erwies.

Im Dezember 1941 begann sich die Regierung der USA für die Entwicklung zu interessieren. Das US Department of Agriculture (USDA) organisierte ein Meeting in New York unter Einbeziehung von Repräsentanten des National Council und von vier Industrieunternehmen, Merck, Squibb, Pfizer und Lederle – alle erfahrene Pharmaunternehmen in den USA. Dieses Ereignis wird als der eigentliche Wendepunkt zum Erfolg der Penicillinproduktion angesehen (Coghill, 1970; Greene & Schmitz, 1970). Anlässlich eines Treffens mit Dr. Richards, Chairman des Committee on Medical Research in den USA, im Oktober 1941 hatten Vertreter der Pharmaindustrie zugesagt, Forschungsteams zu bilden, um hinreichende Mengen an Penicillin zur Verfügung zu stellen. Richards berichtete von dem Erfolg in den ersten Monaten 1942: „We began to get a trickle of a supply of penicillin" (Greene & Schmitz 1970; Silcox, 1970). Besonderer Wert wurde seitens des US War Production Board auf die Koordinierung durch Elder gelegt, der zum Koordinator des Penicillinprogramms des Board ernannt worden war. Dieser machte präzise und differenzierte Angaben zum Vorgehen und verpflichtete sogar zur gegenseitigen Information aller Beteiligten über den Stand der Produktion und Isolierung von Penicillin – ungewöhnliche und äußerst ambitionierte Forderungen an die Industrie, in der Geheimhaltung von Entwicklungen Prinzip war (Elder, 1970).[6]

Zusätzlich zu den Arbeiten in Moyers Labor in Peoria initiierte das Office of Production Research and Development (OPRD) Forschungsarbeiten an den Universitäten in Minnesota (zu mikrobiellen Stämmen), Wisconsin (zu Fermentation), Penn State (zur Aufarbeitung und Isolierung von Penicillin), dem Carnegie Institute in Pittsburgh, Pennsylvania, den Universitäten in Wisconsin und Stanford (zu Mutation) und am MIT in Cambridge Massachusetts (zu Gefriertrocknung und Verpacken). Innerhalb eines Monats gelang es dem interinstitutionellen Team der Universitäten Minnesota, Wisconsin und Cold Spring Harbor, einen überaus produktiven Stamm zu entwickeln, der 500 Units pro mL produzierte, indem

[6] Anm. 6: Mit Beginn des ersten Treffens mit Industriefirmen im Oktober 1941 wurde das Committee on Medical Research zum Zentrum, durch das alle Informationen flossen. 1944, als die Produktion anstieg, wurde der US War Production Board zum Zentrum des großen Netzwerks, das Informationen und Erfahrungen von 25 Firmen koordinierte (Bud, 2007, S. 43).

es den besten Stamm aus Peoria Mutationen mittels Röntgenstrahlen unterwarf (Bud, 2008).

Die Produktion musste zunächst in Schüttelflaschen mit weniger als einem halben Liter Inhalt erfolgen – in bis zu 100.000 Flaschen –, der damals zuverlässigsten Methode der Produktion bei der Firma Pfizer (Abb. 5.3). Für die Produktion im großen Maßstab, in großvolumigen Rührtanks, war eine Reihe schwieriger praktischer Fragen zu lösen (Abb. 5.4): Der Produktionsstamm war an diese Bedin-

Abb. 5.3 Oberflächenkultur in Schüttelflaschen zur Penicillinproduktion (Greene & Schmitz, 1970)

Abb. 5.4 Penicillin-Fermenter der Firma Squibb & Sons (1946) (Langlykke, 1970)

gungen zu adaptieren; die aseptischen, sterilen Bedingungen des Labors waren in den industriellen Maßstab zu übertragen – die großen Rührtanks mussten nicht nur zu Beginn der Produktion steril sein, sondern dieser Zustand musste über die gesamte Produktionsphase, d. h. tagelang, aufrecht erhalten werden; große Volumina an Luft zur Sauerstoffversorgung des Organismus waren zu sterilisieren; Rührer mit Dichtungen, Ventile, Rohrleitungen mussten für sterilen Betrieb konstruiert werden – diese Bedingungen waren unerhört anspruchsvoll und erforderten umfassende Neuentwicklungen.[7] Im August 1943 nahm Pfizer eine Pilotanlage mit 2000 Gallonen (7500 L) Volumen in Betrieb – ein kühnes Projekt zu diesem Zeitpunkt, übertroffen von der unmittelbar nachfolgenden Entscheidung zum Bau einer Großanlage für die industrielle Produktion. Die Pilotanlage lieferte die Hälfte der Penicillinproduktion von Pfizer. Im Februar 1944 nahm die Großanlage die Produktion auf, mit 14 Großfermentern von je 34 m^3 (34.000 L) Volumen – „ein Wunder der Konstruktion und Organisation", wie es Florey umschrieb (Abb. 5.4). Pfizer produzierte damit die Hälfte der gesamten Penicillinmenge der USA (und praktisch der Welt) (Bud, 2007, S. 44, 45).

Parallel zur Fermentation stellte die Isolierung des hochempfindlichen Produktes eine weitere Herausforderung dar, die bedeutende technische Neuentwicklungen erforderte.[8] Die Isolierung des Penicillins aus Extraktionslösungen gelang zunächst mittels Gefriertrocknung. Doch die riesigen Volumina erforderten die Entwicklung von Vakuumtanks mit extremer Kapazität und enormen Ausmaßen (Abb. 5.5). In späteren Entwicklungen stellte sich die Kristallisation des Produktes als optimale Lösung heraus. Von Beginn dieser Entwicklungen an waren mehrere Firmen beteiligt: Merck and Co., Inc., E. R. Squibb and Sons, und Chas. Pfizer and Co. Inc., schließlich weitere 18 Firmen – ganz ungewöhnlich in der pharmazeutischen Industrie, darüber hinaus 36 Universitäten und Kliniken (Bud 2008; Elder 1970).[9]

Die Ergebnisse dieses koordinierten Vorgehens brachten weitere dramatische Steigerungen der Penicillinausbeute. Insbesondere ergab eine UV-mutierte Variante des Pilzes (*Penicillium*), zusammen mit weiteren Optimierungen des Fermentationsmediums, eine vielfach, um mehrere Größenordnungen erhöhte Ausbeute von

[7] Anm. 7: Sterile Fermentationsprozesse waren zuvor schon etabliert, z. B. zur Enzym- und Citronensäureherstellung (bei Pfizer). Die Bedingungen zur Penicillinproduktion waren jedoch ungleich komplexer und schwieriger, wegen der langen Dauer der Fermentation, der hochempfindlichen Kultur des *Penicillium*-Stammes und des Produktes.

[8] Anm. 8: Zunächst wurden Adsorption an Aktivkohle und Flüssig-Flüssig-Extraktion und Trennung mittels Zentrifugen angewandt; deren Rotationsgeschwindigkeit und die Kontrolle des pH-Wertes erwiesen sich als problematisch bzw. schwierig.

[9] Anm. 9: Die Entwicklungen in Großbritannien und in anderen Ländern, Deutschland, im besetzten Prag, Belgien, Frankreich, UDSSR, China, hat Robert Bud dargestellt – sie waren im Wesentlichen erfolglos, teilweise kriegsbedingt, aber vor allem dem Problem nicht angemessen, dessen Dimension nicht erkannt worden war (Bud, 2007, S. 46–50, 68–72, bzw. 76–81).

Abb. 5.5 Vakuumtanks zur Verdampfung des Lösungsmittels, um Penicillin zu konzentrieren (die Dimension ist an einem Arbeiter vor einem solchen Tank erkennbar) (Greene & Schmitz, 1970)

1500 Oxford Units je mL. Der Erfolg mit dieser Mutante machte Ingenieurarbeiten und technische Entwicklung weitaus effizienter (Coghill, 1970).[10] Die unglaubliche Steigerung der Produktivität des Mikroorganismus über 30 Jahre der Stammentwicklung gibt Abb. 5.6 wieder (Demain, 1971). 1943 gelang es Mitarbeitern der Firma Sqibb &Co (USA), Penicillin G zu kristallisieren. Mitarbeiter von I.C.I Pharmaceuticals Ltd. stellten auch fest, dass zwei unterschiedliche Penicillinvarianten existieren, die englische Gruppe arbeitete mit Penicillin F, das eine Pentenyl-Seitengruppe, die US-Teams mit Penicillin G, das eine Benzyl-Seitengruppe aufweist (Abb. 5.2) (Coghill, 1970).

Parallel zu den mikrobiologischen Arbeiten und der technischen Entwicklung wurden medizinische Untersuchungen und Tests durchgeführt. Im Juni 1942 war genügend Penicillin verfügbar, um zehn Patienten zu behandeln, im Februar 1943 für 100 Patienten.[11] Zu dieser Zeit musste die Produktion noch in Schüttelflaschen erfolgen; für die Behandlung von dann 2500 Patienten waren 100.000 Flaschen

[10] Anm. 10: Eine Hemmung erfuhren diese Arbeiten durch parallel laufende Arbeiten zur chemischen Synthese, die mit beträchtlichem Aufwand – erfolglos – durch das Committee on Medical Research of the Office of Scientific Research and Development unternommen wurden. Die Zahl der damit befassten Chemiker wurde nie veröffentlicht, jedoch auf einige Hundert bis zu 1000 geschätzt (Elder, 1970). Grundlage war das erste Modell der Penicillinstruktur von Dorothy Hodgkin 1945 (Bud, 2008).

[11] Anm. 11: Es gab damals noch nicht die umfangreichen und äußerst aufwendigen Zulassungsvorschriften für Medikamente, die heute gültig sind. Zudem handelte es sich um ein kriegswichtiges Projekt, das unter hohem Zeitdruck stand und insbesondere für die oft (lebensrettende) Behandlung der Frontsoldaten wichtig war. In Deutschland ist heute das Bundesinstitut für Arzneimittel und Medizinprodukte (BfArM) zuständig für die Zulassung. In Europa liegt die Zuständigkeit bei der EMEA (European Medicines Evaluation Agency), in den USA bei der FDA (Food and Drug

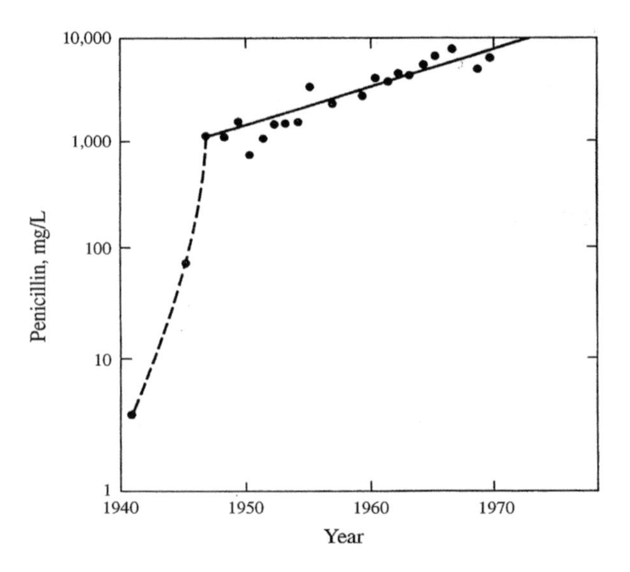

Abb. 5.6 Maximal erzielte Ausbeuten an Penicillin in 30 Jahren seit 1941 (Demain, 1971)

erforderlich (Abb. 5.3). Die effizienteste Produktionsmethode war schließlich die „deep-tank fermentation“ in großvolumigen Rührtanks (Abb. 5.4).

Anfang 1943 hatte man die enorme, herausragende Wirkung von Penicillin in ihrem ganzen Ausmaß erkannt – „in April a report from the Bushnell Hospital in Utah reported magnificant results [...] The effects on infection were seen to be dramatic [...] to underpin the ecstatic response of military doctors.“[12] Am 1. Mai 1944 erhielten tausend zivile Krankenhäuser in den USA Penicillin (Bud, 2007, S. 56,57, 60). Fünf Wochen später, am 6. Juni 1944, dem „D-Day,“ landeten die alliierten Truppen an der nordfranzösischen Küste. Die Vertreter der US-Regierung hatten als vorrangiges Ziel formuliert, zu der Invasion der US-Truppen in Europa über genügend Penicillin zu deren Versorgung zu verfügen – dieses äußerst ambitionierte Ziel war erreicht worden (Coghill, 1970).[13] Im August

Administration). Die durchschnittlichen Kosten für die Zulassung von Medikamente sind dramatisch gestiegen seit den 1970er Jahren von 138 auf etwa 1,2 Mrd. US-$ je Medikament 2008. Der erforderliche Zeitaufwand für die Zulassung liegt oft bei zehn Jahren (Buchholz & Collins, 2010, 17.22., S. 377, 378).

[12] Anm. 12: Im ersten Halbjahr 1943 wurden in den USA eine Milliarde (Mrd.) Units an Penicillin produziert, im zweiten Halbjahr 20 Mrd., im folgenden Jahr 1663 Mrd. Units – eine Steigerung um das Achtzigfache. Die US-Regierung zahlte Mitte 1943 für 28 g Penicillin einen vereinbarten Preis von 9000 US-$ – das 250-Fache des Goldpreises. Innerhalb eines Jahres fiel der Preis jedoch von 20 US-$ für eine Dosis auf 6,5 Cent (Bud, 2007, S. 53).

[13] Anm. 13: Die äußerst kurze Zeit, in der die industrielle Produktion realisiert wurde, ist zu beachten im Vergleich zu der langen üblichen Zeitspanne, die unter normalen Umständen für Produktion und Zulassung eines Medikaments erforderlich ist: in der Regel 8 bis 14 Jahre (Buchholz & Collins, 2010, S. 377)!.

1945 schließlich war das Medikament in US-amerikanischen Apotheken verfügbar (noch nicht in Großbritannien, in dem es entdeckt worden war, wo unbehandelte Patienten starben – was zu einer Missstimmung gegenüber den amerikanischen Verbündeten führte –, erst ein Jahr später war es dort verfügbar (Bud, 2007, S. 61).

Penicillin ermöglichte die Behandlung einer beachtlichen Zahl bakterieller Infektionen, die zuvor oft mit schweren Erkrankungen oder tödlich verliefen: Lungenentzündung, rheumatisches Fieber, Wundbrand, Racheninfektionen, Syphilis und Ghonorroe. Eine große Zahl von Geschlechtskrankheiten – kriegsbedingt über 400.000 Fälle von Syphilis und über 500.000 Fälle von Gonorrhoe – machten nachhaltige medizinische Behandlung dringend erforderlich (Bud, 2007, S. 54). Fleming, Flory und Chain wurden 1945 für die Entdeckung und Weiterentwicklung des Penicillins mit dem Nobelpreis für Medizin geehrt.

Penicillin entwickelte sich seit 1942 zu einem Gegenstand öffentlichen Interesses, etwa wie ein Hollywood-Film mit „an enormous cast" (einem großen Wurf) und einem Buchtitel „The yellow magic" (1945), mit einer Marketing-Kampagne und „big business" (Bud, 2007, S. 54–74). Zeitungen, Magazine und Radios stimulierten die öffentliche Nachfrage nach Penicillin und erhöhten den Druck, das Medikament zugänglich zu machen (das zunächst den Bedürfnissen des Militärs vorbehalten war), durch Schlagzeilen wie „The Yellow Magic of Penicillin" (Readers Digest, August 1943), oder „Penicillin, New Miracle" – das „Wundermittel, das bakterielle Infektionen besiegt" (Evening Star, August 1943) (Elder, 1970) und schließlich mit dem Film „Der dritte Mann" mit Orson Welles (GB 1949, nach einer Erzählung von Graham Greene).

In Großbritannien war 1946 genügend Penicillin verfügbar.[14] In Japan, das eine lange Tradition in der traditionellen Fermentationstechnik hatte, wurde die neue Technik schnell etabliert. Allerdings war für die Penicillinherstellung spezielles Knowhow erforderlich; hierfür wurde Hilfe von offizieller Seite, durch General McArthur, 1947 initiiert und von erfahrenen Fachleuten der Firma Merck gewährt. In Deutschland erhielt zuerst Schering, dann Höchst für eine große Fermentationsanlage 1950 Kenntnisse der neuesten Technik aus den USA. Weltweit wurden Penicillin-Produktionsanlagen mithilfe der United Nations Relief and Rehabilitation Agency und später seitens der WHO errichtet, massive Befürchtungen bestanden, dass Epidemien – Typhus, Ruhr, Grippe, Geschlechtskrankheiten – besonders in vom Krieg betroffenen Ländern sich ausbreiten könnten (Bud, 2007, S. 84–95).[15]

[14] Anm. 9: Die Entwicklungen in Großbritannien und in anderen Ländern, Deutschland, im besetzten Prag, Belgien, Frankreich, UDSSR, China, hat Robert Bud dargestellt – sie waren im Wesentlichen erfolglos, teilweise kriegsbedingt, aber vor allem dem Problem nicht angemessen, dessen Dimension nicht erkannt worden war (Bud, 2007, S. 46–50, 68–72, bzw. 76–81).

[15] Anm. 14: Der Pionier Ernst Chain (s. Jaenicke, 2010) hatte 1947 beim italienischen Instituto Superiore da la Sanita in Rom Vorträge über Pencillin gehalten; in Italien hatte man große Pläne mit der Errichtung einer modernen Anlage zur Penicillinherstellung mithilfe der UNRRA (United Nations Reflief and Rehabilitation Agency, die Aktivitäten förderte u. a. um Massenepidemien

Aus diesen dramatischen Ereignissen geht unmittelbar ein völlig neues Konzept der Organisation von Forschung und Entwicklung hervor. Es waren ungewöhnliche Anforderungen an die Beteiligung unterschiedlicher naturwissenschaftlicher und Ingenieursdisziplinen für eine „integrierte Innovation" in Mikrobiologie und Ingenieurstechnik – und ein äußerst knapper Zeithorizont, in dem Lösungen gefunden werden mussten (Silcox 1970).[16] Auf der politischen Ebene bedeutete dies „the injection of funds, people, companies, and government interest" – den Einsatz von Finanzmitteln, Menschen, Firmen und Regierungsinteressen in einer ungewöhnlichen Form – einen ganz neuen Ansatz, die Integration von Wissenschaft, ihren Methoden, und technische Entwicklung voranzutreiben – paradigmatisch für das Potenzial dieser Art von Wissenschaft und Technik (Bud, 2007, S. 23–53, 2008). In der Folge wuchs die wissenschaftsbasierte medizinisch-pharmazeutische Industrie enorm – insbesondere die industrielle Forschung –, und das ungewöhnliche Wachstum einiger Firmen wie Pfizer, Merck und Glaxo zu bedeutenden Akteuren auf dem Weltmarkt kann direkt mit dieser Entwicklung begründet werden. Ebenso etablierte sich Teamarbeit als neue charakteristische Methode wissenschaftlicher Forschung und beeinträchtigte die traditionelle Weise, in der wissenschaftliche Arbeit honoriert wurde – der Ruhm, der mit der Autorenschaft verbunden war, wurde verwässert durch multiple Autorenschaft (Bud, 2008).

Bemerkenswert ist eine zusätzliche, andere grundlegende Entwicklung, die aus den industriellen Prozessen – aus der Kooperation der Rutgers-, Princeton- und Columbia-Universitäten mit der Pharmafirma Merck & Co. (USA) hervorging: die Herausbildung des „biochemical engineering", der heutigen Bioverfahrenstechnik (Demain et al., 2017, S. 23).

Wissenschaftshistoriker haben diese Entwicklung beschrieben als Wechsel in der Art, Wissenschaft zu betreiben, von der früheren, traditionellen Praxis in einzelnen Laboratorien von Universitäten, Forschungsinstituten oder Unternehmen hin zu einer koordinierten und organisierten Strategie, die sich an den technischen Anforderungen orientierte. War die Forschung und Entwicklung zuvor individualistisch, spezialisiert, öffentlich gefördert, aber von der Öffentlichkeit abgekoppelt, so war sie jetzt interdisziplinär, im Team vorangetrieben, die traditionellen Grenzen überschreitend, aus Privatmitteln gefördert und offen für die

zu verhindern). Chain schlug stattdessen den Bau einer Pilotanlage zur Entwicklung neuer Penicillinvarianten vor; der Plan wurde akzeptiert, und ein bedeutendes Forschungsinstitut, größer als irgendein anderes weltweit zu dieser Zeit, aufgebaut, in dem bedeutende Arbeiten durchgeführt wurden (Bud, 2007, S. 88–92).

In Österreich hatte die Firma Biochemie Kundl in den 1950er Jahren ein Verfahren zur Produktion von Penicillin V entwickelt. Das Produkt ist stabiler als konventionelles Penicillin G und hat daher den Vorteil, dass es oral eingenommen werden kann (statt mittels Spritzen) (Demain et al., 2017).

[16] Anm. 13: Die äußerst kurze Zeit, in der die industrielle Produktion realisiert wurde, ist zu beachten im Vergleich zu der langen üblichen Zeitspanne, die unter normalen Umständen für Produktion und Zulassung eines Medikaments erforderlich ist: in der Regel 8 bis 14 Jahre (Buchholz & Collins, 2010, S. 377)!

öffentliche Debatte und in der Methode bezogen auf Anwendung und Innovation (Gibbons et al., 1994; Nowotny et al., 2001). Bemerkenswerterweise wurden in dieser Phase keine Patente erworben – das Patentieren von Medikamenten wurde als unethisch angesehen und z. B. in Frankreich und Deutschland verboten, renommierte Universitäten wie Pennsylvania, Harvard, John Hopkins und Caltech verzichteten auf die Patentierung medizinischen Fortschritts. Langfristig jedoch änderte sich diese Praxis, und Firmen wie Merck (USA) und andere konnten Patente erwerben und Einnahmen aus ihrer Pionierarbeit zur Fermentation von Penicillin erzielen. Dennoch traten in den 1950er Jahren neue Firmen in den Markt ein und der Preis für Penicillin „kollabierte" (Bud, 2008). Für die US-Pharmaindustrie war die „Penicillin-Story" ein Triumpf, sie dominiert seitdem den Weltmarkt – die deutsche, die zuvor diese Position innehatte, verlor an Bedeutung (Bud, 2007, S. 45, 46). (Die Entwicklung zu neuen Pharmakonzernen in den Jahren nach 1980 ist in Kap.7 beschrieben.)Eine Reihe von Schlüsselfaktoren erwiesen sich dabei als entscheidend für den Erfolg der Entwicklung in den USA: ein umfangreiches, breitangelegtes Screening von Proben hinsichtlich Penicillin bildenden Mikroorganismen, die Suche nach optimalen Nährmedien, die Optimierung des besten Produktionsstammes mittels Mutation, die Submerskultur und die erforderliche Ingenieursarbeit, die Isolierung des hochempfindlichen Wirkstoffes im Industriemaßstab mittels neuentwickelter Techniken.[17,18] Die Produktivität des Mikroorganismus *Penicillium* konnte in kurzer Zeit um das 200-Fache, in den nachfolgenden Jahren nochmal um das 10-Fache gesteigert werden (Abb. 5.6). All dies musste in kurzer Zeit erfolgen – mittels einer neuen Organisation, der systematischen Koordinierung von akademischer und staatlicher Forschung und von industrieller Entwicklung.

5.4 Resistenzen – ein Trauma bis heute: neue Antibiotika

Der Wissenschaftshistoriker Robert Bud nannte es eine Tragödie in seinem Buch über Penicillin „Triumph and Tragedy" (Bud, 2007). Eine Tragödie erschien es, dass aus dem Segensreichen neue Bedrohungen erwuchsen. Schon 1940 hatten Ernst Chain und Edward Abraham in Oxford ein Enzym aus *Staphylococcus*

[17] Anm. 8: Zunächst wurden Adsorption an Aktivkohle und Flüssig-Flüssig-Extraktion und Trennung mittels Zentrifugen angewandt; deren Rotationsgeschwindigkeit und die Kontrolle des pH-Wertes erwiesen sich als problematisch bzw. schwierig.

[18] Anm.15: Mutation und Screening bedeuten die genetische Veränderung mittels chemischer oder physikalischer Methoden (Bestrahlung), die – meist in sehr geringer Zahl – Mutanten, genetisch veränderte Mikroorganismen erzeugen mit z. T. stark erhöhter Produktivität bez. des gewünschten Produktes (hier Penicillin). Aus einer – meist in sehr großen Zahl – natürlich gefundener (z. B. aus Bodenproben) oder durch Mutation erzeugter Mikroorganismen muss der beste Stamm mittels aufwendigen Screenings (z. B. auf Agarplatten mit Wachstumsmedien) identifiziert und Isoliert werden.

sp. identifiziert, das Penicillin spaltet und damit seine Wirkung zerstört (Abraham & Chain, 1940). 1948 wurden bei der World Health Assembly der WHO Befürchtungen über Missbrauch von Penicillin geäußert, wodurch seine Wirkung beeinträchtigt werden könnte. In einem Londoner Hospital beobachtete Mary Barber, eine Mikrobiologin, von 1946 an die Adaption von *Staphylococcus aureus* (heute noch der dominierende multiresistente pathogene Mikroorganismus) an Penicillin. In Hospitälern der USA wurden zwischen 1954 und 1958 500 Epidemien durch antibiotikaresistente *Staphylococcus* sp. beobachtet (Bud, 2007, S. 96, 117, 118, 142; Demain et al.,2017, S. 19). 1947 wurde ein „Penicillin Bill" durch das Gesundheitsministerium in Großbritannien eingeführt, in den USA eine Vorschrift, die die Verschreibung durch Ärzte vorschrieben. Dadurch sollte verhindert werden, dass Patienten in Apotheken sich Penicillin besorgten, wann immer sie meinten, dass es erforderlich sei. Damit wurde allerdings der Missbrauch von Antibiotika nicht unterbunden, das Verschreiben von Antibiotika entwickelte sich zu einer Art „medical culture" (Bud, 2007, S. 141, 142).

Dieses bedrohliche Problem hat sich seitdem ausgeweitet durch übermäßige Anwendung und Missbrauch von Antibiotika in der Massentierhalltung, Haustierhaltung usw. (aktuell sind in Kliniken über 50 % von *Escherichia-coli*-Isolaten und 90 % von *Staphylococcus-aureus*-Isolaten resistent gegen Ampicillin) (Hubschwerlen, 2007). Seit den 1960ern hatten medizinische Spezialisten argumentiert, dass neue Antibiotika allein nicht Infektionen überwinden und dass das Problem resistenter Organismen nur durch die restriktive Anwendung auf biologisch essenzielle Fälle zu kontrollieren sei. Es waren irrationale Erwartungen, seitens der Patienten und seitens der Ärzte, die die exzessive, verhängnisvolle Anwendung von Penicillin bedingten (Bud 2007, S. 140, 141).[19]

Die Entdeckung des Penicillins hatte die weitere und in zunehmendem Maße umfangreiche Suche nach anderen Antibiotika angeregt, die Mittel gegen das Problem der Resistenz und gegen weitere Krankheitserreger ergeben sollten. Ein Durchbruch gelang Selman A. Waksman, einem Mikrobiologen an der Rutgers University (USA). Mit seinen Schülern entdeckte er zahlreiche neue Antibiotika, die von einer anderen Gruppe von Mikroorganismen, den Actinomyceten, gebildet wird, wie Streptomycin, Actinomycin und Neomycin. 1944 entdeckten Waksman und Mitarbeiter Streptomycin, gebildet durch *Streptomyces griseus,* das gegen Tuberkulose, verursacht durch *Mycobacterium tuberculosis*, wirksam ist und eingesetzt wird, aber auch gegen bakterielle Meningitis und gramnegative Bakterien. Waksman wurde dafür 1952 mit dem Nobelpreis geehrt; *Streptomyceten* entwickelten sich zu einer überaus produktiven Gruppe von Bakterien.

Ein weiterer Durchbruch gelang Edward Abraham mit der Isolierung von *Acremonium chrysogenum,* das zuvor schon Brotzu 1948 aus Abwasserschlamm isoliert hatte; dieser Mikroorganismus bildete ein neues Antibiotikum, das später

[19] Anm. 16: „Lying at the heart of the 'tragedy' of penicillin has been the divide between the logic of the chemical and the brand. … The escalating use of penicillin could seem irrational … It was explicable … as the pattern of consumption of a brand (‚Marke') associated with a variety of hopeful expectations …to sustain patient's trust in their doctor …".(Bud, 2007, S. 140, 141).

als Cephalosporin C bezeichnet wurde – „the era of cephalosporins was launched“. Die Cephalosporine haben, wie Penicillin, einen ß-Lactamring, aber einen 6-gliedrigen Dihydrothiazinring statt des 5-gliedrigen Thiazolidinrings der Penicilline (Demain et al., 2017, S. 20). Das neue Antibiotikum zeigte zwar weit geringere Aktivität als Penicillin, aber ein Derivat (durch chemischen Austausch der Seitenkette und Einführung von Phenylessigsäure) zeigte eine hundertfach höhere antibiotische Aktivität – und es war unsensitiv gegen Penicillinase (ß-Lactamase), das Enzym, das penicillinresistente Bakterien bilden. Im Laufe der Jahre wurden zahlreiche halb- bzw. semisynthetische Cephalosporine hergestellt, wirksam gegen ein weites Spektrum von Bakterien. (Semisynthetische Antibiotika werden durch chemische Variation von Teilstrukturen natürlicher Antibiotika hergestellt. Darunter sind Cephalotin, Cephaloridin und Cephaloglycin). Die Cephalosporine wurden in dieser Zeit die bedeutendste Gruppe der Antibiotika. Weitere wichtige Antibiotika, wie Chloramphenicol (1947), Tetracycline (1948), Makrolide wie Erythromycin (1952) und Glykopeptide wie Vancomycin (1956) u. a. wurden in kurzer Folge entdeckt. Antibiotika waren nahezu die einzigen wirksamen Medikamente, die gegen pathogene Mikroorganismen eingesetzt werden konnten – sie gelten als der entscheidende Faktor für die Entwicklung der Lebenserwartung von 47 Jahren im Jahr 1900 auf 74 Jahre für Männer und auf 80 Jahre für Frauen im Jahr 2000 in den USA. In Entwicklungsländern verursachten Infektionen die Hälfte aller Todesfälle, im Gegensatz zu einem Fall in den entwickelten Ländern. Die vielfachen Anstrengungen, neue und modifizierte Antibiotika gegen resistente pathogene Bakterien zu finden, ergab auch z. T. überraschende Erfolge: die Entdeckung einer großen Zahl semisynthetischer Varianten länger bekannter natürlicher Antibiotika (siehe Übersicht 1a und 1b) (Bud, 2007, S. 157; Demain et al., 2017, S. 20, 21, 24).

Übersicht 1a: Neue Antibiotika (Bud, 2007, S. 107–109; Demain et al., 2017, S. 23, 24, 26)

Aminoglykoside: Streptomycin (Waksman et al., 1944), Actinomycin, Neomycin (1948), Gentamicin (1963) – gegen Tuberkulose

Chloramphenicol (Fa. Parke Davis, USA 1947) – gegen ein weites Spektrum pathogener Bakterien

Weitere ß-Lactam-Antibiotika: Cephalosporin C (Brotzu, Abraham et al. 1948)

Weitere in der Folge: Cephalotin, Cephaloridin, Cephaloglycin, Cephamycine – gegen penicillinresistente Bakterien

Tetracycline (Fa. Lederle, USA 1948) – gegen ein weites Spektrum pathogener Bakterien

Makrolide: Nystatin (1950), Erythromycin (Fa. Eli Lilly, USA, 1952) – gegen bakterielle Infektionen, grampositive und gramnegative Erreger

Glykopeptide: Vancomycin (Fa. Eli Lilly, USA, 1956) – aktiv gegen multiresistente Bakterien, u. a. Staphylokokken

Ansamycine: Rifamycin (Gruppo Lepetit SpA, Mailand, 1957) – wirksam gegen Mykobakterien, u. a. gegen Tuberkulose

Übersicht 1b: Semisynthetische Antibiotika
Derivate von Antibiotika (Auswahl, s. a. Text) gegen resistente pathogene Mikroorganismen:

Penicillin
Cephalosporin
Erythromycin
Glykopeptide: Vancomycin, Teicoplanin (lange die einzigen wirksamen gegen multiresistente grampositive Bakterien).
Streptogramine: Synercid (zwei synergistisch wirkende Komponenten, wirksam gegen multiresististenten *Streptococcus aureus* und andere resistente Bakterien).

Gegen Antibiotika resistente Bakterien haben sich dennoch über Jahre weiter massiv ausgebreitet.[20] 2016 hat die United Nations General Assembly – in einem ungewöhnlichen Vorgang – das Thema „antimikrobielle Resistenz" diskutiert und die WHO (World Health Organisation) darin bestärkt, dieses Thema, das im Mai 2015 formuliert wurde, zu behandeln, ebenso nationale Programme zu unterstützen (Thayer, 2016). Die Zahl der durch resistente Bakterien bedingten Todesfälle wurde 2016 von einem Bericht einer Kommission der Regierung Großbritanniens auf weltweit 700.000 jährlich geschätzt. Um dem gravierenden Problem gegenzusteuern haben zahlreiche Firmen, darunter nahezu alle großen Pharmafirmen (vermutlich auch infolge der Covid-19-Pandemie), im Juli 2020 eine Initiative gestartet und den AMR („antimicrobial resistance") Action Fund gegründet, mit Mitteln von einer Milliarde US-$, um bis 2030 zwei bis vier neue Antibiotika auf den Markt zu bringen. Damit soll die öffentliche Gesundheit gegenüber dem Umsatz stärker gewichtet werden (Dolgin, 2020). – Die großen Pharmaunternehmen hatten sich aus Kostengründen aus der Forschung und Entwicklung neuer Antibiotika seit etwa 2006 zurückgezogen, mit der Folge, dass wenige neue Präparate zugelassen wurden. Demgegenüber sind vor allem chinesische Universitäten seit etwa 2010 massiv in die Antibiotikaforschung und -entwicklung eingestiegen.

[20] Anm. 17: *Escherichia coli* und *Erwinia* sp., letztere z. B. in Krankenhäuser durch Früchte und Blumen eingetragen, entwickelten sich zu „opportunistischen pathogenen Keime" mit Resistenzen gegen ein breites Spektrum von Antibiotika. Die Erwerbung von Resistenzen wird vermittelt durch Resistenz-, „R"-Faktoren, mit mobilen genetischen Elementen, Plasmiden, IS-Elementen und Transposons, die es Mikroorganismen ermöglichen, diese genetische Information schnell aufzunehmen (Buchholz & Collins, 2010, S. 114, 115). Insbesondere *Staphylococcus aureus* stellt nach wie vor das Hauptproblem dar.

Inzwischen liegt die Zahl entsprechender Patente in China mit etwa 30.000 vor derjenigen in den USA mit ca. 29.500. Heute engagiert sich eine beträchtliche Zahl kleiner Firmen, auch in Kooperation mit großen Unternehmen, vor allem in den USA, wieder in der Antibiotikaforschung (Chemical & Engineering News, 2020, S. 7, 11–13).

5.4.1 Pionierarbeit für die Synthese neuer, gegen resistente Bakterien wirksamer Antibiotika – die enzymatische Penicillinspaltung

Ein Weg zur Bekämpfung penicillinresistenter pathogener Bakterien eröffnete sich mit Derivaten von Penicillin, die chemisch allerdings aufwendig und kostenintensiv herzustellen waren und die dennoch in geringem Umfang produziert wurden. Ein eleganter und effizienter Weg erschien sich mit einem enzymatischen Verfahren zu eröffnen, der allerdings zunächst ebenfalls kostenintensiv war: Das Schlüsselenzym, das diesen Weg eröffnete, war zu teuer (Hamilton-Miller, 1966). Zwei Pioniere – bei Beecham (UK) und bei Bayer – sahen die Lösung in einer neuen Technik, die auf akademischen Entwicklungen basierten: der Immobilisierung des Enzyms, sodass es wiederverwendbar und damit lange im Prozess einsetzbar wurde (Rolinson et al., 1960; Carleysmith et al.,1980; Buchholz 2016).

Das Prinzip beruht auf der enzymatischen Spaltung des inzwischen preiswert verfügbaren Penicillins in dessen Kernbereich – 6-Aminopenicillansäure (6-APA) mit dem ß-Lactamring, der für die antibakterielle Wirkung entscheidend ist –, und eine Seitenkette, die austauschbar ist. Neue Seitenketten ließen sich leicht chemisch ankoppeln, und einige Derivate erwiesen sich als außerordentlich wirksam gegen resistente Bakterien, aber auch gegen ein erweitertes Spektrum pathogener Bakterien (so z. B. Ampicillin). Chemische Verfahren waren, z. B. bei Gist-Procades (NL), Beecham (UK) und Bayer, entwickelt worden, sie waren jedoch äußerst aufwendig und kostenintensiv und erforderten große Mengen aggressiver Chemikalien (sie wurden dennoch in geringem Umfang eingesetzt) (Kasche, 2012).

Die Entwicklung des enzymatischen Verfahrens stellte einen Durchbruch dar, nicht nur als Zugang zu einem Spektrum neuer wirksamer Penicillinderivate, sondern auch als neue industrielle Technologie, die Enzyme als immobilisierte, wiederverwendbare und damit vielfältig einsetzbare Katalysatoren herstellte – und die dann einen Boom weiterer bedeutender Entwicklungen einleitete (s. u.; s. Kap. 8; Buchholz et al., 2014). Das Schlüsselenzym, Penicillin-Amidase (PA, auch als Penicillin-Acylase bezeichnet), war in verschiedenen Labors in den 1950er Jahren gefunden und charakterisiert worden (Sakaguchi & Murao, 1950a, b; Murao, 1955; Batchelor et al., 1959; Kaufmann & Bauer, 1960; Hamilton-Miller, 1966). Das Potenzial für die Herstellung von Penicillinderivaten war früh erkannt worden, ein Weg zum industriellen Einsatz des enzymatischen Verfahrens jedoch nicht absehbar (Buchholz, 2016).

Zwei Firmen betrieben erfolgreich die Entwicklung eines industriellen Enzymprozesses zur Penicillinspaltung und Gewinnung von 6-APA.: Die eine war Beecham (UK) (heute GlaxoSmithKline, UK).[21] Die Firma stützte sich auf die Erfahrung von und die Zusammenarbeit mit Ernst Chain. Die andere war die Bayer AG (Leverkusen). Bayer und Beecham erwarben Patente schon 1959 und publizierten erste Arbeiten – die das Prinzip betrafen, keineswegs jedoch für den industriellen Prozess geeignet waren (Kaufmann & Bauer, 1959; Kaufmann und Bauer 1960a; Rolinson et al., 1960). Die relevanten Veröffentlichungen zum Thema hat Hamilton-Miller (1966) zusammengefasst; er kommentierte: „Penicillin Amidase opened the door to the production of semisynthetic penicillins. Rarely is a single enzyme responsible for so great a revolution in therapeutic practice."

Beispielhaft für die Entwicklung eines industriellen Verfahrens, die Probleme und Schwierigkeiten der Forschung und Entwicklung, die Organisation, für den Durchbruch und Erfolg, soll nachfolgend der Bayer-Prozess kurz dargestellt werden (für eine ausführliche Darstellung s. Buchholz, 2016).[22] Schmidt-Kastner (im Folgenden SK) hatte in den frühen 1950er Jahren an der Universität Göttingen Chemie mit den Schwerpunkten organische und Biochemie studiert. Seine Dissertation bei Prof. H. Brockmann hatte das Screening auf und die Isolierung von neuen Antibiotika zum Gegenstand, in Zusammenarbeit mit Bayer. 1953 trat SK bei Bayer als wissenschaftlicher Mitarbeiter ein mit der Aufgabe, nach neuen Naturstoffen einschließlich Antibiotika zu suchen. Er initiierte und etablierte Biotechnologie als neues Arbeitsgebiet und wurde später Leiter einer entsprechenden Abteilung und des Biotechnikums. In dieser Position entschied er sich für die Entwicklung eines enzymatischen Verfahrens zur Penicillinspaltung in Konkurrenz zu dem etablierten chemischen Verfahren, das dann dem letzteren technisch und vor allem wirtschaftlich überlegen sein musste. Er entschied auch, die erforderlichen personellen und technischen Mittel dafür bereitzustellen. Diese Entscheidung – das war das Riskante und Mutige daran – musste er gegen „die Phalanx der Chemiker" durchsetzen, die das Management bei Bayer dominierten und die die chemische Synthese für überlegen hielten. Neben den technischen und ökonomischen Motiven war sicher auch das Renommee, eine neue biotechnologische Technik zu etablieren, ein Motiv (Schmidt-Kastner, Briefe, Gespräche 2004–2006). Die Motivation seitens der Firma für diese aufwendige Entwicklung war das zunehmende Auftreten von Resistenzen gegen Antibiotika, und insbesondere gegen Penicillin. Die Suche nach neuen Antibiotika, auch nach neuen Derivaten von Penicillin, erhielt

[21] Anm. 18: Schon 1959 hatte man im Forschungslabor der Firma, basierend auf chemischen Verfahren, zahlreiche Penicillinderivate hergestellt und Phenethicillin vermarktet, gefolgt später von den ersten hochwirksamen Präparaten, Ampicillin und Amoxycillin (1972). Eine Reihe anderer Firmen arbeiteten ebenfalls an der Entwicklung des Prozesses, allerdings nicht mit dem Erfolg der beiden Pioniere; das Thema war wirtschaftlich äußerst attraktiv (Buchholz, 2016).

[22] Anm. 19: Dieser Darstellung liegen zahlreiche Informationen zugrunde, elf Patente und sechs Publikationen der Bayer AG, insbesondere aber zahlreiche Gespräche und Briefe von Prof. Dr. Günter Schmidt-Kastner in den Jahren 2004 und 2005, dem Pionier dieser Entwicklung (Buchholz, 2016).

Priorität, wobei auch die Wirtschaftlichkeit einen entscheidenden Gesichtspunkt darstellte.

Schmidt-Kastner hatte letztere als entscheidend für die Durchsetzung des enzymatischen Verfahrens dargestellt. Aktuell, seit Ende des 20. Jahrhunderts, gelten ökologische Aspekte als gleichermaßen wichtig, wie sie Volker Kasche am den Beispielen der Herstellung von 6-APA und 7-ACA (7-Aminocephalosporansäure aus der Spaltung von Cephalosporin) ausführlich behandelt hat (Kasche, 2012, Abschn. 1.5 und 12.3). Für die chemische Variante der Herstellung von 6-APA mussten 10,3 Tonnen Chemikalien je Tonne 6-APA eingesetzt und nach dem Prozess als Abfall entsorgt werden, darunter so problematische wie Dimethylchlorsilan, Phosphorpentachlorid und Dichlormethan; beim enzymatischen Prozess sind nur 0,045 Tonnen Ammoniak erforderlich. Bei der Synthese von 7-ACA konnten die Abfälle von 31 Tonnen auf 0,3 t je Tonne 7-ACA reduziert werden.

Entscheidende Anforderungen für die Entwicklung des neuen Prozesses waren – nicht nur im Labor, sondern auf der industriellen Ebene – das Enzym, PA, mittels Fermentation von *E. coli,* einem hochproduktiven Mikroorganismus, der durch Mutation optimiert war, zu gewinnen und zu isolieren und das Enzym zu immobilisieren, wobei dieser Schritt äußerst umfangreiche Arbeiten und Innovationen erforderte, um einen hochaktiven, effektiven und stabilen Biokatalysator zu erhalten. Immobilisierung eines Enzyms bedeutet dessen Bindung an einen festen, wasserunlöslichen Träger. Enzyme sind i. A. wasserlöslich. Bei einem Prozess, der, wie die Spaltung von Penicillin, in Wasser abläuft, geht das Enzym nach Isolierung des Produkts verloren, was bei teuren Enzymen (wie PA) das Verfahren unwirtschaftlich macht. Immobilisierte Enzyme können nach einem Verfahrensschritt zurückgehalten (oder abfiltriert) und wieder eingesetzt werden. Beim Einsatz in zwei Verfahrensschritten werden so die Kosten halbiert, bei zehn auf ein Zehntel reduziert usw.[23] Alle Verfahrensschritte mussten in den industriellen Maßstab durch verfahrenstechnische Entwicklungsarbeiten übertragen werden, wobei das Scale-up Faktoren von etwa 1000 umfasste (z. B. vom Laborgefäß mit 10 L zum Reaktor mit 10 m^3 Volumen) (Schmidt-Kastner, Briefe 2004/2005).

Bemerkenswert war eine frühe Episode im Kontext der Immobilisierung von Enzymen: Georg Manecke, einer der Pioniere der akademischen Forschung zur Enzymimmobilisierung an der Freien Universität Berlin, bot Bayer Mitte der

[23] Anm. 20: Hierzu waren aufwendige Entwicklungsarbeiten zur Polymerisation erforderlich. Diese betrafen die chemische und mechanische Stabilität des polymeren Trägers, große interne Partikeloberfläche, hohe Kapazität für die Bindung des Enzyms und hohe Ausbeute an aktivem Enzym (>90 %), geeignete Porosität für die Diffusion von Enzym, Substrat und Produkten, hohe Prozessstabilität des gebunden Enzyms, hohe Ausbeute an 6-APA (>90 %). Alle diese Faktoren mussten weit über den literaturbekannten Werten liegen, um einen wirtschaftlichen Prozess zu ermöglichen (Buchholz, 2016; s. a. Buchholz et al., 2012, Kap. 10; Abschn. 12.1). Besondere effiziente Varianten der Enzymimmobilisierung wurden durch die Gruppe von Malcolm Lilly, der mit Beecham kooperierte (Carleysmith et al., 1980), und Buchholz und Borchert (1978) entwickelt; letztere wurde bei Bayer praktiziert.

1950er Jahre ein entsprechendes Patent an, stieß aber auf Desinteresse der Firma – man hätte keine Verwendung dafür (s. hierzu Grubhofer & Schleith, 1953; Manecke & Gillert, 1955). Ein Beispiel historischer Ironie: Günter Schmidt-Kastner entwickelte etwa 15 Jahre später bei Bayer ein aufwendiges Verfahren zur Immobilisierung der PA für den Prozess zur Penicillinhydrolyse. Schmidt-Kastner (SK) kannte Georg Manecke, den er aber nicht in seine Arbeiten einbezog. Er kannte auch Ephraim Katchalski-Katzir, der in einem Institut in Tel Aviv (Israel) ebenfalls Pionierarbeit leistete; mit ihm arbeitete er zusammen. Eine weitere bemerkenswerte Episode illustriert Probleme, die sich am Rande ergaben: Katchalski-Katzir sollte die Arbeitsgruppe bei Bayer in Wuppertal besuchen. SK fuhr zum Flughafen Köln, um Katchalski-Katzir abzuholen, konnte ihn aber nicht unter den aussteigenden Fluggästen finden. Irritiert fuhr er zurück in seine Abteilung und fand Katchalski-Katzir in seinem Büro vor. Dieser war von seinem Sicherheitsstab am Flugzeug vor den übrigen Passagieren abgeholt und nach Wuppertal eskortiert worden – er war damals Staatspräsident von Israel (Schmidt-Kastner, Briefe, Gespräche 2005/05).

Vier Patente (von insgesamt elf) bildeten den Kernbereich, den 6-APA „core block“, der Entwicklungsarbeiten bei Bayer (Bayer AG, 1972, 1973)[24]. Darin sind in zahlreichen Beispielen im experimentellen Teil die wesentlichen Verfahrensvarianten der Herstellung und Anwendung sowie die essenziellen Eigenschaften der Biokatalysatoren beschrieben. „Die breite Abdeckung der Patentansprüche erfordern diese umfassende Darstellung, um den Patentschutz des industriellen Prozesses sicherzustellen“ (Schmidt-Kastner, Briefe 2004/2005). Die zuvor genannten Eigenschaften unterschiedlicher Art sind darin abgedeckt, mit optimalen Werten für den Biokatalysator (sehr hohe Stabilität) und das zu erzielende Produkt (hohe Ausbeute und Reinheit), Werte, die meist weitaus besser waren als aus der Literatur bekannt – eine außerordentliche wissenschaftliche und verfahrenstechnische Leistung.[25,26] Die Kosten des neuen enzymatischen Verfahrens stellten

[24] Anm. 21: Die für den industriellen Prozess mit dem immobilisierten Biokatalysator entscheidenden Patente wurden von Bayer in den Jahren 1972 und 1973 angemeldet und erteilt. Das vorrangig verwendete Enzym war das aus *E. coli*. Der Stamm war mittels Mutation und Screening optimiert. Der der Penicillinspaltung nachfolgende chemische Syntheseschritt war schon in den 1960er Jahren bei Bayer von Kaufmann et al. (1961) und bei Beecham von Cole (1969) ausgearbeitet worden.

[25] Anm. 22: Diese Pionierleistung wurde von einem Team von sechs Wissenschaftlern erzielt: Fritz Hueper, Erich Rauenbusch, Günter Schmidt-Kastner, Bruno Bömer, Herbert Bartl, und Carl Kutzbach, überwiegend Autoren der Patente (Schmidt-Kastner, Brief 2004). Die Entwicklung stellte eine Pionierleistung insofern dar, als sie eine Reihe von Fortschritten komplexer Art bezüglich der Qualität, Aktivität und Stabilität von Biokatalysatoren erforderte, und zwar nicht nur im Labor, sondern insbesondere im technischen Maßstab, in dem z. B. Scherkräfte und Mischprobleme (bez. pH-Wert) im Bioreaktor auftreten, die im Labor gar nicht erzeugt werden können. Zudem musste SK die Entwicklung gegen die etablierte chemische Dominanz in der Firma Bayer durchsetzen, insbesondere durch günstige Prozess- und Produktkosten (Buchholz, 2016).

[26] Anm. 23: Schmidt-Kastner konnte und durfte nicht publizieren und bei wissenschaftlichen Tagungen über die Ergebnisse berichten – Geheimhaltung war, wie bei industrieller Forschung

ein Schlüsselargument dar, sie erwiesen sich als so günstig, dass es kurzfristig in den Pilot- und industriellen Maßstab übertragen wurde. Die Produktion von 6-APA begann 1972 in der Pilotanlage in 1000-L- und 3000-L-Reaktoren, kurzfristig danach in drei Reaktoren im 10-m^3- (10.000-L-)Maßstab. Die Ausbeute an Produkt betrug 91–91,2 % – ein hervorragendes Ergebnis, das die Wirtschaftlichkeit des Verfahrens sicherstellte (Schmidt-Kastner, Briefe, Gespräche 2005–2006). Das Produkt wurde auch an eine andere Firma, Gist Brocades (NL), einen der größten Produzenten von Penicillin und Cephalosporin, geliefert (Einzelheiten s. Buchholz, 2016).

Die zweite Pioniergruppe um die Firma Beecham (GB) umfasste außer den Wissenschaftlern der Firma (Batchelor, Rolinson) die Gruppe von Malcom Lilly am University College London (s. z. B. Carleysmith et al., 1980) und insbesondere Ernst Chain als Berater – „The inspiration of Chain […] had set the Beecham group on their route to success". (Bud, 2007, S. 124–129). Das Problem der enzymatischen Penicillinspaltung hatte noch in der nachfolgenden Zeit von 1975 bis 1985 hohe Priorität in Forschung und Entwicklung, sowohl im akademischen Bereich als auch bei der Pharmaindustrie; etwa 300 wissenschaftliche Veröffentlichungen und Patente wurden publiziert (außer durch Bayer und Beecham auch durch Hoechst, Bristol-Myers (USA), Nippon Nogei Kagaku Kaishi (Japan), Biochemie Kundl (Österreich), Snam Proghetti (Italien), Röhm GmbH (D) u. a.). Weitere Entwicklungen betrafen die rekombinante Herstellung des Enzyms PA, die durch Hubert Mayer, John Collins, und Fritz Wagner an der GBF (Gesellschaft für Biotechnologische Forschung, Braunschweig) gelang (Mayer et al., 1980). Die ersten Versuche, das Enzym zu klonieren, scheiterten an der damals aufwendigen Technik, mit der 100.000 Klone gescreent werden mussten. Erst die Cosmid-Methode, die John Collins entwickelt hatte, ermöglichte die Isolierung und Klonierung des Gens (Collins & Hohn, 1978; s. a. Buchholz & Collins, 2010, Abschn. 7.3.9). Für die Bayer AG kam diese Entwicklung zu spät. Sie wurde als eine der ersten industriellen Anwendungen eines rekombinanten Enzyms, durch die Biochemie Kundl (Österreich) angewandt. Zur Spaltung von Cephalosporin zu 7-ACA und Herstellung von Derivaten wurden in den 1980er Jahren ebenfalls umfangreiche Untersuchungen und technische Entwicklungen durchgeführt, die z. T. noch aufwendiger, aber auch erfolgreich waren. Die enzymatische Spaltung erforderte zunächst zwei Enzyme, erst später, Anfang der 2000er Jahre, konnte mittels gentechnischer Methoden ein kostengünstigeres Ein-Schritt-Verfahren bei der

und Entwicklung allgemein, essenziell. Eine gewisse Kompensation stellte seine führende Rolle in nationalen Arbeitsausschüssen und „working parties" auf europäischer Ebene dar.

Eine bemerkenswerte Episode in diesem Kontext spielte 1979 am Rande einer Tagung, der „Enzyme Engineering Conference" in Heniker (USA). Drei Teilnehmer, Günter Schmidt-Kastner, Poul B. Poulsen (Novo, DK), und der Autor, Klaus Buchholz (Dechema, Frankfurt/Main), saßen in einer Pause im Gras und kamen bei der Diskussion der fehlenden Übertragbarkeit akademischer Forschungsergebnisse in die industrielle Anwendung und Praxis auf die Idee, eine European Working Party on Biocatalysis zu gründen, um die genannten Defizite zu beheben. Diese Idee wurde dann mithilfe der Dechema auf der Europäischen Ebene realisiert, Poul Poulsen wurde zum ersten Chairman ernannt.

Hoechst AG und Sandoz (A) etabliert werden (Buchholz et al., 2012, Abschn. 8.2.3 und 12.3).

5.5 Weitere Pharmazeutika und neue Produkte

5.5.1 Steroide

Steroidhormone sind Signalmoleküle, sie lösen als solche eine Vielzahl physiologischer Reaktionen aus und spielen damit eine fundamentale Rolle in der menschlichen Physiologie. Der menschliche und tierische Körper synthetisiert, u. a. ausgehend von Cholesterin, zahlreiche Steroidhormone.

1952 hatten Peterson und Mitarbeiter entdeckt, dass *Rhizopus arrhizus* Progesteron, ein weibliches Sexualhormon, das in großen Mengen aus pflanzlichem Stigmasterol hergestellt wurde, und verwandte Steroide zu den entsprechenden 11-α-Hydroxy-Derivaten umwandelt, die in der Medizin verschiedene Anwendungen finden. Seit den 1950er Jahren sind zahlreiche Verfahren zur Derivatisierung pflanzlicher Steroide systematisch entwickelt worden, u. a. zur Herstellung von Cortison, Hydrocortison und weiteren Corticosteroiden (Rehm et al., 2000).[27] Sie leiteten ein großes Kapitel der pharmazeutischen Forschung ein, das durch die Entwicklung der Antibabypille – seit 1958 verfügbar – befeuert wurde. Letztere stellte nicht nur ein neues pharmazeutisches Produkt dar, sondern einen Paukenschlag, der eine Umwälzung, ein Beben in der gesellschaftlichen Moral bedeutete.

Pflanzlichen Quellen zur Herstellung von zahlreichen Steroidhormonen sind z. B. Digitalis (Herzglykoside, Cholesterin und Pregnenolon), Stigmasterol und Sitosterol aus Sojaöl, Diosgenin aus Bockshornklee u. a. Sie werden aus den pflanzlichen Vorstufen durch mikrobielle Umwandlung synthetisiert, u. a. anabole (muskelaufbauende) Steroide als Abkömmlinge des männlichen Sexualhormons Testosteron, und Östrogene, Abkömmlinge der weiblichen Sexualhormone.

Steroidhormone werden zur Behandlung zahlreicher Krankheiten eingesetzt: bei einer Vielzahl von Immunerkrankungen und in akuten Notfällen; bei Epilepsie, rheumatischen Erkrankungen, Asthma, Hauterkrankungen wie Neurodermitis, bei Multipler Sklerose, Morbus Crohn, bei Krebserkrankungen wie Leukämien und Multiplem Myelom. Cortison-Präparate haben krampflösende und entzündungshemmende Wirkung und lassen die Schleimhäute bei Asthma oder allergischem Schnupfen abschwellen (https://medlexi.de/Steroide).

[27] Anm. 24: Zahlreiche hochselektive, regio- und stereospezifische mikrobielle Hydroxylierungen von Steroiden waren entdeckt bzw. entwickelt worden, u. a. in den Positionen 11α, 16α, 17α, 11ß, 12ß des Steroidgrundgerüstes, außerdem selektive Oxidationen, um verschiedene medizinisch relevante Steroidhormone zu gewinnen (Dechema 1972/1974, S. 66–68). U. a. wurden Synthesen von Analoga der Corticosteroide, die Oxidation von Cholesterin zu Cholestenon, von Stigmasterol (aus Soja) zu Progesteron und anderen Pharmazeutika entwickelt. Auch Ende der 1990er Jahre erfolgten weitere systematische Untersuchungen zu unterschiedlichen regio- und stereoselektiven Hydroxylierungen (Rehm et al., 2000).

Über die breite medizinische Anwendung hinaus entwickelten sich Steroide zu Modeprodukten im Sport und im Body-Building, zu Live-Style-Drogen und mit in der Folge dem Problem des Doping, vor allem mit männlichen Steroid-Hormonen, Testosteron und Derivaten, Anabolika als muskelaufbauenden Steroiden. Nebenwirkungen, wie Herzattacken, wurden bekannt, z. B. durch EPO (Erythropoetin, ein Hormon, Wachstumsfaktor für die Bildung roter Blutkörperchen), das besonders bei Radrennfahrern in Mode kam (Holland, 1998).[28] „During that period (the 1980s), the intake of anabolic steroids increased dramatically." Schließlich erfolgte 1990/1991 die Enthüllung des Staatsdopings in der DDR mit Berichten über Folgen, auch einen Todesfall (Singler & Treutlein, 2000). Wegen staatlich organisierten Dopings ist bei den Winterspielen in Pyeongchang in Südkorea 2018 keine russische Mannschaft aufgetreten. Russische Sportler können unter Auflagen nur als „neutrale Athleten" starten.

Bedeutend wurde die mikrobielle Oxydation von Sorbit zu Sorbose (in den 1930er Jahren entwickelt), einer Zwischenstufe der Vitamin C-Synthese, ein Produkt mit großem Markt aus der Vitaminreihe. Hierzu zählt auch die Synthese von Vitamin B_{12}, und schließlich die Synthese von L-DOPA (L-3,4-Dihydroxyphenylalanin; zur Therapie von Parkinson) (Buchholz & Collins, 2010, Abschn. 17.4).

5.5.2 Weitere bedeutende Fermentationsprodukte

Eine Reihe weiterer Produkte wurden in der ersten Hälfte des 20. Jahrhunderts fermentativ hergestellt, organische Säuren, Citronensäure u. a.[29] Bedeutend blieben die Jahrhunderte alte Tradition der Brot- und Käsefermentation, die Produktion von Bier und Wein, sowie weiterer Fermentationsprodukte für den Lebensmittelbereich, Essig, Bäcker- und Futter-Hefe. In Japan hat die Fermentation von Sake, Tofu und Sojasauce – schon vor 3500 Jahren – eine lange Tradition. Aminosäuren

[28] Anm. 25: Der Einsatz verschiedener Therapeutika zu Dopingzwecken ist seit jeher ein Problem des Leistungs- und Freizeitsports. Mit der Erstellung von Verbotslisten durch internationale Fachverbände und das Internationale Olympische Komitee wurden Dopingkontrollen etabliert, die zu zahlreichen positiven Befunden geführt haben (Schänzer & Thevis, 2007). Singler & Treutlein (2000) zitieren Vergleiche der Olympischen Siegesleistungen in Schwimmen und Leichtathletik 1988, die am deutlichsten über jenen der vorangehenden Olympischen Spielen lagen. Die enormen körperlichen und physischen Veränderungen von Spitzenathleten, Gewichts- und Muskelzuwachs (z. B. Oberschenkel, Rücken) waren sichtbare Indikatoren. „Marita Koch war einfach gigantisch, mit Oberschenkeln die breiter als lang erschienen, … Waden wie Baumstämme…" (Ein Beobachter beim Länderkampf zwischen den USA und der DDR 1983 in Los Angeles).

[29] Anm. 26: Erwähnt seien Milchsäure, Gluconsäure, 2-Ketogluconsäure, 2,3-Butandiol, Acetoin, Dihydroxyaceton und Propionsäure, L-(–)-Ephedrin, Itacon-, Koji-, Fumar- und Gallensäure. Die wirtschaftliche Bedeutung dieser klassischen Fermentationsprodukte war und ist außerordentlich groß, zu Anfang des 21. Jahrhunderts lag der Wert weltweit für Bier und Wein bei 200 Mrd. €, für Käse bei 100 Mrd. € Gallensäure (Demain et al., 2017; Buchholz & Collins, 2010, Abschn. 16.4 und 16.5).

werden wegen ihrer nutritiven Eigenschaften darüber hinaus in pharmazeutischen und kosmetischen Produkten eingesetzt. Glutamat (Salze der Glutaminsäure) wird als Geschmacksverstärker angewandt. Es wird vor allem in Südost-Asien vielfältig verwendet und Gewürzen, Suppen, Soßen, Fleisch und Fisch als Additiv zugesetzt. Es kommt in zahlreichen natürlichen Lebensmitteln vor, in Käse, besonders in reifen Sorten, z. B. Parmesan, Algen und Walnüssen. Schon 1908 hatte Kinuai Ikeda gezeigt, dass der wichtigste Geschmacksstoff des beliebten Aromas aus Konbu (einem Seetang) Glutamat ist. 1956 fand dann Shukuro Kinoshita, dass Glutamat durch Fermentation mittels Koji-Schimmelpilzen gewonnen werden kann; auch weitere wirtschaftlich wichtige Aminosäuren können so produziert werden. In der Folge entwickelte sich eine neue Industrie zur Herstellung von Aminosäuren, wobei Japan die führende Rolle einnahm, andere Länder wie Deutschland folgten. In Kosmetika stellen Aminosäuren einen feuchtigkeitsspendenden und pH-stabilisierenden Faktor zum Schutz der Haut in Lotionen, Cremes, Haarshampoos usw. dar (Drauz et al., 2007). Die bei weitem größten Mengen an Aminosäuren werden als Zusatz für Futtermittel eingesetzt. Pflanzliches Protein enthält Aminosäuren meist nicht in optimaler Zusammensetzung, besonders L-Lysin (z. B. in Mais, Hafer) und L-Methionin (z. B.in Soja) sind als essenzielle Komponenten in pflanzlichen Futtermitteln nicht in genügender Konzentration enthalten, sie entsprechen nicht dem Bedarf insbesondere monogastrischer Tiere (z. B. Schweine). Sie werden diesen daher zugesetzt, um eine optimaler Zusammensetzung, und damit eine vollständige Nutzung zu erzielen (Drauz et al., 2007).

Im Kontext der japanischen Fermentationsindustrie entstand 1963 in Tokio ein Universitätskurs, dem ein klassisches Lehrbuch von Aiba et al. (1965) folgte. In ständigem Auf und Ab wurde Alkohol als Treibstoff in sehr großen Mengen vor allem in den USA, aber auch in Europa produziert. Ab den 1940er Jahren aber wurde er mehr und mehr durch petrochemische Produktion verdrängt, bis die Ökowelle seit den 1970er Jahren eine bedeutende Renaissance einleitete (Bud, 1993, 1995, S. 138, 139; Demain et al. 2017; Buchholz & Collins, 2010, Abschn. 16.3, 16.4 und 16.4). Seit Mitte des 20. Jahrhunderts gewannen weitere Fermentationsprodukte große Bedeutung, insbesondere Aminosäuren – in stark steigenden Mengen –, organische Säuren, Biopolymere und Vitamine. Über 20 Aminosäuren werden aktuell fermentativ produziert, darunter L-Glutamat und L-Lysin in der Größenordnung von je 1 Mio t/a, im Jahr 2000 im Wert von 1,8 bzw. 1,4 Mrd. €. Eine bedeutende Rolle spielte hierbei die gentechnische Optimierung der industriell eingesetzten Mikroorganismen, vor allem von *Corynebacterium* sp., um die Ausbeute an Aminosäuren, bezogen auf die eingesetzten Rohstoffe, auf extreme Effizienz zu erhöhen (s. a. Kap. 6) (Buchholz & Collins, 2010, Abschn. 16.4).

5.5.3 Enzyme

Die chemische Natur und die Struktur der Enzyme blieb offen bis Anfang des 20. Jahrhunderts, obwohl Emil Fischer, der komplexe Strukturen von Zuckern aufgeklärt und Peptide aus Aminosäuren synthetisiert hatte, der Überzeugung war, dass

Enzyme Proteine seien. R. Willstätters, des Nobelpreisträgers 1915 (für Untersuchungen des Chlorophylls) irrige Ansicht, Enzyme seien keine Proteine, hielt sich noch bis in die 1920er Jahre. Der Grund war, dass Enzyme als hochwirksame Katalysatoren in größter Verdünnung wirksam und daher analytisch erfassbar sind, ein Proteinnachweis zu der Zeit jedoch kein Ergebnis erbrachte. Erst 1926 konnte Sumner das Enzym Urease kristallisieren und die Proteinnatur damit beweisen, dennoch hielten sich Zweifel an seinen Befunden. Erst die Kristallisation weiterer Enzyme, wie Trypsin durch Northrup und Kunitz 1930–1931, brachte den überzeugenden Nachweis, dass Enzyme Proteine sind (Sumner & Somers, 1953). Bernal and Crowfoot (1934) konnten die erste Röntgenstruktur eines globulären Proteins, des Enzyms Pepsin, ermitteln, und in den 1930er Jahren wurden zahlreiche weitere Untersuchungen durchgeführt, um die dreidimensionale Struktur von Proteinen zu ermitteln (Hodgkin, 1979).

Zunächst waren nur Abbaureaktionen, die Hydrolyse von Stärke, Proteinen, Fetten usw., durch Enzyme erkannt worden. Erst Anfang des 20. Jahrhunderts wurden synthetische Reaktionen entdeckt: Croft-Hill fand die Bildung von Isomaltose mittels α-Glucosidase, Kastle und Loevenheart die Synthese von Estern mittels Lipasen, die auch zur Hydrolyse, der Gewinnung von Fettsäuren, eingesetzt wurden. Eine beträchtliche Zahl von Patenten, großteils betreffend Amylasen und Proteasen für die Lebensmitteltechnik, wurde im Zeitraum von 1900 bis 1940 erteilt (Neidleman, 1991). Um 1955 begann der Einsatz bakterieller Amylasen und Proteasen, zunächst in bescheidenem Ausmaß, ab 1965 dann mit einer stürmischen Entwicklung für die Stärkehydrolyse bzw. für Waschmittel. Der Umsatz mit Enzymen der Novo Industri (heute Novozymes, DK, der führende Produzent weltweit) wuchs um das 50-Fache, bis Ende der 1990er Jahre um das 500-Fache auf 650 Mio. US-$. Weltweit betrug der Umsatz mit Enzymen 2,5 Mrd. € im Jahr 2011 (Poulson & Buchholz, 2003; Buchholz et al., 2012, Abschn. 1.3).

In sehr großem Umfang – über 60 Mio. t/a – wird Stärke enzymatisch mittels α-Amylasen, Glucoamylasen und α-Glucosidasen (sowie weiteren speziellen Enzymen) zu einem breiten Spektrum von Produkten, wie Dextrinen, Maltose, Glucose, hydrolysiert; ein Großteil davon wird für die Herstellung von Glucose/Fructose-Sirup als Süßungsmittel (10 Mio. t/a) und die Produktion von Alkohol als Treibstoff (u. a. Benzinzusatz; ca. 50 Mio. t/a) verwendet. Später, seit etwa 2005 (nach mehreren vergeblichen Ansätzen, die an den Kosten scheiterten), gewannen Cellulasen zum Aufschluss von Stroh, Maisabfällen u. a. und deren Verwertung für die Herstellung von Alkohol als Treibstoff erhebliche Bedeutung, auch durch gentechnische Optimierung und Kostensenkung. In Waschmitteln werden Enzyme seit den 1970er Jahren in steigendem Umfang und in bedeutenden Mengen eingesetzt, 2010 im Wert von 850 Mio. US-$. Sie ermöglichen besonders effizientes und damit energiesparendes Waschen bei niedrigen Temperaturen, und sie ersetzen chemische Komponenten, insbesondere Phosphate. Als Naturprodukte werden sie leicht im Abwasser abgebaut. Es handelt sich vorwiegend um Proteasen (Eiweißhydrolyse, z. B. aus Blut, Ei, Milch), Amylasen (Stärkeabbau), Cellulasen (Cellulosehydrolyse – abstehende Faserenden, die Schmutzpartikel fixieren),

Lipasen (Fettabbau) und weitere Spezifitäten. Bei allen in Waschmitteln eingesetzten Enzymen spielte die gentechnische Optimierung seit den 1990er Jahren eine entscheidende Rolle, die dramatische Verbesserungen bei der Produktivität in der Herstellung sowie für die Effizienz und Temperaturstabilität der Enzyme brachten (Poulson & Buchholz, 2003; Buchholz et al., 2012, Kap. 7.1).

Ein besonderer Modegag in den 1970er und 1980er Jahren war das „stone washing", um z. B. Jeans mittels Behandeln in Waschmaschinen mit Steinfüllung ein künstlich gealtertes, getragenes und verblasstes Aussehen zu geben – ein ausgesprochen umweltschädliches Verfahren, da die Maschinen mit der Steinfüllung nur ein kurze Lebensdauer hatten. Als umweltfreundlichere Methode, die den gleichen Effekt erzielte, entwickelte man enzymatische Verfahren mit Cellulasen (die die Baumwollfasern angreifen) und Laccasen (um die blaue Färbung verblassen zu lassen) – das Ziel bleibt ein immer noch beliebter und verbreiteter, aber zweifelhafter Modegag.

Eine akademische Entwicklung führte zur Erschließung eines neuen, großen Potenzials in der Anwendung: Viele Enzyme sind teuer, zu teuer, um sie nach einmaliger Anwendung zu verwerfen bzw. mit der Produktlösung zu verlieren. Die Wiederverwendung in mehreren Reaktionsschritten bzw. die kontinuierliche Anwendung in Reaktoren über längere Zeit sollte die Kosten des Einsatzes dramatisch reduzieren. Die Immobilisierung von Enzymen auf Trägern, oder die Wiedergewinnung mittels Membransystemen, waren die Maßnahmen der Wahl, die aber bedeutende Forschungs- und Entwicklungsanstrengungen erforderten (s. a. oben: Die enzymatische Penicillinspaltung). Pioniere der akademischen Forschung waren u. a.Georg Manecke, Ephraim Katchalski-Katzir, Klaus Mosbach, Malcolm Lilly, in der Industrie I. Chibata (Tanabe Seiyaku Co., Japan), Schmidt-Kastner (Bayer AG, D) und Paul Poulson (Novo Industri, DK)[30] (Poulson & Buchholz, 2003; Buchholz et al., 2012, Abschn. 7.3; Kap. 8; Abschn. 12.2).

In Japan wurde der erste industrielle Prozess mit immobilisierten Enzymen Ende der 1960er Jahre installiert (Tosa et al., 1969), um optisch reine Aminosäuren zu produzieren – noch in kleinem Maßstab.[31] Zwei große und wirtschaftlich

[30] Anm. 27: Die akademische Forschung hatte zahlreiche Methoden der Immobilisierung entwickelt, aber sie waren für die industrielle Anwendung kaum geeignet, da es an Kriterien und geeigneten Beispielen fehlte, die Bedingungen in der Praxis, in großen Reaktoren und Anforderungen, wie Betriebsstabilität, definierten. Ein umfangreiches Projekt zu diesem Problemkreis wurde mit staatlichen Mitteln bei der Dechema (Frankfurt) eingerichtet, an dem Wissenschaftler aus Hochschulen und der Industrie beteiligt waren. Der Arbeitskreis erarbeitete eine Übersicht zum Stand des Wissens und einen Katalog von Anforderungen und Methoden für die praktische Anwendung sowie eine Reihe beispielhafter Lösungen bzw. Ergebnisse, die in einer Monografie und Methodensammlung publiziert wurden (Buchholz, 1979; Buchholz & Klein, 1987).

[31] Anm. 28: Die chemische Synthese ist in bestimmten Fällen, wie Methionin in diesem Beispiel, kostengünstiger. Dabei werden jedoch Isomere, chemisch identische, in der räumlichen Struktur jedoch unterschiedliche Aminosäuren, D- und L-Formen, gebildet, von denen eine (meist die D-Form) in lebenden Organismen nicht verwertet wird, und unterschiedliche Wirkungen, auch schwerwiegende Schäden hervorrufen kann. Diese können mit klassischen Methoden nicht getrennt werden. Ein einfacher Weg ist, beide Komponenten chemisch zu derivatisieren (z. B. mit

bedeutende Prozesse wurden danach entwickelt, und sie stellen noch heute die bedeutendsten Verfahren dar: Der erste, die Spaltung von Penicillin zur Herstellung semisynthetischer Penicillinderivate, ist zuvor dargestellt worden (s. Abschn. 5.4). Der zweite betrifft die Isomerisierung von Glucose zu einem Gemisch von Glucose und Fructose (HFCS, „high fructose corn sirup", Glucose/Fructose-Sirup), das als Süßungsmittel verbreiteten Einsatz findet (in Coca-Cola und anderen Getränken). Glucose wird in den USA preiswert durch enzymatische Spaltung von Maisstärke hergestellt. Glucosesirup hat jedoch nur etwa die Hälfte der Süßkraft von Saccharose. Der Glucose/Fructose-Sirup jedoch hat die gleiche Süßkraft wie Saccharose, vor allem aber – anders als Intensiv-Süßungsmittel – einen vergleichbaren Geschmack. Das Motiv für die Isomerisierung war, in Ländern, die Zucker in großen Mengen importieren, diesen durch den preiswerteren Glucose/Fructose-Sirup aus inländischer Produktion zu ersetzen, vor allem in den USA. Die Isomerisierung erfolgt elegant in einem Schritt mithilfe des Enzyms Glucose-Isomerase, Frühe Versuche mit Glucose-Isomerase ergaben nicht das, was man von einer großen Innovation erwartet, das Verfahren war zu kostenintensiv, mit zu kurzer Lebensdauer des Enzyms. Die ersten industriellen Verfahren wurden 1969 in Japan, 1971 durch Standard Brands (heute Archer Daniels Midland) in den USA betrieben, es blieben kleine Ansätze. Erst ein unerwarteter ökonomischer Faktor, die explodierenden Zuckerpreise – um etwa das 5-Fache, von ca. 13 auf ca. 66 Cent/kg – Mitte der 1960er Jahre brachten einen Durchbruch. Es handelte sich um eine Folge der Kubakrise 1962 mit einem Wirtschaftsembargo und Restriktionen für Zuckerimporte in die USA. Das Interesse an HFCS und dem Biokatalysator, immobilisierter Glucose-Isomerase, stieg dramatisch an. Firmen wie Novo (DK) und später Gist-Brocades (NL) entwickelten stabilere, besser zu handhabende und billigere Biokatalysatoren.[32] Die Produktion von HFCS stieg rasant an, bis auf über 10 Mio. t (2010), es handelt sich um den mit Abstand größten Prozess mit einem immobilisierten Enzym (Buchholz et al., 2012; Poulsen, 1984; Abschn.). Dieses Beispiel illustriert, wie eine politisch bedingte Situation die Innovation, die – zuvor unwirtschaftliche – technische Entwicklung vorantreibt, hier zu einem Biokatalysator, der dann, nach Überwinden der zunächst hohen Schwelle, zu neuen, wirtschaftlichen Lösungen auch in anderen Bereichen führt. Weiter8.4.1e bedeutende Verfahren mit immobilisierten Biokatalysatoren sind die Isomerisierung von Saccharose zu Isomaltulose (ein nicht kariogener Zucker, entwickelt bei der Südzucker AG), die Herstellung von lactosefreien Produkten für lactoseintolerante Bevölkerungsgruppen, von modifizierten Ölen und Fetten (mittels Lipasen),

Essigsäure-Seitengruppen), diese bei der gewünschten L-Komponente enzymatisch wieder abzuspalten (nur diese wird umgesetzt), und anschließend zu trennen, was einfach mit klassischen Methoden (z. B. mittels Ionentauschern) erfolgen kann.

[32] Anm. 29: Die Produktivität immobilisierter Glucose-Isomerase konnte durch klassische und gentechnische Optimierung von 500 kg Produkt (HFCS, „high fructose corn sirup", Glucose-Fructose-Sirup) Mitte der 1970er Jahre auf 12–15 t Produkt je kg Biokatalysator Ende der 1990er Jahre gesteigert werden, also um das 25- bis 30-Fache (Swaisgood, 2003; Buchholz et al., 2012, Abschn. 12.1).

von einer Reihe isomerenreiner L-Aminosäuren (mittels Aminoacylasen),[33] vorrangig für Futtermittel – in sehr großem Maßstab –, und schließlich die Herstellung von Acrylamid für die Polymerisation (Buchholz et al., 2012 Kap. 8, Abschn. 12.1; Buchholz & Bornscheuer, 2017).

5.5.4 Ein bedeutendes Arbeitsgebiet: Umweltbiotechnologie, biologische Abwasser- und Abluftreinigung

Hier kann nur in kurzer Form auf dieses weitgespannte und wichtige Gebiet hingewiesen werden, historische Entwicklungen, wesentliche Teilbereiche und ihre Bedeutung seien erwähnt sowie ausgewählte jüngere Entwicklungstendenzen zur Prozessintensivierung, die Turmbiologie in der aeroben Abwasserreinigung, und die Aufklärung der komplexen Symbiose anaerober Bakterien (Übersichten s. Jördening & Winter, 2005; Klein & Winter, 2000; Buchholz & Collins, 2010 Abschn. 16.6). Der biologische Abbau organischer Stoffe kann aerob erfolgen, d. h. mithilfe von Luftsauerstoff, wobei überwiegend CO_2 als Endprodukt gebildet wird, oder anaerob, unter Ausschluss von Sauerstoff, zur Denitrifizierung (Abbau stickstoffhaltiger Verbindungen zu molekularem Stickstoff) bzw. zur Umsetzung organischer Stoffe in Biogas (überwiegend Methan und CO_2).

Die *anaerobe Abwasserreinigung* hat eine frühe Vorgeschichte. A. Volta beobachtete 1776 „brennbare Luft", gebildet in Schlamm und Sedimenten, am Lago Maggiore – „diese Luft brennt mit einer schönen blauen Flamme"; Lavoisier identifizierte sie 1787 als Methan, „hidrogenium carbonatrum" (Wolfe, 1993). Ein dramatisches Ereignis durch verschmutztes Abwasser einer Zuckerfabrik Ende des 19. Jahrhunderts hat Wilhelm Raabe 1884 eindringlich in seiner Novelle „Pfisters Mühle" geschildert: „Ich halte es nicht länger aus, mich … zu Tode stänkern und stinken zu lassen … ". „Meister Pfister, … aushalten tut das bei Ihnen keiner mehr, der Parfum ist zu giftig!" „Jedesmal wenn der September ins Land kam … begann das Phänomen, daß die Fische in unserem Mühlwasser …, die silberschuppigen Bäuche aufwärts gekehrt, auf der Oberfläche stumm sich herabtreiben ließen …. Aus dem lebenden, klaren Fluß … war ein träge schleichendes, schleimiges, weißbläuliches Etwas geworden…" (Raabe, 1884, S. 71, 73, 80, 81).[34]

[33] Anm. 28: Die chemische Synthese ist in bestimmten Fällen, wie Methionin in diesem Beispiel, kostengünstiger. Dabei werden jedoch Isomere, chemisch identische, in der räumlichen Struktur jedoch unterschiedliche Aminosäuren, D- und L-Formen, gebildet, von denen eine (meist die D-Form) in lebenden Organismen nicht verwertet wird, und unterschiedliche Wirkungen, auch schwerwiegende Schäden hervorrufen kann. Diese können mit klassischen Methoden nicht getrennt werden. Ein einfacher Weg ist, beide Komponenten chemisch zu derivatisieren (z. B. mit Essigsäure-Seitengruppen), diese bei der gewünschten L-Komponente enzymatisch wieder abzuspalten (nur diese wird umgesetzt), und anschließend zu trennen, was einfach mit klassischen Methoden (z. B. mittels Ionentauschern) erfolgen kann.

[34] Anm. 30: Die Abwässer von Zuckerfabriken begünstigen durch austretenden Zucker aus den Wasch- und Produktionsvorgängen das Wachstum zahlreicher Mikroorganismen, die den Sauerstoff des nachgelagerten Flusses zehren, in anaeroben Stoffwechselvorgängen zahlreiche, meist

Es war bekannt (s. o.), dass Biogas aus Faulprozessen Methan als eine Hauptkomponente enthält. Schon 1897 installierte man in Bombay (heute Mumbay, Indien) in Abfallanlagen Gaskollektoren und nutzte das Gas zum Betrieb von Gasmotoren. Solche Anlagen wurden auch in Exeter (GB),und etwas später in Österreich, den USA und in Deutschland installiert. Vergleichsweise spät erfolgten grundlegende Untersuchungen zu diesen – wissenschaftlich, technisch und ökonomisch – bedeutenden Verfahren durch Buswell (1930). (Zur umfangreichen Forschung und Literatur in der zweiten Hälfte des 20. Jahrhunderts sind zuvor Übersichten angegeben.)

Zu Beginn des 20. Jahrhunderts wurde die biologische Abwasserreinigung Standard zur Behandlung von Abwässern aus öffentlichen und Industriellen Anlagen. Ein Buch von J. König (1899) behandelte „Die Verunreinigung der Gewässer" – städtische sowohl als auch gewerbliche und industrielle –, „deren schädliche Folgen" und Verfahren zu ihrer Reinigung. Motive waren die Reduzierung von Infektionsquellen und die Eliminierung unangenehmer Gerüche (Buswell, 1930; Ullmann, 1928). Bei den ersten installierten Prozessen handelte es sich um belüftete (zur Sauerstoffzufuhr) Festbett- Füllkörperanlagen und Tropfverfahren. Ein erster, sehr großer Prozess mit suspendierten Flocken von Bakterien wurde um 1928 in Essen installiert, damit wurden 40.000 m^3 Abwasser je Tag behandelt. Die Anlage umfasste auch einen Tank zur Faulschlammbehandlung, aus dem Biogas zur Verwendung im öffentlichen Netz abgeführt wurde. Nach 1950 waren die Planung und der Bau biologischer Abwasserreinigungsanlagen zum Big Business geworden, z. B. bei der Linde AG. Dennoch hat sich eine gezielt auf Umweltfragen gerichtete Forschung und Entwicklung erst seit etwa 1980 im akademischen Bereich etabliert, insbesondere bezüglich der biologischen Grundlagen – Abwasseranlagen wurden bis dahin vorwiegend in Instituten des Bauingenieurwesens entwickelt. Dieser Umstand wurde noch in der Studie Biotechnologie der Dechema (1974) kritisch angemerkt: „Detailkenntnisse sind nur in geringem Masse vorhanden. Dem hieraus resultierenden Dilemma wurde auf dem Europäischen Symposium über Abwasserbeseitigung 1972 Ausdruck gegeben." (Dechema, 1974, S. 113). In der Folge gab es, insbesondere in Deutschland, auch aufgrund strengerer gesetzlicher Vorschriften beträchtliche Fortschritte in der Forschung und technischen Entwicklung. Grenzwerte wurden vorgegeben, so z. B. für den Bereich Abwasser der BOD („biochemical oxygen demand") und der COD („chemical oxygen demand"), analog Grenzwerte für Abluft (Winter, 1999; Heinzle et al., 2006; Jördening & Winter, 2005; ausführliche Übersicht in Buchholz & Collins, 2010, Abschn. 16.6). Einige Highlights neuerer Entwicklungen nach 1970 seien kurz erwähnt:

Der biologische Abbau organischer Stoffe kann aerob erfolgen, d. h. mithilfe von Luftsauerstoff, wobei überwiegend CO_2 als Endprodukt gebildet wird, oder

übelriechende Abbaustoffe, produzieren, den Fluss so in ein schäumendes Gewässer mit fauligen Stoffen und üblem Geruch verwandeln und zum Fischsterben führen. – Heute haben aufgrund gesetzlicher Anforderungen alle Fabriken in der Lebensmittelindustrie Anlagen zur Abwasserreinigung installiert.

anaerob, unter Ausschluss von Sauerstoff, zur Denitrifizierung (Abbau stickstoffhaltiger Verbindungen zu molekularem Stickstoff), bzw. zur Umsetzung organischer Stoffe in Biogas. Die Bayer AG entwickelte ein neues System zur Abwasserbehandlung: die „Turmbiologie", die mit hoher Bauweise, speziell entwickelten Hochleistungs-Belüftungsdüsen zur Sauerstoffversorgung der Mikroorganismen mit hoher Effizienz, erheblich verringertem Energie- und Platzbedarf arbeitet. Es ging 1980 in Betrieb und reinigt die Fabrik- und kommunalen Abwässer der Stadt Leverkusen. Weitere dieser Anlagen sind in anderen Industrieunternehmen installiert worden (Verg, 1988).

Für hochbelastete Abwässer, typischerweise aus der Lebensmittelindustrie und Bierbrauerei, bieten anaerobe Verfahren (die ohne Sauerstoffzufuhr arbeiten) erhebliche Vorteile, daher wurde viel Entwicklungsarbeit in solche Systeme investiert. Sie benötigen keine energieaufwendige Belüftung und produzieren Biogas als vielseitig nutzbare Energiequelle. Weltweit sind über 2000 Biogasanlagen zur Abwasserreinigung in Betrieb (Buchholz et al., 2012 Abschn. 9.6.2.2).

Die komplexen Symbiosesysteme anaerober Bakterien konnten weitgehend aufgeklärt werden – eine Grundlage für gezielte und rationale technische Entwicklungen (McInerny, 1999; van Lier, et al., 2008). Äußerst effiziente Stoffwechselwege und Symbiose bezüglich der (Zwischen-)Produkte der verschiedenen involvierten Spezies ermöglichen einen maximalen Energiegewinn (in Form von Biogas) aus dem Abbau verschiedener komplexer Substrate, mit Kohlenhydraten, Eiweißen, Fetten u. a. aus (Rest-)Stoffen meist agrarischen Ursprungs; das gilt sowohl für Abwasserinhaltsstoffe als auch für feste Nebenprodukte wie Kartoffelpülpe, extrahierte Zuckerrübenschnitzel, Maiskolben, Stroh usw. (Abb. 5.7). Ein Beispiel der Entwicklung eines technischen Hochleistungssystems ist nachfolgend kurz beschrieben.

Neuere Hochleistungsverfahren arbeiten mit immobilisierten Mischkulturen, um das langsame Wachstum der anaeroben Bakterien und ihr Auswaschen aus dem Reaktionsraum zu kompensieren. Solche Verfahren benötigen weitaus geringere Volumina (im Bereich 500 m^3) als klassische Verfahren (im Bereich 10.000 m^3). Verbreitet sind vor allem sog. UASB- („upflow anaerobic sluge blanket") – und EGSB- („expanded granular sludge bed") Systeme, die mit granulären Aggregaten von Mischkulturen arbeiten, sowie Fließbettverfahren. Diese weisen relativ hohe Sinkgeschwindigkeiten auf, sodass sie auch als Fließbetten betrieben werden können (Austermann-Haun, 2008; Jördening & Buchholz, 1999; Lettinga et al., 1999).

5.5.5 Konzeption und Bau eines Hochleistungs-Anaerob-Fließbettreaktors im Großmaßstab – eine Episode

Im Institut für Technologie der Kohlenhydrate in Braunschweig („Zuckerinstitut") wurde seit den 1980er Jahren eine neue Technik zur anaeroben Reinigung von Abwasser der Zuckerindustrie entwickelt – sie war weitaus effizienter als etablierte

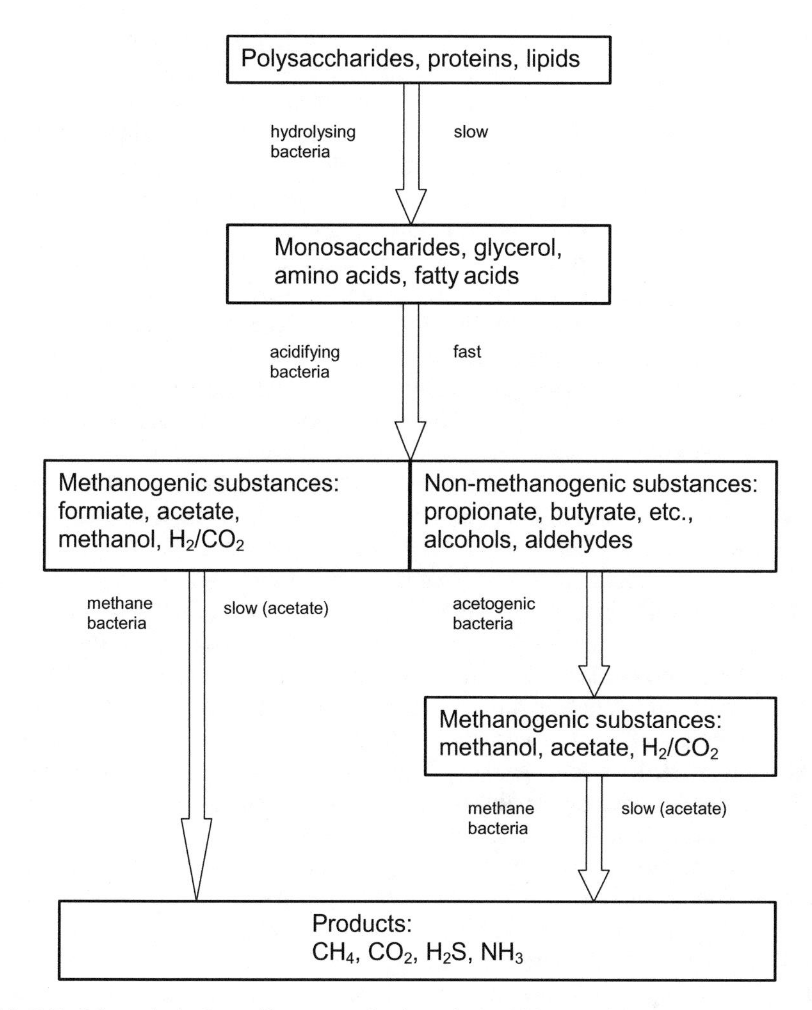

Abb. 5.7 Schematische Darstellung anaerober integrierter Abbau-Reaktionen

Techniken, die Reaktoren von 10.000 bis 15.000 m^3 erforderten. Das Prinzip beruhte auf der Immobilisierung von anaeroben Mikroorganismen auf einem porösen Träger (Bimsstein), sodass diese im Reaktor in hoher Konzentration vorlagen und zurückgehalten (also nicht ausgeschwemmt) wurden. Das System bot eine 10-fach höhere Leistung – entsprechende Reaktoren konnten um Faktoren von etwa 10 kleiner gebaut werden. Die Entwicklung verlief erfolgreich und wurde innerhalb weniger Jahre vom Labor – mit 100-L-Reaktoren – in den Pilotmaßstab von 15 m^3 (15.000 L) übertragen (Buchholz et al., 1992; Jördening, 1996).

Überraschend stellte der Kooperationspartner Nordzucker AG 1994/1995 die Frage, ob das Team des Zuckerinstituts (Dr. Pellegrini, Dr. Jördening und Prof. Buchholz) das Scale-up – die Maßstabsvergrößerung – zum Großmaßstab 500 m^3, also um mehr als eine Zehnerpotenz, wagen würde, zusammen mit der Braunschweigischen Maschinenbauanstalt AG – BMA – in Braunschweig und der Zuckerfabrik Clauen der Nordzucker AG. Eigentlich erfordert ein solcher Schritt Zeit, weit mehr als ein Jahr. Die Entscheidung bedeutete ein beträchtliches Risiko und Tage intensiver und mit Sorgen geprägter Diskussionen. Bei einem Nein wäre die Entscheidung für ein konventionelles System gefallen. Dies hätte jedoch für absehbare Zeit ein Aus für die Realisierung der ambitionierten Technik bedeutet – die Entscheidung fiel positiv, mit Mut zum Risiko, aus.[35] In äußerst kurzer Zeit wurde die Anlage gebaut und 1995 erfolgreich in Betrieb genommen (Abb. 5.8) (BMA-Info 35/1997; Jördening, 1996). Ein vergleichbares System ist in Frankreich von der Firma Degrémont entwickelt worden (Jördening & Buchholz, 2005).

Die biologische *Abluftreinigung* stellt eine effiziente und verbreitete Methode dar, um störende, unangenehme Gerüche und schädliche, toxische Substanzen aus der Abluft verschiedener Industrien zu eliminieren, vorwiegend in den Bereichen Lebensmittel-, Bier-, Hefe-, Getränkeindustrie, Schlachtereien usw., aber auch bei chemischen Produktionsanlagen (Eliminierung von Aminen, aliphatischen, aromatischen und chlorierten Kohlenwasserstoffen, Acrylnitril usw.), Lackierereien u. a. (Klein & Winter, 2000; zahlreiche Richtlinien des VDI, 1991, 1996, 2000). Eingesetzt werden immobilisierte Systeme, in denen Mikroorganismenmischkulturen auf festen Oberflächen aufwachsen – als Biofilter oder Trickling-Bett-Reaktoren.

Allgemein, insbesondere in den westlichen Ländern, hat sich die Umweltbiotechnologie, mit Anlagen zur Abwasser-, Abluftreinigung und Bodenbehandlung, zu einem äußerst umfangreichen Arbeitsbereich und einer entsprechenden Industrie entwickelt. Städte, größere Gemeinden und zahlreiche Industriefirmen müssen, aufgrund gesetzlicher Regelungen, Abwasserreinigungsanlagen, oft auch Abluftreinigungs- und Kompostieranlagen betreiben. Die Bedeutung spiegelt sich in den Kosten, die für die Abwasserreinigung auf 55 Mrd. € (1986) weltweit, mit einer Steigerungsrate von 9 % pro Jahr, geschätzt wurden (Adler, 1986). Allein in China haben die Regierung sowie Banken 2011 46 Mrd. € für den Bau neuer Abwasserreinigungsanlagen vorgesehen (Trembley, 2009). Die Rahmenbedingungen, d. h. die Anforderungen, werden i. A. gesetzlich festgelegt.

5.6 Politische Initiativen: Die Dechema-Studie Biotechnologie

Die Dechema-Studie Biotechnologie wurde Anfang der 1970er Jahre von einer Gruppe von Wissenschaftlern in der Bundesrepublik Deutschland ausgearbeitet (Dechema, 1974), die sich als Avantgarde sahen – was sie damals auch waren („A

[35] Anm. 31: Das Team des Zuckerinstituts erbat Hilfe durch einen befreundeten Kollegen, durch mathematische Modellierung und mit damit mehr Einsicht in das hochkomplexe System – den Mehrphasenreaktor mit zahlreichen Arten symbiontischer Mikroorganismen, eine große Zahl von (Zwischen-)Produkten mit unterschiedlichen Kinetiken. Die Hilfe kam, da lief aber das reale System schon ein Jahr (Schwarz et al., 1996).

Abb. 5.8 Industrieller Anaerob-Fließbett-Reaktor mit 500 m^3 Volumen und 30 m Höhe zur anaeroben Behandlung von Zuckerfabriksabwasser (mit freundlicher Genehmigung der Nordzucker AG, Braunschweig)

first enthusiastic report" (Bud, 1993/1995, S. 198–200)); Avantgarde allerdings nur für zehn Jahre, denn ab Mitte der 1970er Jahre wurde die Gentechnologie konzipiert und entwickelt, mit neuen Methoden und Möglichkeiten, der Gründung der ersten Start-ups, und schließlich der systematische Darstellung dieses Potenzials in der OTA-Studie (1984) in den USA (s. Abschn. 7.1).

Ein Meilenstein der Forschung war 1953 die Formulierung der Struktur der DNA als Basis der Vererbung und der Steuerung biologischer Prozesse durch Watson und Crick (Nobelpreis für Medizin) auf der Basis von Röntgenstrukturdaten von Rosalind Franklin (Watson & Crick, 1953). Sie begründete ein neues Verständnis der biologischen Vorgänge, stimulierte jedoch nicht technische Innovationen – wie es Hotchkiss formulierte: „the ‚DNA Revolution' progressed or penetrated slowly into technology, initially having little effect on traditional processes and products“ (Hotchkiss, 1979).

Die Dechema-Studie war die erste systematische Darstellung der Biotechnologie (BT), mit Bestandsaufnahme, zukünftigen Entwicklungsmöglichkeiten und Aufgaben der Forschungsförderung, was ihr zu weltweiter Aufmerksamkeit verhalf (Dechema 1974).[36] Die BT wurde von der Politik „entdeckt“ bei der Suche nach Innovationspotenzial, das zu wirtschaftlichem Wachstum beitragen sollte, nicht nur in Deutschland, sondern auch in Frankreich, Großbritannien, Japan und den USA. Die Initiative zu einer systematischen Studie ging aus von der Dechema in Frankfurt und drei weitsichtigen Persönlichkeiten, dem Geschäftsführer Dr. Dieter Behrens, Prof. Dr. Franz Patat, der dem Vorstand angehörte, und Prof. Dr. H. J. Rehm, der ein Lehrbuch über industrielle Mikrobiologie verfasst hatte.[37] Die Initiative war geplant mit und wurde durchgeführt im Auftrag des Bundesministeriums für Bildung und Wissenschaft (BMBW). Sie zielte auf eine systematische und koordinierte Forschungs- und Entwicklungsstrategie auf dem Gebiet der Biotechnologie (Buchholz 1979). Die Gruppe der Mitarbeiter setzte sich zusammen aus Wissenschaftlern von Hochschulen, Forschungsinstituten und aus der Industrie. Alle hatten einschlägige Arbeiten zu biotechnologischen Forschungsprojekten, Problemen, technischen Entwicklungsarbeiten oder Produktionsprozessen durchgeführt, und zwar in der ganzen Breite des Gebietes.

Die systematische Darstellung der BT begann mit einer Definition (einer der ersten ausformulierten).[38] Sie umfasste die relevanten Themen der „klassischen“ BT – nicht aber ein ausformuliertes Kapitel zur Gentechnik, diese war noch nicht entwickelt (s. u.). Die Kapitel mit den wichtigsten Themen sind in Tab. 5.1 wiedergegeben.

---

[36] Anm. 32: Hierzu ist anzumerken, dass die Forschung und Entwicklung in der BT in der Bundesrepublik keineswegs als fortschrittlich oder führend in Wissenschaft und Technik der BT galt. Aufgrund der überragenden Bedeutung der Chemie über Jahrzehnte, auch in der pharmazeutischen Industrie, waren biologisch-technische Methoden und Prozesse eher vernachlässigt worden. „ In recent years interest in chemotherapeutic effects has been almost exclusively focused on the sulfonamides …“ (Chain et al., 1940).

[37] Anm. 33: Dechema, Deutsche Gesellschaft für chemisches Apparatewesen, Frankfurt/Main. Die Dechema verfügte über zahlreiche Ausschüsse mit Hochschullehrern und Wissenschaftlern aus der Industrie und somit über ein sehr breites Potenzial an Fachleuten, insbesondere der Chemie und des Chemie-Ingenieurwesens bzw. der Verfahrenstechnik. Für die Ausarbeitung der Studie Biotechnolgie war zunächst der Arbeitsausschuss „Technische Chemie“, dann der neugegründete Arbeitsausschuss „Technische Biochemie“ zuständig. Der Autor (K B) nahm als Sekretär dieses Ausschusses an Sitzungen und der Redaktion von Texten teil, auch mit einem eigenen Beitrag zur enzymatischen Reaktionen.

[38] Anm. 34: „Die Biotechnologie behandelt den Einsatz biologischer Prozesse im Rahmen technischer Verfahren und Produktionen. Sie ist also eine anwendungsorientierte Wissenschaft der Mikrobiologie und Biochemie in enger Verbindung mit der Technischen Chemie und der Verfahrenstechnik. Sie behandelt Reaktionen biologischer Art, die entweder mit lebenden Zellen (Mikroorganismenzellen, pflanzlichen und tierischen Zellen bzw. Geweben) oder mit Enzymen aus Zellen durchgeführt werden. Hierin ist die Gewinnung von Biomasse aus den genannten Organismen oder Organismenteilen eingeschlossen.“ (Dechema, 1974).

Tab. 5.1 Dechema-Studie Biotechnologie: Kapitel und wichtigste Themen[a]

Kapitel	Themen
I. Einführung und Allgemeines	Definition Allgemeines, wirtschaftliche Bedeutung BT als interdisziplinäres Forschungsgebiet Fachliche Schwerpunkte für die Förderung Empfehlungen zur Förderung Kostenschätzung
II. Spezieller Teil 1. Biologische Grundlagen	1.1 Mikroorganismen, Screening, Stammhaltung, Stammentwicklung 1.2 Pflanzliche Zell- und Gewebekulturen 1.3 Tierische Zell- und Gewebekulturen
2. Reaktionstechnik, Verfahrenstechnik, Meß- und Regeltechnik	2.1 Reaktionstechnische Grundlagen 2.2 Bioreaktoren, Stoff-, Impuls- und Energietransport, Reaktortypen 2.3 Grundoperationen, Sterilisation, Produktisolierung 2.4 Meß- und Regeltechnik
3. Biologische Verfahren	3.1 Verfahren mit Mikroorganismen; Biomasse; hochmolekulare Zellprodukte (Proteine, Nucleinsäuren, Polysaccharide); niedermolekulare Zellprodukte, primäre, sekundäre Stoffwechselprodukte 3.2 Verfahren mit Zell- und Gewebekulturen 3.3 Verfahren mit Enzymen; präparative Herstellung von Enzymen; Reaktionen mit gelösten Enzymen; Verfahren mit immobilisierten Enzymen; enzymatische Analytik
4. Spezielle Verfahren	4.1 Lebensmittelindustrie; Verfahren mit Hefen; Verfahren mit Bakterien und Pilzen 4.2 Enzymverfahren 4.3 Silage 4.4 Mikrobiologische Abbauprozesse; Abwasserreinigung; Kompostierung; Abluftreinigung 4.5 Sonstige Verfahren
5. Beseitigung von Rückständen aus biotechnologischen Prozessen	5.1 Rückstände aus Fermentationen 5.2 Rückstände aus Prozessen der Lebensmittelindustrie 5.3 Klärschlamm
6. Ausbildung	6.1 Ausbildung von Biotechnologen an Universitäten; Zusatzausbildung für Mikrobiologie, für Biochemie/Chemie, für Verfahrenstechnik 6.2 Fortbildungskurse für Biotechnologie 6.3 Kosten

[a]Die Themen sind leicht gekürzt wiedergegeben; die Gliederung ist im Original teilweise differenzierter ausgeführt

Besonderes Gewicht wurde auf Empfehlungen für die Forschungsförderung gelegt – dies war ja der Ausgangspunkt der Überlegungen. Konkret ausformulierte Themen und Aufgaben waren jedoch in einem gesonderten, nicht veröffentlichten Heft aufgelistet (es enthielt, mit der Gewichtung von Themen und der Angabe von notwendigen finanziellen Mitteln, forschungspolitischen Sprengstoff). Beträchtliche Aufmerksamkeit war den Grundlagen gewidmet – hier fehlte in der Bundesrepublik Kapazität bezüglich Universitätsausstattung und kompetentem Personal. Ebenso war der Technik, Verfahrens- und Reaktionstechik und deren Entwicklungsmöglichkeiten, ein eigenes Kapitel gewidmet. Den Schwerpunkt bildetet das Kapitel „Biologische Verfahren", hier waren die Themen mit voraussichtlichem Innovationspotenzial angeführt, die also zu wirtschaftlicher Bedeutung und zu Wachstum, dem Motiv von Ministerium und Industrie, beitragen konnten. Große Aufmerksamkeit wurde auch der Ausbildung gewidmet, auch hier fehlte es an akademischem Potenzial. Hierzu wurden ausführliche Empfehlungen formuliert, sowohl hinsichtlich Mikrobiologie als auch Chemie/Biochemie und Verfahrenstechnik – die zukünftige Entwicklung würde ja davon abhängen.

Die Studie Biotechnologie stellt ein besonderes, faszinierendes und typisches Beispiel für die Interaktion von Politik, Industrie und Wissenschaft dar, das international beachtet, diskutiert und imitiert, aber auch kritisiert wurde. Bud (1993/1995, S. 198–200) fasste positive Reaktionen zusammen. Sheila Jasanoff hat es als korporatistischen („corporatist") Ansatz kritisiert, im Gegensatz zu der unabhängigen Entwicklung wissenschaftlicher (und industrieller) Ansätze und Initiativen, wie sie erfolgreich in den USA die „Neue Biotechnologie" („New Biotechnology") auf der Basis der (Mitte der 1970er Jahre entwickelten) Gentechnologie begründeten (s. u., OTA-Studie) (Jasanoff, 1985). Den Versuch einer Deutung als politischen Ansatz einer Technologieentwicklung und -steuerung im kapitalistischen Staat hat der Autor publiziert (Buchholz 1979).

Die Studie führte in der Bundesrepublik zu Initiativen und Investitionen, begünstigt durch beträchtliche staatliche Fördermittel. Bemerkenswert ist der breite Überblick über die Möglichkeiten biotechnologischer Produktion, der auf Vollständigkeit abzielte. Hervorzuheben ist die Umweltbiotechnologie, der breiter Raum gewidmet war. Es gab natürlich kontroverse Ansichten, die zu heftigen Diskussionen führten. Ein umstrittenes, besonders aufwendiges Beispiel der resultierenden Förderung war eine große Pilotanlage der Firmen Hoechst und Uhde für die Proteingewinnung mittels Mikroorganismen (Einzellerprotein, „single cell protein", SCP) für den Einsatz als Futtermittel; vermutlich diente sie tatsächlich der Finanzierung eines neuen Biotechnikums, das eigentlich die Industriefirmen selbst hätten finanzieren sollen, denn es diente allgemein der firmeninternen Entwicklung biotechnologischer Prozesse, z. B. für die Antibiotikafermentation. Eine Kontroverse spielte sich hinter den Kulissen ab, am Rande einer Tagung, betr. die Förderungswürdigkeit von SCP: Mitarbeiter von Hoechst drängten vehement auf die Aufnahme der Proteinsynthese für den Einsatz als Futtermittel, eventuell auch für die menschliche Ernährung, in den Förderkatalog. Diese war jedoch im Kreis der

Verfasser der Studie äußerst umstritten und wurde von der Mehrheit der Mitarbeiter abgelehnt. Sie wurde dennoch, aufgrund des Drucks der Hoechst-Mitarbeiter, in den Förderkatalog aufgenommen.

Wichtige, bedeutende Initiativen waren die Etablierung von Ausbildungs- und Fortbildungslehrgängen an Hochschulen, z. B. eine Master-of-Science-Ausbildung am University College London, Studiengänge an der Technischen Universität Braunschweig und Technischen Universität Berlin, sowie von Fortbildungslehrgängen. Weitere Studien in anderen europäischen Ländern, insbesondere in Großbritannien, Japan und Frankreich sowie für die OECD und die Europäische Kommission, wurden erarbeitet und publiziert. Sie enthielten im Wesentlichen vergleichbare Inhalte, also konventionelle Ansätze und Techniken, anders als in der später konzipierten OTA-Studie in den USA (Buchholz 1979; Bud, 1993/1995, S. 200–211; Bud, 1994).

Mit einer ungewöhnlichen Initiative wurde in Braunschweig eine Forschungseinrichtung gegründet, die GBF, Gesellschaft für Biotechnologische Forschung,[39] als Großforschungseinrichtung des Bundes. Trotz Wagners erfolgreicher Einführung neuer biotechnologischer Schwerpunkte wurde, nach seinem Ausscheiden als Leiter (er ging an die TU Braunschweig), zunehmend Kritik laut, zuletzt massiv durch eine Gutachterkommission des BMFT 1983. Eine inhaltliche und strukturelle Reform wurde unter der Leitung des Wissenschaftlichen Direktors der GBF, Prof. Joachim Klein, durchgeführt, mit einer neuen Struktur und Neuorientierung, der Gliederung in Bereiche mit den Schwerpunkten Biosensoren, Protein-Design, Zellkulturtechnologie und mikrobieller Schadstoffabbau; die GBF wurde erheblich ausgebaut, mit bedeutend erhöhtem Etat und Zahl an Mitarbeitern (Munzel, 1998 S. 127–166).

Bei einem Waldspaziergang am Rande von Braunschweig hatten der Präsident der TU, Prof. Rebe, und Prof. Klein, Dekan des Fachbereichs Chemie der TU und designierter Wissenschaftlicher Direktor der GBF, „den Gedanken geboren", gemeinsam eine Initiative zur Errichtung eines Biozentrums für Biotechnologie an

[39] Anm. 36: Das Institut wurde auf Initiative von Hans Herloff Inhofen, Professor für Organische Chemie der TU Braunschweig, mit Manfred Eigen, MPI Göttingen (Nobelpreis für Chemie 1967) 1966 gegründet als „Institut für Molekulare Biologie, Biochemie und Biophysik", 1968 umbenannt in „Gesellschaft für Molekularbiologische Forschung mbH" (GMBF), dann 1975 mit neuer Konzeption unter der Leitung von Prof. Fritz Wagner umbenannt in Gesellschaft für Biotechnologische Forschung GmbH" (GBF). Massive Kritik äußerte eine Gutachterkommission des BMFT 1983 an der Qualität der Forschung mit dem Hinweis: „Die GBF krankt noch immer an der Zufälligkeit ihrer Gründung". (Kertz, 1995, S. 711–715; Munzel, 1998 S. 67–68, 82–82; 127–166;. J. Klein persönliche Mitteilung, 2019).

der TU zu unternehmen.[40] Gleichzeitig wollten GBF und TU ihre Zusammenarbeit in Forschung und Ausbildung intensivieren (Klein, 2019). Ein grundständiger Studiengang für Biotechnologie sollte eingerichtet werden, das Konzept dafür lag schon im März 1984 vor. Zum Wintersemester 1987/1988 konnte der Studienbetrieb für 31 Studenten (beworben hatten sich 270) aufgenommen werden.

5.7 Status der Biotechnologie – eine eigenständige Wissenschaft?

Aus der Studie Biotechnologie und der Arbeit daran – ebenso der erwähnten nachfolgenden Studien der 1970er Jahre – lassen sich einige allgemeine Schlussfolgerungen bezüglich des wissenschaftlichen Status der BT und des Charakters bzw. des Typs der Forschung und Entwicklung in dem Gebiet in dieser Zeit, ziehen (s. ausführlich Buchholz, 2007). Biotechnologische Probleme stellten sich als komplex dar, und sie wurden es zunehmend weiter. Sie umfassten mikrobiologische, biochemische, genetische und metabolische Prozesse sowie Regulationsphänomene, ebenso verfahrenstechnische Probleme mit Stoff- und Wärmetransport, Mischphänomene und Scale-up (Massstabsvergrößerung). Der Schwerpunkt des Interesses lag jedoch, bis in die 1970er Jahre, bei praktischen Aspekten und Problemen, neuen Produkten, neuen oder verbesserten Verfahren, neuen Antibiotika und Steroiden, organischen und Aminosäuren, und umweltrelevanten Verfahren, z. B. zur Reinigung von Abwässern und Abluft. Forschungsprobleme der Mikrobiologie wurden in der Regel empirisch und phänomenologisch angegangen mittels „trial and error", nicht auf der molekularen Ebene rationaler Planung. „Blackbox"-Ansätze (Versuch und Irrtum) wurden sowohl in der angewandten Mikrobiologie als auch in der (Bio-)Verfahrenstechnik angewandt, also keine rational-mechanistischen Strategien (wie in den Grundlagenwissenschaften üblich).

Die der BT zugrunde liegenden Disziplinen waren Mikrobiologie, Zellbiologie, Biochemie und – in begrenztem Umfang –, Molekularbiologie und Genetik, außerdem Technische Chemie und Verfahrenstechnik. Die Kommunikation jedoch zwischen Mikrobiologen, Chemikern und Ingenieuren war diffizil und problematisch, insbesondere wegen der unterschiedlichen wissenschaftlichen Sprachen, unterschiedlicher Methoden und unterschiedlichen Herangehensweisen an Probleme der BT (rational-mechanistische, basierend auf molekularen Ansätzen in

[40] Anm. 37: Das Vorhaben wurde im März 1984 öffentlich bekannt gegeben. Im Biozentrum sollten die TU-Institute für Biochemie und Biotechnologie, Genetik, Mikrobiologie, Technische Chemie und Verfahrenstechnik integriert werden und die Institute für Landwirtschaftliche Technologie und Lebensmittelchemie Laborflächen erhalten. Das Konzept für den Studiengang für Biotechnologie erarbeiteten die Professoren Matthias Bohnet, Verfahrenstechnik, Joachim Klein, Technische Chemie, Rolf Näveke, Mikrobiologie und Fritz Wagner, Biochemie und Biotechnologie.

den Grundlagenwissenschaften).[41] Mikrobiologen z. B. misstrauten Biochemikern und Ingenieuren, und Konkurrenz verstärkte Misstrauen, behinderte Zusammenarbeit. Die Industrie, insbesondere die großen Firmen der Chemie-, Pharma- und Lebensmittelbranche in Deutschland und im übrigen Europa, stand der BT mit konservativer Attitude oder Desinteresse gegenüber. Mit wenigen Ausnahmen richtete sie keine relevanten Forschungs- und Entwicklungskapazitäten mit interdisziplinären Teams ein.[42] Diese Attitüde stellt einen der Gründe dar für den Abstieg der deutschen Chemie-Konzerne von der international führenden Rolle als Pharmaunternehmen, als „Apotheke der Welt", in zweitrangige Positionen.

Die Ausbildung an den Universitäten blieb weitgehend in die traditionellen Disziplinen, ihre Fakultäten und Curricula, eingebunden. Ausnahmen bildeten spezielle Forschungseinheiten an einigen US- und englischen Universitäten, die Kurse für biotechnologische Arbeiten anboten.

Die Einrichtung eines integrierten, Disziplinen übergreifenden Studienganges an der Technischen Universität Braunschweig geht auf einen vielzitierten Waldspaziergang 1984 zurück, den der Präsident der TU, Prof. Bernd Rebe, und Joachim Klein, Professor für Technische Chemie und designierter Direktor der GBF, unternahmen, und „bei dem der Gedanken geboren wurde, gemeinsam die Initiative für die Einrichtung eines Biozentrums zu ergreifen". Für die Konzeption eines Studienganges wurde eine Arbeitsgruppe mit Prof. Fritz Wagner, Lehrstuhl für Biochemie und Biotechnologie, Prof. Hartmann, Lehrstuhl für pharmazeutische Biologie, und Prof. Klein eingerichtet. Weitere Professoren biologischer und chemischer Fächer und – dies brachte den interdisziplinären technischen Aspekt ein – der Verfahrenstechnik, mit den Professoren Matthias Bohnet und Jörg Schwedes, wurden einbezogen. Auch eine Kooperation mit der GBF, die Lehrkapazität und die Beteiligung an Projekten mit aktuellen biotechnologischen Themen einbringen konnte, war vorgesehen. Der Studienbetrieb, beginnend mit Grundlagen, gefolgt von technischen Aspekten und schließlich praxisbezogenen Arbeiten, konnte 1987/1988 aufgenommen werden, auf 30 Stellen für Studenten hatten sich 270 Interessenten beworben – ein deutliches Zeichen für das hohe Interesse der jungen Generation (Kertz, 1995, S. 714–719; Klein, 2019).

Wenige wissenschaftliche Zeitschriften wurden in den 1950er und 1960er Jahren herausgegeben, eine immerhin mit hoher Reputation: das „Journal of Microbiological and Biochemical Engineering", später „Biotechnology and Bioengineering" (seit 1958), herausgegeben durch Elmer Gaden, bis heute eine der führenden wissenschaftlichen Zeitschriften.

[41] Anm. 38: Der Typ Forschung in dieser Phase der BT entspricht der ersten Phase des Modells von van den Daele et al. (1979), in dem drei Phasen in der Entwicklung von Forschung bzw. Disziplinen identifiziert werden. Die Forschung in der BT vor 1970 entspricht demnach der explorativen, vorparadigmatischen Phase, in der „Trial-and-error"-Methoden dominieren, im Gegensatz zu der nachfolgenden, theoriegeleiteten paradigmatischen Phase etwa ab den 1980er Jahren.

[42] Anm. 39: Das für Forschung und Entwicklung relevante Management der großen Pharma- und Chemiefirmen insbesondere in Deutschland setzte sich vorwiegend aus Chemikern zusammen mit vorherrschender Orientierung auf chemische Synthese.

Die Biotechnologie kann in dieser Phase – bis etwa 1980 – nicht als eigenständige wissenschaftliche Disziplin bezeichnet werden.[43] Es fehlten, abgesehen von den dargestellten Problemen und Defiziten, charakteristische Merkmale wie die Integration der Basisdisziplinen mit einem eigenen einheitlichen Paradigma als forschungsleitender Instanz. Die Situation, der Status als wissenschaftliche Disziplin, änderte sich grundlegend, als die Gentechnologie entwickelt und etabliert wurde, und damit die Genetik mit ihren wissenschaftlichen Grundlagen für die BT höchst relevant wurde, in die traditionelle BT einbrach, diese umformte und umwälzte (Buchholz, 2007) (s. Kap. 8). Eine frühe Darstellung dieser stürmischen Entwicklung zur „New Biotechnology" gibt die OTA-Studie in den USA, die sich vorrangig auf gentechnische Ansätze konzentrierte (s. nachfolgende Kapitel).

5.8 Zusammenfassung, Fazit

Der Durchbruch für das schwierige, komplexe Fermentationsverfahren zur Penicillinherstellung gelang erfolgreich mit neuartigen Konzepten der koordinierten Planung und Steuerung von Forschung und Entwicklung in einem Großprojekt: dem integrierten Einsatz zahlreicher Disziplinen, Mikrobiologie, Biochemie, Medizin und mittels neuer Methoden des Engineering, der Bioverfahrenstechnik.

Zahlreiche weitere Antibiotika wurden entdeckt, mit denen andere, unterschiedliche Infektionen erfolgreich behandelt werden konnten, oft auch tödliche, wie Tuberkulose. Jedoch zeigte sich ein gravierendes Problem, die Resistenz von Bakterien, ein bis heute anhaltendes Problem.

Weitere Pharmazeutika und neue Produkte wurden entwickelt: Steroide, Citronensäure, Aminosäuren und besonders Enzyme, die in großem Maße in der pharmazeutischen und Lebensmittelindustrie Einsatz fanden.

Schließlich etablierte sich ein bedeutendes Arbeitsgebiet: die Umweltbiotechnologie, insbesondere die biologische Abwasser- und Abluftreinigung, die eine zunehmend wichtige Rolle spielten.

Literatur

Abraham, E. P., & Chain, E. (1940). An enzyme from bacteria able to destroy penicillin. *Nature, 146*, 837.

Abraham, E. P., Chain, E., Fletcher, C. M., Gardner, A. D., Heatley, N. G., & Jenninos, M. A. (1941). Further observations on penicillin. *The Lancet, 16*(8), 177–188.

Adler, I. (1986). Biotechnologie ist mehr als Gentechnologie. *Chemische Rundschau, 19*(9).

Aiba, S., Humphrey, A. E., & Millis, N. F. (1965). *Biochemical engineering*. Academic Press.

[43] Anm. 38: Der Typ Forschung in dieser Phase der BT entspricht der ersten Phase des Modells von van den Daele et al. (1979), in dem drei Phasen in der Entwicklung von Forschung bzw. Disziplinen identifiziert werden. Die Forschung in der BT vor 1970 entspricht demnach der explorativen, vorparadigmatischen Phase, in der „Trial-and-error"-Methoden dominieren, im Gegensatz zu der nachfolgenden, theoriegeleiteten paradigmatischen Phase etwa ab den 1980er Jahren.

AIChE. (1970). The history of penicillin production. *Chemical Engineering Progress Symposium, 66*(100) (American Institute of Chemical Engineers, New York).
Austermann-Haun, U. (2008). Anaerobverfahren – Uebersicht. *GWF Wasser Abwasser, 149*(14), 6–11.
Batchelor, F. R., Doyle, F. P., Nayler, J. H., & Rolinson, G. N. (1959). Synthesis of penicillin: 6-aminopenicillanic acid in penicillin fermentations. *Nature, 183*, 257–258.
Bayer AG. 1973: DE 2215509; Boemer B, Bartl H, Rauenbusch E, Hueper F, Schmidt-Kastner G (1973a) Vernetzte Copolymerisate Bayer AG, DE 2215512; Hueper F, Rauenbusch E, Schmidt-Kastner G, Boemer B, Bartl H (1973b) Neue wasserunlösliche Enzym-, insbesondere Penicillinacylase- oder Enzyminhibitor-Präparate. Bayer AG, DE 2215539
Boemer, B., Bartl, H., Rauenbusch, E., Hueper, F., Schmidt-Kastner, G. (1973a). *Vernetzte Copolymerisate.* Bayer.
Boemer, B., Bartl, H., Rauenbusch, E., Hueper, F., Schmidt-Kastner, G. (1973b). *Vernetzte Copolymerisate.* Bayer.
Bernal, J. D., & Crowfoot, D. (1934). X-ray photographs of crystalline pepsin. *Nature, 133*, 794–795.
Buchholz, K. (Hrsg.). (1979a). *DECHEMA-Monographie. Bd: 84 Characterization of immobilized biocatalysts.* Verlag Chemie Gmbh.
Buchholz, K. (1979b). *Die gezielte Förderung und Entwicklung der Biotechnologie, in Geplante Forschung* (Hrsg. W. van den Daele, W. Krohn, & P. Weingart) (S. 64–116), Suhrkamp.
Buchholz, K. (2007). Science – or not? The status and dynamics of biotechnology. *Biotechnology Journal, 2*, 1154–1168.
Buchholz, K. (2016). A breakthrough in enzyme technology to fight penicillin resistance – Industrial application of penicillin amidase. *Applied Microbiology and Biotechnology, 100*(9), 3825–3839.
Buchholz, K., & Borchert, A. (1978). Verfahren zur Herstellung wasserunlöslicher, an einen porösen Träger kovalent gebundener Proteine. Patent, Dechema (Frankfurt) 28 05 366.8.
Buchholz, K., & Bornscheuer, U. (2017). Enzyme Technology: History and current trends. In T. Yoshida (Hrsg.), *Applied bioengineering* (S. 11–46). Wiley.
Buchholz, K., & Collins, J. (2010). *Concepts in biotechnology – History, science and business.* Wiley-VCH.
Buchholz, K., & Klein, J. (1987). Characterization of immobilized biocatalysts. *Methods in Enzymology, 135*, 3–21.
Buchholz, K., Diekmann, H., Jördening, H.-J., Pellegrini, A., & Zellner, G. (1992). Anaerobe Reinigung von Abwässern in Fließbettreaktoren. *Chemie Ingenieur Technik, 64*, 556–558.
Buchholz, K., Kasche, V., & Bornscheuer, U. (2012). *Biocatalysts and enzyme technology.* Wiley.
Bud, R. (1993). The uses of life, a history of biotechnology. Cambridge University Press.
Bud, R. (1995). *Wie wir das Leben nutzbar machten.* Vieweg.
Bud, R. (1994). In the engine of industry: Regulators of biotechnology, 1970–1986. In M. Bauer (Hrsg.), *Resistance to new technology* (S. 293–309). Cambridge University Press.
Bud, R. (2007). *Penicillin – Triumph and Tragedy.* Oxford University Press.
Bud, R. (2008). Upheaval in the moral economy of science? Patenting, teamwork and the World War II experience of Penicillin. *History and Technology, 23*, 173–190.
Bud, R. (2011). Innovators, deep fermentation and antibiotics: Promoting applied science before and after the Second World War. *Dynamis [0211–9536], 31*, 323–341
Buswell, A. M. (1930). Production of fuel gas by anaerobic fermentations. *Industrial and Engineering Chemistry, 22*, 1168–1172.
Carleysmith, S., Dunnill, P., & Lilly, M. D. (1980). Kinetic behavior of immobilized penicillin acylase. *Biotechnology and Bioengineering, 22*(4), 735–756.
Chain, E., Florey, H. W., Gardner, A. D., Heatley, N. G., Jenninos, M. A., Orr-Ewing, J., & Sanders, A. G. (1940). Penicillin as a chemotherapeutic agent. *The Lancet, -Au., 24*(1940), 226–228.
Chemical & Engineering News. (2020). Discovery report: The future of antibiotics (S. 7, 11–13).
Coghill, R. D. (1970). The development of penicillin strains, s. AIChE (S. 14–21).

Cole, M. (1969). Penicillins and other acylamino compounds synthesized by the cell-bound penicillin acylase of Escherichia coli. *The Biochemical Journal, 115*, 747–756.

Collins, J., & Hohn, B. (1978). Cosmids: A type of plasmid gene-cloning vector that is packageable in vitro in bacteriophage lambda heads. *Proceedings of the National Academy of Sciences USA, 75*, 4242–4246.

Dechema (1974; zweite Auflage 1976). *Studie Biotechnologie.* Dechema.

Demain, A. L. (1971). Overproduction of microbial metabolites due to alteration of regulation. *Advances in Biochemical Engineering, 1*, 129.

Demain, A. L., Vandamme, E. J., Collins, J., & Buchholz, K. (2017). History of industruial biotechnology. *Industrial Biotechnology, 3a*, 3–84

Dolgin, E. (2020). Preparing for the next pandemic. C&EN, Discovery Report: The future of antibiotics (S. 8–10)

Drauz, K., Grayson, I., Kleemann, A. et al. (2007). *Amino acids, in Ullmanns encyclopedia of industrial chemistry.* Wiley. www.mrw.interscience.wiley.com/emrw/.

Elder, A .L. (1970). The role of the government in the penicillin program, AIChE, S. 1–11 (s. dort).

Fleming, A. (1929). On the antibacterial action of cultures of a *Penicillium*, with special reference to their use in the isolation of *B. influenzae. British Journal of experimental pathology, 10*, 226–236.

Gibbons, M., Limoges, C., Novotny, H., Schwartzmann, S., Scott, P., & Trow, M. (1994). *The new production of knowledge.* Sage.

Glick, B. R., & Pasternak, J. J. (1995). *1994, Molecular biotechnology.* Molekulare Biotechnologie. Spektrum Akademischer Verlag, Heidelberg.

Greene, A. J. & Schmitz, A. J. (1970). Meeting the objective, AIChE, S. 79–88 (s. dort).

Grubhofer, N. & Schleith, L. (1953), Modifizierte Ionenaustauscher als spezifische Adsorbentien. *Naturwissenschaften, 40,* 508.

Hamilton-Miller, J. (1966). Penicillinacylase. *Bacteriological Reviews, 30*, 761–771.

Heinzle, E., Biwer, A. P., Cooney, C. L. (2006). *Development of Sustainable Bioprocesses, Modelling and Assessment.* John Wiley & Sons.

Hodgkin, D. (1979) Crystallographic measurements and the structure of protein molecules as they are. The Origins of Modern Biochemistry. In P. R. Srinivisan, J. Fruton, & J. T. Edsall (Hrsg.), *The origins of modern biochemistry, a retrospect on proteins.* New York Academy of Sciences.

Holland, H. L. (1998). *Hydroxylation and dihydroxylation, in Biotechnology* (Hrsg. D. R. Kelly) (Bd. 8a, S. 475–533). Wiley.

Hotchkiss, R. D. (1979) The identification of nucleic acids as genetic determinants. In P. R. Srinivasan, J. S. Fruton, & J. T. Edsall (Hrsg.), *The origins of modern biochemistry* (S. 321–342). New York Academy of Sciences.

Hubschwerlen, C. (2007). ß-Lactam antibiotics, in comprehensive medicinal chemistry II (Hrsg. J. J. Plattner & M. C. Desai) (Bd. 7, S. 497–517), Elsevier.

Hueper, F., Rauenbusch, E., Schmidt-Kastner, G., Bömer, B., Bartl, H. (1972). *Neue wasserunlösliche Proteinpräparate.* Bayer.

Hueper, F., Rauenbusch, E., Schmidt-Kastner, G., Boemer, B., Bartl, H. (1973a). *Neue wasserunlösliche Enzym-, insbesondere Penicillinacylase- oder Enzyminhibitor-Präparate.* Bayer.

Hueper, F., Rauenbusch, E., Schmidt-Kastner, G., Boemer, B., Bartl, H. (1973b). *Neue wasserunlösliche Enzym-, insbesondere Penicillinacylase- oder Enzyminhibitor-Präparate.* Bayer.

Jaenicke, L. (2010). *Profile der Zellbiologie.* S. Hirzel Verlag.

Jasanoff, S. (1985). Technological innovation in a corporatist state: The case of biotechnology in the Federal Republic of Germany. *Research Policy, 14*, 23–38.

Jördening, H.-J. (1996). Scaling-up and operation of anaerobic fluidized bed reactors. *Zuckerindustrie, 121*, 847–854.

Jördening, H.-J., & Winter, J. (2005). *Environmental biotechnology.* Wiley.

Jördening, H.-J., & Buchholz, K. (2005). *High rate anaerobic wastewater treatment, in Environmental Biotechnology* (Hrsg. H-.J. Jördening & J. Winter) (S. 135–162). Wiley.

Jördening, H.-J. & Buchholz, K. (1999). Fixed film stationary-bed and fluidized bed reactors. In J. Winter (Hrsg.), *Biotechnology* (Bd. 11a, S. 493–515). Wiley.

Kardos, N., Demian, A., & L, . (2011). Penicillin: The medicine with the greatest impact on therapeutic outcomes. *Applied Microbiology and Biotechnology, 92*, 677–687.
Kasche, V. (2012). In: K. Buchholz, V. Kasche, U. Bornscheuer (Hrsg.), *Biocatalysts and enzyme technology.* Wiley.
Kaufmann, W., & Bauer, K. (1959). *Verfahren zur Herstellung von 6-Aminopenicillansäure.* Bayer AG.
Kaufmann, W., & Bauer, K. (1960). Enzymatische Spaltung und Resynthese von Penicillin. *Naturwissenschaften, 47*(20), 474–475.
Kaufmann, W., Bauer, K., & Offe, H. A. (1961). Cleavage and resynthesis of penicillins. *Antimicrobial Agents Annals, 1960*, 1–5.
Kertz, W. (Hrsg. im Auftrag des Präsidenten). (1995). *Technische Universität Braunschweig. Vom Collegium Carolinum zur Technische Universität 1745–1995.* Georg Olms.
Klein, J. (2019). persönliche Mitteilung.
Klein, J., & Winter, J. (Hrsg.). (2000). *Environmental processes III. Biotechnology* (Bd. 11c). Wiley.
König, J. (1899). *„Die Verunreinigung der Gewässer", deren schädliche Folgen sowie die Reinigung von Trink- und Schmutzwasser.* Springer.
Langlykke, A. F. (1970) The Engineer and the Biologist, s. AIChE, S. 89–97.
Lettinga, G., Hulshof Pol, L. W., van Lier, J. B., & Zeemann, G. (1999) Possibilities and potential of anaerobic waste water treatment using Anaerobic Sludge Bed (ASB) reactors. In J. Winter (Hrsg.), *Biotechnology* (Bd. 11a, S. 517–526). Wiley.
Manecke, G., & Gillert, K.-E. (1955). Serologisch spezifische Adsorbentien. *Naturwissenschaften, 42*, 212–213.
Mayer, H., Collins, J., Wagner, F. (1980) Cloning of the penicillin G-acylase gene of Escherichia coli ATCC 11105 on multicopy plasmids. In H. H. Weetall, G. P. Royer (Hrsg.), Enzym Eng Plenum Press N Y 5:61–69
McInerny, M. J. (1999). Anaerobic metabolism and its regulation. In J. Winter (Hrsg.), *Biotechnology* (Bd. 11a, S. 455–478). Wiley.
Munzel, J. (1998). *Ingenieure des Lebendigen und des Abstrakten* (S. 67–68, 82–82). Georg Olms.
Murao, S. (1955). Studies on penicillin-amidase. Part 3. Researches of penicillin-amidase mechanism on Na-penicillin G. *Journal of the Agricultural Chemical Society of Japan, 29*, 400–404.
Neidleman, S. L. (1991). Enzymes in the food industry: A backward glance. *Food Technology, 45*(1), 88–91.
Novotny, H., Scott, P., & Gibbons, M. (2001). *Rethinking science.* Knowledge and the public in an age of uncertainty.
OTA (US Office of Technology Assessment). (1984). *Impact of applied genetics.* Washington, D.C.
Perlman, D. (1970) The evolution of penicillin manufacturing process, s. AIChE, S. 24–30
Pirt, J. (1975). *Principles of microbe and cell cultivation.* Blackwell Scientific Publications.
Poulson, P. B., Buchholz, K. (2003). History of enzymology with emphasis on food production. In J. R. Whitaker, A. G. J. Voragen, D. W. S. Wong (Hrsg.), *Handbook of food enzymology* (S. 11–20). Dekker.
Poulsen, P. B. (1984). *Biotechnology and genetic engineering reviews* (Bd. 1). Intercept Inc.
Raabe, W. (1884). *Pfisters Mühle.* Walter-Verlag.
Rehm, H. J. (1967). *Industrielle Mikrobiologie.* Springer.
Rehm, H. J., & Reed, G. (1981). *Biotechnology.* VCH .
Rehm, H. J., Reed, G., Pühler, A., Stadler, S. (2000). *Biotechnology* (Bd. 8a, S. 11–13, 488–490). Wiley.
Rheinberger, H.-J. (2001). *Experimentalsysteme und epistemische Dinge.* Wallstein.
Rolinson, G. N., Batchelor, F. R., Butterworth, D., Cameron-Wood, J., Cole, M., Eustache, G. C., Hart Richards, M. V., & Chain, E. B. (1960). Formation of 6-aminopenicillanic acid from penicillin by enzymatic hydrolysis. *Nature, 187*, 236–237.
Sakaguchi, K., & Murao, S. (1950a). A preliminary report on a new enzyme, "Penicillin-amidase". *J. Agric. Chem. Soc. (Japan), 23*, 411.
Sakaguchi, K., & Murao, S. (1950b). A new enzyme, penicillin-amidase. *Nippon Nogei Kagaku Kaishi, 23*, 411.

Schänzer, W., & Thevis, M. (2007). Doping im Sport. *Medizinische Klinik, 102*(8), 631–646.

Schwarz, A., Yahyavi, B., Mösche, M., Burckhardt, C., Jördening, H.-J., Buchholz, K., & Reuss, M. (1996). Mathematical modelling for supporting scale-up of an anaerobic wastewater treatment in a fluidized bed reactor. *Water Science Technology, 34*, 501–508.

Silcox, H.E. (1970) The Importance of Innovation, s. AIChE, S. 74–77.

Singler. A., Treutlein, G. (2000). *Doping im Spitzensport: Sportwissenschaftliche Analysen zur nationalen und internationalen Leistungsentwicklung*. Meyer&Meyer.

Sumner, J. B. & Somers, G. F. (1953). *Chemistry and Methods of Enzymes* (S. XIII–XVI). Academic Press.

Swaisgood, H. J. (2003) Use of immobilized enzymes in the food industry. In J. R. Whitaker, A. G. L. Voragen, D. W. S. Wong (Hsrg.), *Handbook of food enzymology*. Dekkar.

Thayer, A (2016). UN targets antimicrobial resistance. *C&EN, 26*(9), 13.

Tosa, T., Mori, T., Fuse, N., & Chibata, I. (1969). Studies on continuous enzyme reactions. 6. Enzymatic properties of DEAE Sepharose aminoacylase complex. *Agricultural and Biological Chemistry, 33*, 1047–1056.

Trembley, J.-F. (2009). Cash flows from China's water. *Chemical & Engineering News, 11*(5), 18–21.

Ullmann, F. (1928). *Enzyklopädie der technischen Chemie* (2. Aufl., Bd. 1, S. 62–87). Urban & Schwarzenberg.

Van den Daele, W., Krohn, W., & Weingart, P. (1979). Die politische Steuerung der wissenschaftlichen Entwicklung. In W. van den Daele, W. Krohn, & P. Weingart (Hrsg.), *Geplante Forschung* (S. 11–63). Suhrkamp .

Van Lier, J. B., Mahmoud, N., & Zeeman, G. (2008). Anaerobic wastewater treatment. In: M. Henze, M.C.M. van Loosdrecht, and G.A. Ekama (Hrsg.), *Biological wastewater management: Principles, modelling and design*. International Water Association.

VDI (1991). *VDI-Richtlinien 3477: Biological Waste Gas/Waste Air Purification*. Biofilters (German, English)

VDI (1996). *VDI-Richtlinien 3478: Biological Waste Gas Purification. Bioscrubbers and Trickle Bed Reactors* (German, English).

VDI (2002). *VDI-Richtlinien 3477: Biologische Abgasreinigung*. Biofilter.

Verg, E. (1988). *Meilensteine* (S. 524–529). Bayer.

Watson, J. D., & Crick, F. H. C. (1953). The structure of DNA. *cold spring harbor symposia on quantitative biology* (S. 123–131). Cold Spring Harbor.

Winter, J. (1999). *Biotechnology* (Bd.11a). Wiley. VCH.

Wolfe, R. S. (1993). An historical overview of methanogenesis. In J. G. Ferry (Hrsg.), *Methanogenesis*. Chapman and Hall.

Pionierentwicklungen in der Gentechnik

6

Inhaltsverzeichnis

Teile dieses Kapitels sind zuvor in Englisch publiziert worden: In Abschn. 1.5, in Arnold L. Demain, Erick J. Vandamme, John Collins und Klaus Buchholz, 2017, History of Industruial Biotechnology. In: Industrial Biotechnology, Vol. 3a, S. 3–84, Christoph Wittmann, James Liao (Edts.), Copyright Wiley–VCH Verlag GmbH & Co. KGaA, Weinheim, Germany. Reproduced with permission.

K. Buchholz und J. Collins, *Eine kleine Geschichte der Biotechnologie*,
https://doi.org/10.1007/978-3-662-63988-7_6

6.1 Präambel

Neue *konzeptionelle, grundlegende* Erkenntnisse und technische Innovationen führten zu „enabling technologies", Schlüsseltechnologien, die die Biotechnologie (BT) und moderne Medizin transformierten.

Im Folgenden unterscheiden wir zwischen Entwicklungen, die durch *inkrementelle* Teilschritte erfolgten, mit vielleicht geringerem intellektuellem Input oder Fortschritt, und anderen, die mit eher radikalen Schritten erfolgten. So war es, im Gegensatz zu den Ansichten von Berg und Metz, keineswegs eine allgemein akzeptierte Annahme, dass Klonieren über Speziesgrenzen hinweg möglich sei – besonders angesichts der großen Unkenntnis der grundlegenden Unterschiede der Genstrukturen und -funktionen in verschiedenen Spezies. Eine weitere Kategorie von Entwicklungen sind völlig überraschende Erkenntnisse in den frühen Jahren der Klonierung von Genen, die Neuorientierung und ganz neue Forschungsfelder eröffneten. Dies führte zu Schlüsseltechnologien ab etwa 1972/1973. Ein besonderer, ungewöhnlicher Aspekt für die *biologischen* Wissenschaften war zu der Zeit, dass akademische Entdeckungen unmittelbar in technischen Entwicklungen genutzt und in kurzer Zeit industriell (in Start-ups) umgesetzt wurden. Sie ermöglichten so bedeutende Innovationen, oft mit neuen medizinischen Anwendungen. Das bedeutete in vielen Fällen, dass Akademiker zu Unternehmern wurden, was viele der prominenten Wissenschaftler missbilligten, besonders das Patentieren von Gensequenzen und deren Produkten (das notwendig war für die Gewinnung von Investoren für Start-ups). Das galt als unvereinbar mit wissenschaftlicher Offenheit (obwohl patentieren eigentlich „offen legen" bedeutet) und akademischer Freiheit (obwohl Patente nur für kommerzielle Anwendungen Gültigkeit haben).

In diesem Konfliktfeld erfanden Cohen und Boyer eine reproduzierbare Methode für die Klonierung von DNA, die sie erfolgreich erprobten und patentierten und damit die Grundlage für eine Milliarden-Dollar-Industrie legten (s. Kap. 7).

6.2 Konzeptionelle Gedankensprünge führen zu Innovationen

Spezielle Enzyme (Restriktions-Endonucleasen) waren entdeckt worden als Teil molekularer Abwehrmechanismen, um Fremd-DNA, die in die Zelle eingedrungen war, zu erkennen und abzubauen – diese wurden – *in einem gedanklichen*

Umkehrschluss – konzipiert als Werkzeuge, um DNA in Plasmid- oder virale Vektoren einzuschleusen und sie so in reproduzierbarer Weise über Speziesgrenzen hinweg zu transferieren: Es bedeutete den Beginn der Möglichkeiten, DNA nahezu beliebig zu manipulieren. Das gelang 1972–1973 mittels der Restriktionsendonucleasen (R.endos), und neuerdings, seit 2010, mit der Anwendung von CRISPR/Cas9 (eine Art bakteriellem Immunsystem, das spezifische Fragmente von Fremd-DNA erkennt). Letzteres System entwickelte sich zu der besten spezifischen Methode für die Gentechnik und speziell für „site-specific" (also punktgenaue) Mutagenese in einem weitem Spektrum prokaryotischer und eukaryotischer Organismen (Bassett & Ji-Long Liu, 2014). – Die erstere Entdeckung ereignete sich zu einer Zeit, in der die (klassische) pharmazeutische Industrie der Ansicht war, dies sei technisch nicht möglich, *und später, als es doch realisiert wurde, dies sei eine Technologie, die nicht für Produktherstellung akzeptiert oder genehmigt würde.*

Rückblickend kann dieser Schritt als methodischer Gedankensprung gesehen werden, obwohl die einzelnen Komponenten zur Konstruktion von rekombinanten DNA- (rDNA-)Molekülen bekannt waren. Ein Gen ist nicht nur einfach ein Stück DNA. Es ist ein besonderes Stück DNA, das in der richtigen chromosomalen Anordnung und Umgebung die Fähigkeit zur Reproduktion besitzt und in einer spezifischen Zelle –mit entsprechenden regulatorischen Einheiten – kontrolliert (in Protein- [oder RNA-]molekülen) exprimiert werden kann

Im Prozess der Aufklärung der Sequenzen von Genomen (*des Humangenoms*) und zur Nutzung dieser Informationen in der BT, waren mehrere konzeptionelle Durchbrüche erforderlich; im Folgenden sind einige Beispiele angeführt (zu Fachbegriffen s. Glossar):

- David Botsteins Analyse, wie eine Genomkartierung ermöglicht werden könnte („high-resolution genome mapping") und wie dies für die Nutzung in der Humangenetik und Genisolierung eingesetzt werden könnte (Olson et al., 1989; Shortle et al., 1980)
- schnellere und preisgünstigere Analyse mittels besserer Klonierungssysteme zur effizienten Isolierung größerer Genfragmente
- *in der zweiten und dritten Generation der Sequenzierungstechnologien wurden jedes Jahr die Geschwindigkeit verdoppelt und die Kosten halbiert*
- bessere Computersysteme und Algorithmen zur Sequenzanalyse, die die „Shotgun"-Technik zur Analyse ganzer Genome in der letzten Phase des Projekts ermöglichte
- das EST- (Expressed Sequence Tag-)Konzept, das schnelleren Zugang zu protein-codierenden Regionen in Genen erlaubt

- die geniale Konzeption der PCR[1], die völlig überraschend entwickelt wurde (Saiki et al., 1985, 1988)
- die Methode der Affinitätsselektion, in Kombination mit Phage-Display-Ligandenbibliotheken, führte *zur Selektion neuer Funktionen.* Diese oberflächlich neuen Konzepte spiegeln einen natürlichen Prozess bei der Antikörpermaturation in der Natur wider. Dadurch konnten neuartige Funktionen entdeckt und/oder bekannte Eigenschaften von Proteinen optimiert werden (z. B. Bindungseigenschaften, Halbwertszeit im Blut, Enzymspezifität usw.).

Umfangreiche Übersichten, besonders bezüglich der Anfänge der Genklonierung, des Phage-Display, der Anwendungen in der BT und der Entwicklung rekombinanter Antikörper, finden sich in folgenden Referenzen: Buchholz & Collins 2010 Kap. 7; Collins, 1977, 1997; Winnacker, 1987.

6.3 Überraschende Entdeckungen führen zu neuen Forschungsgebieten und -methoden

Einige Entdeckungen erfolgten völlig unerwartet:

- *Gen-Splicing:* Viele codierende Regionen in eukaryotischen Genen, und besonders in Viren, werden durch nichtcodierende Sequenzen (Introns) unterbrochen, die durch den „Splicing-Vorgang“ herausgeschnitten werden müssen, und zwar auf der RNA-Ebene, bevor die Translation (Übertragung in die Proteinebene) erfolgt. Gen-Splicing wurde unabhängig von Sharp (Berget et al., 1977) und Roberts (Chow et al., 1977) entdeckt. Chromosomale Gene mit Introns können deshalb nicht ohne Weiteres nachdem sie in Bakterien kloniert wurden, „exprimiert werden“, d. h. sie können kein normales Proteinprodukt in Bakterien bilden.
- *Der genetische Code ist nicht universell:* Ursprünglich wurde angenommen, der Code sei universell, was auch meist zutrifft, zum Glück für frühe technische Entwicklungen. Ausnahmen von der Universalität des genetische Code sind jedoch früh gefunden worden, wie in der Retrospektive von Sanger (Sanger, 1980) beschrieben.[2] Später wurden weitere Ausnahmen gefunden, sowohl in Hefen als auch in Bakterien (z. B. für lebenswichtigen Seleno-Enzyme).

[1] PCR (Polymerase Chain Reaction). Die Methode wurde bezeichnet als „*the* revolutionary molecular method of the twentieth century“, die winzige Mengen DNA in kurzer Zeit milliardenfach vervielfältigen kann, möglich durch die Entdeckung einer hitzestabilen DNA-Polymerase (Taq 1) und ihre Klonierung (Lawyer et al., 1989). Sie ermöglichte auch die Affinitätsselektion *in vitro* von Genen und die Isolierung von neuen Liganden mit spezifischen Affinitäten oder Funktionen (s. a. Kap. 7).

[2] Die „codon-degeneracy“ (verschiedene Codons codieren für eine Aminosäure) hat zur Folge, dass etwa 30 % von Punktmutationen toleriert werden.

- *RNA-Enzyme:* Die Untersuchung des Splicing führte zur Entdeckung von RNA-Enzymen, was vielfach als Einblick in eine mögliche frühe biochemische Basis in der Evolution angesehen wurde, bevor sich die komplexe Maschinerie der Proteinsynthese herausbildete. Diese Entdeckung trug zur Entwicklung der synthetischen Biologie bei (s. Glossar).
- *Gen-Transfer in Pflanzen:* Die Untersuchungen von Tumoren bei Pflanzen durch Jeff Schell und Marc van Montagu führten zu dem System, das man in der Natur für den Transfer von Genen aus Bakterien *(Agrobacterium tumefaciens)* findet, was zur Entwicklung der Gen-Technik von Pflanzen führte.
- *Kopienzahlvariation* – „gene copy number variation" (GCNV): Die Entdeckung, dass die Genkopienzahlvariation nicht nur kleine Änderung in der DNA-Sequenz bedeutet, sondern einen erheblichen Faktor in der Humangenetik darstellt, war unerwartet. Sie machte das Humangenomprojekt komplizierter.[3]
- *Fehlende Erblichkeit* (geringe klinische Relevanz genetischer Veranlagung): Die bescheidenen Ergebnisse bei der Suche nach Genen, die verbreitete Symptome, wie metabolische Syndrome und die Veranlagung für Krebs, bedingen, war ebenfalls nicht erwartet. Riesige Fördermaßnahmen für diesen Forschungsbereich riefen massive Kritik hervor (Maher, 2008) (obwohl manche noch die Erhöhung des Budgets für das „moonshot"-Projekt zur Bekämpfung von Krebs des US-Vizepräsidenten Biden um 2 Mrd. durch rosa gefärbte Brillen sehen).
- *Epigenetik:* Änderungen in der Umwelt verursachen lang anhaltende Veränderungen in der Gen-Expression, z. B. durch geänderte Methylierung auf der DNA-Ebene und durch vielfältige Modifizierungen von Histon- und anderen Chromatin-Proteinen. Die sog. *epigenetischen Modifikationen* stellen inzwischen ein bedeutendes neues Gebiet in Forschung und Diagnostik dar mit hoher Relevanz für das Gesundheitswesen, auch weil sie, unerwartet, zum Teil weiter vererbt werden können.
- *Die unbekannte mikrobielle Flora:* Das „shotgun sequencing" der DNA umfangreicher mikrobieller Gemeinschaften enthüllte eine überaus große Vielzahl von Mikroorganismen: Mikrobiologen hatten bis in die 1980er Jahre ihre Forschung auf Mikroorganismen beschränkt, die als Reinkulturen im Labor gezüchtet werden konnten. Der erstaunliche neue Befund war, dass vielleicht über 95 % aller Mikroorganismen noch nicht in Reinkultur isoliert worden sind. Das Zellwachstum hängt oft ab von symbiotischen Wechselwirkungen, oder, in einigen Fällen, hört das Zellwachstum bei sehr geringer Zelldichte auf („quorum sensing"). Erstaunlicherweise wurde die weltweit häufigste Spezies, *Pelagibacter ubique,* erstmals in den vollständigen Genomsequenzen entdeckt, die in nahezu allen Proben aus Ozeanen genommen wurden. Das ungeheure Potenzial, das diese Vielfalt mikrobieller Diversität und Spezialisierung darstellt, ist ein Geschenk einerseits für die Grundlagenforschung, besonders für die Umweltforschung,

[3] Das Humangenomprojekt basierte auf gemischter DNA vieler Individuen. Dies machte es erheblich komplizierter wegen der Kopienzahlvariation. Es beeinflusst auch die Methode, mit der Genetiker Patienten auswählen und untersuchen. Hierzu können z. B. Chiparrays benutzt werden (siehe Fußnote 18).

und andererseits für die Industrie hinsichtlich der Entdeckung und Entwicklung neuer Sekundärmetaboliten, wie z. B. Antibiotika. Es bietet ein Feld der Spezialisierung für das „gene-mining", die Suche nach Stoffen auf der genetischen Ebene, für viele Jahre. Das Earth Microbiome Project (EMP) wurde im August 2010 gestartet mit dem anspruchsvollen Ziel, einen globalen Katalog der noch nicht kultivierten mikrobiellen Vielfalt des Planeten zu erstellen.[4]

6.4 Bekannte Methoden, ohne die die Gentechnik nicht möglich gewesen wäre

Die wichtigsten der in der ersten Hälfte des 20. Jahrhunderts entwickelten Methoden seien hier kurz erwähnt, ihr Einfluss auf die Entwicklungen in der Gentechnik fasst Tab. 6.1 zusammen.

- *Zentrifugation: Isolierung von Molekülen unterschiedlicher Größe, Form und/oder Dichte durch Geschwindigkeitsgradienten-Zentrifugation*

  Friedrich Miescher hatte als erster 1869 eine Zellorganelle durch Zentrifugation isoliert (Duve & Beaufay, 1981). Den Extrakt der „Nucleus-Fraktion" menschlichen Eiters, der durch Proteasen „gereinigt" war, und die er „Nucleine" nannte, hat Altmann später Nucleinsäuren genannt, als ihre chemische Natur bekannt war.

  Zentrifugation, zuerst in der Milchwirtschaft angewandt, und Ultrazentrifugation, inzwischen Routinemethoden in biologischen Laboratorien, hat Theodor Svedberg in Uppsala durch seine Arbeiten zur Wissenschaft entwickelt. Die Einheit für die Sedimentationskonstante S (Svedberg $= 10^{-13}$ s), die die relative Größe von Molekülen wiederspiegelt, ist nach ihm benannt. Um die Größe von Proteinen und RNA-Molekülen zu untersuchen, mussten, schon in den 1930er Jahren, sehr große Zentrifugationskräfte erzeugt werden, so z. B. 900.000-fach größere Kräfte als dem Standard-Gravitationsfeld entsprechen. Dies erforderte die Konstruktion von Rotoren, die solchen Kräften standhalten konnten (Koehler, 2003) (noch in den 1960er und 1970er Jahren kamen explosionsartige Brüche der Rotoren in ihren armierten Gehäusen vor).
- *Geschwindigkeitszentrifugation*

  Behrens wandte die Gradientenzentrifugation bei verschiedenen Geschwindigkeiten an, mit Dichtegradienten von Saccharose, mit zunehmender Konzentration zum Boden des Gefäßes hin, um die Rückvermischung der Inhaltsstoffe während der Beschleunigung und des Bremsvorgangs zu verhindern. Die Methode wurde angewandt zur Fraktionierung von Zellen aus Blut oder Gewebeflüssigkeiten und zur Analyse von subzellularen Fraktionen, z. B. Organellen;

[4] Die Vision des EMP ist es, die mikrobielle Vielfalt und das funktionelle Potenzial von ca 200.000 Proben aus der Umwelt zu analysieren und zu erfassen, es zeichnet sich als ein so ambitioniertes Vorhaben aus, dass es ursprünglich als verrückt angesehen wurde.

Tab. 6.1 Labormethoden, die für die rekombinante DNA-Technik essenziell waren

Chromatographie (s. Text)	• Papierchromatographie: erstmalige Analyse von Nucleotiden und (chemischen) Syntheseprodukten; von erblichen Veränderungen in Proteinen; Antiserum-Antigen-Erkennung (Ouchterlony-Methode) • Ausschlusschromatographie (size-exclusion chromatography): reine Enzyme • HPLC- und Gaschromatographie: deren Kombination stellte die grundlegende Methode der Biochemie und Strukturanalyse dar; Sequenzierung der ersten einfachen RNA-Viren; Peptid-Sequenzierung
Elektrophorese: Agarose-Acrylamid-Gele	• Proteintrennung; Isolierung spezifischer DNA-Restriktions-Fragmente; erste DNA-Sequenzierungen; Analyse von Transkriptionsprodukten (Northern Blotting) oder Proteinen (Western Blotting) • Gepulste Feld-(Pulsed-field-)Elektrophorese Isolierung sehr großer (>30 kb) DNA-Fragmente • Isoelektrische Fokussierung (IF): Antigenerkennung; Ladungsänderung in Proteinen • Analyse von Signaltransduktion in Zellen • Kombination von eindimensionaler Chromatographie und IF: zweidimensionale Proteingele: Erkennung Posttranslationaler Modifikationen; Analysenmethode für Proteomics
Zentrifugation	• Gewinnung von Zellpellets, Isolierung von Antikörper-Antigen-Komplexen • Geschwindigkeitssedimentation: Fraktionierung von Organellen; Zellkomponenten, RNA, DNA, Membranen • Ultrazentrifugation: (isopyknische) Trennung von DNA-Strängen, erstes isoliertes, reines Gen; Präparation von Plasmid- bzw. viraler DNA
Elektronenmikroskopie (EM): Länge von DNA-Molekülen	• EM + DNA, oder DNA/RNA-Heteroduplex: Entdeckung von Introns, Transposons, Insertionselementen • Scanning Tunnel-EM 1981): Abbildung einzelner Atome; Bestätigung der DNA-Struktur
Kristallographie	• Erkennung und Trennung von Stereoisomeren (z. B. Spiegelbildisomeren)[a]

(Fortsetzung)

Zellkernen, Chloroplasten, Ribosomen und Mitochondrien (Duve & Beaufay, 1981). Diese frühen Arbeiten waren, seit den 1940er Jahren, maßgeblich für die Entdeckung und Isolierung von molekularen Untereinheiten komplexer Moleküle, wie z. B. den Untereinheiten von Hämoglobin.

Die kontinuierliche präparative Ultrazentrifugation wurde Mitte der 1970er Jahre in großem Maßstab angewandt zur Isolierung von Mitochondrien, Chloroplasten, Ribosomen oder RNA-Molekülen aus Zelllysaten.

Tab. 6.1 (Fortsetzung)

Röntgenstrukturanalyse	• Bestimmung der absoluten, räumlichen Struktur; erste Proteinstrukturen; in Kombination mit hoher Computerleistung: Protein-Design
Lasermarkierte Fluoreszenztechnologien	• Flow-Cytometrie (Zell-Sortierung): erstes Hochdurchsatzscreening; mit Antikörpern Detektion der Zelldifferenzierung bzw. unterschiedlicher spezifischer Zelltypen • Kombination mit „gene expression tags" (EST): Analyse der Zelldifferenzierung *in vivo* • Einzel-Molekül-Fluoreszenz (1992): Analyse intrazellulären Transports; neue Methoden der Messung intermolekularer Affinitäten, z. B. beim Screening von Wirkstoffen (Evotec)

[a] s. Kap. 3, Pasteurs Arbeiten hierzu

- *Isopyknische, Dichtegradientenzentrifugation*
  Bei der Hochgeschwindigkeitszentrifugation (z. B. über mehrere Tage bei über 300.000 g) bilden große Moleküle in einem Dichtegradienten von Schwermetallsalzen (wie Cäsiumchlorid) diskrete scharfe Banden entsprechend ihrer spezifischen Dichte. Mit dieser Methode konnte gezeigt werden, dass der Transfer von Antibiotikaresistenz zwischen Bakterien manchmal verbunden ist mit der Aufnahme von „Satelliten-" oder „episomaler" DNA, die sich in ihrer Dichte von Chromosomen unterscheidet (Cohen, 2013). Einzelne Stränge bakterieller Viren konnten in isopyknischen Gradienten isoliert werden, nachdem ihre DNA aufgeschmolzen und mit synthetischem (rI:rC; ribo-Inosin:ribo-Cytosin) hybridisiert war. Diese Methode war auch eine wesentliche Voraussetzung für die Isolierung des ersten reinen Genfragments 1968, also vor der Ära der Genklonierung (Shapiro et al., 1969).

1967 gelang es Vinograd und Mitarbeitern, mittels Ultrazentrifugation Plasmid-DNA zu isolieren und analysieren, und zwar durch Bindung von interkalierenden Farbstoffen wie Ethidiumbromid (Hirt, 1967; Radloff et al., 1967). Das ermöglichte die zuverlässige Identifizierung und Reinigung von Plasmid- oder viraler DNA in großem Maßstab, auch wenn sie von gleicher spezifischer Dichte war (betr. des AT/GC-Verhältnisses) wie das Gastchromosom. Es war die hauptsächlich angewandte Methode in den frühen 1970er und Mitte der 1980er Jahre für die Plasmidisolierung. Die Tatsache, dass Ethidiumbromid-DNA-Komplexe in starkem Masse im UV-Licht fluoreszieren, ermöglichte die hochempfindliche Detektion von DNA in Gelen, erleichterte das Restriktionsmapping (Analyse und Gewinnung der Bruchstücke nach Spaltung durch Restriktionsenzyme), und später die Analyse von Produkten der PCR[5] (z. B. die Fingerprint-Methoden, entwickelt durch Alec Jeffreys 1985).

6.4.1 Röntgenstrukturanalyse und Kristallographie: Einblick in die molekulare Struktur auf der atomaren Ebene

Die Entdeckung der Beugung von Röntgenstrahlen durch Kristalle durch von Max von Laue 1912 führte zu der Erkenntnis, dass deren Atome in geordneten Weise im Raum angeordnet sind. William Henry Bragg verfeinerte das Röntgenspektrometer für die Anwendung von Röntgenstrahlen definierter Wellenlänge. Sein Sohn, William Lawrence Bragg, entwickelte mathematische Methoden, um damit die Position der Atome im Kristall zu bestimmen. Die Berechnungen erfolgten anfangs „von Hand" für einfache Mineralsalze. Die Weiterentwicklung der Methode für Proteine erforderte schnelle Computer und die Verbesserung bzw. Verfeinerung des Röntgenstrahls (z. B. am DESY-Synchrotron) und darüber hinaus immer leistungsfähigere Hochgeschwindigkeits-Datenerfassung der gebeugten Strahlen. Die Kosten der Instrumente erlaubte Anfangs die Einführung der Technik nur an wenigen Zentren. Diese entwickelten sich zu Exzellenzzentren der molekularen Biologie, die hervorragende Wissenschaftler anzogen und somit zu schnellen Fortschritten führten. Das zeigte sich darin, dass, im Zeitraum von 1904 bis 2012, 41 Mitglieder einerseits des Cavendish Laboratory, andererseits des Laboratory for Molecular Biology (LMB) der Universität Cambridge (UK), den Nobelpreis erhielten, Fred Sanger zweimal (Brownlee, 2014; Chadarevian, 2002).

6.4.2 Gelelektrophorese (Chromatographie im elektrischen Feld): Entdeckung von Produkten mutierter Gene

Elektrophorese als bedeutende analytische Methode begann 1937 mit den Arbeiten von Arne Tiselius, einem Studenten von Svedberg. Damit entdeckte Oliver Smithies 1950, als Erster, veränderte Proteinstrukturen, die mit erblichen Defekten assoziiert waren. Bei erblicher Thalassämie treten veränderte Globin-Konformationen mit verminderter Affinität für Sauerstoff auf, die unterschiedliche Wanderungsgeschwindigkeiten des Proteins bei der Zonenelektrophorese in Stärkegelen verursacht.

[5] PCR (Polymerase Chain Reaction). Die Methode wurde bezeichnet als „*the* revolutionary molecular method of the twentieth century", die winzige Mengen DNA in kurzer Zeit milliardenfach vervielfältigen kann, möglich durch die Entdeckung einer hitzestabilen DNA-Polymerase (Taq 1) und ihre Klonierung (Lawyer et al., 1989). Sie ermöglichte auch die Affinitätsselektion *in vitro* von Genen und die Isolierung von neuen Liganden mit spezifischen Affinitäten oder Funktionen (s. a. Kap. 7).

6.4.3 Proteinsequenzierung

Fred Sanger begann 1943 in Albert Chibnalls neuer Gruppe in Cambridge (UK) die Proteinsequenzierung zu entwickeln. Insulin war schon in reiner Form von der pharmazeutischen Industrie verfügbar. Sanger entwarf ein Sequenzierungsprotokoll, das die spezifische chemische Modifizierung der äußeren Aminogruppen beinhaltete. Nach partieller Hydrolyse des Insulins (u. a. mit sauren Proteasen) fraktionierte er die Produkte mit zweidimensionaler Papierchromatographie, in einer Richtung mittels Elektrophorese, in der anderen durch Lösungsmittel. Mit Ninhydrin färbte er die Hydrolyseprodukte im Papier. Diese „Fingerprints" konnten im Sinne einer Sequenz interpretiert werden, zu Beginn nur in der Nähe der Aminoenden der Peptide. Die vollständige Sequenz, einschließlich der Position der Disulfidbrücken, die die beiden Ketten verbinden, wurde 1955 ermittelt. Die Untersuchungen *zeigten endgültig, dass Proteine nicht amorph sind, sondern aus definierten Polypeptidketten mit spezifischer Sequenz und festgelegter dreidimensionaler Struktur bestehen,* wie auch ab 1953 die Röntgenstrukturanalysen, insbesondere die Arbeiten von Dorothy Hodgkin, zeigten (Hodgkin, 1979). Diese Daten führten später, zusammen mit der Analyse der linearen DNA- und RNA-Sequenzen sowie die Entdeckung der *transfer*-RNA (t-RNA), die die Translation der *messenger*-RNA (mRNA) ermöglicht, zum Konzept, nach dem der Informationsfluss von der genetischen Ebene in Form von linearen Strukturen, von DNA zu RNA, von RNA zu Protein verläuft – dem *„zentralen Dogma"* der Genetik und der Molekularbiologie. Mit weiterer Sequenzaufklärung und der kombinierten Anwendung der Oligonucleotidsynthese und der In-vitro-Proteinsynthese konnten die Regeln dieses hochpräzisen Informationsflusses und des genetischen Codes ermittelt werden.

6.4.4 Sequenzierung von Nucleinsäuren – Vorspiel: Phagen-, Bakteriengenetik und Biochemie, das Genkonzept

Die Bakteriengenetik, vor allem die Bakteriophagengenetik, war begründet worden durch Max Delbrück, Salvador Luria und ihre Schüler ab 1943 in Pasadena.[6] Die dabei erzielten Fortschritte sowie die Biochemie ermöglichten die Herstellung der Proteinprodukte von Genen (Cairns, 1966). Sie ermöglichten auch deren erste Analyse und die Entdeckung, dass einige zusammen regulierte und induzierbare Gencluster (Operons) auf Plasmiden und Bakteriophagen angeordnet waren, die

[6] Niels Bohr hatte das Interesse von Max Delbrück an der Anwendung von Mathematik und Physik in der Biologie geweckt. Später gründete Max Delbrück ein Institut für molekulare Genetik an der Universität Köln mit dem Ziel, die Möglichkeiten interdisziplinärer Forschung im Departmentsystem zu demonstrieren. Das Institut für Genetik wurde 1962 mit einem Vortrag von Niels Bohr über „Light and Life – revisited" eröffnet, der an seinen ursprünglichen im Jahr 1933 anknüpfte, und durch den das Interesse von Max Delbrück an der Biologie geweckt worden war.

zwischen Bakterien transferiert werden konnten (durch Konjugation, Transformation oder Transduktion). Kurze synthetische Oligonucleotide und RNA-Viren waren die ersten reinen Einzelstrangnucleinsäuren, die für die Sequenzierung vor der Klonierung von Genen verfügbar waren.

Proteine, die die Gentranskription kontrollieren, wurden isoliert durch Bindung an Bakteriophagen (Phagen oder Bakterienviren), z. B. für das Lactose-Operon (*Qbeta*-dlac) oder für den Phagen λ (*lambda*). In den späten 1960ern wurde die genaue molekulare und biochemische Wechselwirkung ermittelt, die die Genexpression durch das bakterielle lac-Operon kontrolliert, fünf Jahre, bevor das Klonieren von Genen entwickelt wurde.

Die erste Isolierung eines Genfragments gelang vier Jahre vor der Genklonierung (Shapiro et al., 1969). Dies wurde sofort von der New York Times verkündet als Beginn einer Revolution, der geplanten Genetik, ähnlich derjenigen, die Aldous Huxleys Roman „Brave New World" beschrieb, und die damit die gesellschaftliche Selbstkritik in der Forschung einläutete (s. u.; der erste funktionelle DNA-Abschnitt wurde 1968 von Dale Kaiser sequenziert, die *cos*-Stelle von λ-Phagen: Hier klingen vielleicht erst recht die Glocken, die die Genklonierungsära einläuteten, weil dadurch ein *Mechanismus entdeckt wurde, der die Verbindung von zwei DNA-Fragmenten ermöglicht*).

Der Beginn des Sequenzierens In den späten 1960ern waren kleine RNA-Moleküle, z. B. tRNA und RNA-Viren, gereinigt worden. Die Sequenzierung der Viren erfolgte 1969 in den Gruppen von Fiers und Weizmannn. Die Gruppe von Sanger war wesentlich in vielen der Entwicklungen in dieser frühen Periode. Die Sequenzierung erforderte hochgereinigte tRNA mittels der neu entwickelten DEAE-Cellulose-Ionenenaustausch-Chromatographie und der Gegenstrom-Chromatographie. Damit konnte die Gruppe von Holley erfolgreich die Hefe-Alanin-tRNA mit 77 Basen sequenzieren, das erste sequenzierte RNA-Molekül (Holley, 1965; Sanger, 1971). Untersuchungen zur In-vitro-Translation linearer Einzelstrang-RNA oder Einzelstrang-DNA-Viren (ssDNA) waren wesentlich für die Bestätigung der „codon degeneracy" (verschiedene Codons codieren für eine Aminosäure), und der Universalität des genetischen Code.[7] Die erste vollständige Genomsequenz des MS2 RNA-Virus ermittelte 1976 das Labor von Walter Fiers in Ghent (B) (Fiers et al., 1976). Sanger und Weissmann waren die Pioniere der Oligonucleotidsequenzierung mittels hochradioaktiver RNA mit ^{32}P-Labeln sowie vollständiger oder partieller enzymatischer Hydrolyse, Trennung durch Sedimentationszentrifugation und Chromatographie der Hydrolyseprodukte. Gilbert und Maxam ermittelten 1973 die 23 Basenpaare lange dsDNA Sequenz des lacO (Operator) mittels chromatographischer Trennung der chemischen Abbauprodukte (Gilbert & Maxam, 1973).

Für die Sequenzierung von RNA waren zwei Enzyme erforderlich: 1. Ribonuclease aus Rinderpankreas, die nach Pyrimidin (C oder U) spaltet; sie wurde zu

[7] Die „codon-degeneracy" (verschiedene Codons codieren für eine Aminosäure) hat zur Folge, dass etwa 30 % von Punktmutationen toleriert werden.

einem klassischen System für wissenschaftliche Studien, nachdem Armour & Co, das Hotdog- (Würstchen) Unternehmen, ein Kilogramm des Enzyms gereinigt und es an Wissenschaftler verteilt hatte (Wikipedia), und 2. Takadiastase-Ribonuclease T1, die in 3'-Position bei Guanosin (G) spaltet. Jedes der drei kleinen gebildeten Fragmente wurde, nach weiterem Abbau durch Schlangengift-Diesterase, von den 3'-Enden her analysiert.

Chemischer Abbau und End-Labeling (-Markierung) Das Oligonucleotidsequenzieren begann mit einer typischen chemischen Analyse von sehr kurzen Produkten der chemischen Oligonucleotidsynthese. Dies umfasste z. B. chromatographische Trennungen mit verschiedenen Lösungsmitteln vor und nach partiellem chemischen Abbau durch Reaktionen für die basenspezifische Spaltung chemischer Bindungen (z. B. spezifisch für Purin-Pyrimidin-Bindungen). Dies erforderte relativ große Mengen an Chemikalien. So erfolgten die erwähnten erstmaligen Ermittlungen von Gensequenzen, also ohne die Methode des Genklonierens. Jedoch war die routinemäßige Anwendung des Sequenzierens erst möglich, als die DNA-Klonierung und Restriktionsendonucleasespaltung die Isolierung spezifischer DNA-Fragmente ermöglichten (Gilbert, 1980; Maxam & Gilbert, 1977). Das End-Labeling mit P^{32}-Phosphat hing ab von der Verfügbarkeit von Oligonucleotid-Dephosphorylase und -Kinasen, die für die Verteilung an Laboratorien identifiziert, produziert und gereinigt werden mussten (s. Tab. 6.2). Charakteristisch für diese Periode war es – bevor die Belieferung neuer rDNA-Laboratorien mit Biochemikalien durch Firmen erfolgte –, dass jede Gruppe einige Schlüsselenzyme oder Vektoren selbst herstellte und mit anderen Laboratorien austauschte, auch z. B. gegen Wirtsstämme und Vektoren, sowohl mit inländischen als auch mit ausländischen Gruppen. Internationale Restriktionen für rDNA-Arbeiten, aber auch kommerzielle Interessen an solchen Produkten, behinderten später diese Praxis vehement. Diese „glücklichen Tage" sind in „Golden Helix" und „Genome Wars" beschrieben, um nur zwei Buchtitel zu nennen, die den Aufbruch der molekularen Genetik in den Jahren von 1980 bis 1990 beschreiben (Kornberg, 1995a).

Oligonucleotid-Primer-Verlängerung auf einer Einzelstrang-DNA (Sanger-Sequenzierung) Ursprünglich wurden (radionuclid-)end-markierte Primer verlängert in vier separaten basenspezifischen, die Synthese abschließenden Reaktionen in Gegenwart kleiner Mengen den Strang terminierenden Dideoxynucletid-Triphosphate, zusätzlich zu den normalen vier Deoxynucleotid-Triphosphaten (dT, dA, dG, und dC; dNTPs), eine Methode, die Sanger und Alan Coulson 1977 entwickelt hatten (Sanger, 1980; Sanger et al., 1977; García-Sancho, 2010). Diese beiden Wissenschaftler waren auch die treibenden Kräfte bei der Entwicklung des Sequencing Center in Cambridge, das einen bedeutenden Beitrag zum Humangenom-Sequenzierungsprogramm leistete (heute als Sanger-Center bezeichnet).

Automatisierung des Sequenzierens, Sequenzieren in großem Maßstab Die Methoden unterscheiden sich in verschiedenen Parametern, wie der Länge einer Sequenz, die zuverlässig ohne Fehler (Rohfehler-Rate) gelesen werden kann, der durchschnittlichen Geschwindigkeit (Basensequenz je Sekunde) und den Kosten. Die Steigerung der Geschwindigkeit und die Reduktion der Kosten betrug jeweils

Tab. 6.2 Die Gentechnik und das Sequenzieren erfordern hoch gereinigte und gut charakterisierte Enzyme

Enzyme	Anwendung	Entdeckung/Literatur
Alkalische Phosphatase (Rinder-Thymus)	Abspaltung terminalen 5'-Phosphats vor P^{32-}Markierung	Morton (1955)
Polynucleotid-Kinase	Endmarkierung von Oligonucleotiden (synthetische oder dephosphorylierte; mehrere Sequenziermethoden)	Novogrodsky et al. (1966)
HaeIII-Restriktionsendonuclease	Gewinnung spezifischer Fragmente mit stumpfen („blunt") Enden; spezifische Spaltung von SV40DNA	Smith und Wilcox (1970) Danna und Nathans (1971)
EcoRI-Restriktionsendonuclease (repräsentativ für Hunderte)	Herstellung spezifischer Fragmente mit kohäsiven (klebenden) Enden	Boyer (1971)
Terminale Transferase (TdT)	Anfügung von Oligonucleotid-Endstücken an ds-, randomartige Oligonucleotide (Zusammenfügen von randomartigen DNA-Fragmenten; Klonierung von cDNA); Nachweis apoptotischer Zellen	Merz und Davis (1972); Bollum (1960)
DNA-Ligase (aus *E. coli*/T4-Phage)	Kovalente Kopplung von DNA-Fragmenten mit kohäsiven Enden	Kornberg et al. (1966)
Exonuclease I	Trimmen von Einzelstrangenden von dsDNA	Lehmann und Nussbaum (1964)
Exonuclease III (λ-Phagen)	Herstellung von 3'-ssDNA-Überhängen von 5'-PO_4-dsDNA	Sriprakash et al. (1975)
DNA-Polymerase I *(Klenow-Fragment)*	Effiziente DNA-Synthese von einer Vorlage (ohne Exonuclease)	Kornberg et al. (1956); Klenow und Henningsen (1970)
Reverse Transkriptase (AMV)	Ermöglicht die Synthese eines DNA-Strangs komplementär zu einer mRNA	Temin und Mizutani (1970)
RNAse H	Baut RNA ab in RNA/DNA-Hybriden	Stein und Hausen (1969)

(Fortsetzung)

Tab. 6.2 (Fortsetzung)

Enzyme	Anwendung	Entdeckung/Literatur
S1-Einzelstrang-Nuclease	Verdaut Einzelstrang-DNA und ssDNA-Verlängerungen/Enden von dsDNA Analyse von DNA/DNA- oder DNA/RNA-Hetero-Duplex	Ando (1966) Vogt (1973)
Bal31-ss-Endonuclease	Progressive Deletion von ds-DNA-Enden (verursacht Deletionen)	Gray et al. (1975)
Taq-DNA-Polymerase, hitzestabil (aus *T. aquaticus*)	PCR, DNA-Vervielfältigung – Grundlage für das Sequenzieren der zweiten Generation	Chien et al. (1976) Lawyer et al. (1989)

über das Millionenfache in den letzten 25 Jahren, eine Entwicklung, die dramatischer war, als es „Moore's Gesetz" für die Computertechnologie beschreibt. Dieses prognostiziert eine Verdoppelung der Geschwindigkeit und Halbierung der Kosten alle zwei Jahre. Die Raten für das Sequenzieren liegen eher bei Verdoppelung und Halbierung in jeweils einem Jahr. Entscheidende Faktoren für die Entwicklung der verschiedenen Sequenziertechnologien waren, wie zuvor erwähnt, die Entwicklung der PCR[8] (insbesondere der Emulsions-PCR, wie in den 454er Sequenzier-Automaten, die „pyrosequencing" nutzen), die Reinigung der Enzyme (Tab. 6.2), die in den Sequenzierungsschritten eingesetzt werden, neue chemische Methoden, wie reversibel terminierende Desoxynucleotide gekoppelt an verschiedene Fluoreszenzpigmente, die in unterschiedlichen Farben fluoreszieren (statt des Einbaus radioaktiver Nuclide) für jeden Basentyp. Eine signifikante Verbesserung wird mit den Laser-Detektionsmethoden wie dem Microarray-Scanning erzielt. Die Mega-Sequenziertechnologien, wie sie z. B. die Illumina und die Applied Biosystems seit etwa 2008 anwenden, scannen simultan Millionen an Sequenzierungsreaktionen von „clonal amplicons", die in Zufallspositionen („random") auf einer Oberfläche immobilisiert sind.

Sequenzier-Methoden der nächsten Generation Pettersson et al. (2008) geben einen hervorragenden Review über die vorangehenden und laufenden Entwicklungen brillanter Prinzipien und ihre Anwendung in den Generationen der Sequenziertechnologien bis 2009.

Ein Unternehmen, das DNA-Sequenzier-Apparate baut, lieferte im Januar 2016 eine Maschine, die 1800 Gigabasenpaare (10^9) analysiert, ausgehend von

[8] PCR (Polymerase Chain Reaction). Die Methode wurde bezeichnet als „*the* revolutionary molecular method of the twentieth century", die winzige Mengen DNA in kurzer Zeit milliardenfach vervielfältigen kann, möglich durch die Entdeckung einer hitzestabilen DNA-Polymerase (Taq 1) und ihre Klonierung (Lawyer et al., 1989). Sie ermöglichte auch die Affinitäts-Selektion *in vitro* von Genen und die Isolierung von neuen Liganden mit spezifischen Affinitäten oder Funktionen (s. a. Kap. 7).

einer Sequenz mit einer Leserate von 6 Mrd., jede mit 2 × 150 bp (Basenpaaren) *je Durchgang*. Dies ist weit mehr, als erforderlich ist, um das ganze Humangenom mit hoher Genauigkeit zu sequenzieren. Der nächste erforderliche Paradigmenschub ist eine neue Methode, um das Datenvolumen zu verarbeiten. Dazu wurden neue Zeitschriften etabliert, z. B. „GigaScience", das seit 2011 als Open-Access-Journal erscheint.

6.5 DNA: Der Transfer und die Selektionierung in lebenden Zellen

1943 hatten Avery, MacLeod und McCarty gezeigt, dass der Transfer von DNA (nicht von RNA, Proteinen oder Lipiden) korreliert mit der Vererbung einer veränderten Eigenschaft (z. B. dem Phänotyp) in den Empfängerzellen von Streptokokkenzellen (Pneumokokken). Der Effekt war zu beobachten sowohl auf der Ebene der Kolonienmorphologie (Polysaccharidproduktion, wenn die Zellen auf Oberflächen wuchsen) als auch bezüglich der Pathogenität der Zellen nach Injektion in Mäusen. Dieser Befund stimulierte Mikrobiologen und Biochemiker, DNA genauer zu untersuchen, was schließlich in der Röntgenstrukturanalyse von Kristallen kulminierte. Röntgenbeugungsmuster von DNA-Kristallen, die Rosalind Franklin ermittelt hatte, wurden vorzeitig von Watson und Crick genutzt. Sie entwarfen versuchsweise ein Modell der DNA-Struktur, das sie in einer Mitteilung von einer Seite Länge im April 1953 an Nature schickten. Das Modell stellte ein Molekül von symmetrischer Schönheit dar, das implizierte, es könnte einen geeigneten Träger für genetische (vererbbare) Information in Form eines langen linearen Codes darstellen. Die Anwesenheit eines antiparallen Strangs wurde gedeutet als geeignetes Templat (Vorlage), das Replikation, Mutation und Korrektur erlaubt. Die Struktur des Modells lag in den wesentlichen Eigenschaften sehr nahe bei der wirklichen (später bestätigten) Struktur und wurde schnell akzeptiert. In den 1970ern wurde der DNA-Transfer doppelsträngiger „supercoiled" (Helix-)DNA durch Transformation in Bakterien erkannt und führte zu der Beobachtung, dass entsprechende Plasmide oft antibiotische Resistenzgene übertragen (Cohen, 2013; Falkow, 2001).

Eine parallele Entwicklung von vergleichbarer Bedeutung zu der von Avery und Mitarbeitern war der Versuch, die „Transformation" durch DNA auf tierische Zellen zu übertragen. Um dies zu demonstrieren stellte Szybalski „nonreverting" Mutanten im Purin-Syntheseweg (hinsichtlich des Hypoxanthin-Guanin-Phosphoribosyltransferasegens, *hgprt*) bei humanen Zelllinien her.[9] Die Expression des aktiven *hgprt*-Gens ermöglichte die Selektion, positive oder negative, auf einem speziellen Medium (HAT-Medium). Diese Mutanten waren ähnlich jenen, die später bei dem Lesch-Nyhan-Syndrom entdeckt wurden. Der Transfer

[9] Bei Mutanten bez. des Hypoxanthin-Guanin-Phosphoribosyltransferasegens (HGPRT, ein abbauendes Enzym) unterbindet die Mutation die Xanthin- und Uracilsäuresynthese.

der DNA von normalen Zellen auf Mutantenzelllinien ermöglichte die Selektion stabiler „Wild-Typ"-Zellen, deren DNA wiederum andere Mutanten-Zelllinien „transformieren" konnten (Szybalska & Szybalski, 1962). Dies stellte einen Durchbruch dar, der die Analyse humaner und anderer eukaryotischer Gene *in vitro* und die Selektion von Zellfusionen ermöglichte. Solche *Hybridoma-Zellen* wurden genutzt, um erstmals monoklonale Antikörper (mABs) zu produzieren oder Zelllinien, die eine begrenzte Zahl humaner Chromosomen enthalten. Man könnte im *Nachhinein tatsächlich diese Entdeckung von 1962 neu bewerten und sie als eigentlichen Beginn des „genetic engineering", der Gentechnik, betrachten!*

Die Herstellung selektierbarer Vektoren zur Anwendung in tierischen Zellen nutzte oft das System von Szybalski oder weitere Entwicklungen, die auf Methoden basierten, die auf den Purin-Syntheseweg abzielten. Bacchetti und Graham z. B. hatten 1977 die Thymidin-Kinase aus *Herpes simplex* in eine humane Zelllinie übertragen, allerdings mit sehr geringer Effizienz (Bacchetti & Graham, 1977) ; Mulligan und Berg entwickelten *erst 1981* ein Selektionsprotokoll für die Expression eines Gens aus *E. coli* in einen eukaryotischen Vektor (Mulligan & Berg, 1981).

6.6 Genklonierung bis 1973: Die Ära der modernen Biotechnologie beginnt auf der Grundlage der molekularen Biologie

6.6.1 Voraussetzungen des Klonierens: Biochemie der Nucleinsäuren und Enzymologie

Die Möglichkeiten, DNA-Moleküle zu markieren, zu manipulieren und modifizieren, hingen weitgehend von der Verfügbarkeit reiner, gut charakterisierter Enzyme ab, die in Tab. 6.2 angeführt sind.

6.6.2 Die Anwendung bekannter Methoden, oder ein konzeptioneller Sprung: Details

Insbesondere Plasmide und Viren haben ihre eigenen komplexen Multikomponentenstrukturen (Pili und virale Kapseln), um DNA in Gastzellen zu übertragen, mit sehr begrenztem Spektrum. Oft haben Plasmide und Viren selbst Modifikations- und Abbausysteme für Fremd-DNA, um Konkurrenz zu verhindern und/oder ihre Gastzellen zu zerstören. Der laterale DNA-Transfer (Konjugation, Transduktion) zwischen verwandten Bakterienarten war bekannt, oft promisk und weitverbreitet. Oft wird dies erst bemerkt, wenn starker Selektionsdruck, z. B. antibiotischer, herrscht, d. h. in Abwesenheit eines solchen Selektionsdrucks ist dies selten zu beobachten. Die Verbreitung antibiotischer Resistenz war jedoch ein besonderer Grund für Besorgnis von Ärzten und für das Gesundheitssystem und ein Hauptgegenstand der Forschung etlicher Mikrobiologen, wie von Stanley Falkow und

Stanley Cohen in Kalifornien, die unter den Ersten waren, die die Idee der Klonierung von DNA entwickelten (s. ausführlicher in Abschn. 7.1). Die Diskussion zwischen Boyer und Cohen in der Gegenwart dreier anderer, insbesondere Falkow, wird als Kristallisationspunkt der Konzeption und Umsetzung des Genklonierens angesehen, auch als unmittelbarer Ausgangspunkt für Boyer, der 1976, zusammen mit dem Venture-Kapitalisten Swanson, Genentech gründete. Zumindest für Cohen und Falkow war anzunehmen, dass die Isolierung spezifischer DNA-Fragmente (Restriktionsfragmente) und ihre (Über-)Produktion in reiner Form (Herstellung rekombinanter Plasmide von den Klonen) eine naheliegende Methode war, um die Struktur und Funktion von Plasmiden zu untersuchen, die ja die promiske Verbreitung antibiotischer Resistenz in Pathogenen verursachten (Berg & Mertz, 2010; Cohen, 1982, 2013; Cohen et al., 1972; Falkow, 2001; Silver & Falkow, 1970; Hughes, 2009). Der Ansatz, Speziesgrenzen zu überspringen, mit dem Ziel, pharmazeutische Produkte herzustellen, war vermutlich eher eine Perspektive Boyers, ein Konzept, das es ihm ermöglichte, Investoren, insbesondere den Risikokapitalisten Swanson, zu überzeugen, dass therapeutische Proteine in Bakterien hergestellt werden könnten. Dies stand im Gegensatz zu der allgemeinen Überzeugung, dass erhebliche Schwierigkeiten überwunden werden müssten, wie sie in der nachfolgenden Übersicht zu dem Stand des Wissens zu der Zeit angeführt sind.

Unwägbarkeiten bei dem Gentransfer und der Expression über Speziesgrenzen hinweg Unter solchen Unwägbarkeiten, die bedeuteten, in welchem Maße es undurchführbar wäre, Gene über Speziesgrenzen hinweg zu transferieren und zu exprimieren, waren folgende:

- Es war völlig unklar, ob der genetische Code vollständig universell sei (er ist es nicht).
- Die Proteinsekretion wird oft durch Protein-Membran-Komplexe vermittelt, die spezifische Zielproteine erkennen.
- Es existieren Hunderte posttranslationale Modifikationen von Proteinen (proteolytische Prozessierung, Ergänzung chemischer Gruppen oder Seitengruppen), die oft die immunogenen Eigenschaften, die Funktion, die Löslichkeit u. a. determinieren. Dieses Gebiet war weitgehend unerforscht.
- Kleine Peptide werden in Bakterien beseitigt bzw. abgebaut.[10]
- Wenig war bekannt über die Proteinfaltung. Oft sind Chaperone (Helferproteine) für die korrekte Faltung und die Assemblierung (Zusammenlagerung von Untereinheiten) von Proteinen erforderlich. In Bakterien herrschen geringe Sauerstoffkonzentrationen, unter denen sich keine Disulfidbrücken bilden, im Gegensatz zu den oxidierenden Bedingungen im Zytoplasma von Eukaryoten.

[10] Hierzu ist zu anzumerken, dass die Annahme, Somatostatin sei das erste Peptidgen gewesen, das in *E. coli* kloniert und exprimiert wurde, technisch nicht korrekt ist. Ein großes, chimäres Protein war schon zuvor exprimiert, aus dem Bakterium isoliert und chemisch gespalten worden, wobei das Peptidfragment erhalten wurde (Itakura et al. 1977a, b).

- Die hochgeordnete Faltung von DNA in Chromosomen existiert nur in Eukaryoten. Ihre Rolle bei der Genexpression war unbekannt.
- In Eukaryoten war die regulierte Sekretion, die Bindung an und die Ablösung von Proteinen von Organellen nicht verstanden.
- Einige DNA-Strukturen sind instabil, sie können zu anderen Orten springen (Deletion und Insertion) oder invertieren (bei Pflanzen hat das Barbara McClintock entdeckt; wiederentdeckt wurden in Bakterien Insertionselemente, Transposons, Nucleasen, CRISPR usw., die insbesondere gegen Fremd-DNA gerichtet sind und diese destabilisieren).
- Sequenzen mit invertierter Spiegelsymmetrie, sogenannte „Palindrome“, sind extrem instabil (nicht oder sehr schwer klonierbar) in Prokaryoten. Die Stabilität von „direct repeats“ (Wiederholungselementen) ist unterschiedlich zwischen Pro- und Eukaryoten.
- GC-Methylierung, verbreitet in eukariontischer DNA, führt zu DNA-Abbau in den meisten *E.-coli*–Zellen.
- Der Effekt genetischer Last„(Überlastung“) war unverstanden. Rekombinante Organismen unterliegen normalerweise einem schweren Nachteil in natürlicher Umgebung. Unter strengen Selektionsbedingungen können rekombinante Organismen im Labor überleben. Dennoch geht die rDNA ohne ständigen Selektionsdruck meist schnell verloren, z. B. bei hohen Transkriptionsraten.
- Weiterhin konnten, wegen des noch unbekannten Phänomens des „Genspleißens“, eukaryotische Gene mit Introns (die meisten) keineswegs direkt in Prokaryoten ein korrektes Genprodukt bilden (Jakubowski & Roberts, 1994).

Bei Berücksichtigung der vorstehend angeführten Randbedingungen herrschte 1971 die Ansicht vor, dass Gentransfer, kontrollierte Genexpression und stabile Vererbung, speziell über Speziesgrenzen hinweg, unwahrscheinlich wären oder dass sie zu degenerierten, instabilen Hybriden führten, mit geringer Expression, die ungeeignet wären als Ausgangspunkt für biotechnologische Produkte. Dieser Meinung war die überwiegende Mehrzahl des Managements der klassischen pharmazeutischen Industrie, bis zur Ankündigung, dass das rekombinante Insulin von Genentech 1984 für die klinische Anwendung zugelassen wurde.

Ende 1974 wurde offensichtlich, dass Genklonierung eine allgemein anwendbare Methode war, zumindest für akademische Labors, um die Struktur und Funktion von Genen zu untersuchen. 1977 begann sich die DNA-Sequenzierung als eine allgemein angewandte Methode zu etablieren. Zahlreiche Gruppen von Forschern arbeiteten intensiv daran, die praktischen Konsequenzen der oben angeführten Grenzen zu analysieren und zu verstehen; viele wandten sich speziesspezifischen Klonierungs- und Expressionssystemen zu, andere befassten sich weiterhin damit, die Interspeziesexpression und die Probleme der Proteinfaltung zu überwinden. Die Komplexität der posttranslationalen Proteinmodifizierung, wie z. B. die Glykosylierung, wurde endgültig erst durch Kultivierung von Zellen höherer Organismen für die Produktion wichtiger Pharmazeutika beherrscht, wie z. B. humane tPA, EPO, Interferone und mABs (Buchholz & Collins, 2010; s. Kap. 7).

Beginn der Genklonierung Das Konzept bzw. der Beginn der Genklonierung wird allgemein in dem Paper von Paul Bergs Labor von 1972 gesehen (Jackson et al., 1972). Berg selbst jedoch räumt ein, dass diese Publikation keinerlei neue Methodik beschreibt und dass die Gruppe die meisten der Schlüsselenzyme geschenkt erhielt (Berg & Mertz, 2010).[11]

Das Schlüsselprinzip der Berg-Lobban-Methode, das als neu angesehen wurde, lag darin, zwei Oligonucleotide durch „Overlapping"- (Überlagerungs-) Hybridisierung zusammenzufügen, Einzelstrangregionen auszufüllen und mittels DNA-Ligase zu verbinden. Das war allerdings schon in Khoranas Labor als ein Schritt in der Synthese eines vollständig synthetisierten Gens für eine tRNA demonstriert worden (Kleppe et al., 1971). Die Methode fand wenig Anwendung, da die einfachere und effizientere Methode von Cohen und Boyer dafür bevorzugte wurde. Eine Schlüsselentdeckung in Bergs Labor war die Ligation (Verbindung) zum kreisförmigen Molekül („circular ligation") von DNA, die mit EcoRI geschnitten war, durch Metz, wobei angenommen wurde, dass die kohäsiven Enden der DNA alle gleich seien, wahrscheinlich klein und kohäsiv, mit einer Schmelztemperatur von 4–15 °C, ein Befund, der sogleich von Boyers Labor (das EcoRI zur Verfügung gestellt hatte) durch DNA-Sequenzierung bestätigt wurde (Hedgpeth et al., 1972). Rich Roberts insbesondere folgte dem Weg, den Hamilton, Smith und Boyer eingeschlagen hatten, mit der Suche nach und der Charakterisierung von weiteren Restriktionsenzymen; diese nutzten sie dann, um die Struktur viraler und Plasmid-DNA zu analysieren, was zur Entdeckung des Genspleißens führte (Roberts,2005). Es ist übrigens Dale Kaiser, der vor Kurzem gestorben ist, zu verdanken, den ersten natürlichen Vorgang dieser Art (schon 1968 die allerersten komplementären DNA-Sequenzen) entdeckt zu haben. Unter den ersten DNA-Sequenzen, die hergestellt wurden, war die gespaltene Lambda-Bakteriophagen-*cos*-Sequenz, komplementäre Sequenzen, die an den Enden der Bakteriophagen-DNA vorkommen. Nachdem die Bakteriophagen-DNA in die Zelle gelangt ist, binden die Enden durch Komplementarität eine Doppelstrang-DNA, die offene Lücken zusammenligiert und dadurch ein zirkuläres Bakteriophagengenom in der Zelle bildet. Dieses Phänomen war allen Pionieren der Gentechnologie bekannt und hat auch bestimmt eine Rolle (vielleicht im Unterbewusstsein) bei der Entstehung des Konzepts der Gentechnologie gespielt (Wu & Kaiser, 1967, 1968).

Danna und Nathans (Danna & Nathans, 1971) haben 1971 als erste das Virus SV40 mit einem der ersten Typ-II-Restriktionsenzyme gespalten. Bergs Gruppe stellte *in vitro* Hybride her mittels Phagen-DNA; allerdings transferierten sie diese weder in *E. coli* noch in eukaryotische Zellen, sodass die Frage offen blieb, ob die Spaltung an der Restriktionsstelle Funktionen zerstört hatte, die für die Replikation des Vektors oder die Genexpression erforderlich waren.

[11] Hierzu ist anzumerken, dass zu der Zeit die Frage, ob eine Methode funktionierte oder nicht, wesentlich von der Reinheit der Enzyme abhing, von denen keines kommerziell erhältlich war. Die Publikation zeigt weder die Machbarkeit des Ansatzes, DNA in einen fremden Organismus zu transferieren, noch ist diese Idee originell.

Schließlich blieb es anderen überlassen, Restriktionsenzyme zu verwenden, um die Genstruktur und Funktion von SV40 (z. B. das Transformationsgen, T'), nach der Transformation geschnittener viraler Fragmente in einer tierischen Zelllinie zu untersuchen (Abrahams et al., 1975). Eine vielfach verwendete Methode zum Transfer von DNA in tierische Zellen war die Präzipitation der DNA mit Calciumphosphat (Graham & Eb, 1973).

1976 klonierten Goff und Berg (Goff & Berg, 1979) eine gpt-Sequenz aus*E. coli* und eine tRNA aus Hefe in einem SV40-Vektor, der in Affenzellen vervielfältigt werden konnte. Die Klone wurden als Vektoren für weitere Studien von Genen in eukaryotischen Zellen entwickelt, wobei die Fremdgene als selektive Marker dienten. Dies war die erst Demonstration der Klonierung bakterieller DNA mit anschließendem Transfer über Speziesgrenzen hinweg in tierische Zellen.

Anfangs waren zwei Arten von SV40-Vektoren verfügbar, i) solche, die nur den Replikationsort von SV40 enthielten sowie etwa 4–5 kb Fremd-DNA, die die Kokultivierung mit einem Hilfs- („helper"-)Virus erforderten, und ii) solche mit kleinen Deletionen (Lücken) in der „late gene region", die nur kleine Fragmente von Fremd-DNA aufnehmen konnten.

Die Transformation von Zellen durch Aufnahme fremder DNA in Bakterien war seit 1944 bekannt. Es blieb unbekannt, ob eukaryotische DNA in Mikroorganismen exprimiert werden konnte (d. h. ein Produkt erzeugen konnte); die Annahme jedoch, dass diese Möglichkeit nicht gleich null sei, bewog Berg und seine Gruppe, die Versuche mit ihrer *in vitro* gekoppelten DNA zur Transformation über Speziesgrenzen hinweg auszusetzen.[12] Die von Berg initiierte Diskussion führte zu einem erregten Treffen vieler Wissenschaftlern in Asilomar und dem Moratorium der Genklonierung, das bis zur Einführung von Richtlinien für das sichere Design solcher Experimente aufrecht erhalten wurde (Berg & Mertz, 2010). Die Diskussion hatte auch zu Ängsten und Horrorszenarien in der Öffentlichkeit geführt.[13] Darunter waren Vorstellungen von „Monsterbakterien" (auch z. B. in Militärlaboratorien entwickelte), die Krankheiten oder Seuchen hervorrufen könnten. Dass diese Ängste längst nicht überwunden sind, zeigt Verschwörungstheorie, dass die COVID-19-Pandemie einem chinesischen Biowaffenlabor entstamme.

Es ist vielleicht an dieser Stelle lohnenswert, hierzu eine Bemerkung zu machen: Als die Gentechnologie entwickelt wurde, hat man nur Methoden eingesetzt, die von natürlichen Vorgängen abgeleitet waren. In der Natur entsteht dadurch in jeder Sekunde eine unvorstellbar große Vielfalt an Genvarianten, die die Eigenschaften von neuen Organismen permanent oder vorübergehend verändern. Im Laufe der Zeit und unter nicht vorhersehbaren Selektionsbedingungen,

[12] Eine detaillierte Analyse des „State of the Art" könnte jedoch zu einer anderen Schlussfolgerung führen, dass nämlich ursprünglich das höchste, was von der Klonierung eukariontischer DNA zu erwarten war, die verbesserte Deletionsanalyse (spezifische induzierte Deletion) von Viren und Plasmiden sei, ohne dass Genexpression über Speziesgrenzen hinweg erfolgte.

[13] Vielleicht blieben solche Gedanken lebendig bei Geistern, die nicht reproduzierbare Arbeiten 1964 publizierten, z. B. durch Thomas Trautner, über die Replikation und Reproduktion von Polyoma-Virus transformiert in *Bacillus subtilis* (s. Review in Jones & Sneath, 1970).

z. B. in der Umwelt, bei Konkurrenz unter den Arten um Nahrung, entsteht daraus eine neue Vielfalt, die im Lauf der Evolution auch die Entstehung und das Aussterben von Arten bedeutet, wie in den Arbeiten von Alfred Russel Wallace sowie von Charles Darwin dargestellt, die schon im Sommer 1858 der Linnean Society in London vorgetragen wurden.

Quantitativ betrachtet sind die durch Menschen entstandenen Genveränderungen und Genübertragungen zwischen den Arten im Vergleich zu denen, die durch die natürlichen Prozesse entstehen, kaum der Rede wert. Vorwürfe, dass Wissenschaftler durch ihr Tun „Gott spielen" und die natürliche Evolution verändern, sind absurd. Das Konzept, dass ein Mensch ein genetisches Experiment durchführen kann, das der Menschheit schadet, ist durchaus realistisch. Daher sind Regelwerke notwendig, um Grenzen zu definieren und gesetzlich festzuschreiben. Im Vergleich dazu ist das Massensterben von Pflanzen-, Insekten- und Vogelarten, verursacht durch die Klimaveränderung und landwirtschaftliche Missstände, schon seit Generationen unzureichend kontrolliert worden. Monokultur, Massenflächenanbau und zu hoher Einsatz von Insektiziden und Herbiziden deuten auf eine Verzerrung von Prioritäten hin, wenn man sich Gedanken über den Einfluss menschlichen Handelns auf die Evolution macht.

6.7 Genomkartierung, Genomanalyse: Klonierung von Genombibliotheken, Restriktionsmuster (Maps) und Restriktionsfragment-Längenpolymorphismen (RFLPs)

6.7.1 Vorbemerkung: Humangenetik vor der Gensequenzierung

Barbara McClintock lag gedanklich unglaublich weit vor ihrer Zeit: Sie gehörte zu den wichtigsten Entwicklern der Zytogenetik, und sie entwickelte das Konzept der Chromosomenmeiose und epigenetischer Effekte bei Pflanzen in den 1940er Jahren. Sie regte ihre Studenten an, zuallererst „ihren Organismus zu kennen". Wenn man eine Sequenz kennt, bedeutet das nicht, dass man irgendeine Kenntnis davon hat, was für diesen Organismus relevant ist. Für sich allein gibt dies wenig oder keine Erkenntnis, und zunächst hat man keinerlei Information, wo Gene lokalisiert sein könnten. Erst durch die Pionierarbeiten von Hunderten Humangenetikern wie Victor McKusick und Leena Peltonen-Palotie und von Biochemikern und Biologen, die mit diesen zusammen arbeiteten, konnten Arbeiten zur Sequenz des Humangenoms sinnvoll interpretiert werden im Sinne von Ursachen vererbbarer Krankheiten.

Die Arbeit mehrerer Generationen von Biochemikern und Ärzten ergab um 1973, dass 93 angeborene Krankheiten des Stoffwechsels erkannt waren. Die meisten Erkenntnisse über die biochemischen Stoffwechselwege und die Enzyme, die an Stoffwechselkrankheiten beteiligt sind, wurden zwischen 1957 und 1973 gemacht (Harris, 1975).

6.7.2 Wichtige Ansätze zur Genomanalyse im DNA-Zeitalter (Genortung auf den Chromosomen und die Ursache familiärer (vererbter) Krankheiten)

Als DNA-Klone verfügbar wurden, begannen die Überlegungen, wie diese genutzt werden könnten als Hinweise, um Erbkrankheiten auf einem Chromosom zu lokalisieren. Es war ebenfalls McClintock mit ihren Untersuchungen zur Meiose 1931, die zeigte, wie die relativen Positionen von Genen auf dem Chromosom angeordnet sind. 1980 wurde ein Konzept entworfen, wie detailliertere Kartierungen („linkage maps") für das gesamte menschlichen Genom erhalten werden könnten; dazu wurden die DNA-Sequenzvariationen genutzt, die zur Entstehung oder zum Verschwinden von Spaltstellen von Restriktionsnucleasen (RE) führen. Dadurch zeigen Individuen verschiedene Fragmentmuster (Polymorphismen) gleicher Regionen, wenn RE-gespaltene DNA in einem Gel nach Größe (Länge) analysiert wird (RFLP) (Botstein et al., 1980). Dies war ebenso ein zentraler Gesichtspunkt für die ursprüngliche Arbeit von Jean Weissenbach beim Genethon in Evry nahe Paris, das 1990 gegründet wurde mit dem Ziel, die Diagnostik und, möglicherweise, die Behandlung seltener Erbkrankheiten zu entwickeln. Einer der bedeutenden Durchbrüche – der die negative Einstellung gegenüber der rDNA-Forschung deutlich veränderte – war die Identifizierung des dominanten Gens, das für das Lesch-Nyhan-Syndrom (bei dem Kinder eines schrecklichen Todes im frühen Alter sterben) verantwortlich ist. Mit dieser Kenntnis konnte die pränatale Diagnostik und die Geburtenrate betroffener Kinder unter den Ashkenasi-Juden in New York drastisch verbessert werden. 1993 wurde das für Chorea Huntington (HD, eine unheilbare Krankheit, die neuronale Degeneration verursacht) verantwortliche Gen isoliert und lokalisiert werden, auf einem Chromosomensegment mit der Bezeichnung 4p16.3. Dies war der erste autosomale Krankheitsursprung, der durch genetische „linkage analysis" gefunden wurde (Macdonald, 1993). Er ist assoziiert mit RFLPs, wobei lange Reihen von Triplet-Wiederholungen im Gen instabil sind.[14] Da die Symptome spät im Leben auftreten, lange nach der Kindheit, und nicht behandelbar sind, geriet die (Familien-)Diagnostik in massive Kritik, mit dem Hauptargument des „Rechts auf Nichtwissen", weil jüngere Familienmitglieder, die (noch) kein Symptom zeigten, oft Angst hatten, zwanzig bis vierzig Jahre ihres Lebens mit der Gewissheit zu leben, dass sie später darunter leiden werden. Die Information wird bei der Familienplanung genutzt: Familienmitglieder, die keine Träger des HD-Merkmals sind, können sich frei fühlen, eigene Kinder zu gebären. Im Gegensatz dazu würden HD-Genträger keine eigene Kinder zeugen oder mithilfe der modernen Reproduktionstechnologie (z. B. Präimplantationsdiagnostik (In-vitro-Fertilisation mit anschließender Genuntersuchung am

[14] RFLP, Restriktionsfragment-Längenpolymorphismen, Variation in der Länge von DNA-Fragmenten nach Schneiden mit Restriktionsendonucleasen, die infolge Mutation von Restriktionsstellen auftreten, Methode, um die Kopplung zwischen einem Gen für eine Erbkrankheit und einem oder mehreren RFLP-Markern zu ermitteln, somit Identifikation eines Gens für eine Erbkrankheit.

Embryo) eine Auslese unter den Embryonen treffen. Wo diese letzte Alternative als moralisch verwerflich betrachtet wird, ist oft ein Leben ohne Erzeugung eigener Kinder gewählt worden.

Bei den angeführten Entwicklungen und Bemühungen, die Gene für seltene Krankheiten zu entschlüsseln, ist es bemerkenswert, dass die treibenden Kräfte oft Laien waren, Individuen, deren Familien selbst von den Krankheiten betroffen waren. Genethon ist mit Millionen französischer Francs gegründet worden, die durch eine von Jerry Lewis moderierte TV-Sendung („Téléthon") gesammelt wurden; Nancy Wexsler war ursprünglich keine Wissenschaftlerin, leitete aber die vielleicht schwierigsten Anstrengungen mit persönlichem Einsatz über zwanzig Jahre mit der Suche nach von Chorea Huntington (HD) betroffenen Familien weltweit, besonders in Venezuela, bis zur Entdeckung von RFLPs für die Gendiagnose von HD (am Ende mit dem Gentechnologen J. F. Gusella 1983–1985) (Gusella et al., 1983; Wexler et al. 1985).

In den 1970er und Anfang der 1980er Jahre gab es eine Reihe von Entwicklungen, die die Klonierungstechnik, die Möglichkeiten, große Regionen von Chromosomen zu isolieren und zu analysieren, verbesserten, insbesondere durch erleichterte Zuordnung benachbarter oder überlappender Fragmente und die Anordnung von Clustern (benachbarter Gruppen) überlappender Sequenzen (*contigs*: „clusters of (contiguous) overlapping sequences").

- Anfangs war das Klonieren mit Plasmiden wenig effizient; selten wurden Fragmente von 5 kb oder mehr erhalten; eher enthielten sie Fragmente im Bereich 0,5–2 kb.
- Mit dem *lambda*-in-vitro-System wurde das Klonieren weit effizienter und die Klonierung größerer DNA-Fragmente sicher erreicht (s. a. Buchholz & Collins, 2010, Kap. 7).
- Mit *lambda*-Klonierungsvektoren, in denen ein „Puffer"-Fragment eliminiert worden war, wurden DNA-Fragmente („inserts") im Bereich von 5 kb, später 10–15 kb erzielt (Hohn & Murray, 1977).
- Mit *Cosmiden* wurden Plasmide, die die *cos*-Stelle (siehe oben, Dale Kaiser) von *lambda* enthielten, in vitro in *lambda*-Partikeln nur aufgenommen, wenn sie mindestens 25–40-kb-Fragmente umfassten (Pseudovirus = *lambda*-Bakteriophagen-Proteinhülle, die *cos*-Stelle wird erkannt und nimmt benachbarte fremd DNA auf bis zur nächsten *cos*-Stelle). Da die Plasmid-Vektoren (Genträger) sehr klein waren, waren selektiv nur sehr große fremd DNA-Fragmente in dieser Größenordnung in den Cosmid-Hybriden (Klonen) enthalten. Dadurch konnten nur 250.000 Klone das gesamte Humangenom mit einer Wahrscheinlichkeit von 95 % beinhalten. Die Originalvektoren konnten zu hohen Kopienzahlen vervielfacht werden, was die weitere Analyse vereinfachte und das Risiko der Kontamination durch chromosomale DNA von *E. coli* reduzierte (Collins & Hohn, 1978).
- *M13 filamentöse Phagen.* Virale Klonierungsvektoren können als dsDNA-Plasmid von Zellen und als ssDNA von Phagenpartikeln isoliert werden. Sie wurden zum Klonieren von Messing et al. entwickelt (Messing et al., 1977). Die

letzteren können als Templat (Vorlage) zum Sequenzieren mittels der Primer-Verlängerungsmethode („primer elongation method") von Sanger dienen, indem man einen synthetischen Primer benutzt, der benachbart zur Klonierungsstelle liegt (Sanger, 1980; Viera & Messing, 1982). Sie können auch genutzt werden, um spezifische Mutationen in das klonierte Gen einzuführen, indem man fehlangepasste (mutierte) Primer verwendete. Es ist der Typ von Vektor, der für die „Phage-display"-Technik genutzt wird, bei der Klone physikalisch selektiert werden auf der Basis der Affinität zu einem bestimmten immobilisierten Zielmolekül (Smith, 1985).

Eine sehr effiziente Erweiterung der letzteren Methode war die „sexuelle PCR" (DNA-shuffling), die Pim Stemmer 1994 entwickelt hat (Stemmer, 1994), um i) Mutanten und rekombinante Mutanten in Bibliotheken in großer Zahl zu erzeugen, und ii) neue Liganden zu selektieren, die zusammen mit dem „phage display" angewendet werden können, um Liganden mittels „affinity maturation" (Affinitätsanpassung bzw. -optimierung) zu erzielen, in Analogie zur Anpassung bzw. Optimierung von B-Zellen, die Antikörper mit verbesserter Affinität zu spezifischen Zielmolekülen produzieren. Dies bestätigte die Bedeutung der Rekombination zusätzlich zu Punktmutationen in der Evolution, ein Faktor, der äußerst effektiv genutzt wird, um die Enzymspezifität zu verändern und zu optimieren (Francis Arnold, Nobelpreis 2019) (Arnold & Georgiou, 2003; Bornscheuer et al., 2019).

- *YACS (yeast artificial chromosomes); Klonierung in Hefe:* Etwa neun Jahre nachdem Struhl et al. (1979) das Klonieren in Hefe zum ersten Mal durchgeführt hatten, zeigten Burke et al. (1987), dass sehr große Fragmente zuverlässig in Hefe klonierbar sind mit einer Größe von etwa 40–700 kb (durchschnittlich 80 kb).
  Die Weiterverarbeitung des intakten großen Inserts aus der Hefezelle konnte schwierig sein. Hauptsächlich waren genspezifische cDNAs (mit fluoreszierenden Farbstoffen oder radioaktiven Nucliden) markiert und wurden mit YAC-Klon-DNA oder DNA-Restriktionsfragmenten hybridisiert, um die Genorte zu lokalisieren. Diese wurden eingesetzt zur Hybridisierung an aufgeschmolzenen DNA-Fragmenten aus Southern-Blots (abgestempelte DNA-Fragmente, die schon durch Elektrophorese in einem Gel nach Größe getrennt waren). Dadurch entsteht eine Karte, in der die Reihenfolge der Fragmente dargestellt wird. Dieses Verfahren wird als „hybridization mapping" bezeichnet. Auch ohne Markierung können die Fragmente für den Aufbau von Teilbibliotheken für die Sequenzierung und die Herstellung von *contigs* verwendet werden (zusammenhängende überlappende Sequenzen: „**contig**uous **s**equences"). Solche Bibliotheken sind sehr schwierig herzustellen, und sie sind von begrenztem Wert für die Verknüpfung oder Überbrückung von *contigs*, da bis zu 50 % der Inserts (Einbausequenzen) aus Chimären stammen. Ihre Anwendung wurde im späteren Teil des Humangenomprojekts fallen gelassen. Vor Kurzem wurde dieses System eingesetzt, um den großen SARS-CoV-2-Virus in Hefe aus Teilen

wieder zusammen zu setzen: Hefe ist in der Lage, Rekombinationen zwischen überlappenden Sequenzen durchzuführen, wobei eine durchgehende Sequenz entsteht (Thao et al., 2020).

- PAC-Vektor-DNA wird in einen *E.-coli*-Vektor mit geringer Kopienzahl gepackt, wobei ein P1-Phagen-Packungsmix in vitro verwendet wird (Ioannou et al., 1994).[15]
- *Human accessory chromosome (HAC) vectors,* eingeführt durch Harrington et al. (1997), ergeben Klone mit bis zu 10.000 kb an DNA. Diese Arten stabiler Vektoren sind bedeutende Gentransfervektoren bei der Annotation des Humangenoms, ohne das Risiko einzugehen, das existierende Chromosom zu spalten und ohne potenziell gefährliche Fragmente von Virenvektoren zu nutzen. Die Klonierungsmethode ist sehr anspruchsvoll und es ist anschließend sehr schwierig zu prüfen, ob nur durchgehende Regionen ohne fremde Segmente vorhanden sind.
- *Shuttle-Vektoren* können in zwei Arten von Wirtszellen vervielfältigt und selektiert werden. *E. coli* stellt üblicherweise der Wirt für den ersten Schritt der Isolierung und Manipulierung von DNA dar, da hierfür effiziente Klonierungssysteme entwickelt wurden. Die DNA wird dann in einen neuen Wirt übertragen durch Transformation, oder, wie bei Pflanzen, zuerst in einen *Agrobacterium*-Wirt, der dann mittels des Ti-DNA-Transfersystems das DNA-Fragment in die Pflanze als Wirt einführt (z. B. Herrera-Estrella et al., 1983). Dieses System stellt den Ausgangspunkt der rDNA-Arbeiten mit Pflanzen dar, es ist direkt abgeleitet von Untersuchungen des Wachstums von Pflanzentumoren („crown gall-tumors“), bei denen ein natürliches System der Transformation entdeckt wurde, mit dem ein tumorerzeugendes DNA-Fragment von *A. tumefaciens* übertragen wurde. Solche Vektoren sind von großem Nutzen für das Klonieren („expression cloning“) in Prokaryoten, zum „gene mining“ (dem Suchen nach Genen), insbesondere hinsichtlich Polyketid-Antibiotika, sowie für primäre und sekundäre Metaboliten.
- *Zulieferer für das HUGO Sequenzierungs-Kartierungs-Projekt:* Cosmide und BACs/PACs wurden in den 1980iger und 1990iger Jahren als wichtige Methoden in allen größeren Sequenziervorhaben genutzt. Speziell Cosmide werden noch (manchmal als Shuttlevektoren) beim „gene mining“ verwendet (nicht zu verwechseln mit „*in silico* gene mining“, das nach Homologen in Datenbanken sucht), bei der Suche nach neuen Genen für Enzyme, wobei die Expression großer Gene oder Operons erforderlich ist: Sie enthalten DNA-Fragmente („inserts“) geeigneter Größe, lassen sich leicht handhaben und ermöglichen schnelles „mapping“ (Zuordnung eines Gens und seines Produkts) und anschließendes Sequenzieren der klonierten Gene.

[15] Dieses *in vitro* Rekombinationssystem kann auch genutzt werden, um Bibliotheken kombinatorischer Fragmente effizient zu erzeugen, die auch *in vitro* selektiert werden können, in Kombination mit In-vitro-Genexpressionssystemen (Hannes und Plückthun, 1997).

- *„Jumping libraries“* (s. a. unten). Lange wiederholte (repeat-)Sequenzen im Genom erschweren nicht nur das „Shotgun“-Sequenzieren, sie machen auch die Zuordnung überlappender Fragmente äußerst schwierig. Es war daher wesentlich, Informationen von beiden Enden langer Sequenzen definierter Länge her zu ermitteln. Mit solchen Daten, z. B. von „jumping and linking libraries“, können die relativen Positionen zweier *contigs*, die durch lange repetitive Sequenzen getrennt sind, ermittelt werden. *Noch heute sind etwa 1 % der Sequenzen des Humangenoms nicht zuzuordnen, obwohl die entsprechenden Regionen innerhalb weniger Positionen der menschlichen Chromosomen lokalisiert sind.*
- *Überbrückende und verbindende Bibliotheken („jumping and linking libraries“):* In den 1980er und 1990er Jahren bestand, etwa 15 Jahre lang, eine Hauptaufgabe darin, beim Annotieren („assembling“) eines kompletten Gens bzw. der Sequenz eines großen Genoms – vor dem „Shotgun“-Sequenzieren – ein bestimmtes zu sequenzierendes Fragment mit Bezug zu den übrigen bekannten Sequenzen einzuordnen. Das ergab die Gruppen überlappender Sequenzen und Klone, die man als *contigs* bezeichnete. Das Überbrücken von *contigs* bedeutete, die relative Position der *contigs*, die durch nicht sequenzierte Regionen getrennt waren, zu ermitteln. Dies gelang dadurch, dass man Bibliotheken von Klonen sequenzierte, die lediglich mit den Enden sehr großer fraktionierter Fragmente erstellt waren, die jeweils in vitro*o* zirkularisiert waren (Collins & Weissman, 1984; Poustka & Lehrach, 1986; Poustka et al., 1987).
- *EST- (gene region „expressed sequence“ tags, Gen-Regionen-Tags-) Bibliotheken:* Bibliotheken wurden in Plasmidvektoren auf der Basis von cDNAs (DNA synthetisiert auf einer mRNA-Vorlage) erstellt. Viele davon enthielten offene Leseraster („open-reading frame“), ausgehend von gespleißter mRNA. Die Sequenzen dieser Klone wurden als „expressed sequences“ (ESs) bezeichnet. Sie wurden später genutzt, um im Programm der Genomsequenzierung mögliche Genregionen-Tags (EST) zu markieren und zu lokalisieren (Bailey et al., 1998). Solche Sequenzen beinhalten keine hochrepetitiven Sequenzen und können deshalb deutlichere Ergebnissen in Hybridisierungsexperimenten liefern.

Seit der Einführung des „shotgun genome sequencing“ (Schrotschuss-Sequenzieren) und der Anwendung leistungsfähigerer Computer und fortgeschrittener Algorithmen, die Sequenzen innerhalb sehr großer Datenmengen zuordnen (Staden, 1979), wurden die früheren Methoden der Anordnung von Genfragmenten obsolet.[16] Die „Shotgun“-Methode wurde zuerst 1995 angewandt für die Analyse der vollständigen Genomsequenz eines Mikroorganismus *(Haemophilus influenzae RD)* (Fleischmann et al., 1995). Die erste vollständige

[16] Jede Generation von Klonierungssystemen hob ihre jeweilige verbesserte Stabilität hervor. Das konnte durch die Verbesserungen der Gastzellen bedingt sein, die zur Stabilisierung der insertierten DNA führte, sowie verbesserte Methoden, die zur Verringerung von Palindromen der Vektoren führten, wenn die chimäre DNA hergestellt wurde. Ein Grund war auch die Reinheit der Enzyme, die bei der DNA-Manipulation benutzt wurden (vgl. Tab. 6.2).

„Shotgun“-Sequenz eines größeren eukaryotischen Genoms war diejenige von *Drosophila melanogaster,* die Gerald Rubin und Craig Venters Gruppe 2000 publizierten (Adams et al., 2000).

Die Sequenzierung des Humangenoms, das 3000-fach größer ist als das von *H. influenzae,* und 25-fach größer als das von *Drosophila,* war erheblich schwieriger zu bewältigen. Venter räumt ein, dass er Daten von überlappenden *contig*-Sequenzen und der EST-linkage-Methode, bei denen er selbst Pionierarbeit geleistet hatte, während seines Sequenzierungsprojekts des Humangenoms nutzte. Dieses basierte aber im Wesentlichen auf der Shotgun-Sequenzierung, die ungleich schneller hinsichtlich der Ermittlung von Rohdaten war. Dabei war seine Wahl eines einzelnen Genoms (seines eigenen) für die Sequenzierung und die Zuordnung der repetitiven Regionen *ausschlaggebend für den Erfolg.* Da in seinem Fall die sequenzierten Fragmente weitaus weniger heterogen waren als diejenigen des Gemeinschaftsprojekts HUGO, gab es in Venters Genbank immer nur zwei Sequenzen; eine stammte vom mütterlichen, die andere vom väterlichen Chromosom, oder beim X-Chromosom und dem Y-Chromosom jeweils nur eine. Der Ansatz mit dem einzelnen Genom ergab außerdem zum ersten Mal die einzelne Sequenz für jedes der diploiden Chromosomen. Dieser Ansatz, der unter der Leitung von Venter mit nichtöffentlicher Förderung bei Celera im industriellen Format erfolgte, wurde viel geschmäht seitens der Leiter des Humangenomprojekts in den USA, die wenig Verständnis hatten für Venters Geheimhaltung seiner Daten für den Zeitraum einiger Wochen oder Monate, bevor sie publiziert wurden. Viele fanden in diesem hochkompetitiven Wettstreit Venters Überheblichkeit bezüglich seiner Fähigkeit, schneller und kostengünstiger zu sequenzieren als die übrige Gemeinschaft, unerträglich. Ein beklagenswerter Aspekt in dieser Phase des Humangenomprojekts waren auch die extremen internen Machtkämpfe um Fördermittel und Lobbying in den Komitees. Vieles sah nach einer Fortsetzung des früheren extremen Wettstreits um die Gentechnik aus, d. h. des charakteristischen Verhaltens der Wettbewerber im Wettlauf um das Klonieren – David Goeddel gegen Walter Gilbert, und viele andere Beteiligte (s. ausführlicher Abschn. 7.1), „…[which] portray a sorry picture of personal rivalries in the conduct of science. A scientist can be intensely competitive and even unscrupulous in pursuit of a laudable goal.“ (Kornberg, 1995b, S. 196, 198, 199). Empfehlenswert ist auch das Buch von Kevles und Hood (Hood & Kevles, 1992), das die frühe Entwicklung der wissenschaftlichen und sozialen Aspekte im Humangenomprojekt, die Heroen und die Hypokritiker, die Heuchler, schildert.[17] Im Endeffekt wurde die Humangenomsequenz sicher schneller „abgeschlossen“ (mit wenigen fehlenden Sequenzen) mithilfe des unabhängigen Ansatzes der Firma Celera. Hier ist festzuhalten, dass mit exponentiell zunehmendem Datenfluss der Hauptgesichtspunkt sich verschiebt zu verbesserter und schnellerer Analyse der Daten. Ein oft übersehener Meilenstein

[17] Kritiker des effektiven und kostengünstigen Sequenzierprogramms von Celera wenden ein, dass es mit öffentlichen Mitteln geförderte Daten nutzte – es stellt sich jedoch die Frage: Wer profitierte von wem?

war die Entwicklung des Genome-Assembler-Algorithmus durch Granger Gideon Sutton bei Celera (eine Nonprofit-Organisation, die Craig Venter leitete), der es 1995 gelang (wie erwähnt), das vollständige Genom von *Haemophilus influnzae* zu analysieren (ein Förderantrag bei der NIH wurde abgelehnt), später das Genom von *Drosophila melanogaster,* und schließlich 1999 das Humangenom. Dies steht im Widerspruch zu der aggressiven Skepsis des von Jim Watson geleiteten „Genome Consortium“ (NCBI), das solch einen zufallsgenerierten („shotgun“) Ansatz als unmöglich, für nicht funktionsfähig ansah (s. a. Levy, 2007).

Es sei nochmals erwähnt, dass ohne medizinische, biochemische und zellbiologische Forschung zu der *biologischen Funktion einer Sequenz* dieser Sequenz kein eigenständiger Sinn zukommt. Es erscheint notwendig hervorzuheben, dass das weltweite Genomprojekt auf den Arbeiten an Gruppen von Sequenzen durch Forschergruppen beruhte, die ausgewählte Klone von vielen Individuen untersuchten, die dann später in Sequenzen angeordnet werden konnten, z. B. zu *contigs* überlappender Klone. Keine Gesamtsequenz eines von diesen vielen Individuen, die als Quelle dienten, war zu dieser Zeit möglich.

6.7.3 DNA-Hybridisierungschips u. a. (sofortige Erkennung von Sequenzvarianten – Polymorphismen)

Patrick O’Brown und Ronald Davis spielten eine Schlüsselrolle bei der Entwicklung und Synthese von Oligonucleotid-Microarrays und ihrer Anwendung bei der quantitativen Analyse der Hybridisierung mit nicht radioaktiven Oligonucleotiden (mittels optischen Sensoren), die ab 1995 zu einer Labormethode wurde.[18] Wenn ein Genom vollständig sequenziert ist, kann es bezüglich Polymorphismen (variable Abschnitte in kurzen Sequenzen; besonders brisant innerhalb von proteincodierenden Bereichen von Genen) durch Hybridisierung mit einem DNA-Chip analysiert werden, der mit Nucleotidprimern dotiert ist, die bekannten polymorphen Sequenzen (Sequenzen mit bekannten Sequenz-Unterschieden) innerhalb von PCR-vervielfältigten Regionen entsprechen. Die Oligonucleotide, die auf der Oberfläche des Chips gebunden sind, hybridisieren (wechselwirken) mit den fluoreszenzmarkierten Oligonucleotiden der Probe. Durch die Stelle, an der die markierte Probe hybridisiert wird, lässt sich feststellen, welche Genvariante in der Probe vorhanden war. Diese Methode findet eine außerordentlich breite Anwendung, z. B. für die Detektion von GCNVs (Gene Copy Number Variants, ein Phänomen, das viel häufiger vorkommt als früher gedacht: das Down-Syndrom ein

[18] Biochips sind Mikroarrays, auf die verschiedene Proteine, z. B. (monoklonale) Antikörper oder DNA-Fragmente bzw. Oligonucleotide in großer Zahl auf einem Objektträger punktförmig (in Spots) gebunden sind. Jedes Element dient als Sonde für ein bestimmtes komplementäres Protein oder DNA-Fragment. Die dichte Anordnung auf einer kleinen Fläche (entsprechend z. B einer Briefmarke) erlaubt die simultane Durchführung großer Zahlen von Hybridisierungsreaktionen, d. h. Analysen, z. B. von Hunderten oder Tausenden von Genen, in kurzer Zeit. Die Detektion kann z. B. mittels Fluoreszenzmarkierung erfolgen.

bekanntes extremes Beispiel dieses Phänomens, bei dem das gesamte Chromosom 21 in drei Kopien vorkommt), für das Routinescreening nach speziellen Viren oder Genen für antibiotische Resistenz, für das Resequenzieren ganzer Genome für komparative Untersuchungen der DNA-Methylierung, für die Verteilung epigenetisch modifizierten Chromatins der DNA (kombiniert mit Immunpräzipitation des Chromatins, ChIP) sowie für vergleichende Gentranskriptionsstudien u. a. (vgl. Buchholz & Collins, 2010, Abschn. 11.4.5). Eine Kombination der letzteren führte zu einem besseren Verständnis der Reaktion von Genen auf die Umwelt, sowie der Reaktion der Zellen während der Embryogenese; so ist es z. B bemerkenswert, dass Krebszellen in der Umgebung von embryonalem Gewebe die Eigenschaft für unkontrolliertes Wachstum verlieren. Inzwischen ist das Phänomen weitestgehend verstanden: Differenzierte Zellen können durch einen „Cocktail" von Wachstums- und Differenzierungsfaktoren umprogrammiert und daraus kontrolliert spezifische Zelltypen (z. B. Fibroblasten, Endothel, Neuronen usw.) produziert werden.

6.7.4 Der Einfluss des Mega-Sequenzierens auf die Biotechnologie

Die frühe Phase der Sequenzierung des Humangenoms führte zu einem schnellen Fortschritt bei der Auffindung von Genen, die bei zahlreichen der Tausenden Erbkrankheiten eine Rolle spielen, bei Syndromen oder Merkmalen, die von Humangenetikern identifiziert worden waren. Viele der wirkungsmächtigen biologischen Regulatoren (Biological Response Modifiers, BRMs), wie IFN (Interferone), Lymphokine, und Wachstums- und Zelldifferenzierungsfaktoren, wurden erstmals eindeutig als Proteine charakterisiert mittels Sequenzierung und Expression ihrer Gene. Damit wurden auch Methoden entwickelt, diese Substanzen reproduzierbar und vergleichsweise kostengünstig in größeren Mengen herzustellen. Dies veränderte die medizinische Forschung und Diagnostik, und es erweiterte erheblich den Bereich pharmazeutischer Produkte (s. Kap. 7).

Der erste bedeutende Effekt diesbezüglich resultierte aus den *Produkten der ersten Generation,* wie Insulin und dem Wachstumshormon, auch den Blutgerinnungsfaktoren, die alle schon gut charakterisiert und in der klinischen Anwendung eingeführt waren. Ihre Produktion mittels rDNA-Methoden führte zu alternativen Quellen für Produkte, die nicht mehr aus menschlichem oder tierischem Gewebe hergestellt werden mussten und somit frei von kontaminierenden Viren aus diesen Quellen waren.

Ein Fortschritt, der manchmal in Reviews dieser Periode übersehen wird, ist die *Identifizierung, Klonierung und Sequenzierung bis zu dem Zeitpunkt unbekannter pathogener Viren.* Dies ermöglichte erstmals sehr empfindliche DNA-basierte PCR-Tests von Produkten aus Blut oder Gewebe hinsichtlich der Kontamination oder Abwesenheit solcher Viren (z. B Cytomegalovirus hCMV, Hepatitis-Viren und AIDS-Viren HIV) (Buchholz & Collins, 2010, S. 141, 142; acht Beispiele im Zeitraum von 1979 bis 1990; Wang et al., 1986). Es führte auch zum ersten rDNA-basierten Impfmittel für Hepatitis B. Die große Bedeutung dieser Methode für das Gesundheitswesen war wahrscheinlich für die Allgemeinheit erst ersichtlich, als der hochempfindliche PCR-basierte Test für das HI-Virus in Blut und Blutprodukten (z. B. Blutgerinnungsfaktoren) weltweit in großem Stil eingesetzt wurde. Heute ist es in aller Munde durch die täglich millionenfach durchgeführten PCR-basierten Tests für eine COVID-19-Infektion.

Die zweite Generation von Produkten konnte erst im Detail charakterisiert werden, als ihre Gene kloniert waren, um deren Genprodukte (Proteine, z. B. Interferon) dann in reiner Form zu produzieren und für die Forschung verfügbar machen zu können. Darüber hinaus war es auch in einigen Fällen das erste Mal, dass die Produkte überhaupt in ausreichender Menge für die klinische Anwendung hergestellt und getestet werden konnten. Ein Beispiel ist GCSF (granulocyte colony stimulating factor), der bei Amgen 1986 kloniert (Souza et al., 1986) und der seit Ende der 1980er Jahre bei der Blut-Stammzell-Transplantation angewandt wurde, z. B. bei der Behandlung von Chemotherapie-resistentem Hodgkin-Lymphom (bei der Stammzellamplifizierung im Spender). Ohne dieses Medikament zur Stimulierung der Blut-Stammzell-Produktion im Blut des Spenders wäre diese Behandlung nicht möglich (der jüngste Sohn eines der Autoren, JC, lebt noch dank dieser Entwicklung; s. a. Kap. 7 für weitere Beispiele).

Welte gab 2010 einen detaillierten Überblick über die akademische, industrielle und medizinische Zusammenarbeit, die erforderlich war, und auch stattfand, um diesen Erfolg zu erzielen (Welte 2010): Zuerst musste die Proteinfunktion entschlüsselt werden, das Protein gereinigt und die Partialsequenz ermittelt, mit dieser Information wurde ein cDNA-Klon synthetisiert – auf der Basis einer mRNA –, das gesamte Gen kloniert und exprimiert, dann mussten die Produktion und Reinigung optimiert werden, schließlich mussten ausführliche klinische Test erfolgen (s. Tab. 6.3 zu den erforderlichen Methoden). Bei den ersten Pionierarbeiten war es wesentlich schwieriger, weil Produkte in zu kleiner Menge vorhanden waren, um Proteinsequenzen ermitteln zu können. Stattdessen waren sehr aufwendige indirekte Methoden eingesetzt worden, um angereinigte mRNA-Fraktionen aus induzierten Zellen zu gewinnen. Jede mRNA-Fraktion wurde in vitro exprimiert und die Produkte auf biologische Wirkung quantitativ getestet. Parallel wurden negative Kontrollen aus nicht induzierten Zellen gewonnen. Solche Arbeiten waren extrem aufwendig, erforderten Institute, in denen eine ganze Reihe der neuesten Methoden verfügbar waren und beherrscht wurden, und viel Zeit sowie ein Quantum Glück, um die Ersten zu sein.

Um es zusammenzufassen: Das Humangenomprojekt und die wesentlichen Fortschritte des Hochdurchsatzsequenzierens haben die Biotechnologie in mehrfacher Hinsicht beeinflusst, manchmal aber nicht so, wie erwartet:

Diagnose der Disposition für Krankheiten Die Diagnose der Disposition für verbreitete Krankheiten (chronische Krankheiten) ist von geringerer klinischer Relevanz als ursprünglich allgemein erwartet. Dies begrenzte das prognostizierte schnelle Wachstum der personalisierten Medizin. Die meisten von den etwa 4000 erblichen, überwiegend rezessiven vererbten Syndromen waren als Erbkrankheiten vor Beginn des HUGO-Sequenziervorhabens bekannt. Nachdem die genetische

Tab. 6.3 Methoden zur Anreicherung von mRNA bzw. zur Ermittlung spezifischer Klone oder Genprodukte

System	Anwendung	Entwickelt durch
Southern-Blotting (DNA) und Northern-Blotting (RNA)	Nucleinsäuretransfer auf Cellulose: Ermittlung der Homologie von DNA- oder RNA-Proben (Kolonien oder Phagen- (Plaque/Hemmhof) Hybridisierung); analog: Identifizierung von Klonen	Southern (1975): „Southern"; Alwine et al. (1977):„Northern"
Western-Blotting (1D oder 2D)	Transfer von Protein aus einem Gel auf Filter: Identifizierung mit monoklonalen Antikörpern	Symington et al. (1981)
Hybridoma-Technik	Erste (Zellfusions-)Methode, mit der monoklonale Antikörper produziert wurden (Hybridoma sind nicht dauerhaft stabil in ihrer Fähigkeit, Antikörper zu produzieren)	Köhler und Milstein (1975)
rDNA für monoklonale Antikörper	Hergestellt in Zelllinien, Hefe, Insektenlarven oder Bakterien (stabilere Produktion)	z. B. Riechmann et al. (1988); Marks et al. (1991)
Fluorophor und Enzymmarkierung	Protein- oder Nucleinsäurenmarkierung (Tagging) mit verschiedenen hoch fluoreszierenden Markern (z. B. GFP), zahlreiche Anwendungen: DNA-Sequenzierung, Gewebetypisierung, Chromosomenanfärbung (früher für Genkartierung, z. B. Krebs), ersetzt Radioaktivität in den angeführten Methoden; enzymgekoppelte Signalverstärkung (ELISA, für die meisten Immunitätstests)	z. B. als Überblick: Phillips (2001); Lichter et al. (1990); Ju et al. (1995)

Ursache und die verantwortlichen Gene sequenziert waren, konnte jedoch schneller und mit hoher Präzision eine Diagnose durchgeführt werden, ohne dass die anderen Familienmitglieder einbezogen wurden. Dennoch wird die familienbezogene Geschichte erblicher Krankheiten (Amnesie) weiterhin eine erhebliche Rolle spielen, wenn eine genetische Ursache untersucht werden soll. In der Familie der Schauspielerin Angelina Jolie haben Familienmitglieder bemerkt, dass Brustkrebs öfter vorkommt, und sie haben sich auf die entsprechenden krebsassoziierten Gene untersuchen lassen. Angelina Jolie hat dann eine präventive Operation gewählt, weil eine sehr hohe Disposition für Brustkrebs mit bestimmten BRCA-Genen (Allele von Breast Cancer Associated Gene 1 und 2) vorlag (über 70 % Wahrscheinlichkeit, im Vergleich zur allgemeinen Disposition in der Bevölkerung von 5–12 %). Es war also die Beobachtung der hohen Krebsrate in der Familie der Auslöser, um die Gendiagnose zu veranlassen. Die Diagnose der BRCA-Gene Gene hat auch eine kommerzielle Bedeutung erlangt und dadurch eine historische Rolle beim Patentieren von Sequenzen gespielt.

Genomweites Assoziations-Sequenzieren (Genomewide Association Sequencing) Gene, die weit verbreitete chronische Syndrome betreffen. Wenn man sich auf die Humangenomsequenz bezieht, tut man das in der Regel nicht im Hinblick auf eine individuelle Sequenz (abgesehen von Venter und später von Watson). „Die Sequenz" war und ist die Summe der Daten von Tausenden von Genomen und von Hunderttausenden Partialsequenzen mit Variationen insbesondere krankheitsbezogener Regionen. Die Datenbasis ergibt die *Grundlage für zukünftige grundlegende und medizinische Forschung hinsichtlich der Gesundheit der Menschen.* Viele Forscher warnen jedoch davor, eine zu starke Orientierung auf die genetischen Faktoren zu richten, die mit Krebs assoziiert werden, z. B. wenn der Bezug sich als enttäuschend herausstellte. Im Jahr 2010 kostete allein der Anteil des US National Cancer Institute am International Cancer Genome Consortium 375 Mio. US$; dieses beabsichtigte, 25.000 Tumor-Proben zu sequenzieren mit Kosten von insgesamt einer Milliarde (Billion in US-Einheiten) US$. Robert Weinberg (MIT) kommentierte: „Das Sequenzieren endloser Krebs-Genome wird uns nicht mehr Information bringen, als wir schon wissen." (http://news.sciencemag.org/2010/updated-skeptic-questions.cancer-genome-projects).

6.8 Die Expression von Genen anderer Organismen: Transgene Tiere mit rDNA

Diese Übersicht befasst sich mit zahlreichen Themen, die eine detailliertere Behandlung hinsichtlich der biotechnologischen Perspektiven rechtfertigten. Eine ist das Gebiet der rekombinanten Antikörper. Diese stellen ein hochinteressantes Gebiet dar, das einige der innovativsten Produkte der rDNA-Technik hervorgebracht hat, insbesondere in Bakterien, in Hefen, sowohl mit intrazellulärer, als auch Oberflächenexpression, in Baculovirus-Vektoren in Insektenzellen, in tierischen Zelllinien und in transgenen Tieren. Diese Entwicklungen betrafen sowohl „affinity maturation", d. h. die schrittweise Auslese „besserer" Varianten, z. B. mit höherer spezifischer Bindung an z. B. Viren, als auch die Herstellung des Endprodukts für die klinische Anwendung. Heute werden solche Entwicklung mit Spannung verfolgt für die Entwicklung von Produkten, um Krankenhauspersonal vor dem SARS-2-Virus (COVID-19) zu schützen. Die erfolgreiche Entwicklung dieses Gebiets erforderte die Lösung nahezu aller Probleme der Gentechnik, die zuvor beschrieben wurden. Alle diese Aspekte sind ausführlicher von Buchholz und Collins (Buchholz & Collins 2010), bis hin zur klinischen Anwendung bis 2010, diskutiert worden, einschließlich der Geschichte sowie der wissenschaftlichen und wirtschaftlichen Aspekte.

Die Produktion transgener Tiere entwickelte sich aus der Kombination von Fortschritten der Embryologie (Gordon & Ruddle, 1981), dem Einblick in die Differenzierung von Stammzellen (Gossler et al.,1986) und der Entwicklung viraler Vektoren (Jaenisch, 1976). Dies führte zu einer breiten Reihe von Anwendungen, von der Herstellung von „Knockout"-Mäusen für die Grundlagenforschung bis hin zu Tiermodellen für die Untersuchung menschlicher Krankheiten (z. B. einem Maus-Modell für HCV-Infektionen) (Dorner et al., 2011). Anzumerken ist hier, dass der erste genetisch modifizierte Lachs, verändert hinsichtlich schnelleren Wachstums, durch die FDA als Nahrungsmittel zugelassen wurde (Chemical & Engineering News, 2015).

6.9 Zukünftige Trends

Bei der Suche nach therapeutischen Liganden bzw. Medikamenten setzt sich der produktive Wettbewerb der Proteinmodellierung einerseits und der empirischen Selektionsmethoden andererseits fort (s. z. B. Kügler et al., 2012). Dies gilt ebenso bei der Suche nach therapeutischen Zielstrukturen.

Die Systembiologie sollte einen generellen Überblick ergeben für das Zusammenspiel intrazellulärer Wechselwirkungen und Stoffwechselwege mittels *In-silico*-Techniken (Chuang et al., 2010). Die Synthetische Biologie bietet eine neue Methode, unabhängig von existierenden Strukturen, um neue Enzyme oder Genregulatoren *de novo* zu konstruieren mittels einer „Lego"-artigen Assemblierung funktioneller Bausteine (Wang et al., 2013). Die letztere Technik ergänzt die fortgesetzte Weiterentwicklung der Gentechnik im Hinblick auf die Modifizierung oder den Ersatz von Genen in unterschiedlichen Organismen. Die Befürworter dieser Entwicklung stehen in der langen Reihe der Wissenschaftler, die lebende Organismen untersuchen, aber auch die übergeordneten Systeme, in denen sie existieren, als komplexe Anordnung physikalisch erklärbarer und berechenbarer Vorgänge. Ob diese die Komplexität erfassen können, muss noch gezeigt werden, aber ein Anfang ist damit gemacht worden, und zahlreiche „Systems Biology"-Institute existieren weltweit.

Im Bereich der industriellen Biotechnologie arbeitet die Forschung insbesondere mittels System-Biotechnologie weiterhin an nachhaltigen und umweltfreundlichen Alternativen zur chemischen Synthese.

Es war eine erstaunliche Entdeckung, dass Zellen, die schon ein Endstadium der Differenzierung erreicht hatten, durch Zugabe spezifischer Proteine wieder zur Rückentwicklung zu einem frühen, embryonalen stammzellähnlichen Zustand veranlasst werden können. Diese Zellen könnten wiederum induziert werden, fast jede Art differenzierten Gewebes zu bilden (Haut, Niere, Leber, Muskel usw.), eine Fähigkeit, die als „Pluripotenz" bezeichnet wird.

Die Identifizierung der Schlüsselfaktoren (oft als „Yamanaka factors" bezeichnet), die Zellen induzieren, pluripotente Stammzellen (PiPS – Protein-induced

Pluripotent Stem Cells, z. B. aus humanen Fibroblasten) zu bilden, führt zu der Vision, Sammlungen von immortalisierten Stammzellkulturen herzustellen, mit einem großen Bereich von Zellarten, als potenzielle Quellen für die medizinische Anwendung jenseits den Erfordernissen der Genesung von Leukämiepatienten nach Bestrahlung oder Chemotherapie. Die Methode könnte auch eine Art personalisierter Medizin darstellen (Takahashi et al., 2007). Obwohl diese Entwicklung durch rDNA-Techniken erfolgte, erfordert die etablierte PiPS-Technologie diese nicht mehr.

Die neuesten Entwicklungen der CRISPR-Cas9-Methode hinsichtlich der In-vivo-Gentechnik bedeuten eine erheblichen Fortschritt bezüglich der Möglichkeiten, genetisches Material zu manipulieren durch DNA-Ersatz (bzw. Rekombination) direkt in lebenden Zellen oder ganzen Organismen, und zwar effizient und ohne oder mit nur geringfügigen genetischen Nebeneffekten. Dies lässt eine Revolution in der modernen Medizin und Biotechnologie in der nächsten Zukunft erwarten. Ein innovatives Beispiel der Anwendung der CRISP/Cas9-Technologie stellt z. B. die Entwicklung der Gruppe von George Church dar, wobei sie die neue Methode anwandte, um 69 Retrovieren im Genom eines Schweins in einem einzigen Experiment zu eliminieren. Dies ist der erste Schritt, um Schweine zu erzeugen, die frei von möglicherweise für Menschen schädlichen Retroviren sind. Die zusätzliche Eliminierung gewebespezifischer Antigene könnte zur Produktion von Schweinen führen, die als sichere Quellen für menschliche Organe dienen. In Nordamerika benötigen 125.000 Patienten jedes Jahr Organspenden (Yang et al., 2015). Man kann George Church als Beispiel eines modernen Molekulargenetikers sehen, der ganz die Rolle eines Unternehmers eingenommen hat. Er ist Gründer von mindestens neun Gentechnik-Firmen, und er ist Berater von etwa 81 Firmen. Ein erster Schritt in Richtung einer medizinischen Anwendung von CRISPR/Cas9 gelang einem Team an der Universität Amsterdam. Es berichtete, dass es mittels der Einführung von T-Zellen, die durch das CRISPR/Cas9-System verändert wurden, HIV in einer Humanzellenkultur permanent inaktivieren konnte (Cross, 2016).

Bei der Entwicklung eines COVID-19-Impfstoffes werden auch ganz neue Ansätze entwickelt, die gerade am Anfang einer klinischen Anwendung stehen. Hier werden *mRNA- oder DNA-Moleküle, geschützt vor Abbau im Blut, dem Körper injiziert.* Die Nucleinsäuren sollen in Körperzellen eindringen und dort die Bildung von Bruchteilen viraler Oberflächenproteine induzieren, die dann an der Zelloberfläche zur T-Zell-Immunität oder auch einer antiviralen Antikörperproduktion führen sollen.

Ausgehend von solchen Fortschritten kann man erkennen, dass innovative Methoden neue Möglichkeiten der Forschung eröffnen und oft ältere Methoden ersetzen. Forscher, die geduldig sind, und auch solche, die es nicht sind, haben erhebliche Beiträge geleistet. Sehr oft gibt es Zweifel und Hinweise auf (oft unrealistische) Gefahren. Einzelne Individuen, sowohl solche, die an Unternehmertum glauben, als auch andere, die dies nicht tun, sowie große Konsortien haben alle ihre Rollen gespielt. Den Weg zum Fortschritt zu erkennen ist ein Privileg des offenen Geistes, unabhängig von politischer Orientierung oder dem Peer Ranking. Wir wollen wohlwollend berichten.

Unsere Entdeckung der ungeheuren Vielfalt des mikrobiellen „Kosmos“ und die damit verbundenen Myriaden gegenseitiger Abhängigkeiten der Mikroorganismen untereinander stellen eine Forschungsaufgabe für die nächsten Generationen dar, die die Biotechnologie revolutionieren wird und als Basis für die Herausbildung einer erneuerbaren (wir haben kein Gleichgewicht vorzuzeigen) Landwirtschaft darstellt.

Bei der Suche nach Lösungen können wir sicher sein, Überraschungen zu erleben, da biologische Systeme ein „Gedächtnis“ haben, geprägt von Millionen Jahren Vorgeschichte, in denen Redundanz, Elastizität, aber auch gegenseitige Abhängigkeit verschiedene Funktionen herausgebildet haben, eine Komplexität (in einer Momentaufnahme), die mit ihrem Entfaltungspotenzial die gegenwärtige Vielfalt der physikalischen Materie des Universums übersteigt.

Literatur

Abrahams, P. J., Mulder, C., Van De Voorde, A., Warnaar, S. O., & van der Eb, A. J. (1975). Transformation of primary rat kidney cells by fragments of simian virus 40 DNA. *Journal of Virology, 16*, 818–823.

Adams, M. D., et al. (2000). The genome sequence of *Drosophila melanogaster. Science, 287*, 2185–2195.

Alwine, J. C., Kemp, D. J., & Stark, G. R. (1977). Method for detection of specific RNAs in agarose gels by transfer to diazobenzoyloxymethyl-paper and hybridization with DNA probes. *Proceedings of the National Academy of Sciences of the United States of America, 74*, 5350–5354.

Ando, T. (1966). A nuclease specific for heat-denatured DNA isolated from a prouct of *Aspergillus oryzae. Biochimica et Biophysica Acta, 114*, 158–168.

Arnold, F. H., & Georgiou, G. (Hrsg.). (2003). *Directed enzyme evolution: Screening and selection methods* (Bd. 230). Humana Press.

Bacchetti, S., & Graham, F. L. (1977). Transfer of the gene for thymidine kinase to thymidine kinase-deficient human cells by purified herpes simplex viral DNA. *Proceedings of the National Academy of Sciences of the United States of America, 74*, 1590–1594.

Bailey, L. C., Jr., Searls, D. B., & Overton, G. C. (1998). Analysis of EST driven gene annotation in human genomic sequence. *Genome Research, 8*, 362–376.

Baltimore, D. (1970). RNA-dependent DNA polymerase in virions of RNA tumour viruses. *Nature, 226*, 1209–1211.

Bassett, A. R., & Ji-Long Liu, J.-L. (2014). CRISPR/Cas9 and genome editing in Drosophila. *Journal of Genetics and Genomics, 41*, 7–19. https://doi.org/10.1016/j.jgg.2013.12.004

Berg, P., & Mertz, J. E. (2010). Personal reflections on the origins and emergence of recombinant DNA technology. *Genetics, 184*, 9–17.

Berget, S. M., Moore, C., & Sharp, P.A. (1977). Spliced segments at the 5' terminus of adenovirus 2 late mRNA. *Proceedings of the National Academy of Sciences of the United States of America, 74*, 3171–3175. PMCID: PMC431482.

Bollum, F. J. (1960). Oligodeoxyribonucleotide primers for calf thymus polymerase. *Journal of Biological Chemistry, 235*, PC18–PC20.

Bornscheuer, U. T., Hauer, B., Jaeger, K. E., & Schwaneberg, U. (2019). Directed evolution empowered redesign of natural proteins for sustainable production of chemicals and pharmaceuticals. *Angewandte Chemie International Edition, 58*, 36–40.

Botstein, D., White, R. L., Skolnick, M., et al. (1980). Construction of a genetic linkage map in man using restriction fragment length polymorphisms. *American Journal of Human Genetics, 32*, 314–331.

Brownlee, D. G. (2014). *Fred Sanger Double Nobel Laureate: A biography*. Cambridge University Press.

Buchholz, K., & Collins, J. (2010). *Concepts in biotechnology: History*. Wiley-VCH.

Burke, D. T., Carle, G. F., & Olson, M. V. (1987). Cloning of large segments of exogenous DNA into yeast by means of artificial chromosome vectors. *Science, 236*, 806–812.

Cairns, J., Stent, G. S., & Watson,, J. D. (Hrsg.) (1966). *Phage and the origins of molecular biology*. Cold Spring Harbor Laboratory of Quantitative Biology. Cold Spring Harbor.

(2015). Chemical & Engineering News, S. 2.

Chien, A., Edgar, D. B., & Trela, J. M. (1976). Deoxyribonucleic acid polymerase from the extreme thermophile *Thermus aquaticus*. *Journal of Bacteriology, 127*, 1550–1557.

Chow, L. T., Gelinas, R. E., Broker, T. R., & Roberts, R. J. (1977). An amazing sequence arrangement at the 5' ends of adenovirus 2 messenger RNA. *Cell, 12*, 1–8.

Chuang, H.-Y., Matan Hofree, M., & Ideker, T. (2010). A decade of systems biology. *Annual Review of Cell and Developmental Biology, 26*, 721–744.

Cohen, S. N. (1982). *in From genetic engineering to biotechnology: The critical transition* (Hrsg. W. J. Whelan & S. Black) (S. 213–216). Wiley.

Cohen, S. N. (2013). DNA cloning: A personal view after 40 years. *Proceedings of the National Academy of Sciences of the United States of America, 110*, 15521–15529.

Cohen, S. N., Chang, A. C., & Hsu, L. (1972). Nonchromosomal antibiotic resistance in bacteria: Genetic transformation of Escherichia coli by R-factor DNA. *Proceedings of the National Academy of Sciences of the United States of America, 69*, 2110–2114.

Cohen, S., Chang, A., Boyer, H., & Helling, R. (1973). Construction of biologically functional bacterial plasmids in vitro. *Proceedings of the National Academy of Sciences of the United States of America, 70*, 3240–3244.

Collins, J. (1977). Gene cloning with small plasmids. *Current Topics in Microbiology and Immunology, 78*, 122–170.

Collins, J. (1997). Phage Display. In W. H. Moos, M. R. Pavia, B. M. Kay, & B. A. Ellington (Hrsg.), *Annual Reports in Combinatorial Chemistry and Molecular Diversity*. Springer-Verlag, S. 210–262, ISBN: 978-94-017-0738-1 (Print), 978-0-306-46904-6 (Online).

Collins, J., & Hohn, B. (1978). Cosmids: A type of plasmid gene-cloning vector that is packageable in vitro in bacteriophage lambda heads. *Proceedings of the National Academy of Sciences of the United States of America, 75*, 4242–4246.

Collins, F. S., & Weissman, S. M. (1984). Directional cloning of DNA fragments at a large distance from an initial probe: A circularization method. *Proceedings of the National Academy of Sciences of the United States of America, 21*, 6812–6816.

Cross, R. (2016). CRISPR knocks out HIV in cells. *Chemical & Engineering News*, Dez. 12/19, S. 10.

Danna, K., & Nathans, D. (1971). Specific cleavage of simian virus 40 DNA by restriction endonuclease of Hemophilus influenzae. *Proceedings of the National Academy of Sciences of the United States of America, 68*, 2913–2917.

De Chadarevian, S. (2002). *Designs for life*. Cambridge University Press.

De Duve, C., & Beaufay, H. (1981). A short history of cell fractionation. *Journal of Cell Biology, 91*, 293–299.

Dorner, M., Horwitz, J. A., Robbins, J. B., Barry, W. T., Feng, Q., Mu, K., Jones, C. T., et al. (2011). A genetically humanized mouse model for hepatitis C virus infection. *Nature, 474*, 208–211.

Falkow, S. (2001). I'll have the chopped liver please, or how I learned to love the clone. A recollection of some of the events surrounding one of the pivotal experiments that opened the era of DNA cloning. *ASM News, 67*, 555–559.

Fiers, W., Contreras, R., Duerinck, F., Haegeman, G., Iserentant, D., Merregaert, J., Min Jou, W., Molemans, F., Raeymaekers, A., Van den Berghe, A., Volckaert, G., & Ysebaert, M. (1976).

Complete nucleotide-sequence of bacteriophage MS2-RNA – Primary and secondary structure of replicase gene. *Nature, 260*, 500–507.

Fleischmann, R. D., Adams, A. D., White, O., Clayton, R. A., Kirkness, E. F., Kerlavage, A. R., Bult, C. J., Tomb, J. F., Dougherty, B. A., Merrick, J. M., et al. (1995). Whole-genome random sequencing and assembly of *Haemophilus influenzae* Rd. *Science, 269*, 496–512.

García-Sancho, M. (2010). A new insight into Sanger's development of sequencing: From proteins to DNA, 1943–1977. *Journal of the History of Biology, 43*, 265–323.

Gilbert, W. (1980). DNA Sequencing and Gene Structure, Nobel Prize Lecture.

Gilbert, W., & Maxam, A. (1973). The nucleotide sequence of the lac operator. *Proceedings of the National Academy of Sciences of the United States of America, 70*, 3581–3584.

Goff, S., & Berg, P. (1976). Construction of hybrid viruses containing SV40 and lambda phage DNA segments and their propagation in cultured monkey cells. *Cell, 9*, 95–705.

Goff, S. P., & Berg, P. (1979). Construction, propagation and expression of simian virus 40 recombinant genomes containing the *Escherichia coli* gene for thymidine kinase and a *Saccharomyces cerevisae* gene for tyrosine transfer RNA. *Journal of Molecular Biology, 133*(3), 359–383.

Graham, F. L., & van der Eb, A. J. (1973). A new technique for the assay of infectivity of human adenovirus 5 DNA. *Virology, 52*, 456–467.

Gray, H. B., Jr., Ostrander, D. A., Hodnett, J. L., Legerski, R. J., & Robberson, D. L. (1975). Extracellular nucleases of *Pseudomonas* BAL 31. I. Characterization of single strandspecific deoxyriboendonuclease and double-strand deoxyriboexonuclease activities. *Nucleic Acids Research, 2*, 1459–1492.

Greene, l. P.J., Poonian, M. S., Nussbaum, A. L., Tobias, L., Garfin, D. E., Boyer, H. W., & Goodman, H. M (1975). Restriction and modification of a self-complementary octanucleotide containing the *Eco*RI substrate. *Journal of Molecular Biology, 99*, 237–250.

Gordon, J. W., & Ruddle, F. H. (1981). Integration and stable germ line transformation of genes injected into mouse pronuclei. *Science, 214*, 1244–1246.

Gossler, A., Doetschman, T., Korn, R., Serfling, E., & Kemler, R. (1986). Transgenesis by means of blastocystderived embryonic stem cell line. *Proceedings of the National Academy of Sciences of the United States of America, 83*, 9065–9069.

Gusella, J. F., Wexler, N. S., Conneally, P. M., Naylor, S. L., Anderson, M. A., Tanzi, R. E., Watkins, P. C., Ottina, K., Wallace, M. R., Sakaguchi, A. Y., Young, A. B., Shoulson, I., Bonilla, E., & Martin, J. B. (1983). A polymorphic DNA marker genetically linked to Huntington's disease. *Nature, 306*(5940), 234–238. https://doi.org/10.1038/306234a0.PMID6316146

Hannes, J., & Plückthun, A. (1997). In vitro selection and evolution of functional proteins by using ribosomal display. *Proceedings of the National Academy of Sciences of the United States of America, 94*, 4937–4942.

Harrington, J. J., Van Bokkelen, G., Mays, R. W., Gustashaw, K., & Huntington, W. F. (1997). Formation of de novo centromeres and construction of first-generation human artificial microchromosomes. *Nature Genetics, 15*, 345–355.

Harris, H. (1975). *The principles of human biochemical genetics*. North-Holland Publishing Co.

Hedgpeth, J. H., Goodman, M., & Boyer, H. W. (1972). DNA nucleotide sequence restricted by the RI endonuclease. *Proceedings of the National Academy of Sciences of the United States of America, 69*, 3448–3452.

Herrera-Estrella, L., Depicker, A., van Montagu, M., & Schell, J. (1983). Expression of chimaeric genes transferred into plant cells using a Ti plasmid-derived vector. *Nature, 303*, 209–213.

Hirt, B. (1967). Selective extraction of polyoma DNA from infected mouse cell cultures. *Journal of Molecular Biology, 26*, 365–369.

Hodgkin, D, (1979). Crystallographic measurements and the structure of protein molecules as they are. In P. R Srinivasan, J. S. Fruton, & J. T. Edsall (Hrsg.), *The origins of modern biochemistry: A retrospect on proteins*. Annals of the New York Academy of Sciences, Bd. 325, S. 121–148.

Hohn, B., & Murray, K. (1977). Packaging recombinant DNA molecules into bacteriophage lambda particles in vitro. *Proceedings of the National Academy of Sciences of the United States of America, 74*, 3259–3262.

Holley, R. W. et al. (1965). Structure of a ribonucleic acid. Science, 147, 1462–1465; (b) Holley, R. W. (1968). Alanine Transfer RNA, Nobel Prize Lecture.

Hood, L. E., & Kevles, D. J. (1992). *The code of codes: Scientific and social issues in the human genome project*. Harvard University Press.

Hughes, S. S. (2009). Regional Oral History Office, Bancroft Library, University of California, Berkeley, CA; (b) Transcripts of Interviews with Cohen, S. N., Berg, P., Boyer, H., Falkow, S., & Heynecker, H. (1995). http://bancroft.berkeley.edu/ROHO/. Zugegriffen: 31. Mai 2016.

Ioannou, P. A., Amemiya, C. T., Garnes, J., Kroisel, P. M., Shiyuza, H., Chen, C., Batzer, M. A., & de Jong, P. J. (1994). A new bacteriophage P1-derived vector for the propagation of large human DNA fragments. *Nature Genetics, 6*, 84–89.

Itakura, K., Hirose, T., Crea, R., Riggs, A. D., Heyneker, H. L., Bolivar, F., & Boyer, H. W. (1977a). Expression in *Escherichia* coli of a chemically synthesized gene for the hormone somatostatin. *Science, 198*(4321), 1056–1063.

Itakura, K., Hirose, T., Crea, R., Riggs, A. D., Heyneker, H. L., Bolivar, F., & Boyer, H. W. (1977b). Expression in *Escherichia coli* of a chemically synthesized gene for the hormone somatostatin. *Science, 198*, 1056–1063.

Jackson, D. A., Symons, R. H., & Berg, P. (1972). Biochemical method for inserting new genetic information into DNA of Simian Virus 40: Circular SV40 DNA molecules containing lambda phage genes and the galactose operon of *Escherichia coli. Proceedings of the National Academy of Sciences of the United States of America, 69*, 2904–2909.

Jaenisch, R. (1976). Germ-line integration and mendelian transmission of the exogenous Moloney leukemia virus. *Proceedings of the National Academy of Sciences of the United States of America, 73*, 1260–1264.

Jakubowski, M., & Roberts, J. L. (1994). Processing of gonadotropin-releasing hormone gene transcripts in the rat brain. *The Journal of Biological Chemistry, 269*, 4078–4083.

Jones, D., & Sneath, P. H. (1970). Genetic transfer and bacterial taxonomy. *Bacteriological Reviews, 34*, 40–81.

Ju, J., Ruan, C., Fuller, C. W., Glazer, A. N., & Mathies, R. A. (1995). Fluorescent energy transfer dye-labeled primers for DNA sequencing and analysis. *Proceedings of the National Academy of Sciences of the United States of America, 92*, 4347–4351.

Kevles, D. J., & Hood, L. (1992). *The code of codes: Scientific and social issues in the human genome project*. Harvard University Press.

Kleppe, K., Ohtsuka, E., Kleppe, R., Molineux, I., & Khorana, H. G. (1971). Studies on polynucleotides *1, *2XCVI. Repair replication of short synthetic DNA's as catalyzed by DNA polymerases. *Journal of Molecular Biology, 56,* 341–361

Khorana, H. G. (1979). Total synthesis of a gene. *Science, 203,* 614–662.

Klenow, H., & Henningsen, I. (1970). Selective elimination of the exonuclease activity of the deoxyribonucleic acid polymerase from *Escherichia coli* B by limited proteolysis. *Proceedings of the National Academy of Sciences of the United States of America, 65*, 168–175.

Koehler, C. S. W. (2003) *"Developing the Ultracentrifuge", Todays Chemistry at Work*. February, 2003, S. 63–55.

Köhler, G., & Milstein, C. (1975). Continuous cultures of fused cells secreting antibody of predefined specificity. *Nature, 256*, 495–497.

Kornberg, A. (1995a). The Golden Helix, University Science Books, Sausalito, CA. Maher, B. The search for genome ‚dark matter' moves closer. (2008). https://doi.org/10.1038/news.2008.1235

Kornberg, A. (1995b). *The Golden Helix*. University Science Books.

Kornberg, A. (1988). DNA replication. *Journal of Biological Chemistry, 263*(1), 1–4.

Kornberg, A., Lehman, I. R., Bessman, M. J., & Simms, E. S. (1956). Enzymic synthesis of deoxyribonucleic acid. *Biochimica Biophysica Acta, 21*, 197–198.

Kügler, J., Schmelz, S., Gentzsch, J., Haid, S., Pollmann, E., van den Heuvel, J., Franke, R., Pietschmann, T., Heinz, D. W., & Collins, J. (2012). High affinity peptide inhibitors of the hepatitis C virus NS3-4A protease refractory to common resistant mutants. *Journal of Biological Chemistry, 287*, 39224–39232.

Lawyer, F. C., Stoffel, S., Saiki, R. K., Myambo, K., Drummond, R., & Gelfand, D. H. (1989). Isolation, characterization, and expression in *Escherichia coli* of the DNA polymerase gene from Thermus aquaticus. *Journal of Biological Chemistry, 264*, 6427–6437.

Lehman, I. R., & Nussbaum, A. L. (1964). The deoxyribonucleases of *Escherichia Coli*. V. on the specificity of exonuclease I (Phosphodiesterase). *Journal of Biological Chemistry, 238*, 2628–2636.

Levy, S., et al. (2007). The diploid genome of an individual human. *PLoS Biology, 5*(10), e254

Lichter, P., Tang, C. J., Call, K., Hermanson, G., Evans, G. A., Housman, D., & Ward, D. C. (1990). High resolution mapping of human chromosome 11 by *in situ* hybridization with cosmid clones. *Science, 247*, 64–69.

Macdonald, M. (1993). A novel gene containing a trinucleotide repeat that is expanded and unstable on Huntington's disease chromosomes. The Huntington's Disease Collaborative Research Group. *Cell, 72*, 971–983.

Marks, J. D., Hoogenboom, J. R., Bonnert, T. P., McCafferty, J., Griffits, A. D., & Winter, G. (1991). By-passing immunization: Human antibodies from V-gene libraries displayed on phage. *Journal of Molecular Biology, 222*, 581–597.

Maher, B. (2008). Personal genomes: The case of missing hereditability. *Nature, 456*, 18–21.

Maxam, A. M., & Gilbert, W. (1977). A new method for sequencing DNA. *Proceedings of the National Academy of Sciences of the United States of America, 74*, 560–564.

Mertz, J. E., & Davis, R. W. (1972). Cleavage of DNA by RI restriction endonuclease generates cohesive ends. *Proceedings of the National Academy of Sciences of the United States of America, 69*, 3370–3374.

Messing, J., Gronenberg, B., Müller-Hill, B., & Hofschneider, P. H. (1977). Filamentous coliphage M13 as a cloning vehicle: Insertion of a HinII fragment of the lac regulatory region in M13 replicative form *in vitro*. *Proceedings of the National Academy of Sciences of the United States of America, 74*, 3542–3646.

Morton, R. K. (1955). Methods of extraction of enzymes from animal tissues. *Methods in Enzymology, 1* (1955), 25–51.

Mulligan, R. C., & Berg, P. (1981). Selection for animal cells that express the scherichia coli gene coding for xanthine-guanine phophoribyl transferase. *Proceedings of the National Academy of Sciences of the United States of America, 78*, 2072–2076.

Novogrodsky, A., Tal, M., Traub, A., & Hurwitz, J. (1966). The enzymatic phosphorylation of ribonucleic acid and deoxyribonucleic acid. II. Further properties of the 5'-hydroxyl polynucleotide kinase. *Journal of Biological Chemistry, 241*, 2933–2943.

Olson, M., Hood, L., Cantor, C., & Botstein, D. (1989). A common language for physical mapping of the human genome. *Science, 245*, 1434–1435.

Pettersson, E., Lundeberg, J., & Ahmadian, A. (2008). Generations of sequencing technologies. *Genomics, 93*, 105–111.

Phillips, G. J. (2001). Green fluorescent protein – A bright idea for the study of bacterial protein location. *FEMS Microbiology Letters, 204*, 9–18.

Poustka, A., & Lehrach, H. (1986). Jumping libraries and linking libraries: The next generation of molecular tools in mammalian genetics. *Trends in Genetics, 2*, 174–179.

Poustka, A., Pohl, T. M., Barlow, D. P., Frischauf, A. M., & Lehrach, H. (1987). Construction and use of human chromosome jumping libraries from NotI-digested DNA. *Nature, 325*, 353–355.

Radloff, R., Bauer, W., & Vinograd, J. (1967). A dye-buoyant-density method for the detection and isolation of closed circular duplex DNA in HeLa cells. *Proceedings of the National Academy of Sciences of the United States of America, 57*, 1514–1521.

Riechman, L., Clark, M., Waldmann, H., & Winter, G. (1988). Reshaping antobodies for therapy. *Nature, 323*, 323–327.

Roberts, R. J. (2005). How restriction enzymes became the workhorses of molecular biology. *Proceedings of the National Academy of Sciences of the United States of America, 102*, 5905–5908.

Saiki, R. K., et al. (1985). Enzymatic amplification of β-globin genomic sequences and restriction site analysis for diagnosis of sickle cell anemia. *Science, 230*, 1350–1354.

Saiki, R. K., et al. (1988). Primer-directed enzymatic amplification of DNA with a thermostable DNA polymerase. *Science, 239*, 487–491.

Sanger, F. (1971). Nucleotide sequences in bacteriophage ribonucleic acid. The eighth hopkins memorial lecture. *The Biochemical Journal, 124*, 833–843.

Sanger, F. (1980). Determination of Nucleic Acid Sequences in DNA, Nobel Prize Lecture; (b) Shizuya, H., Birren, B., Kim, U.-J., Mancino, V., Slepak, T., Tachiira, Y., & Simon, M. (1992). Cloning and stable maintenance of 300-kilobase-pair fragments of human DNA in Escherichia coli using an F-based vector. *Proceedings of the National Academy of Sciences of the United States of America, 89*, 8794–8797.

Sanger, F., Nicklen, S., & Coulson, A. R. (1977). DNA sequencing with chain-terminating inhibitors. *Proceedings of the National Academy of Sciences of the United States of America, 74*, 5463–5467.

Shapiro, J., MacHattie, L., Eron, L., Ihler, G., Ippen, K., Beckwith, J., Arditti, R., Reznikoff, W., & MacGillivray, R. (1969). The isolation of pure *lac* operon DNA. *Nature, 224*, 768–774.

Shortle, D., Koshland, D., Weinstock, G. M., & Botstein, D. (1980). Segment-directed mutagenesis: Construction in vitro of point mutations limited to a small predetermined region of a circular DNA molecule. *PNAS, 77*(9), 5375–5379.

Silver, R. P., & Falkow, S. (1970). Specific labeling and physical characterization of R-factor deoxyribonucleic acid in Escherichia coli. *Journal of Bacteriology, 104*, 331–339.

Smith, G. P. (1985). Filamentous fusion phage: Novel expression vectors that display cloned antigens on the virion surface. *Science, 228*, 1315–1317.

Smith, H. O., & Wilcox, K. W. (1970). A restriction enzyme from *Hemophilus influenzae* I. Purification and general roperties. *Journal of Molecular Biology, 51*, 379–391.

Southern, E. M. (1975). Detection of specific sequences among DNA fragments separated by electrophoreses. *Journal of Molecular Biology, 98*, 503–517.

Souza, L. M., Boone, T. C., Gabrilove, J., et al. (1986). Recombinant human granulocyte colony stimulating factor: Effects on normal and leukemic myeloid cells. *Science, 232*, 61–65.

Sriprakash, K. S., Lundh, N., Huh, M.M.-O., & Radding, C. M. (1975). The specificity of lambda exonuclease. Interactions with single-stranded DNA. *Journal of Biological Chemistry, 250*, 5438–5445.

Staden, R. (1979). A strategy of DNA sequencing employing computer programs. *Nucleic Acids Research, 6*, 2601–2610.

Stein, H., & Hausen, P. (1969). Enzyme from calf thymus degrading the RNA moiety of DNA-RNA hybrids: Effect on DNA dependent RNA polymerase. *Science, 166*, 393–395.

Stemmer, W. P. (1994). DNA shuffling by random fragmentation and reassembly: In vitro recombination for molecular evolution. *Proceedings of the National Academy of Sciences of the United States of America, 91*, 10747–10751.

Struhl, K., Stinchcomb, D. T., Scherer, S., & Davis, R. W. (1979). Highfrequency transformation of yeast: Autonomous replication of hybrid DNA molecules. *Proceedings of the National Academy of Sciences of the United States of America, 76*, 1035–1039.

Sun, J., & Alper, H. (2017) Synthetic biology: An emerging approach for strain engineering. In C. Wittmann & J. Liao (Hrsg.), *Industrial biotechnology* (Bd. 3a, S. 85–110). Wiley-VCH.

Symington, J., Green, M., & Brackman, K. (1981). Immunoautoradiographic detection of proteins after electrophoretic transfer from gels to diazo-paper: Analysis of adenovirus encoded proteins. *Proceedings of the National Academy of Sciences of the United States of America, 78*, 177–181.

Szybalska, E. H., & Szybalski, W. (1962). Genetics of human cell lines. IV: DNA mediated heritable transformation of a biochemical trait. *Proceedings of the National Academy of Sciences of the United States of America, 48*, 2026–2034.

Takahashi, K., Tanabe, K., Ohnuki, M., Narita, M., Ichisaka, T., Tomoda, K., & Yamanaka, S. (2007). Induction of pluripotent stem cells from adult human fibroblasts by defined factors. *Cell, 131*, 861–872.

Temin, H. M., & Mizutani, S. (1970). RNA-dependent DNA polymerase in virions of Rous sarcoma virus. *Nature, 226*, 1211–1213.

Towbin, H., Staehelin, T., & Gordon, J. (1979). Electrophoretic transfer of proteins from polyacrylamide gels to nitrocellulose sheets: Procedure and some applications. *Proceedings of the National Acad Sciences (USA), 76*(9), 4350–4354.

Thao, TTN., & Labroussaa, F. et al. (2020). Rapid reconstruction of SARS-CoV-2 using a synthetic genomics platform. *Nature*. https://doi.org/10.1038/s41586-020-2294-9 (online publication; accelerated preview of an accepted paper) BioRxiv preprint. https://doi.org/10.1101/2020.02.21.959817.

Viera, J., & Messing, J. (1982). The pUC plasmids. An M13mp7-derived system for insertion mutagenesis and sequencing with synthetic universal primers. *Gene, 19*, 259–268.

Vogt, V. M. (1973). Purification and further properties of single-strand-specific nuclease from Aspergillus oryzae. *European Journal of Biochemistry, 33*, 192.

Wang, K.-S., Choo, Q.-L., Weiner, A. J., et al. (1986). Structure, sequence and expression of the hepatitis viral genome. *Nature, 323*, 508–514.

Wang, Y.-H., Wei, K. Y., & Smolke, C. D. (2013). Synthetic biology: Advancing the design of diverse genetic systems. *Annual Review of Chemical and Biomolecular Engineering, 4*, 69–102.

Welte, K. (2010). I*n 20 Years of GCSF: Clinical and non-clinical studies molineux* (Hrsg. M. Foote & T. Arvedson) (S. 15–24). Springer.

Wexler, N. S., Conneally, P. M., Housman, D., & Gusella, J. F. (1985). A DNA polymorphism for Huntington's disease marks the future. *Archives of Neurology, 42*(1), 20–24.

Winnacker, E.-L. (1987). *From genes to clones*. VCH Verlagsgesellschaft.

Wu, R., & Kaiser, A. D. (1967). Mapping the 5'-teminal nucleotides of the DNA of bakteriophage lambda and related phages. *Proceedings of the National Academy of Sciences of the United States of America, 57*, 170–177.

Wu, R., & Kaiser, A. D. (1968). Structure and base sequence in the cohesive end of bacteriophage lambda DNA. *Journal of Molecular Biology, 35*, 523–537.

Yang, B. L., et al. (2015). Genome-wide inactivation of porcine endogenous retroviruses (PERVs). *Science, 350*, 1101–1104.

Die Neue Biotechnologie 7

Inhaltsverzeichnis

7.1 Die Ära der Gründung neuer Biotech-Firmen

Ein *Meilenstein* der Forschung war 1953 die Formulierung der Struktur der DNA als Basis der Vererbung und der Steuerung biologischer Prozesse durch Watson und Crick (Nobelpreis für Medizin zusammen mit Wilkins 1962), auf der Basis von Röntgenstrukturdaten von Rosalind Franklin (Watson & Crick, 1953). Sie begründete ein neues Verständnis der biologischen Vorgänge, stimulierte jedoch nicht unmittelbar technische Innovationen – wie es Hotchkiss formulierte: „the ‚DNA Revolution' progressed or penetrated slowly into technology, initially having little effect on traditional processes and products" (Hotchkiss, 1979). Die

Teile dieses Kapitels sind zuvor in Englisch publiziert worden in Abschn. 1.4, in Arnold L. Demain, Erick J. Vandamme, John Collins und Klaus Buchholz, 2017, History of Industruial Biotechnology. In: Industrial Biotechnology, Vol. 3a, S. 3–84, Christoph Wittmann, James Liao (Edts.), Copyright Wiley–VCH Verlag GmbH & Co. KGaA, Weinheim, Germany. Reproduced with permission.

K. Buchholz und J. Collins, *Eine kleine Geschichte der Biotechnologie*,
https://doi.org/10.1007/978-3-662-63988-7_7

wissenschaftlichen Voraussetzungen für technische Anwendungen wurden großteils in den Jahren von 1965 bis 1971 entdeckt bzw. entwickelt (Sequenzierung von Proteinen, RNA, DNA, Gentransfer bei Virus und Bakterien, usw.) (s. Kap. 6; John Collins in Demain et al., 2017, Abschn. 1.5). Im nachfolgenden Kapitel ist die Entwicklung von Start-ups, neuen Pharmafirmen, basierend auf der Gentechnologie, in den Jahren ab 1975 beschrieben (s. hierzu insbesondere Hall, 1987; Lear, 1978; Kornberg, 1995; Lipkin & Luoma, 2016).

Die Lösung eines epistemischen Dings, eines Rätsels, hatte Pioniere der Gentechnologie – Herb Boyer, Stanley Cohen – beflügelt: die Entdeckung der Übertragung von Antibiotikaresistenz, die Untersuchungen und Erkenntnisse zum Transfer der genetischen Information zu Resistenzen gegen Antibiotika zwischen Bakterien.

Ein *Paukenschlag* – es war tatsächlich eine Serie – eröffnete die Entwicklung der industriellen Gentechnik, die Gründung von Start-ups und den „gold-rush", der folgte. Es begann mit der Gründung von Genentech 1976 durch Robert Swanson und Herb Boyer, der ersten Klonierung und Expression eines menschlichen Gens (Somatostatin), der Klonierung und Expression von Human-Insulin (h-Insulin) 1978, die Kooperation mit dem Pharmakonzern Eli-Lilly, die zur Zulassung durch die FDA 1982, nur vier Jahre nach der Klonierung, führte. Die Gentechnik erwies sich als DIE Methode zukünftiger Entwicklung neuer Medikamente in der Welt der Pharmaindustrie, insbesondere für körpereigene Wirkstoffe. Die Gründung weiterer Start-Ups, deren rasantes Wachstum, schließlich – nach einer beträchtlichen Zeit des Zögerns und Abwartens, insbesondere der deutschen Konzerne Bayer und Hoechst[1] – der Einstieg von „Big Pharma", bedeutete den Aufstieg der „Neuen Biotechnologie" (Neue BT). Eine beträchtliche Zahl von Blockbustern, von Medikamenten mit Umsätzen über einer Milliarde Euro, belegte die Bedeutung der neuen Technik (Buchholz & Collins, 2010, Sektion 17.4.2; Demain et al., 2017, Abschn. 1.5). Die zahlreichen und weitreichenden, oft überraschenden und unvorhergesehenen Entdeckungen und Erkenntnisse, die dieser Entwicklung zugrunde lagen, schildert John Collins in Kap. 6.

In den USA setzte sich Mitte der 1970er und 1980er Jahre – im Gegensatz zu der Entwicklung in Deutschland und Europa – eine grundlegend andere, neue Konzeption und Strategie für die Biotechnologie durch, die auf Innovation mittels rekombinanter, also Gentechnologie basierte. Dies wurde offensichtlich mit

[1] Das Zögern von Hoechst erwies sich als ein Faktor, der den Absturz mitverursachte. In einer späten (Über-)Reaktion versuchte die Firma, Anschluss zu gewinnen, in einer Kooperation mit dem Massachusetts General Hospital, wobei Hoechst diesem 70 Mio. US-$ Förderung zusagte, mit der Gegenleistung Hoechst-Mitarbeiter dort in rekombinanten Techniken zu trainieren, und der Zusage bestimmte Schutzrechte zu erwerben; dies rief heftige Kritik in der Wissenschaft wegen des hohen Betrages, der im Ausland investierte wurde, hervor. Den Untergang des „Weltkonzerns" Hoechst hat ausführlich Wehnelt beschrieben (2010).

Er wird überwiegend begründet (S. 83–85) mit Managementfehlern bei der Fusion mit Rhône-Poulenc zu Aventis 1999, um einen Pharmakonzern zu gründen, und bei der Übernahme von Hoechst durch Sanofi 2004.

der Gründung von Firmen, die auf Methoden der Gentechnik, der neuen BT aufbauten (s. u.), und mit einer Studie des OTA (Office of Technology Assessment, USA) (OTA, 1984). Diese legte den Schwerpunkt auf „genetic engineering" – gentechnische und rekombinante Methoden – die neue wirtschaftliche Perspektiven eröffneten, und auf die Förderung schneller ökonomischer Nutzung wissenschaftlicher Ergebnisse in diesem Gebiet, und sie beruhte auf engem Kontakt mit der Industrie: „This report focuses on the industrial use of rDNA, cell fusion, and novel bioprocessing techniques. In the past ten years, dramatic new developments in the ability to select and manipulate genetic material have sparked unprecedented interest in the industrial uses of living organisms." Die Betonung lag also auf den Möglichkeiten und Chancen, die die Manipulation genetischen Materials der industriellen Nutzung eröffneten. Die Studie legte den Schwerpunkt auf die pharmazeutische Industrie, in der sich Neugründungen, Start-ups, besonders aktiv in der Nutzung der Biotechnologie erwiesen hatten. Die ersten Produkte der rekombinanten Biotechnologie waren mittels rDNA hergestelltes Humaninsulin (h-Insulin), Interferone, diagnostische Kits basierend auf monoklonalen Antikörpern (mAB) und weitere bedeutende Pharmazeutika. Es waren unmittelbare Ergebnisse der Grundlagenforschung, die diese Techniken und Möglichkeiten eröffneten (s. folgenden Abschnitt). Die Grundlagen der besonders kompetitiven Position der US-Wirtschaft waren hochentwickelte Lebenswissenschaften – Biochemie, Genetik, Molekularbiologie – die Verfügbarkeit von Risikokapital für Unternehmensgründungen und der Unternehmergeist, die den USA die Spitzenposition in der Kommerzialisierung einbrachten. Der Einstieg in die neue BT bedeutete eine Art Goldrausch.

Die Geschichte des Humaninsulin (s. u.) stellt ein Beispiel dar für einen grundlegenden Durchbruch, aber auch für die verspätete Wahrnehmung der Möglichkeiten der Gentechnik und rekombinanten Technologien durch etablierte Pharmakonzerne, insbesondere in Deutschland. Eine bezeichnende Anekdote für die Ignoranz in der europäischen Industrie erzählt John Collins: Er präsentierte, wie auch später Bob Swanson (einer der Gründer von Genentech) ihre optimistische Sicht der rDNA-Technik für die Synthese von h-Insulin bei Novo (DK). Ihre Ansichten wurden ernsthaft von den jungen Wissenschaftlern der Firma aufgenommen, nicht aber vom Management, das Bedenken hatte, es gäbe keine Lösung für die Probleme, die aus der industriellen Anwendung (z. B. Zulassungsverfahren, Patente) rekombinanter Bakterien resultierten. Novo entwickelte später mit großem Aufwand eine alternative rDNA-Technik (mittels Hefen) zur Produktion von h-Insulin.

Einige neue Methoden und Werkzeuge spielten eine Schlüsselrolle bei der Einführung und Nutzung rekombinanter Technologien. Sie beinhalten die Sequenzierung und Strukturanalyse von DNA, RNA und Proteinen, die chemische Synthese kurzer DNA-Moleküle, Identifizierung und Reindarstellung von DNA-Molekülen, die für pharmazeutisch aktive Proteine codieren, die Übertragung solcher DNA (auch aus menschlichen Quellen) in Bakterien sowie in menschliche und tierische Gewebekulturen, und die Expression der entsprechenden Proteine.

Von entscheidender Bedeutung waren DNA-Polymerasen, Enzyme, die DNA replizieren bzw. kopieren, ebenso weitere Enzyme, u. a. Restriktionsendonucleasen, die DNA an definierten Stellen schneiden, und Ligasen, die sie zusammenfügen (s. ausführlich Kap. 6).

Die Geschichte begann 1972 mit Konzepten der Klonierung – dem Transfer – von DNA aus unterschiedlichen Quellen in Bakterien, entwickelt von Berg und Mertz bzw. Boyer und Cohen (Lear, 1978; Hall, 1987; Kornberg, 1995, S. 195–202, 241–246). Der Funke, der Gedankenblitz, der die Erfindung initiierte, ist Cohen selbst (2013) und Falkow (2001) – auch Boyer und zwei anderen Kollegen – mit einem bemerkenswerten Ereignis in lebhafter Erinnerung: Am Abend, anlässlich einer Konferenz, in einem Restaurant in Hawaii, sprachen sie über die neuentwickelte Methoden für Arbeiten mit DNA.

Boyer erwähnte das Phänomen der „sticky ends", das er und Janet Mertz zuvor beobachtet hatten, nämlich dass mittels Boyers Restriktions-Endonuclease EcoRI geschnittene DNA-Abschnitte diese „zusammenkleben" liess. „As Herb [Boyer] and I talked, I realized that EcoRI was the missing ingredient needed for molecular analysis of antibiotic resistance plasmids." (Cohen, 2013). Als das Gespräch zu dem Punkt gekommen war, dass Plasmid-DNA damit leicht transformierbar war, trat Stille ein, „[this] caused a silence to fall over the table.[…] Cohen said, ‚that means'…. Boyer didn't let him finish. ‚That's right, it should be possible'.". „Herb and I sketched out an experimental plan on [delicatessen restaurant] napkins (Cohen, 2013)." Das Konzept der Klonierung, der Neukombination von DNA-Fragmenten, das Basis-Experiment der Gentechnik, war erdacht, formuliert und auf einer Serviette notiert[2] („I'll have the chopped liver please, or how I learned to love the clone." Falkow, 2001). Die Hochspannung, die aus den Artikeln von Falkow und Cohen aufscheint, reflektiert das Rätsel, das epistemische Ding, das mit der Entdeckung der spontanen Übertragung von Resistenz zwischen Bakterien aufgetreten war. „[…] we knew relatively little about the biology of plamids; what we knew was descriptive. We lacked the biochemical knowledge to understand how these extrachromosomal elements are transferred from cell to cell." (Cohen, 2013; Falkow, 2001).

„We began the experiments shortly after the new year […] and by March 1973 we had demonstrated the feasibility of the DNA cloning approach that Boyer and

[2] Cohen (2013) beschrieb das Problem ausführlich: „[…] it had long be known that only closely related species can interbreed and produce viable offspring, and hybrids displaying heritable characteristics exist only in mythology; thus there was uncertainty about whether so-called natural barriers created during evolution would prevent propagation of genes across different biological domains."… „R-[resistance-]plasmid mediated multidrug resistance had become a major medical problem as well as a scientific enigma.[…] Importantly, nothing was known about the genetic recombination mechanisms that had enabled the accumulation of multiple resistance genes on the same genetic element."… „Our DNA cloning experiments resulted from the pursuit of fundamental biological questions […] investigating mechanisms underlying the ability of plasmids to acquire genes conferring antibiotic resistance […]. The PNAS publications resulting from these pursuits generated considerable scientific excitement […]."(Cohen, 2013).

I had outlined […]". (Cohen, 2013). Die Experimente sowohl von Boyer als auch die von Cohen während dieser Monate verliefen erfolgreich und wurden 1973 in den PNAS (Proceedings of the National Academy of Sciences) der USA publiziert (Cohen et al., 1973). „The news that eukaryotic DNA can be cloned and amplified in bacteria spread immediately in the scientific community […] (Cohen, 2013). „The papers by Cohen und Boyer in […] 1973 are widely viewed as among the most important scientific contributions of the 20th century." (Falkow, 2001).

„Boyers restriction" enzyme (*Eco*RI) became the work horse of the recombinant DNA revolution." Dieses Enzym, bzw. ein Bakterium, woraus das Enzym selbst hergestellt werden konnte, wurde anderen Labors, die in dem Gebiet arbeiteten, von Boyer zur Verfügung gestellt (wie üblich unter den Pionieren) (Hall, 1987, S. 59; John Collins, persönliche Mitteilung, 2020). Unter den Schwierigkeiten der damaligen Zeit war besonders das Screening (Aussieben, Herausfinden) schwierig und aufwendig, manche meinten hoffnungslos. Boyers Team jedoch konnte die wenigen Bakterienkolonien identifizieren – buchstäblich eine unter einer Million, – die die „Kröte", die gewünschte DNA, enthielt. „Herb [Boyer] just said he kissed every colony on the plate, until one turned into a prince." (Falkow, zitiert in Hall, 1987, S. 63). Das war die Basis für das erste Patent über rekombinante Technologie durch Cohen und Boyer, das 1974 eingereicht und 1980 bewilligt wurde.

Das Patentamt anerkannte 1980 die Ansprüche von Cohen und Boyer zur Nutzung von Plasmiden und Restriktionsenzymen (Endonucleasen) als neue Erfindung der rekombinanten DNA-Technologie. Die Entscheidung der Universität Stanford (USA), die neue DNA-Technologie zu patentieren und die Breite, der Umfang der gestellten und vom Patentamt bewilligten Ansprüche wurde weithin registriert und setzte Maßstäbe, sowohl im akademischen als auch im industriellen Bereich (Kornberg, 1995, S. 242).

In der Kontroverse um das Patentieren biologischer Entdeckungen waren die Argumente der Befürworter, dass Biotechnologie-Unternehmen die effizientesten Mittel und Wege böten, Fortschritte in Wissenschaft und Technik in Produkte für die Nutzung in Medizin und Landwirtschaft umzusetzen (s. a. Kap. 6) (Hall, 1987; Kornberg, 1995, S. 195–202, 241–246; Lear, 1978). Argumente waren auch die vorangehenden Beispiele der Patente Pasteurs zu Reinkulturen von Hefe, Patente zur Fermentation von Aceton und Butanol in den 1920er Jahren und Chakrabarty's Patent zu multiplasmidhaltigen Stämmen, die Xenobiotika abbauen konnten (durch klassische mikrobiologische Techniken erzeugt, nicht durch rDNA) (Buchholz & Collins, 2010, Kap. 14).

Eine andere grundsätzliche Frage hat Paul Berg als erster aufgeworfen: Welche Risiken sind mit der Gentechnik in der Forschung, und in der industriellen Technik verbunden (Berg und Metz, 2010). Seine Initiative sowie die anderer prominenter Wissenschaftler, führte zu der Konferenz in Asilomar (Kalifornien) 1975. Dabei wurde vereinbart, dass Laborarbeiten mit rekombinanter DNA eingestellt wurden, bis eine Übereinkunft darüber erzielt wäre, wie und wo Experimente sicher durchgeführt werden können. Die Empfehlungen führten schließlich zu verbindlichen Richtlinien, „Guidelines for recombinant DNA work" (Buchholz & Collins, 2010, S. 175).

Eine weitere grundsätzliche Frage, die sich in Studien zu Wissenschafts- und TechnikGeschichte stellt, ist, wie Grundlagenwissenschaft zu Innovationen und zu Technik führt. Anders als in Physik, Chemie und Ingenieurwissenschaften gab es in der Biologie kaum eine Tradition, in der Wissenschaftler in Innovationen involviert waren, abgesehen von den oben erwähnten Ausnahmen. An den meisten deutschen und auch europäischen Universitäten war der Begriff Unternehmer negativ besetzt. Die Gründung von Genentech, des ersten auf Biotechnologie basierten Unternehmens durch Boyer und Swanson 1976, wurde dann jedoch zum Paradigma für einen solchen Schritt: der Vision der wirtschaftlichen Nutzung und Kommerzialisierung der rekombinanten DNA-Technologie. Nach Höhen und Tiefen erreichten sie mit beachtlichem Erfolg ihr Ziel, ein Beispiel, dem viele anderen folgten, und dem ein Trend folgte, der die moderne Medizin revolutionierte (Buchholz & Collins, 2010, Abschn. 7.3.7).

Die Cetus Corporation (Kalifornien) 1972 war die erste in der Biotechnologie aktive Neugründung. Sie arbeitete jedoch zunächst nicht mit rekombinanten Methoden. Sie produzierte ein auf einem biophysikalischen Effekt basierendes Gerät, den „Coulter Counter". Kay Mullis gelang eine äußerst erfolgreiche Innovation, die PCR (Polymerase Chain Reaction). Die Methode wurde bezeichnet als „*the* revolutionary molecular method of the twentieth century", die winzigen Mengen eines spezifischen DNA -Fragments in kurzer Zeit milliarden-fach vervielfältigen kann (Kornberg, 1995, S. 236–241; Roche, 2003, S. 280). Die Idee dazu kam Kay Mullis, der für Cetus arbeitete, unter eher ungewöhnlichen Umständen: „Through an improbable combination of coincidences, naivete and lucky mistakes, such a revelation came to me one Friday night in April, 1983, as I gripped the steering wheel of my car and snaked along a moonlit mountain road into northern California's redwood country together with a girl friend […]," „[…] by combining conventional, but independent ideas to that process which was called later the PCR, all when a tropical flavor was in the air. […] That was how I stumbled across a process that could make unlimited numbers of copies of genes" (Mullis, 1990) (Die meisten Wissenschaftler haben das anfangs nicht für möglich gehalten.) Das erforderliche, der Methode zugrunde liegende Enzym, eine DNA-Polymerase, hatten Arthur Kornberg und seine Mitarbeiter an der Stanford University 1955 entdeckt. 1985 wurde Mullis und der Cetus Corporation ein Patent für PCR erteilt (daraus entwickelte sich später ein erbitterter Patentstreit[3]). Der erste kommerzielle Test wurde 1990 eingeführt, dann, 1992, ein Test durch Roche, für den HIV-1-Provirus und *Chlamydia trachomatis,* ein Bacterium, das bei sexuellem Kontakt übertragen wird. Es folgten Lizenzen von Cetus für Roche für weitere diagnostische Tests, für den Hepatitis-C-Virus, Hepatitis-B-Virus, das *Mycobacterium*

[3] Es war eine „hot story", über die Kornberg berichtet, die am U.S. District Court in San Francisco verhandelt wurde. Du Pont hatte das Patent von Cetus angefochten. Die Gruppe von Kornberg an der Stanford Universität hatte 1955 eine DNA-Polymerase entdeckt und charakterisiert. Dies und weitere Befunde wurden gegen die Erfindung der PCR eingewandt. Es ging um einen Milliarden-Dollar-Markt, schließlich blieb Cetus der Gewinner. Chiron erwarb später Cetus und verkaufte das PCR-Patent an Roche für 300 Mio. $ (Kornberg, 1995, S. 236–241).

tuberculosis und zahlreiche andere. Cetus verkaufte Roche das PCR-Patent für 300 Mio. $ - es handelte sich um einen Markt mit Milliardenumsätzen (Kornberg, 1995, S. 236–241, 280–287, 337; Roche, 2003). Von besonderer Bedeutung waren ein Vaterschaftstest und die Anwendung zur Identifizierung von Kriminellen anhand von Blutspuren (in vielen Kriminalfilmen als Beweis angeführt). Darüber hinaus spielt die Methode eine Schlüsselrolle für die Erforschung der Evolution, einschließlich der Menschheit, aus fossilen Funden. Sie stellt eine höchst leistungsfähige analytische Methode dar mit enormer Bedeutung für unterschiedliche Gebiete der Biologie, der Molekularbiologie und Biotechnologie. Mullis erhielt – als einziger Wissenschaftler eines Unternehmens – 1993 den Nobelpreis. Die PCR-Methode führte unmittelbar zur Entwicklung der Biochip-Industrie durch Affymetrix, ein Spin-off (Ausgründung) von Chiron[4] (Buchholz & Collins, 2010, Abschn. 11.4.2, S. 227).

Genentech verfolgte von Beginn an das Ziel, pharmazeutische Produkte herzustellen, indem es die – zunächst unbekannte bzw. umstrittene – Kapazität von Bakterien nutzte, Hormone, wie menschliches Insulin und Wachstumshormon, zu produzieren, welche klinisch angewandt und die anders nicht hergestellt werden konnten (s. u.)[5]. Die Gründer, Herb Boyer, ein Mikro- und Molekularbiologe, und Robert Swanson – ein „venture capitalist", ein Risikokapital-Unternehmer, entschieden sich, die rekombinante DNA-Technologie zu kommerzialisieren. Das Ziel war, pharmazeutische Produkte zu produzieren, und die Möglichkeiten von Bakterien auszuloten, Hormone herzustellen, zunächst menschliches Wachstumshormon und Human-Insulin (h-Insulin), die unmittelbar für die klinische Anwendung eingesetzt werden konnten – und für deren Herstellung es keine Alternative (etwa chemische Synthese oder Isolierung aus tierischem Gewebe) gab (Lear, 1987; Hall, 1987; Kornberg, 1995, S. 195–202, 241–246). Die Geschichte soll im Detail dargestellt werden, da der durchschlagende Erfolg die pharmazeutische Industrie schließlich überzeugte, dass die „Neue Biotechnologie" eine der wichtigsten Methoden für die zukünftige Entwicklung neuer Medikamente darstellte.

Herb Boyer an der UCSF (University of California, San Francisco) bzw. bei Genentech und Arthur Riggs mit Keichi Itakura am Beckmann Research Institute gelang es als ersten 1977, ein humanes Gen in Bakterien zu exprimieren

[4] Biochips sind Mikroarrays, auf die verschiedene Proteine, z. B. (monoklonale) Antikörper, oder DNA-Fragmente bzw. Oligonucleotide in großer Zahl auf einen Objektträger punktförmig (in Spots) gebunden sind. Jedes Element dient als Sonde für ein bestimmtes komplementäres Protein oder DNA-Fragment. Die dichte Anordnung auf einer kleinen Fläche (entsprechend z. B einer Briefmarke) erlaubt die simultane Durchführung großer Zahlen von Hybridisierungsreaktionen, d. h. Analysen, z. B. von Hunderten oder Tausenden von Genen, in kurzer Zeit. Die Detektion kann z. B. mittels Fluoreszens-Markierung erfolgen.

[5] Vor der Verfügbarkeit von rekombinantem h-Insulin mussten Diabetiker mit Insulin aus tierischen Quellen (isoliert aus Pankreas von Rind oder Schwein) behandelt werden; da diese nicht identisch mit human-Insulin sind, kam es häufig zu Unverträglichkeit, wie allergischen Reaktionen. h-Insulin ist vor der gentechnischen Produktion auch durch Modifizierung (gezielter Aminosäureasutausch) von Schweineinsulin hergestellt worden – was jedoch wegen begrenzter Mengen und Kosten keine Perspektive hatte. Mit h-Insulin ist im Text stets das gentechnische Produkt bezeichnet.

(Somatostatin, ein Hormon aus dem Hypothalamus, das für verschiedene, seltene hormonelle Funktionsstörungen angewendet wird). Es war Keiichi Itakura und Art Riggs gelungen, das Gen von Somatostatin chemisch zu synthetisieren. Es handelt sich um ein kleines Hormon, das daher besonders für die Anwendung der neuen Technik geeignet schien. Es diente bei Genentech als ein Test, um die Machbarkeit der Technik zu demonstrieren, sicherzustellen, dass die einzelnen Schritte der neuen Technik – die Verfügbarkeit des Gens codierend für ein Protein, die Klonierung, die Expression in einem Bakterium – machbar waren, was auch gelang. Im April 1976 sahen Boyer und Swanson so gute Chancen der Durchführbarkeit der Klonierungstechnik, dass sie die Gründung von Genentech (für Genetic Engineering Technology) wagten. Die Strategie des Unternehmens zielte jedoch von Beginn an auf h-Insulin, ein Produkt mit einem großen Markt. Zudem wurden Kooperationsvereinbarungen mit der University of California, San Francisco (UCSF), und dem City of Hope Medical Center, Kalifornien, getroffen. Die Firmenstrategie umfasste die Absicht, so viele Patente wie möglich, und wissenschaftliche Publikationen in hochrangigen Zeitschriften zu machen, ebenso Ergebnisse auf internationalen Kongressen zu präsentieren – eine Strategie, die viele junge brilliante Wissenschaftler anziehen sollte und das auch tatsächlich erreichte (Hall, 1987).

Am Wettstreit um h-Insulin, und dem Goldrausch, der damit verbunden war – the „DNA gold rush" – waren einige hervorragende Wissenschaftler beteiligt[6], Sie bildeten ein herausragendes, hochqualifiziertes und äußerst engagiertes Team mit Erfahrung im Klonieren rekombinanter DNA. Diesen irrwitzigen Wettstreit, „the mad race" zwischen der UCSF und Genentech einerseits, und Harvard andererseits, hat Hall in anschaulichen, spannungsvollen Szenen beschrieben. (Hall, 1987, danach im Folgenden zitiert; Kornberg, 1995). Boyers Gruppe hatte früh den Ruf eines führenden Design-Zentrums für vielseitige neue Klonierungsvektoren, insbesondere Plasmide, die eine entscheidende Rolle spielten. Der erste Schritt war, das Insulin-Gen in die Hand zu bekommen.

In der UCSF und Genentech herrschten Erwartungen für unerwarteten Ruhm, aber auch Rivalitäten (mit Harvard), Dispute über Prioritäten und Glaubwürdigkeit „credit", Eifersüchte, die Erwartungen großen Reichtums, ebenso in Gilberts

[6] Es waren u. a. Walter Gilbert von Harvard, Herb Boyer, Howard Goodman und William Rutter von der UCSF und David Goeddel von Genentech, Axel Ullrich und Peter Seeburg (beide aus Deutschland, zunächst Postdocs an der UCSF) und John Shine (aus Australien, ebenfalls Postdoc an der UCSF), alle später bei Genentech angestellt. - Eine kleine Gruppe von Wissenschaftlern um Herb Boyer erfand ganz neue Technologien – wenn Technik die Mittel und Werkzeuge für wissenschaftliche Revolutionen erschafft, dann war es die Boyers in seinem bescheidenen Labor an der UCSF, zusammen mit der von Goodman und dessen äußerst begabtem Biochemiker Heyneker (postdoc aus Leiden, NL), mit seinen außerordentlich reinen Enzymen, im gleichen Gebäude der UCSF, und zusammen mit den Postdocs Ullrich, Seeburg und Shine, sehr aggressiven, ambitionierten und eleganten Wissenschaftlern. Heyneker hatte die Aufgabe, das Biotechnikum von Genentech aufzubauen; er besuchte mehrmals die GBF in Braunschweig, um sich über die Ausstattung und die Handhabung von Fermentern für rDNA-Fermentationen zu informieren (Hall, 1987, danach im Folgenden zitiert; Kornberg, 1995).

Gruppe in Harvard. Dort starteten Arg Efstratiadis und Forest Fuller den Wettstreit um h-Insulin, zunächst konzentriert darauf, die richtige „Message" (das Gen) zu isolieren, was weder trivial, noch einfach war.

„Brute force" nennt Hall die umfangreichen, äußerst schwierigen Experimente, um Langerhans'sche Inseln mit Insulin aus bestimmten Ratten zu erhalten, die Raymond Pictet durchführte, und schließlich ein „Pellet" mit einer winzigen Menge an Ullrich übergab, mit der erhofften „message for insulin", der RNA (die daraus zu kopierende DNA, das Gen des Ratteninsulins stellte einen Zwischenschritt zum human-Gen des Humaninsulins dar). Ullrich erinnert sich: „having a few micrograms of this super-precious RNA, it makes you really nervous." (RNA-abbauende Enzyme waren verbreitet und äußerst hitzeresistent.) Ullrich plante die nächsten Schritte: die RNA in ein Gen (DNA für Insulin) umsetzen (mittels eines Enzyms, der Reversen Transkriptase), und dieses dann in eine Zelle (eines Bakteriums) einzuschleusen. An diesem Punkt begann Ullrich über ein gutes Plasmid hierfür nachzudenken; dabei wurde ihm der entscheidende Vorteil klar, hierfür mit dem fortschrittlichsten Labor, mit Boyers Wissenschaftlern, zusammen zu arbeiten, die eine neue Generation von Plasmiden konstruiert hatten. Es handelte sich um das „sophisticated" pBR322 – mit den Initialen der Erfinder Paco Bolivar und Ray Rodriguez – das zum äußerst beliebten Werkzeug der Forschung wurde, und das auch allen anderen Forschern weltweit zur Verfügung stand. Über die (schnellstmögliche) notwendige Zustimmung der NIH für die Anwendung von pBR322 gab es – z. T. bewusste – Missverständnisse in Telefonaten von Boyer mit der NIH. Nach der (angenommenen) Zustimmung starteten Ullrich und Rutter sofort: „Great! Well, Let's go ahead and use it, huh?" (Offensichtlich waren die „NIH rules broken", missachtet worden (Lear, 1987, S. 188, 200; Hall, 1987, S. 167)).

Das Klonieren war, wie andere komplexe biochemische Operationen, äußerst schwierig durchzuführen. Mehrere Dutzend Schritte waren unter optimalen Bedingungen auszuführen. Ullrich hatte im Januar 1977 mit dem pBR322-Plasmid – mit „revolutionary ease"–das vermutliche Insulingen in ein Bakterium eingeschleust und Kolonien in Platten angelegt. Fünf waren gewachsen, drei offensichtlich ohne positives Resultat. In zweien schienen die richtigen Plasmide vorzuliegen, die Klone mit den Initialen (von Ullrich) AU-1 und AU-2. „The big question was, was one of them insulin or not?" Nur durch Sequenzieren, eine mühsame, langwierige Prozedur, war diese Frage zu klären, die John Shine als Experte, durchführte. Sie begannen vom Ende her die Sequenz zu lesen, Ullrich stand da mit der Aminosäure-Sequenz von Insulin, Shine kannte den Code der DNA für Aminosäuren auswendig und nannte die einzelnen Aminosäuren. (Fred Sanger hatte 1955 die Sequenz von Insulin aufgeklärt.) „Axel [Ullrich] said, Hey, that's it! That fits here! [...]". Und so wussten sie, innerhalb einer Minute, dass sie tatsächlich einen Insulinklon hatten. Es war ein entscheidender Durchbruch, damit war die Technik etabliert. Ullrichs „pAU-clones had indeed turned to gold". Das Ergebnis erschien unmittelbar auf den Frontseiten der New York Times, Washington Post und Los Angeles Times.

Im Mai 1977 hatte es ein Treffen der Konkurrenten gegeben, von dem eine Art Untergrundblatt, der „Midnight Hustler", in großer Aufmachung berichtete. Die

Vorgänge stehen für „a sorry picture of personal rivalries [...] intensely competitive and even unscrupulous in the pursuit of a laudable goal [...]". Schließlich jedoch gewann die Mannschaft von UCSF und Genentech, mit der raffinierten Technik (dem Plasmid) von Boyer und den genialen, herausragenden Wissenschaftlern Goeddel und Ullrich, den Wettkampf entgegen der vorschnellen Ankündigung von Gilberts Vorsprung (durchweg zitiert aus Hall, 1987, s. a. Kornberg, 1995, S. 197–199).

Zunächst wurde Genentech als „paper tiger" bezeichnet. Das änderte sich mit dem Engagement von David Goeddel Anfang 1998,, von Kollegen als „kamikaze scientist" bezeichnet, der Tag und Nacht arbeitete, dem ersten Angestellten von Genentech. Ein Jahr später folgten Ullrich, Seeburg und Shine, denen bei Genetech „unlimited resources" zugesagt wurden. Man entschied sich, das synthetische Gen für Insulin zu nutzen. In Itakuras Labor waren die Gene für die A- und B-Kette des humaninsulins synthetisiert worden. Goeddel gelang es in mühsamen Experimenten, die Proteine zu exprimieren, dann im Reagenzglas zusammenzufügen zum h-Insulin – der endgültige Durchbruch. „The celebration, at least initially, was low key. Riggs and Goeddel shook hands; Crea and Itakura were informed and came over to celebrate. [...] in Itakuras lab Goeddel loosened up enough to exchange exuberant high fives (Rausch) with Robert Crea [...]". (Hall, 1987, S. 230–270); Kornberg, 1995, S. 197/198).

Das erste kommerzielle Produkt, das mittels Gentechnologie hergestellt wurde, war also h-Insulin, das 1982 für die klinische Anwendung zugelassen wurde. Entscheidend hierfür war die Zusammenarbeit zwischen Genentech und Eli Lilly, einem großen Pharmakonzern in den USA. Sie bedeutete für Genentech finanzielle Ressourcen, verbesserte dessen einfaches Expressionssystem, sodass kommerziell hinreichende Konzentrationen erzielt wurden, stellte technische Produktionskapazitäten zur Verfügung für ein Medikament das den Qualitätsansprüchen genügte. Eli Lilly brachte eine weitere essentielle Voraussetzung mit, die Erfahrung mit den aufwendigen regulatorischen Vorgängen der Zulassung, erstmals für ein Medikament, das mittels rekombinanter DNA-Technik hergestellt wurde (Kornberg, 1995). Entscheidend war für diese Entwicklung, dass das oberste Gericht der USA das Patentieren rekombinanter Bakterien zuließ (Ullrich, 1980).

1978 bis 1982 waren „goldene Jahre" in den Genentech-Labors, in denen „bright minded spirits, working furiously, won many of the cloning races" – in denen also glänzende Wissenschaftler in wildem Arbeitseifer viele der „Klonierungs-Wettkämpfe" gewannen. Unter Beteiligung von Genetech wurden sieben der 13 auf der Gentechnologie basierten Pharmazeutika entwickelt, die 1993 auf dem Markt waren. Zu Jahresbeginn 1988 umfasste die Belegschaft von Genentech bereits 110 Angestellte, darunter 80 Wissenschaftler. Die Wissenschaftler von Genentech veröffentlichten jährlich 250 Papers und erarbeiteten 1200 angenommene Patente bis 1993. Der erste wichtige Vertrag wurde mit AB Kabi (Schweden) für die Herstellung von Somatostatin geschlossen (Ullrich, 1980).

Die Zulassung und Produktion von h-Insulin markiert den Beginn der Ära der rekombinanten DNA- (rDNA-)Biotechnologie. Es eröffnete sich damit die Möglichkeit, humane Proteine, Hormone, Interferone, Interleukine, Antikörper usw.

herzustellen für die medizinische Behandlung zahlreicher Krankheiten, bei denen das zuvor unmöglich war – ein höchst bedeutender Fortschritt. (Allerdings hatte die Pharmaindustrie Bedenken, dass Verunreinigungen oder falsch gefaltetes Insulin zu Allergien führen könnte.) Es bildete sich auch ein neues „big business", ein neues großes Geschäftsfeld heraus, mit der Einführung zahlreicher „Block-buster" Pharmazeutika mit sehr großem Umsatz. Der Erfolg, dass die Zulassung und Vermarktung von h-Insulin in nur vier Jahren, nachdem das Insulin codierende Gen kloniert war, erreicht werden konnte, führte die ursprüngliche Skepsis der pharmazeutischen Industrie ad absurdum (Die übliche Zeit für Entwicklung und Zulassung eines Medikaments betrug in dieser Zeit etwa 7 Jahre). Dies stimulierte für lange Zeit den Enthusiasmus für Investitionen in die Neue Biotechnologie (Demain et al., 2017, s. Tab. 1.3; Buchholz & Collins, 2010, Abschn. 17.4.2; 17.6).

Die eindrucksvolle Liste innovativer rekombinanter Medikamente, die Genentech (später Genentech/Roche) entwickelte, umfasst: h-Insulin, (mit Eli Lilly, 1982), humanes Wachstumshormon (1985, Behandlung von hypophysärem Zwergwuchs), Interferon (IFN) α-2a (in Kooperation mit Hoffmann-La Roche, 1980, gegen Krebs, Hepatitis), Protropin (1985, Immunmodulator), Activase (tPA) (1987, „tissue plasminogen activator", „Blut-Gerinnungs-Faktor" zur Thrombolyse), als Blockbuster des Jahrzehnts bezeichnet, Rituxan (1997, gegen non-Hodgkin-Krebs) und Herceptin (1998, gegen Brustkrebs), außerdem weitere Interferone (Behrendt, 2009; Ullrich, 1980, und persönliche Mitteilung). Entscheidend war auch das Scale-up, als 1979 Genentech beim rDNA Advisory Committee die Genehmigung beantragte, 750-L-Reaktoren für die industrielle Produktion einzusetzen, die dann auch erteilt wurde.

Die Gründung von Genentech erfolgte 1976 mit einem – bescheidenen – Kapital von 100. 000 US$, erhöht 1978 auf 950.000 $. Beim ersten öffentlichen Aktienangebot 1980 nahm Genentech 35 Mio. US$ ein. Es wurde 1990 durch die Hoffmann La-Roche AG (Schweiz) mit der Mehrheitsbeteiligung von 60 % für 2,1 Mrd. US$ übernommen; Roche übernahm Genentech dann 2009 für 46,8 Mrd. US$ mit vollständiger Kontrolle und Integration – ein höchst bemerkenswerter Wertzuwachs des Unternehmens zuerst in 14, dann in weiteren 19 Jahren (Kornberg, 1995, S. 200–202).

Einige weitere neugegründete Biotechnologie-Firmen werden nachfolgend in chronologischer Reihenfolge erwähnt.

Genex Corp., wurde 1977 in Rockville (Maryland, USA) gegründet mit Hauptaktivitäten in Industriechemikalien und Interferon (Ullrich, 1980).

Biogen S.A. wurde 1978 in Genf gegründet von einer Gruppe führender Molekularbiologen, unter ihnen Heinz Schaller (Universität Heidelberg), geleitet durch Dan Adams, ab 1982 durch Walter Gilbert (Nobelpreisträger für Chemie 1980). Biogen war als erstes Unternehmen erfolgreich in der Produktion von α-Interferon (Avonex), aufbauend auf Arbeiten von Charles Weizmann (Universität Zürich). Die Firma erzielte auch Einnahmen durch Lizenzvergaben an andere Pharma-Unternehmen, z. B. Schering Plough (USA) (α-Interferon, Intron A), mit einigen Impfmitteln gegen Hepatitis B, die durch SmithKline Beecham (GB) und Merck

(USA) vertrieben wurden, auch mit Interferon ß (aus CHO-Zellen für MS)[7] (Ullrich, 1980; Hall, 1987, S. 193, 315, 316; Kornberg, 1995, S. 112; Walsh, 2007, S. 7).

Die „monströsen“ Probleme, die typischen Schwierigkeiten der Pionierzeit der neuen Technik, hat Kornberg – Insider sowohl als Wissenschaftler, als auch als Firmengründer – mit feiner Ironie, süffisant am Beispiel von Biogen mit α- Interferon geschildert (u. a. ergaben sich tiefe kulturellen Konflikte zwischen den Wissenschaftlern und den Investoren („business people“, überwiegend Amerikaner) Schering Plough rettete das taumelnde Unternehmen Biogen mit einer „Infusion“ von 8 Mio. US$. Bedeutend waren eine Reihe technischer Probleme der Produktion eines äußerst instabilen rekombinanten Proteins mittels eines genetisch veränderten Bakteriums, sowie die regulatorischen Hürden der Zulassung. „First, one had to learn how to persuade a bacterial host to do something utterly strange – to produce a foreign protein, such as α-interpheron, in a monstrously large quantity.“[8]. Bis 1986 waren über 170 Mio US$ investiert worden, um einen Prozess im großen Maßstab zu entwickeln für die Herstellung eines einheitlichen, reinen Produktes hoher Qualität und geringer Toxizität, das den Anforderungen der FDA für die klinische Anwendung genügte (Kornberg, 1995, S. 112–113).

Amgen (Applied Molecular Genetics), ebenfalls eine Erfolgsgeschichte, wurde gegründet 1980 in Thousand Oaks, Kalifornien[9]. Wesentlich war ein frühes Investment seitens Schering Plough (USA), das damit in die Neue BT einstieg. Amgen gelang die Entwicklung der ersten beiden „block buster“-Pharmazeutika für Patienten mit Blutkrankheiten bzw. Blut-Gerinnungs-Störungen und Patienten, die mit Chemotherapie behandelt wurden: Epogen (EPO, Erythropoetin, gegen Anämie), für das der Markt in ungeahnte Dimension wuchs, (10 Mrd. US$ 2006) mit hervorragenden klinischen Ergebnissen im Jahr 1987. EPO machte auch „Karriere“ durch Missbrauch im Sport als Dopingmittel, bei Radrennfahrern u. a. Der zweite

---

[7] Interferon ß wurde in Zusammenarbeit mit Walter Fiers (Gent), und Bioferon (Ulm; später von Biogen gekauft) entwickelt. Bioferon hat die Beteiligung und kommerzielle Interessen der GBF (Braunschweig) ignoriert; Fiers hat seine Ansprüche vor Gericht erfolgreich verteidigt (pers. Mitteilung von John Collins).

[8] Interferone werden – wie z. T. auch andere Proteine – in Bakterien falsch gefaltet und bilden „iclusion bodies“, die aufwendig renaturiert werden müssen. Zur Produktion eigen sich besser CHO- und andere eukariotische Zellen.

[9] Sie erfolgte auf die Initiative von William K. Bowes hin, eines Wagniskapital-Unternehmers („venture capitalist“), der Winston Salser vom Molecular Biology Institute der UCLA überredete, sich zu beteiligen. Salser engagierte – kurzfristig – einen prominenten Beirat u. a. mit Eugene Goldwasser von der Universität Chicago, der kleine, hochwertige Mengen an Erythropoietin (EPO) gewonnen hatte. Die unterschiedlichen Interessen der Berater spiegelten sich in zahlreichen verschiedenen Richtungen, die Amgen in den ersten Jahren einschlug – im Gegensatz zu Genentech – mit offensichtlich konfuser Strategie und ohne adäquate Mittel. Die dringend benötigte strategisch orientierte Führung wurde schließlich gefunden mit George Rathman, der die Geschäftsführung übernahm. Er begann mit privaten Finanzmitteln von 19 Mio US$, mit Abstand der bis dahin größten Beteiligungsfinanzierung in der Geschichte der Biotechnologie. Es gelang ihm dann 1983 durch öffentliche Emissionen 43 Mio US$ einzunehmen (Kornberg, 1995, S. 202–209).

der Blockbuster war Neupogen (G-CSF, „granylocyte colony-stimulating factor", Granulozyten-Kolonie-stimulierender Faktor, für Patienten in Chemotherapie, oder mit Blutbildungsstörungen), das ebenfalls 1987 in die klinische Prüfung ging. Amgen entwickelte auch Neulasta und einen Interleukin-1 (IL-1) –Rezeptor Antagonisten (moduliert Immun- und Entzündungs-Reaktionen). Mitte 2006 waren sieben seiner rekombinante Produkte zugelassen (Kornberg, 1995, S. 202–209; Walsh, 2007, S. 7).

Chiron Corp., Emerville, Kalifornien, gegründet 1978 durch William J. Rutter, verfolgte, anders als andere Neugründungen, die Entwicklung eines breiten Spektrums von Pharmazeutika, einschließlich Impfmitteln, Diagnostika, Therapeutika u. a.. Der Hepatitis Delta-Virus wurde 1986 kloniert und charakterisiert im Labor von Michael Houghton, 1989 auch der Hepatitis C-Virus (Kornberg, 1995, S. 209–216; Buchholz & Collins, 2010, Kap. 7, S. 142). Die letztere Entwicklung ermöglichte, zusammen mit der PCR-Diagnostik, eine außerordentlich verbesserte Analytik von Produkten (1000-fach erhöhte Sensitivität für Verunreinigungen, z. B. durch Viren, auch für HIV), die aus Blut-Serum worden waren, z. B. Serum-Albumin zur Stabilisierung von rDNA-Produkten, die intravenös angewandt werden.

Große Pharma-Firmen befassten sich mit der Entwicklung rekombinanter Medikamente wesentlich später als die neu gegründeten Biotech-Firmen. Sie gingen entweder durch Übernahme von Biotech-Firmen vor, oder etablierten eigenes know how, oder sie kombinierten beide Strategien. In den 1990er und nachfolgenden Jahren fanden bemerkenswerte strukturelle Änderungen der pharmazeutischen Industrie statt, mit dem Trend zu „big pharma", zu Großkonzernen, vor allem in den USA und Großbritannien, zur Globalisierung mittels „mergers and acquisitions", Fusionen und Übernahmen, ebenso durch die Gründung und das Wachstum neuer Biotech-Firmen. Daten von Ernst&Young belegen, dass in den letzten Jahren neue Biotech-Firmen die primären Quellen neuer zugelassener Medikamente waren. 2005 erzielten die großen Pharmakonzerne die Zulassung von nur 11 „new medical entities", die weitaus kleineren Biotech-Firmen jedoch 18, obwohl deren Forschungs-Budgets nur ein Viertel derjenigen der Pharma-Industrie betrugen (Lähteenmäki & Lawrence, 2005; 2006). 2007 belief sich der Weltmarkt für Pharmazeutika auf über 600 Mrd. US$. Tab. 7.1 stellt die größten Pharma- und Biotech-Firmen mit ihren Umsätzen zusammen.

Im Jahr 2000 gab es etwa 1270 neue Biotech-Firmen mit 162.000 Mitarbeitern und einem Umsatz von 21 Mrd. $ in den USA. In der gleichen Zeit existierten 1570 neue Biotech-Firmen mit 61.000 Angestellten und 7,7 Mrd. US$ Umsatz in Europa (Daten mit Berücksichtigung von Unternehmen mit maximal 500 Angestellten). Größere Biotechnologie-Firmen, deren Aktien öffentlich an Börsen gehandelt wurden (309 Unternehmen), brachten es 2004 auf 47 Mrd. $ Umsatz; 404 Firmen machten 2005 einen Umsatz von 63 Mrd. $ (Ernst & Young, 2001; Lähteenmäki & Lawrence, 2005; 2006).

In etwa 5 Jahren seit der ersten Publikation zu dem System CRISPR-Cas9 (Charpentier & Doudna, 2013), wurden einige neue Biotech-Firmen gegründet, mit dem – in kurzer Zeit – erstaunlichen Kapital von 345 Mio. US$. Die Methode nutzt ein neues Werkzeug, CRISPR-Cas9 („für clustered regularly interspaced short palindromic repeats“ und das assoziierte Cas9-Enzym) zur Editierung von Genen durch direkte Korrektur oder Eliminierung von Sequenzen im Genom lebender Zellen mit erstaunlicher Genauigkeit (CRISPR stellt eine RNA-Sequenz dar, die zielgenaues Andocken an einer Stelle in der DNA ermöglicht; Cas9 ist ein Enzym, das an der Zielstelle die DNA schneidet). Sie wurde von zwei Wissenschaftlerinnen, Jennifer Doudna, (University of California, Berkeley, USA), und Emmanuelle Charpentier (nach Studien an der Umea University, Uppsala (S) Mitarbeiterin von Doudna) entwickelt, die auch zwei Firmen gründeten, und 2020 den Nobelpreis für Chemie erhielten (Doudna & Charpentier, 2014)[10]. Am Beginn ihrer Forschung stand „[…] the mysterious Csn1.“ gefolgt von „[…] the multitude of follow-up questions we urgently wanted answered.“ „[…] something that might unlock the deepest secrets about CRISPR“ – es waren epistemische Dinge (s. Abschn. 8.6.2) (Doudna & Sternberg, 2017, S. 72, 80). (zu vorangehenden Entdeckungen s. Kap. 6). Fünf Jahre nach der ersten Veröffentlichung der Methode (2012) sagte Doudna im Interview, ihr Team hatte das Ziel, die Rolle von CRISPR bei Bakterien aufzuklären, wobei sie entdeckten, dass das System zur Abwehr viraler Infektionen in Bakterien dient (Pandika, 2017; s. a. Doudna & Charpentier, 2014). Doudna äußert sich überaus enthusiastisch, nahezu überzogen, aber auch skeptisch, mit Blick auf die Risiken, zu den Perspektiven der Methode: „[…] it's the impact of gene editing on our own species that offers both the greatest promise and, arguably, the greatest peril for the future of humanity.“[11] „I'm incredibly enthusiastic about the promise of gene editing.“ (Doudna & Sternberg, 2017, S.XIV, XVI, XIX).

Die Erwartungen sind groß, womöglich überzogen, hinsichtlich besserer, einfacherer und präziser durchzuführender Strategien für zahlreiche Krankheiten; für die Krebsforschung, Hämophilie, zystische Fibrose, Duchenne-Muskeldystrophie, genetisch bedingte Blindheit und der Suche nach Mitteln gegen HIV und gegen Malaria (Cross, 2017a; Kreye, 2018).„The result has been an explosion in research and commercial use. […] This technology is expected to revolutionize much of modern medicine and biotechnology in the near future.“ (Thayer, 2015). Das System bietet zwei vorteilhafte Eigenschaften: die hohe Präzision, mit der der Enzymkomplex an die zu ändernde Stelle dirigiert wird, durch eine kurze RNA-Sequenz (CRISPR), die sich leicht synthetisieren lässt, und die Fähigkeit, DNA, einschließlich menschlicher, an einer beliebigen Position zu schneiden. Wenn es

[10] Doudna hörte zuerst von CRISPR 2006 durch eine Kollegin. Bei der Literatursuche fand sie eine „handvoll“ Publikationen zu dem Thema. Darin fand sie Hinweise auf die Rolle von CRISPR in Bakterien und Archaea (Doudna & Sternberg, 2017, S. 39, 40, 43).

[11] „Yet we can't overlook the fantastic medical opportunities that gene editing gives us to assist people who suffer from debilitating genetic diseases.“ Doudna hatte vor Mitgliedern des „White House Office of Science and Technology Policy und vor dem U.S. Congress gesprochen und das erste Treffen organisiert, das nach eigenen Angaben die ethischen Fragen, die Gen-Editing-Technologien, speziell CRISPR aufwerfen, diskutierte, von reproduktiver Biologie und Humangenetik bis hin zu Gesundheit, Landwirtschaft und Umwelt (Doudna & Sternberg, 2017, S. XVIII).

sich bei den veränderten Zellen um Stammzellen handelt, wird die Veränderung vererbt; handelt es sich um somatische Zellen, bleibt diese nur so lange bestehen, wie diese Zellen leben.

Die erste Gentherapie endete in einem Fiasko: dem Tod eines Patienten. Es herrschte daraufhin größte Skepsis gegen über der Methode. „Das Vertrauen in Gentherapien war verloren". Dennoch ging die Forschung weiter, insbesondere am IHGT der Universität von Pennsylvania (s. die kondensierte Darstellung von Gentherapien seit 1993 durch Cross 2019). Die am weitesten fortgeschrittenen Programme sehen vor, T-Zellen von Patienten zu entnehmen, ihre DNA zu editieren, um sie gegen HIV resistent zu machen, und dann die modifizierten Zellen wieder zu injizieren. Für bestimmte Blutkrankheiten, wie Sickle-Zell-Anämie, sollen Stammzellen aus Blut oder Knochenmark eines Patienten entnommen, im Labor die DNA korrigiert und dann wieder injiziert werden, um den Patienten zu heilen (Cross, 2017a). Inzwischen (2017) hat die FDA (USA) drei Arten von Gentherapien zugelassen, erstmals eine, die einen genetischen Defekt korrigiert (Chemical & Engineering News, 2018a), zudem erstmals eine Behandlung mittels RNAi (Chemical & Engineering News, 2018b). Aktuell nutzen neue kommerzielle Gentherapien adenoartige Viren (adeno-associated viruses, AAVs) als Vektoren, um DNA in Zellen einzuschleusen, basierend auf Samulskis Pionierarbeiten vor 40 Jahren. Die Firmen, die die Technik entwickelt hatten, Zolgensma bzw. Luxturna, wurden 2018 von Novartis für 8,7 Mrd US$ bzw. 2019 von Roche für 4,8 Mrd US$ übernommen (Cross, 2020c).

Bedenken, ethische, moralische, medizinische und soziale Aspekte, insbesondere Veränderungen betreffend Stammzellen, sind früh, und bei aktuellen Entwicklungen erhoben worden, auch die Erfinderinnen haben auf Risiken hingewiesen. Kritik betrifft die Risiken, die noch nicht zu übersehen sind, u. a. fehlerhafte Eingriffe in die DNA; Schranken werden gefordert hinsichtlich ethischer, moralischer und sozialer Aspekte, wie sie schon in Asilomar 1975, als die Genklonierung begann, geäußert und gefordert wurden, und damals auch zu Konsequenzen führten (Thayer, 2015; Chemical & Engineering News, 2018c; Cross et al., 2018; Kreye, 2018; Doudna & Sternberg, 2017, S. XVIII; Charpentier (2017) äußert sich selbst hierzu: „CRISPR provoziert keine neuen Fragen. Im Kern diskutieren wir seit Jahrzehnten über dieselben Dinge". „Die Gen-Schere öffnet da nur neue Möglichkeiten in der Anwendung, aber sie geht nicht über bestehende Fragen hinaus." Wichtig waren und sind die Empfehlungen, die von dem „Committee on Human Gene Editing", eines Berater-Gremiums der National Academy of Sciences und der National Academy of Medicine (USA) veröffentlicht wurden, in denen grünes Licht für die Editierung menschlicher somatischer Zellen (die nicht vererbt werden) gegeben wurde, ebenso für die Editierung von Sperma, Eizellen und Embryos, wenn die Vererbung von erblichen Krankheiten verhindert werden soll (Campos, 2017).

Ein bizarrer Patentstreit entwickelte sich früh zwischen den Erfinderinnen, Doudna und Charpentier von der UC Berkeley (Californien, USA) und Feng Zhang, Broad Institue of MIT, Harvard (USA), hinsichtlich Prioritäten: „A long legal dispute over the rights to CRISPR/Cas9 gene editing has climaxed". Er begann, als das U.S. Patent and Trademark Office die Anmeldung durch das Broad Institute anerkannte, obwohl die der UC Berkeley zuerst eingereicht war (2012). UC Berkeley erhielt Basis-Patente in China und Europa. Ein Patentspezialist, Noonan, äusserte, „The CRISPR patent interference fight was one of the fiercest and most expensive he's ever seen. A cross licensing agreement may be necessary for both sides." Zur wissenschaftlichen Seite bemerkte Sherkow, „the patent dispute decision is only going to affirm in scientist's minds that patent law is simply not aligned with the actual process of scientific discovery." Eine Lösung, oder Übereinkunft, ist bislang offen (Cross, 2017b; 2018b; 2018d).

Mittlerweile, 2018, hat Crispr Therapeutics (USA) als erstes Unternehmen eine Genehmigung zur Durchführung klinischer Tests mit Patienten mit ß-Thalassämie, die schwere Anämie verursachen kann, in Europa erhalten. Vertex Pharmaceuticals (Boston, USA) und Crispr Therapeutics wollen gemeinsam die Durchführung klinischer Tests mit Patienten mit Sichelzellanämie bei der FDA (USA) beantragen (es handelt sich um eine Strukturanomalie des Hämoglobinmoleküls die zu einer hohen Sterblichkeit bei Teenagern führt). Beide Krankheiten sind besonders für solche Tests geeignet, da die Ursache genau bekannt ist: Mutationen in dem Gen, das für die Synthese einer Hämoglobin-Untereinheit kodiert, sodass eine Heilung durch Korrektur auf der genetischen Ebene möglich erscheint. Weitere Firmen arbeiten an gleichen Problemen, auch an anderen betreffend Krankheiten der Leber, Lunge, Muskeln, des Gehirns und des Stoffwechsels[12,13] (Cross, 2018a). Es bleiben Fragen, die die Sicherheit der Therapien betreffen. Dennoch erwartet die FDA Hunderte neuer Anwendungen, 800 Anträge zur Zulassung lagen ihr im Jahr 2019 vor (Cross, 2019c).

„Grenzenlos – die Welt ist schockiert [...]" lautet die Überschrift eines Artikels in der „Zeit", der über die Genmanipulation mittels CRISPR von Babies, Zwillingen, durch den chinesischen Wissenschaftler He Jiankui in China berichtet (Kreye, 2018). Dessen Ziel war, die Babies, die im November 2018 geboren wurden, gegen das HI-Virus ihres Vaters zu immunisieren. „Dieser historische Tabubruch [löste] weltweit Entsetzen aus." He Jiankui darf in China nicht weiterforschen, er ist

[12] Vertex Pharmaceuticals arbeitet mit Hochdruck an Therapien für zwei Arten muskulärer Dystrophie, darunter an der meist verbreiteten Form der Duchenne-Form. Crispr Therapeutics präsentierte auf einem Kongress Ergebnisse, die zeigten, dass seine Methode bei über 90 % von Patienten entnommenen Stammzellen mit ß-Thalassämie eine dramatische Steigerung von Fötus-Hämoglobin in diesen Zellen bewirkte (Cross, 2018a). In diesem Kontext will Vertex das Start-up Exonics Therapeutics für 245 Mio. $ übernehmen und an Crispr Therapeutics 175 Mio. $ für die Zusammenarbeit zahlen – man beachte die ungewöhnliche Höhe der Finanzmittel in einer noch frühen Entwicklungsphase (Cross, 2019b).

[13] Andere Enzyme als Cas9, die im CRISPR-System arbeiten, sind gefunden worden, z. B. Cas 12a und CasX. Letzteres, 2016 beschrieben, ist kleiner als Cas9, und daher ein potentiell besserer Kanditat, um das System in menschliche Zellen einzuschleusen (Satyanarayana, 2019).

inzwischen zu einer 3-jährigen Haftstrafe verurteilt worden (Kreye, 2018). „Scientists and ethicists broadly critizise experiment. “[14] (Chemical & Engineering News, 2018). Auch die „Genetics Society of China“ Äußerte, daß He’s Projekt gegen das Gesetz, Regularien und medizinische Ethik in China verstößt. Mehrere Organisationen, darunter die UNESCO, haben Richtlinien erlassen für das Editieren von Embryonen, und fordern ein Moratorium für das Editieren von Humangenomen (Cross et al., 2018a).

Das Humangenomprojekt wurde 2000 abgeschlossen, mit großem Aufwand – durch ein internationales Konsortium mit über 400 Mio $ Kosten, und – schneller und mit geringeren Kosten – durch Craig Venters Gruppe, es wurde vorgestellt in der Anwesenheit des amerikanischen Präsidenten. Ein Kommentar nach zehn Jahren lautet, hinsichtlich der Erwartungen z. B. bezüglich des „drug targeting“, des gezielten Einsatzes von Medikamenten: „[…] eine transformierende Technologie wird hinsichtlich ihrer unmittelbaren Effekte immer überschätzt, und die langfristigen Auswirkungen immer unterschätzt.“ Und: „Man kann gerade damit beginnen, sich alle die Projekte, das Spin-off, vorzustellen, die sich damit abzeichnen …“ (Chemical & Engineering News, 2010).

7.1.1 Unternehmenspolitik: Übernahmen, Zusammenschlüsse und Kooperationen

Übernahmen und Zusammenschlüsse stellen eine gängige Geschäftsmethode dar, um in ein neues Gebiet – die Neue BT – einzusteigen, oder die Geschäftsbasis zu erweitern. In Tab. 7.1 (s. Fußnoten) sind mehrere Übernahmen bedeutender Biotech-Firmen durch Pharmakonzerne angeführt. Seit 2017 erfolgten eine Reihe weitere bedeutende Übernahmen im Biotech-Bereich – mit Milliardenaufwand[15].

Unter „Megamergers“, besonders großen Abschlüssen, war 2019 die Übernahme von Celgene durch Bristol Myers Squibb (USA) für 74 Mrd. US$, ein weiterer, die Übernahme von Allergan durch AbbVie für 63 Mrd. US$, das damit zum viertgrößten Pharmakonzern aufrückt, ist geplant (vgl. Tab. 7.1) (Chemical & Engineering News, 2019c). AbbVie ist mit dem Problem konfrontiert, dass der Patentschutz für Humira (Arthritis-Behandlung), das lange die Liste der Blockbuster anführte, mit nahezu 20 Mrd. US$ Umsatz, 2023 ausläuft. (Allerdings war die Reaktion der Analysten skeptisch: „Scratching their heads, two turkeys don’t make an eagle.“) (Jarvis, 2019a; b). Zwei weitere große Übernahmen betreffen die von

[14] „Doing this in embryos is totally absurd…“. „Underpinning the broader ethical questions is the fact that mutating CCR5 [a protein involved] could have unanticipated effects on the girl’s development“. (Cross et al., 2018).

[15] Johnson & Johnson (USA) erwarb Actelion, eine Biotech-Firma mit Mitteln zur Behandlung von Bluthochdruck, für 30 Mrd. $, und das Biotech-Unternehmen Gilead Sciences Inc. (USA) übernahm Kite Pharma für 12 Mrd.$ (Jarvis, 2017). Sanofi plant die Übernahme von Ablynx mit 4,8 Mrd. $, die kleine Antikörper, „Nanobodies“, zur Behandlung einer seltenen Autoimmunerkrankung der Blutgerinnung herstellt (Cross, 2018c).

Array BioPharma durch Pfizer für 10,6 Mrd. US$, und die von Spark (virusbasierte Gentherapie) durch Roche (Cross, 2019a; Jarvis, 2019c). Bei Übernahmen kleiner Biotech-Firmen durch große Konzerne wird oft skeptisch kommentiert: „It's traditionally been hard for a larger company to buy a smaller one and maintain the culture of the smaller one." (Jarvis, 2019c).

Kooperationen, insbesondere zwischen großen Pharmafirmen und Start-ups, stellen ebenfalls ein vielgenutztes Geschäftsmodell dar, um Innovationen voranzutreiben. Im boomenden Gebiet der Antikörper für Krebstherapien, des Weiteren für Arthritis sind allein Anfang 2019 drei Kooperationen bekannt geworden, die mit hohen Beträgen (550 Mio bis 5 Mrd. US$) gemeinsam Forschung und Entwicklung betreiben wollen[16]. In einem „Megadeal" hat Gilead (USA) ein Übereinkommen mit dem Biotech-Unternehmen Galapagos (Belgien) über 5 Mrd. US$ getroffen, um Zugang und Rechte für Filgotinib (für Arthritis und weitere Entzündungskrankheiten) und weitere potenzielle Medikamente zu erhalten (McCoy, 2019).

7.2 Neue Methoden und Techniken des Bioengineering

Die Schlüssel-Ereignisse für die Gründung neuer Biotech-Firmen waren Erkenntnisse, Entdeckungen und Methoden, die vorwiegend auf rekombinanten Techniken basieren; sie sind im vorangehenden Kap. 6 beschrieben. Hier soll auf neue Ansätze des Bioengineering, der Bioverfahrenstechnik eingegangen werden, die für Produktionsprozesse, ihre Planung und Effizienz entscheidend sind.

Die klassische *Bioverfahrenstechnik* hatte – vor der Anwendung rekombinanter Technologien – folgende Ziele: a) die quantitative Untersuchung von Biotransformationen und ihre Modellierung; b) die Entwicklung von Bioreaktoren und Aufarbeitungs-Verfahren; c) das Scale Up – die Übertragung von Laborergebnissen und theoretischen Konzepten in technische Dimensionen. Nachhaltigkeit entwickelte sich zu einem relevanten Gesichtspunkt, definiert als Entwicklung, die Anforderungen aktueller Prozesse beinhaltet, ohne die Möglichkeiten zukünftiger Generationen hinsichtlich ihrer eigenen Bedürfnisse einzuschränken. Eine andere Definition bezeichnet als Ziel den optimalen Weg (technischer Verfahren), der ökonomische Entwicklung gleichzeitig mit Umweltschutz und angemessenen sozialen Bedingungen realisiert, und begrenzte natürliche Ressourcen berücksichtigt (Heinzle et al., 2006; Weuster-Botz et al., 2007).

Der Erfolg, den rekombinante Proteine in der klinischen Anwendung und im Markt hatten, stimulierte die Entwicklung der Zellkultur-Technologie (Walsh,

[16] Es handelt sich um AbbVie und TeneoOne, mit dem Ziel der Immuntherapie für multiple Myoma, mit einem finanziellen Umfang von über 90 Mio. $, GlaxoSmithKline und Merck (D), für die Entwicklung eines bifunktionellen Antikörpers gegen Mechanismen, mit denen Krebszellen das Immunsystem blockieren, mit 340 Mio. $, und Genentech und Xencor, für neue Immuntherapien gegen Krebs, basierend auf Interleukin-15, mit 120 M $ Umfang (Chemical & Engineering News, 2019a; 2019b).

Tab. 7.1 Die größten Pharma- und Biotech-Firmen, mit Umsätzen (in Milliarden Dollar, 2016); A) Pharma-Firmen mit Produktion von Biopharmaka; B) Große Biotech-Firmen (Buchholz & Collins, 2010; Chemical & Engineering News, 2016a; 2016b; 2019c; Chemical & Engineering News, 2020). Eine Reihe von Biotech-Firmen, die inzwischen übernommen wurden, sind angeführt, um die Größenordnung zu zeigen, in die diese gewachsen sind

A) Pharma-Firmen mit Produktion von Biopharmaka	Umsätze (Milliarden US$, 2019)	B) Biotech-Firmen	Umsätze (Milliarden US$)
Johnson & Johnson (USA)	82,1	Amgen Inc. (USA)	23,4 (2019)
Roche (CH)	63,3	Gilead Sciences Inc. (USA)	22,1 (2019)
Pfizer (USA)	51,8	Genentech (USA)[b)]	10.5 (2008)
Novartis (CH)	47,4	Biogen Idec Inc. (USA)	2,8 (2017)
Merck & Co. (USA)	46,8	Celgene Corp. (USA) [c]	2,5 (2010)
GlaxoSmithKline (USA)	44,8	Genzyme Corp. [d)] (USA)	4,2 (2006)
Sanofi (F)	39,8	Serono [e)](CH)	2.8 (2006)
Bristol-Myers-Squibb (USA)	26,1	Chiron (USA) [f)]	1.9 (2006)
AbbVie (USA)[a)]	25.0 (2016)		
Eli Lilly (USA)	22,3		
Gesamte „Groß-Pharma“	449,4		

a) Gebildet durch Abspaltung aus den Abbot Laboratories, 2013.
b) Übernahme durch Hoffman La-Roche AG, CH, 1990, mit 60 % Anteil, vollständig und Integration 2009.
c) Geplant: Übernahme von Celgene durch Bristol-Myers-Squibb (USA) für 74 Mrd. $ (C&EN, 2019, Jan. 7, S. 4).
d) Übernahme durch Sanofi. F, 2011.
e) Übernahme durch Merck KGA, D, 2006.
f) Übernahme durch Novartis, CH, 2005/2006.

2005; Walsh, 2007; Buchholz & Collins, 2010, Kap. 15). Das erste rekombinante Protein für therapeutische Zwecke (tissue plasminogen activator, tPA, zur Hemmung der Blutgerinnung und Auflösung von Blutgerinnseln) wurde hergestellt durch Kultivierung klonierter Säugetierzellen und 1986 zugelassen (s. Tab. 7.2). ein weiteres bedeutendes Beispiel stellt humanes Interferon ß zur Behandlung von z. B. MS dar: ein Blockbuster, entwickelt von W. Fiers (B), der GBF (Braunschweig) und Bioferon (D), 1996 von der FDA und 1997 in Europa zugelassen. Damit wurden CHO-Zellen (Chinese Hamster Ovary, Zelllinie aus Eierstöcken des Chinesischen Zwerghamsters) zum dominierenden System der Herstellung von über 60 % aller rekombinanten Zielproteine für die klinische Anwendung in hinreichenden (kg-) Mengen. Die Proteine weisen alle Modifikationen auf, die

Tab. 7.2 Eine Auswahl rekombinanter Biopharmazeutika für die medizinische Anwendung (Walsh, 2007; Aggarwal, 2007; Aggarwal, 2014; s. a. Buchholz & Collins, 2010, Abschn. 17.4)

Aktive Substanz	Medizinische Anwendung	Jahr der Klonierung	Zulassung durch die FDA	Marktvolumen (Mrd. US$ pro Jahr [a])
Human-Insulin	Diabetes Typ 1 und 2	1978	1982	12,2
Wachstumshormon	Zwergwuchs	1979	1985	1,0
Faktor VIII	Hämophilie A	1988	1993	2,4 [b]
Human-Interferon ß	Antivirales Agens, multiple Sklerose	1979	2002	3,8
tPA [c]	Thrombolyse	1983	1996	0,85
G-CSF [d]	Bei Blut-Stamm-zellen-Transplantation	1986	1991	4,5
EPO, Erythropoeitin	Anregung der Bildung roter Blutkörperchen	1985	1996	3,5
Hepatitis B Impfmittel	Antikrebs-Mittel (viral bedingte Hepatitis)	1982	1986	0,2
Papilloma-Virus -Impfmittel	Gegen Gebärmutter-hals-Krebs	1980	2006	0,6
Anti-TNF α [f] [g]	Autoimmun-Erkran-kungen (rheumatische Arthrittis u. a.)	1991 (Enbrel)	2002 (Humira)	16,1 (Humira, 2016) [h]

(Fortsetzung)

Tab. 7.2 (Fortsetzung)

Aktive Substanz	Medizinische Anwendung	Jahr der Klonierung	Zulassung durch die FDA	Marktvolumen (Mrd. US$ pro Jahr [a])
Anti-HER-2/neu [g]	Brustkrebs- Metastasen	1984	1998	1,9 (Herceptin) [h]
Anti-CD20n [g]	Non-Hodgkin-Lymphom, B–Zell- Leukämie	1994	1997	3,5 (Rituxan)

a) Im Zeitraum der Jahre 2012 bis 2014
b) Marktvolumen für die Summe der Blut-Wachstumsfaktoren VII, VIII, IX: 3,5 Mrd. $ pro Jahr
c) Tissue Plasminogen Activator, Anwendung zur Auflösung von Blutgerinnseln
d) Granulozyten-Kolonie-stimulierender Faktor, regt die Bildung von **Granulozyten,** weißen Blutkörperchen, an
e) Anwendung, z. B. bei Chemotherapie,; Missbrauch für Doping
f) Tumornecrosefaktor, Regelung der Aktivität von Immunzellen; Humira, Remicade, Enbrel, weltweite Umsätze: 23 Mrd. $
g) Monoklonaler Antikörper
h) Thayer, A, 2016, Pharmaceuticals. Chemical & Engineering News, December, S. 38

für die biologische Aktivität erforderlich sind, und die nur eukariotische Zellen durchführen können[17]. Die Reaktortechnologie hatte sich vielseitig entwickelt, der Rührreaktor (Fermenter) blieb das vorherrschende System[18]. (Walsh, 2005; Buchholz & Collins, 2010, Kap. 15, Abschn. 17.3.2).

Der Aufarbeitung der Produkte kam steigende Bedeutung zu, insbesondere wegen höchster Anforderungen an die Reinheit rekombinanter Medikamente, die vor allem frei von viralen Komponenten sein, und den Anforderungen der GMP (Good Manufacturing Practice) genügen müssen. Zudem ist es häufig erforderlich, rekombinante Proteine zu renaturieren, wenn ihre Faltung (die dreidimensionale Struktur) bei der Synthese in Bakterien nicht der natürlichen entspricht (und damit die Funktion nicht gewährleistet ist) (ausführlich s. Buchholz & Collins, 2010, Abschn. 15.4).

Die Bioverfahrenstechnik, das biochemical engineering, hat sich zur der *Biosystemtechnik*, dem biosystems engineering, weiterentwickelt. Es koordiniert und integriert die als „Omics bezeichneten Teildisziplinen – genomics, transcriptomics, proteomics, metabolomics, fluxomics (betreffend die Aspekte des Genoms, der Transkription in Proteine, der Gesamtheit der Proteine und ihrer Funktionen, des Stoffwechsels und seiner Regulation, sowie der Strömungsvorgänge im Bioreaktor). Sie bearbeitet das engineering aller Teil-Aspekte und ihrer Zusammenhänge – äußerst komplexe Vorgänge im Organismus, die in einem holistischen Ansatz erfasst, integriert und modelliert werden, *auch unter Einbeziehung künstlicher Intelligenz für Systeme hoher Komplexität.* Dazu entwickelt die Bioinformatik Methoden, mit denen die außerordentlich umfangreichen Datenmengen verarbeitet und ausgewertet werden, die bei den immer schnelleren analytischen Methoden anfallen[19] (Deckwer et al., 2006). Eine neuartige therapeutische Anwendung spezifischer Zellkulturen lässt die Analyse der komplexen Zusammensetzung mikrobieller Populationen (kommensaler Bakterien), z. B. im Darm erwarten. Diese kann aus der DNA Sequenzierung und der Biochemie ihres Stoffwechsels

[17] Korrekte Faltung der dreidimensionalen Struktur, Bildung von S-Brücken, Oligomerisierung, proteolytische Prozessierung, Phosphorylierung (Substitution mit Phosphatgruppen) und Glykosidierung (Substitution mit Glycosyl – (Zucker-) Gruppen).

[18] Daneben wurden „roller bottles“ (runde Behälter, die durch sich drehende Walzen durchmisch werden, insbesondere für Zellkulturen), Hohlfaser-Module (z.B als Enzymreaktoren, in denen die Enzyme durch semipermeable Membranen zurückgehalten werden) und „single use bioreactors“ (15 bis 125 L Volumen für einmalige Nutzung, z. B. zur Produktion viraler Impfmittel).

[19] Die analytischen Methoden und Techniken, die für die sehr großen Zahlen der jeweiligen in Abb. 1 angeführten Elemente erforderlich sind, umfassen: DNA-arrays für das Transkriptom, 2D-Gel -Elektrophorese für die qualitative Analyse, ELISA (Enzymgekoppelter Immunnachweis, hochspezifischer Nachweis für Proteine, Viren u. a.) für die quantitative Analyse des Proteoms, MFA (metabolic flux analysis) mittels Massenbilanzen mit isotopenmarkierten Substraten, FBA (flux balance analysis) zur Analyse der Stoffströme im Reaktor mittels Modellierung, GC–MS (gekoppelte Gaschromatograpie-Massenspektrometrie) zur Analyse metabolischer Stoffströme im Metabolom, klassische Analyse der Substrate und Produkte, Messung von pH, pO2, CO2, Temperatur-, Zeit-, Energieaufwand etc.. Genomics umfaßt die automatische Sequenz- und Funktions-Analyse sowie Annotierung im Genom.

abgeleitet werden. Ein interessantes Beispiel stellt die Verdrängung von *Klebsiella pneumoniae* dar, die kürzlich veröffentlicht wurde (Osbelt et al., 2021).

Die weitreichenden und anspruchsvollen Ziele und Herausforderungen des biosystems engineering, der Biosystemtechnik, haben die Gruppen um G. N. Stephanopoulos am MIT (USA), M. Reuss (Universität Stuttgart) und J. M. Nielsen (DK) für Produktionsprozesse formuliert (Klein-Marcuschamer, et al., 2010; Lapin, et al., 2010; Papini et al., 2010; Reuss, 2001; Stephanopoulos, 1999). Die ideale bzw. rationale Strategie geht aus von der Suche in Genomen geeigneter Mikroorganismen nach Zielprodukten und Einsatz des „metabolic engineering", der genetischen Veränderung des Metabolismus hinsichtlich optimierter Stoffwechselwege, mit dem Ziel erhöhter Ausbeuten und Selektivität bezüglich des gewünschten Produktes (s. u. Beispiel Lysin). Alle Detailaspekte der genannten „Omics" werden berücksichtigt und integriert, auch die Bedingungen und Vorgänge, Fluiddynamik, Stofftransport, Scherverhalten im Reaktor, speziell seitens der Gruppe um M. Reuss. Schließlich werden alle Detailaspekte mittels der Methoden der Bioinformatik integriert betrachtet und modelliert, einschließlich der Aufarbeitungs-, Konzentrierungs- und Reinigungsoperationen, die auch höchsten pharmazeutischen Ansprüchen genügen müssen[20]. Es zielt schließlich, mittels Bioinformatik, auf das Design sog. Zellfabriken mit optimiertem Metabolismus zur Produktion von Produkten mit hohem wirtschaftlichem Interesse (z. B. Pharmazeutika, Bausteine für biologisch abbaubare Kunststoffe, Synthetika) (Melzer et al., 2009). Die Grundlage der Biosystemtechnik liegt in der molekularen Struktur der biologischen Systeme und Vorgänge begründet (Abb. 7.1).

Ein Projekt, ein Sonderforschungsbereich (SFB) der DFG mit den weitreichenden und anspruchsvollen Ziele der Biosystemtechnik wurde durch ein Forscherteam aus Molekularbiologen, Mikrobiologen, Biochemikern, Biotechnologen, chemischen und mechanischen Verfahrenstechnikern und Pharmazeuten, mit Dietmar Hempel als Sprecher, an der Technischen Universität Braunschweig durchgeführt, mit dem Titel „Vom Gen zum Produkt"[21] (Buchholz & Hempel,

---

[20] Insbesondere bearbeitet die Bioinformatik die Annotation der Gensequenzen, die mittels Sequenzier-Maschinen mit außerordentlich großen Datenmengen erzeugt werden, die Kinetik und Regulation der großen Zahl der im Stoffwechsel beteiligten Enzyme sowie die Stoffbilanzen der metabolischen Prozesse (Melzer, et al., 2009).

[21] Das Forschungsprojekt, das die genannten Ziele und Methoden beinhaltete, wurde mit Förderung durch die Deutsche Forschungsgemeinschaft an der Technischen Universität Braunschweig von 2001 bis 2012 durchgeführt (Sonderforschungsbereich 578 „Vom Gen zum Produkt"). Es war in vier Bereiche unterteilt: Molekularbiologie der Produktbildung, Systembiotechnologie der Produktbildung, Prozesstechnik und Anwendungstechnik. Die Probleme des Projekts gehen aus den Abb. 7.1 und 7.2 hervor: sie ergeben sich aus der Vielzahl von Elementen, DNA, mRNA, Proteinen bzw. Enzymen – jeweils mit eigener zu modellierender Kinetik – und Metaboliten, die alle analytisch zu erfassen und mathematisch zu modellieren waren, in einem Netzwerk gegenseitiger Abhängigkeiten und Rückkopplungen. Das Ziel des Projekts konnte im Wesentlichen erreicht werden (Biedendieck et al., 2010; Jahn et al., 2012). Einer der Autoren (KB) war beteiligt mit zwei Teilprojekten, in den Bereichen Molekularbiologie und Prozesstechnik, die die Integration der genetischen Modifikation eines Enzyms, einer Glykosyltransferase, die Produkt-Synthese und

	Informationsfluss		Massenfluss	
	Daten-Speicherung	Daten-Übermittlung	Produkt	Metabolite
Strukturelemente	*DNA* (Gen)	*mRNA*	*Protein* (z.B. Enzym)	
Bausteine [1]: Nucleotide bzw. Aminosäuren	ATG CTC ...[1]	AUG CUC ...	Met Leu...	Metabolit A ...
Anzahl der Elemente	1000 - 5000	4000	4000	500 —2000
Systembegriff [2]	Genom	Transkriptom	Proteom	Metabolom

1) Nucleotide: A: Adenin, T: Thymin, G: Guanin, C: Cytosin, U: Uracil,; drei Nucleotide stellen ein Codon dar, das jeweils eine Aminosäure codiert; Aminosäuren (Beispiele): Met: Methionin, Leu: Leucin
2) Genom: das gesamte genetische Material eines Organismus; Transkriptom: Gesamtheit der Transkriptionsvorgänge in Proteine mittels mRNA (messenger-(Boten-) RNA); Proteom: Gesamtheit der Proteine eines Organismus; Metabolom: Gesamtheit des Stoffwechsels und seiner Regulation

Abb. 7.1 Molekulare Struktur des Produktionsprozesses in Mikroorganismen

2006; Deckwer et al., 2006; Hempel, 2006; Jahn et al., 2012). Abb. 7.1 und 7.2 machen die Komplexität des Projekts anschaulich. Eine Episode im Verlauf der Konzipierung des SFB spiegelt die anfangs widersprüchlichen Vorstellungen der beteiligten Wissenschaftler wieder, drei Genetiker bzw. Molekularbiologen einerseits und drei Bioverfahrenstechniker bzw. Technische Chemiker andererseits. Sie vertraten widersprüchliche Ansichten hinsichtlich der weitreichenden Ziele, die sehr ambitionierte mathematische Modellierung insbesondere war umstritten, die schließlich jedoch akzeptiert wurde[22]. Das Projekt verlief erfolgreich hinsichtlich der Entwicklung von Methoden für integrierte Prozesse, von der genetischen Modifizierung von Mikroorganismen und Enzymen bis zur Konzeption von Bioreaktoren und Aufarbeitungsverfahren. Als Beispiel sei die Synthese neuartiger

die Aufarbeitung erarbeiten sollten. Es hatte zum Ziel, Bausteine für komplexe Zuckerstrukturen, die u. a. bei der biologischen Erkennung von Zellen eine Rolle spielen, zu synthetisieren, aufzuarbeiten und zu isolieren, sowie geeignete Reaktoren zur Integration von Synthese und Aufarbeitung zu entwickeln (Ergezinger et al., 2005; Malten et al., 2006; Seibel, et al., 2010).

[22] Die mathematische Modellierung des gesamten Metabolismus eines Mikroorganismus, *Bacillus megaterium,* als Ziel, basierend auf der Kenntnis des gesamten Genoms – ein äußerst komplexes Vorhaben – formulierten drei Bioverfahrenstechniker bzw. Technische Chemiker, Dietmar Hempel, Wolf Deckwer und einer der Autoren (Klaus Buchholz); drei Genetiker bzw. Molekularbiologen, Bernd Hofer, Garry Gross und Dieter Jahn, jedoch sahen dieses Ziel mit großer Skepsis, sie wollten dies nicht als Forschungsziel akzeptieren, da es völlig unrealistisch sei. Der jüngste jedoch, Dieter Jahn, ließ sich schließlich überzeugen mit dem Argument: versuchen wir es. - Das kühne Konzept erwies sich als entscheidend für die Bewilligung durch die Gutachter.

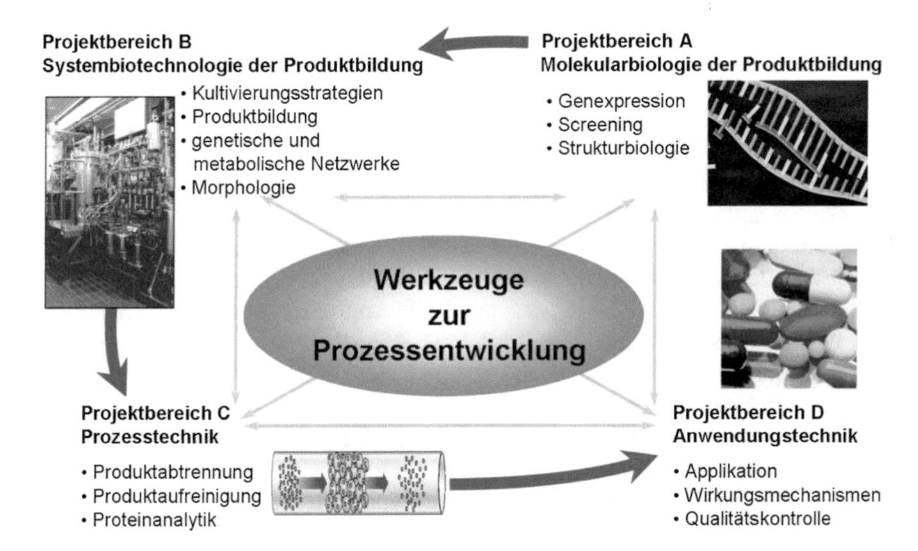

Abb. 7.2 Netzwerk der Projektstrategien des SFB 578 „Vom Gen zum Produkt". (Quelle: Dietmar Hempel, Sprecher, 2001, Sonderforschungsbereich 578 – Vom Gen zum Produkt,- Integration gen- und verfahrenstechnischer Methoden zur Entwicklung biotechnologischer Prozesse, Vorwort)

Oligosaccharide (mit potentiell protektiven Eigenschaften) mittels Saccharose-Analoga (quasi-aktivierte Donor-Saccharide) genannt (Seibel & Buchholz, 2010). Eine andere Episode beleuchtet die Konkurrenz um Pioniere für leitende Funktionen – selbst ein Max-Planck-Institute konnten einen Spitzenwissenschaftler nicht locken[23].

Eine Reihe von industriellen Anwendungen der Biosystemtechnik haben Nielsen (Papini et al., 2010) und Wittmann (2010) zusammengefasst, insbesondere für kommerziell wichtige Produkte wie Ethanol, Zitronensäure, Propandiol und Polyhydroxyalkanoate (für biologisch abbaubare Kunststoffe), Aminosäuren, Polyketide (Antibiotika) und Antikörper (für die Krebstheapie) (Wendisch, et al., 2006; s. a. Buchholz & Collins, 2010, Abschn. 16.4.1).

Als Beispiel sei die L-Lysin- Herstellung genannt, mit über 1 Mio t/a eines der großen Fermentationsprodukte. Dieses war Gegenstand umfangreicher Arbeiten mittels Biosystemtechnik seitens der BASF, der (damaligen) Degussa (heute Evonik) und Kyowa Hakko (Japan), um die Ausbeuten bei der Fermentation, ausgehend von Glukose, Saccharose oder Melasse als Substrate, bis zur Grenze des Möglichen zu steigern. Das Genom von *Corynebacterium glutamicum*, dem meistgenutzten Produktionsstamm, war seit 2003 bekannt, Schlüsselenzyme in den

[23] Sir Gregory Winter (Nobelpreis 2018) erhielt einen Ruf als Direktor an einem Max-Planck-Instituts in Martinsried bei München. Er fragte einen der Autoren (JC) nach den Arbeitsbedingungen. JC antwortete: In München kommt, in der Reihenfolge der Autoritäten, erst der Erzbischof, dann Gott, danach der Max-Planck-Direktor. Sir Gregory lehnte den Ruf ab.

Synthesewegen identifiziert, der metabolische Fluss der Metaboliten analysiert und modelliert. Auf dieser Basis konnte der Stamm genetisch hinsichtlich optimierter Ausbeuten modifiziert und industriell eingesetzt werden (Pfefferle et al., 2003; Sahm et al., 2000; Wittmann, 2010)[24].

Die *Synthetische Biologie* stellt einen weiteren neuen Zweig („an emerging technology") der BT dar, der eine integrierte Strategie anstrebt zum Design von Mikroorganismen und Zellen, mit dem Ziel der effektiven Produktion von Chemikalien, Energieträgern und Treibstoffen, Pharmazeutika und der Nutzung pflanzlicher Biomasse (Übersicht: Sun und Alper, 2017). Sie nutzt die Erkenntnisse und Methoden der molekularen Biologie, des metabolic engineering, der Systembiologie und der Bioinformatik um neue Proteine, genetic circuits, genetische Schaltkreise, metabolische Netzwerke und multizelluläre Konsortien zu konstruieren, also eine umfassendere Strategie, die Biosystemtechnik und metabolic engineering kombiniert. Sie nutzt die inzwischen kostengünstige DNA-Synthese, Protein-Design mittels Modellierung und high-throughput- (Hochdurchsatz-) Screenig, zur Reprogrammierung zellulärer Netzwerke, der Konstruktion und Optimierung biochemischer Stoffwechselwege und dem Design biologischer Systeme, bis hin zum engineering multizellulärer Systeme und mikrobieller Konsortien – äußerst hoch gesteckte Ziele. So sind erste Module konstruiert worden, die spezielle Funktionen erfüllen, wie Schalter, Oszillatoren oder logische Schranken (logic gates), sowie Transkriptions-Kaskaden. Es erscheint damit z. B. möglich, Zelltod nach einer definierten Zahl von Zellteilungen zu programmieren, was sinnvoll sein könnte für Bioremediation (Entfernung toxischer Bestandteile z. B. im Boden) und medizinische Zwecke (Sun & Alper, 2017).

Biokatalysatoren, speziell Enzyme, haben durch unterschiedliche Methoden eine Optimierung der Aktivitäten und Erweiterung des Anwendungsspektrums erfahren. Ansätze zur Optimierung von Enzymen arbeiten mit empirischen genetischen Versuchsstrategien, mittels „trial and error", „Directed Enzyme Evolution" bzw. „DNA Shuffling". Bei letzterem werden Kombinationen der DNA verschiedener Varianten von Enzymen mit spezifischen Vorteilen nach dem Zufallsprinzip erzeugt und – aus sehr großen Zahlen von Varianten – hinsichtlich gesteigerter Leistung selektiert. Pioniere dieser oft und erfolgreich angewandten Methode waren Willem „Pim" Stemmer (1954–2013; Gründer von Maxygen, USA) und Francis Arnold (Caltech, USA, Nobelpreis 2018) (Arnold & Georgiou, 2003; Bornscheuer et al., 2019).

Mittels solcher Methoden, auch durch „site directed mutagenesis" – dem gezielten Austausch einzelner Aminosäuren – sind zahlreiche technisch wichtige Enzyme zur Optimierung der Anwendung modifiziert worden, hinsichtlich

[24] Dabei wurden mittels ^{13}C-Isotopen-Experimenten (der Analyse von Substraten, die mit ^{13}C –Atomen substituiert waren, und Folgeprodukten) der Fluss von Metaboliten im Mikroorganismus analysiert, und ein „futile cycle" gefunden, der nicht zum gewünschten Produkt führt, der ausgeschaltet werden konnte (Pfefferle et al., 2003; Sahm et al., 2000; Wittmann, 2010).

katalytischer Eigenschaften (u. a. Selektivität), der Themostabilität usw.[25]. Die Selektivität insbesondere von Esterasen und Lipasen ist vielfach genetisch verändert worden für die Modifizierung z. B. von Lipiden (Fetten für zahlreiche Anwendungen in der Lebensmittelindustrie und Bausteinen bzw. Intermediaten für z. B. Kosmetika und Pharmazeutika) (Bornscheuer et al., 2012; Bornscheuer in: Buchholz et al., 2012, S. 165–176). Ein Glanzlicht, „a showcase of green biochemistry", stellt die Sitagliptin-Produktion dar, hinsichtlich Prozessintensivierung und industrieller asymmetrischer Synthese (Desai, 2011). Sitagliptin stellt das aktive Ingredienz von Januvia dar, einem bedeutenden Medikament für die Behandlung von Diabetes II. Abfall und Abwasser konnten weitestgehend minimiert werden. Dazu haben Wissenschaftler der Firmen Merck und Codexis einen Transaminase-Biokatalysator mittels Computer-Modellierung und iterativer „directed evolution" (durch 27 Mutationen) einen optimalen Biokatalysator entwickelt, der zahlreiche aufwendige chemische Schritte ersetzt und stereoselektiv und hocheffizient zum Produkt führt.

Zahlreiche zuvor unbekannte Enzym-Strukturen und -Aktivitäten konnten durch den sog. „Metagenome Approach" entdeckt werden, durch die Suche nach genetischem Material, nach neuen, unbekannten DNA-Sequenzen, die für Enzyme kodieren, in vielfältigen Quellen: in Boden- oder Wasserproben unterschiedlicher Herkunft, insbesondere aber in ungewöhnlichen, z. B. heißen vulkanischen Quellen. Die Methode bedeutet einen erheblichen Fortschritt für die Entdeckung von Enzymvarianten und unbekannten Enzymen mit vorteilhaften Eigenschaften (Selektivität, Temperaturstabilität) – eine „Goldgrube". Dadurch konnten Biokatalysatoren für vielfältige, auch neue Bereiche von Anwendungen, für Feinchemikalien, Bausteine für Pharmazeutika, aber auch die Produktion von Bio-Kraftstoffen gewonnen werden (Lorenz & Eck, 2005; Höhne et al., 2010; s. a. Buchholz & Bornscheuer, 2017, S. 32–34).

7.3 Das Spektrum aktueller Biotechnologischer Produkte und Verfahren

Der Umfang von Produkten und Verfahren hat sich seit den 1970er Jahren stark erweitert, sowohl in den Bereichen Lebensmittel und Industrieprodukte (Grundprodukte und Spezialitäten), besonders aber in den Bereichen Pharmazeutika und Agrochemikalien. Darüber hinaus haben Umweltbiotechnologie, die biologische Abwasser- und Abluftreinigung erheblich an Bedeutung gewonnen (ausführliche Übersicht in Buchholz & Collins, 2010, Kap. 16–18). Rekombinante Technologien

[25] Die enormen Kosten führten dazu, dass die Pharmaindustrie sich auf die Entwicklung verbreiteter Krankheiten konzentrierte, die einen großen Markt erwarten ließen. Die Konsequenz dieser Situation war, dass die Entwicklung von Pharmazeutika für seltenere Krankheiten vernachlässigt wurde. Die „Orphan drug legislation" in den USA hatte zum Ziel, diese Missverhältnis zu korrigieren (Rader, 2008; s. a. Buchholz & Collins, 2010, Abschn. 17.1).

haben bedeutende Fortschritte und Verbesserungen für Verfahren, Produktqualität und reduzierten Kosten und Preisen erzielt.

7.3.1 Pharmazeutische Produkte

Neue Medikamente sind in besonderem Maße durch rekombinante Technologien geprägt worden und haben dadurch einen bedeutenden Aufschwung und eine enorme Ausweitung ihrer Anwendung in der Medizin erfahren; für zahlreiche Krankheiten, die zuvor nicht oder nur unzureichend behandelt werden konnten, sind neue oder bessere Therapien entwickelt worden.

Die Rolle der Antibiotika wurde bereits in Kap. 5 behandelt. Sie stellen noch immer die wichtigste Therapie bakterieller Infektionen dar (ausführlich s. Buchholz & Collins, 2010, Abschn. 17.4.1). Die Produktion wird – Anfang der 2000er Jahre – auf weltweit 60.000 t/a geschätzt im Wert von 30 Mrd. US$/a (Elander, 2003; Hubschwerlen, 2007). Im Jahr 2020 wurde der Markt für ß-Lactam-Antibiotika auf 15 Mrd. US$ geschätzt, etwa 65 % des gesamten Antibiotika–Markts mit 23 Mrd. US$ (hierbei könnten sinkende Preise eine Rolle spielen) (Pandey & Cascella, 2020). Das Problem der Resistenz ist ebenfalls zuvor diskutiert worden, es weitet sich noch immer aus, als Folge des Missbrauchs z. B. in der Landwirtschaft, in Aquarien und bei Haustieren (Drahl, 2010). Das Konzept von „Reserve-Antibiotika" nur für Anwendung in der Human-Medizin hat nicht funktioniert wegen des Drucks aus der Landwirtschaft, der eine konsequente Gesetzgebung verhinderte. Die andauernde Suche nach neuen Antibiotika und chemischen Derivaten mit Wirksamkeit gegen resistente Bakterien gestaltete sich als teure und zeitraubende Strategie mit vielen Enttäuschungen, aber auch einigen Erfolgen. Aktuelle Initiativen zur Förderung der Antibiotika-Forschung und -Entwicklung sind in Kap. 5 erwähnt. Penicilline, Cephalosporine und Derivate (vor allem Ampicillin, Amoxicillin, Cephalexin und Claforan) stellen, mit 45–65 %, den größten Anteil der angewendeten Antibiotika dar. Sie werden als Mittel der Wahl zur Behandlung vielfältiger Infektionen genutzt, gelten als sicher und können z. T. oral eingenommen werden.

Zahlreiche neue Medikamente, die zuvor unzugänglich waren, haben die neugegründeten Firmen der Neuen BT entwickelt und zur Zulassung gebracht (s. o.). Ein großer Markt bildete sich heraus für Therapien, die zuvor nicht möglich waren. Zulassungen von Medikamenten, die mit rekombinanter Technologie hergestellt waren, beliefen sich auf 12 jährlich in der ersten Hälfte, und etwa 20 jährlich in der zweiten Hälfte der 1990er Jahre (Thayer, 2008).

Zu den Erfolgen der rDNA zählten auch z. B. die schnelle Bekämpfung von Coronaviren, SARS etc. durch DNA-Sequenzierung, die schnelle Entwicklung neuer Breitband-Antisera sowie die Verfolgung der Mutabilität und die Epidemologie, die demographische Darstellung von Virenvarianten.

Bevor ein neues, wirksames Medikament angewandt werden kann, ist seine Zulassung durch staatliche Behörden erforderlich. Diese bedeutet ein langwieriges,

Abb. 7.3 Fermenter für die Produktion von Antikörpern; Blick von oben auf die Anlage; im Hintergrund ist die Prozessleittechnik, mit Dosier-, Zufluss- und Abflusssystemen sowie um Mess- und Regeltechnik, zu sehen (mit freundlicher Genehmigung der Roche Diagnostics GmbH, 2021)

aufwendiges und mit äußerst hohen Kosten verbundenes Verfahren. Dabei werden außer der Wirksamkeit des Medikamentes seine Bioverfügbarkeit, toxische, karzinogene und teratogene Effekte getestet. *Ein neuer zusätzlicher Kontrollparameter stellt die Überprüfung der DNA-Sequenzen eines produzierenden Stammes dar, um die genetische Stabilität zu überprüfen.* Die durchschnittlichen Kosten je Medikament beliefen sich auf 138 Mio $ in den 1970er Jahren und stiegen danach dramatisch an auf 318 Mio $ in den 1980er Jahren und 1,2 Mrd $ 2008[26] (Moos, 2007; Nature Biotechnology, 2007b). Inzwischen, 2014, nähern sich die Entwicklungs- und Zulassungskosten dem Bereich von 3 Mrd. $ (Chemical & Engineering News, 2014). Die wichtigsten Institutionen für Zulassungen sind die FDA, die Food and Drug Administration in den USA, und die EMEA, die European Authority for Approval of Pharmaceuticals in Europa.

Für die Herstellung rekombinanter Biopharmazeutika sind hochentwickelte Bioreaktoren und Anlagen erforderlich, die automatisiert gesteuert und mit modernster Messtechnik kontrolliert werden. Dies gilt besonders für Glykoproteine und phosphorylierte Proteine, die mittels CHO-Zellen hergestellt werden, wie Antikörper, Interferone und Interleukine (s. Buchholz & Collins, 2010, Abschn. 17.3). Die Abb. 7.3 und 7.4 zeigen eine solche Anlage mit Bioreaktoren und Prozessleittechnik.

Insgesamt erhielten 77 rekombinante Biopharmazeutika eine Zulassung und waren im Jahr 2000 verfügbar, die Anzahl erhöhte sich auf 165 Produkte im

[26] Die enormen Kosten führten dazu, dass die Pharmaindustrie sich auf die Entwicklung verbreiteter Krankheiten konzentrierte, die einen großen Markt erwarten ließen. Die Konsequenz dieser Situation war, dass die Entwicklung von Pharmazeutika für seltenere Krankheiten vernachlässigt wurde. Die „Orphan drug legislation" in den USA hatte zum Ziel, diese Missverhältnis zu korrigieren (Rader, 2008; s. a. Buchholz & Collins, 2010, Abschn. 17.1).

Abb. 7.4 Produktionsanlage für Antikörper; Blick von der Seite auf die Anlage, mit Ansicht der umfangreichen Instrumentierung des Fermenterkopfes (mit freundlicher Genehmigung der Roche Diagnostics GmbH, 2021)

Jahr 2006, mit einem geschätzten Marktvolumen von 35 Mrd. $, das 2014 auf über 60 Mrd. $ anstieg (Jarvis, 2007; s. a. Buchholz & Collins, 2010, Abschn. 17.4.2). 2014 wurden, nach einer Reihe wissenschaftlicher Durchbrüche 10 neue Produkte zugelassen, einige erreichten den Status von Blockbustern, darunter Antikörper, Peptide und Enzyme zur Behandlung u. a. von Krebs (Jarvis, 2015). Protein-basierte Biopharmazeutika stellen etwa ein Viertel der Zugelassenen rekombinanten Medikamente dar, bei der Mehrzahl handelt es sich um Glykoproteine[27]. Diese umfassen Blut-Faktoren (für die Anwendung bei Hämophilie), thrombolytische Wirkstoffe, Insulin und andere Hormone, Blut- und Knochen-Wachstumsfaktoren, Interferone (IFNs) und Interleukine (Ils), genetisch modifizierte Antikörper, Impfstoffe, therapeutische Enzyme und Enzyminhibitoren. Eine Auswahl ist in Tab. 7.2 zusammengestellt, überwiegend handelt es sich dabei um sog. Blockbuster, Medikamente mit einem Umsatz von über einer Mrd. $ pro Jahr. Die meisten der zugelassenen rekombinanten Biopharmazeutika zielen auf die Anwendung bei Indikationen mit bedeutenden Krankheits- und Todesursachen in den Industriestaaten, insbesondere Infektionen durch Hepatitis B und C, Diabetes, Hämophilie, Herzinfarkt und verschiedene Krebsarten[28] (Melmer, 2005). Einen

[27] Glykoproteine stellen Proteine dar, die mit komplexen Zuckergruppen „dekoriert" sind, die zur Regulation und Erkennung (z. B. einer Zelle) dienen. Interferone (IFNs) und Interleukine (Ils) sind Signalproteine, die Zellen anweisen, z. B. um gegen virale Infektionen widerstandsfähiger zu machen.

[28] Die enormen Kosten führten dazu, dass die Pharmaindustrie sich auf die Entwicklung verbreiteter Krankheiten konzentrierte, die einen großen Markt erwarten ließen. Die Konsequenz dieser Situation war, dass die Entwicklung von Pharmazeutika für seltenere Krankheiten vernachlässigt wurde. Die „Orphan drug legislation" in den USA hatte zum Ziel, diese Missverhältnis zu korrigieren (Rader, 2008; s. a. Buchholz & Collins, 2010, Abschn. 17.1).

weiteren neuen Bereich der Medizin stellen rekombinante spezifische Wachstumsfaktoren dar, die die Regeneration spezifischer Gewebezellen aus pluripotenten Stammzellen ermöglichen.

Eine ungewöhnliche Herausforderung stellte die Covid-19-Pademie (mit dem Virus Sars-CoV-2) Anfang 2020 dar (in der Vergangenheit waren Viren des Typs Sars-CoV-1 und Mers-CoV aufgetreten). Von China ausgehend breitete sich die neue Epidemie schnell weltweit aus. (Stein, 2020). Es folgten Glanzleistungen der Wissenschaft und Industrie, sie betrafen die Strukturanalyse des Coronavirus SARS-CoV-2, das erstmals 2019 beobachtet wurde und sich Anfang 2020 zu einer Pandemie entwickelte (SARS bedeutet „severe acute respiratory syndrome). Richard Horten (2020), der Herausgeber von Lancett, kommentierte: „ The extent of industrial-academic collaboration and international collaboration that has occurred during this pandemic is unprecedented in history and has lead to the fastest development of effective treatments ever recorded."

Chinesische Wissenschaftler hatten schon am 10. Januar 2020 die Gen-Sequenz des neuen Virus in einer open-access website, (GenBank) publiziert. Das RNA-Genom des Virus kodiert für 29 Proteine. Eines, das S-Protein, bindet an einen Rezeptor des Wirts, das ACE2 (angiotensin-converting enzyme), um dann in dessen Zellen einzudringen (Katsnelson, 2020). Ein Struktur-Detail des Coronavirus ist das sog. „spike protein", mit dem das Virus an das ACE_2–Enzym (Rezeptor) (Angiotensin converting enzyme) an der Zelloberfläche andockt. Coronaviren, die seit Anfang des 21. Jahrhunderts (2002/3 – SARS-CoV und MERS-CoV) mehrere gefährliche Pandemien verursachten, dringen mittels solcher transmembraner „Spike-Proteine" in die Zellen infizierter Menschen ein. Die Bezeichnung Coronaviren bezieht sich auf die „kronenartige" Struktur der „Spike-Proteine" auf der äußeren Membran der Viren (Katsnelson, 2020; Walls et al., 2020). Letko et al., (2020) identifizierten Details dieses Mechanismus, sowie die Rolle einer Protease bei der Fusion mit der Zellmembran[29]. Auf dieser Grundlage konnten Mittel zur Behandlung der Infektion (Impfmittel, Antikörper) entwickelt werden (Satyanarayana, 2020a).

Unmittelbar nach Publikation der Virus-Sequenz begann Barney Graham in seinem Labor bei dem US National Institute of Allergy and Infectious Diseases (NIAID) in Zusammenarbeit mit der Firma Moderna (USA) mit der Entwicklung eines Impfstoffes auf der Basis der Virus-Sequenz. Sechs Monate später begann

[29] Ausführlich und im Detail haben Walls et al. (2020) die Struktur und Function des SARS-CoV-2 Spike Glycoproteins untersucht. Sie zeigten mittels Cryo-Elektronenmikroskopie den Mechanismus mit dem das Virus mit hoher Affinität an das ACE_2–Enzym an der Zelle andockt, wobei ein Protease-Schritt und unterschiedliche Konformationen des Spike Proteins eine entscheidend Rolle spielen, die die Fusion der viralen und der Zellmembran, und somit das Eindringen des Virus in die Zelle bewirken. Sie zeigten dass polyklonale Antikörper von Mäusen das Eindringen des Virus in Wirtzellen inhibieren (Walls et al., 2020). Auch ein Strukturdetail, die „Replikations-Organelle", die molekulare Struktur der Pore, woraus hervorgeht, wie die Virus-RNA nach der Replikation aus der Doppel-Membranvesikel austritt, ist schon früh (August 2020) ermittelt, die Struktur modelliert und bildhaft dargestellt worden (Arnaud, C&EN 2020, August 10/17, S. 6).

Moderna mit Phase III-Tests (in der letzten, umfangreichsten klinischen Testphase) des Covid-19 Impfstoffsmit 30.000 Probanden.

Biontech (D) hatte Ende Januar entschieden, in Kooperation mit Pfizer (USA) einen Impfstoff zu entwickeln (Dostert, 2020a). Das Unternehmen berichtete Anfang November 2020, basierend auf der Zwischenanalyse einer Studie mit 40.000 Probanden in Phase III-Tests von vielversprechenden Erfolgen; der Impfstoff soll nach zweimaliger Injektion zu über 90 % vor einer Infektion schützen. (Dies stellt für Impfungen eine außerordentlich positives Resultat dar) (K. Zinkant, 2020c). Das Prinzip des Biontech-Impfstoffes, wie auch das der Universität Oxford, beruht auf der neuen Boten-RNA-Technik. Deren Boten-RNA (mRNA) enthält die Information für ein Virus-Protein (ein Baustein des Coronavirus), das mittels Lipid-Nanopartikeln in die Körperzellen des Probanden eingeschleust wird. Das Protein wird dort, in den Körperzellen, produziert und ruft damit eine Immun-Antwort hervor, die gegen eine Infektion durch das Virus schützen soll (Beise, 2020a; Charisius, 2020). In einem weiteren Projekt entwickelt ein Team an der Universität Oxford in Zusammenarbeit mit AstraZeneca (GB) einen Impfstoff, basierend auf DNA, kodierend für Teile des Sars-CoV-Spike-Proteins, die durch einen Vektor, ein (ungefährliches) Adenovirus, in die Zellen des Probanden eingeschleust wird (Charisius, 2020; Chemical & Engineering News, January 25, 2021).

Laut der WHO befanden sich schon im April 2020 mindestens 70 COVID-19 Impfstoffe in der Entwicklung, im November weltweit über 100 Impfstoffe, mehrere mit klinischen Tests (fünf in China, zwei in den USA, weitere in anderen Ländern). Mehrere Kandidaten durchlaufen Phase-III- Tests, drei in China, außerdem die Projekte der Universität Oxford mit AstraZeneca, von Biontech und Moderna (C&EN, April 20, 2020; Charisius, 2020; DER SPIEGEL, 2020).

In den USA initiierte das NIH ein Konsortium (ACTIV, Accelerating COVID-19 Therapeutic Interventions and Vaccines), verschiedener nationaler Institutionen und Pharmafirmen, um die Forschung zu COVID-19 zu koordinieren und zu beschleunigen (Widener, 2020). Im aktuellen „Rennen“ der Pharmafirmen um die ersten Impfstoffe ging es darum, „to develop and test their wares at imparalled speed“, als „players in Operation Warp Speed“ der US-Regierung, mit dem Plan, 300 Mio Dosen eines Impfstoffs im Januar 2021 zur Verfügung zu haben (Uhlmann, 2020). Russland hat am 11.8.2020 den ersten Impfstoff weltweit zugelassen („Gam-COVID-Vac Lyo“). Eine Wirksamkeitsstudie, etwa wie in Phase III der Zulassungen erforderlich, ist nicht erfolgt. Es handelt sich offensichtlich um einen Prestigekampf, der zwischen Russland, den USA und China ausgetragen wird (Zinkant, K, 2020a).

Am 30.11.20 bzw. 1.12.20 haben Moderna bzw. Biontech und Pfizer in Europa einen Antrag auf bedingte Zulassung, einen „Rolling Review“, bei der EMA, sowie einen Antrag zur Notfall-Zulassung in den USA gestellt (Uhlmann, 2020b). Biontech und Pfizer wollen im Jahr 2020 bis zu 50 Mio Dosen des Impfstoffs und 2021 rund 1,3 Mrd Dosen produzieren. Lonza (CH) als Kontraktfirma von Moderna will 500 Mio Dosen pro Jahr produzieren (Beisel et al., 2020a; Charisius, 2020; Cross, R 2020b). In Großbritannien wurde der Impfstoff von Biontech und Pfizer am

2.12.20 für den Notfall vorläufig zugelassen, am 11.12.20 in den USA durch die FDA. Am 8.12. 2020 begann eine erste Massenimpfung in Großbritannien, am 14.12.20 in den USA, dann auch in Israel (SZ, 9.12.20; Chemical & Engineering News, January 25, 2021). Mit zeitlicher Verzögerung folgten weitere Zulassungen und Impfkampagnen in der EU und anderen Staaten. Diese Entwicklung stellt große, äußerst bedeutende Erfolge für Wissenschaft und Industrie dar.

Die mRNA-Technik wird euphorisch als neue Methode angesehen, die Chancen der Entwicklung zahlreicher Medikamente weit über Impfstoffe hinaus biete, bei der Behandlung verschiedener Krebsarten u. a. (ursprünglich wurde sie für letztere entwickelt). Der Spiegel titelt: „Die Supermedizin" (Der Spiegel, 19.6.2021).

Monoklonale Antikörper zur Abwehr bzw. Blockierung des Virus („passive Impfung") werden an zahlreichen Institutionen entwickelt[30] (Cross, 2020b). Roche hat in seiner Niederlassung in Penzberg (D) bereits einen Antikörpertest entwickelt, der in den USA eine Schnellzulassung erhalten hat und auch in Deutschland verfügbar ist. Singapur und Südkorea konnten den frühen Ausbruch der Infektionen mit Tests in Grenzen halten.(Satyanarayana, M, 2020b).

Außer den Problemen der Zulassung kann es ungewöhnliche Entwicklungen geben: *Epothilon* stellt den Fall eines Erfolges, dar, aber auch die eines langwierigen und verzögerten Prozesses – und dieser sei deshalb kurz geschildert, auch weil es durchaus mehrere solcher Fälle gab (Höfle, 2009; Höfle et al., 1996). Epothilone (EP) sind sekundäre Metaboliten des Myxobacteriums *Sorangium cellulosum*. Sie wurden 1986 entdeckt durch die Gruppe von Reichenbach an der GBF (Gesellschaft für Biotechnologische Forschung, heute HZI, Helmholtz-Institut für Infektionsforschung, Braunschweig) wobei zuerst ihre antimykotische (pilzhemmende bzw. –toxische) Wirkung bemerkt wurde. Reichenbach und Höfle, der mit der Gruppe ab 1978 zusammenarbeitete, konnten 1987 zwei antimykotische Komponenten, Epothilon A und B, isolieren – ein schwieriges Problem wegen der äußerst geringen Konzentrationen von 1–2 mg/L. Das Screening (die Selektion nach Wirkungen) erfolgte zunächst nach unterschiedlichen Wirkungsspektren, auch zytotoxischer (Antitumor-) Aktivität, jedoch ergaben sich 1987 im Pflanzenschutz die ersten Treffer. Die Pflanzenschutz-Gruppe von Ciba-Geigy (Schweiz) entdeckte eine selektive Aktivität der EP gegen die durch Oomyceten verursachten Pflanzenkrankheiten. Ein Patent wurde 1991 angemeldet und 1994 zugelassen. Es schloss den Pflanzenschutz ein, aber auch zytotoxische Aktivität. Diese letztere Aktivität wurde jedoch nicht weiterverfolgt, u. a. wegen teratogener Nebeneffekte; schließlich wurden die Patente fallen gelassen, z. T. wegen eines Programms zur Kosteneinsparung der GBF 1994. Eigentlich hätte, spätestens 1993, eine Studie mit

[30] Einige Gruppen begannen klinische Test mit monoklonalen Antikörpern (mABs) im Juni 2020, mit denen SARS-Co-V2 behandelt werden sollte. Eli Lilly, Regeneron Pharmaceuticals (beide USA) und Tychan (Singapur) führten als erste Tests durch. Regeneron startete zwei klinische Testreihen mit zwei mABs, Tychan soll klinische Tests in China begonnen haben (Cross, 2020b). Auch an der Technischen Universität Braunschweig, arbeiten die Arbeitskreise von Prof. S Dübel und Prof. M. Hust an mABs, zusammen mit Yumab, einer Ausgründung der TU, und dem Helmholz-Institut für Infektionsforschung.

Mäuse durchgeführt werden sollen, um die zytotoxische Aktivität zu prüfen, die als Potential hätte vermutet werden können – man kann nur spekulieren, warum das nicht geschah. Die frühen Patente waren damit verloren.

Das war aber nicht das Ende der Geschichte: Die Epothilone wurden kurze Zeit danach wiederentdeckt – als Wissenschaftler von Merck Sharp and Dome (MSD, USA) Extrakte von Myxobakterien (*Sorangium*-Stämme) hinsichtlich Taxol-ähnlichen Aktivitäten untersuchten. Die EP-Story nahm eine neue Wendung, als Merck einen Artikel publizierte mit Aufsehen erregenden Ergebnissen von 7000 Extrakten aus unterschiedlichen Quellen (einschließlich solchen aus Myxobakterien) – mit einem zuverlässig identifizierten Hit hinsichtlich zytotoxischer Aktivität (Höfle, 2007). Der Artikel initiierte unmittelbar eine Reihe von Aktivitäten bei Pharma-Unternehmen und akademischen Institutionen, unter anderem Untersuchungen zur chemischen Synthese, auch von EP-Derivaten, mit Tausenden von Varianten zur Untersuchung von Struktur-Wirkungs-Beziehungen, Patente wurden angemeldet, z. B. durch Schering. Die Gruppe um Höfle und Reichenbach ging 1997 einen Vertrag mit Bristol-Meyers-Squib (BMS, USA) ein, der Know-how- und Technologie-Transfer sowie Entwicklungsarbeiten umfasste, und begann mit Arbeiten zum Scale-up (Höfle, 2009). Die Gruppe um Höfle und Reichenbach stellte 1996 über 30.000 Mutanten des ursprünglichen Produktionsstammes durch klassische Mutation her und testete sie mit dem Erfolg einer hundert-fach erhöhten Produktivität (gentechnische Methoden waren für Myxobakterien damals noch nicht verfügbar). Mehrere Firmen, u. a. Schering, Novartis und BMS initiierten klinische Tests in Phase I- bis Phase III-Studien mit EP und Analogen. Eine EP-Variante von Bristol-Meyers (BMS) wurde 2007 schließlich zugelassen für die Behandlung des multiresistenten humanen Adenocarcinoms. So führte die verzögerte und unterbrochene Entwicklung doch noch zu einem Erfolg (Höfle, 2009).

7.3.2 Die Bereiche Lebensmittel und Industrie

Über Jahrhunderte stellten biotechnologische Techniken traditionelle Verfahren zur Herstellung von Bier, Wein, Brot und Käse dar (s. die vorangehenden Kapitel). Die industrielle Biotechnologie (BT) hat jedoch eine neue Dynamik erfahren, die auch modernste rekombinante Methoden einschließlich der Biosystemtechnik nutzt. Die industrielle, oft als weiße BT bezeichnet, umfasst ein breites Spektrum von Produkten und Verfahren:

- Außer den genannten Lebens- und Genussmitteln Süßungsmittel, wie Glucose, Fruktose und andere Saccharide (wie Sorbit), Lebensmittel-Zusatzstoffe (insbesondere Stärkederivate)
- Zahlreiche Massenprodukte, wie Aminosäuren, organische Säuren (z. B. Zitronensäure), Acrylamid, Detergenzien, Biopolymere, wie biologisch abbaubares PLA (Poly-Milchsäure), PHB (Polyhydroxybutyrat), und Enzyme
- Kraftstoffe, z. B. Ethanol und Biodiesel, sowie Energiequellen, z. B. Biogas

- Fein- und Spezialchemikalien, Antibiotika, Intermediate für Pharmazeutika (insbesondere solche, die chirale (optisch aktive) Strukturen erfordern), Spezialenzyme, Vitamine, Riechstoffe (Parfum-Komponenten), Kosmetika, und Polysaccharide
- Umwelt-Technik, mit biologischer Abwasser-, Abluft- und Boden-Reinigung, Erzaufbereitung

Sie spielen auch eine bedeutende Rolle für die Nutzung nachwachsender Rohstoffe, mit der Herausforderung, erdöl-basierte Chemikalien und Kraftstoffe zu ersetzen. Eine umfassende Übersicht geben Soetaert und Vandamme (Hrg., 2010). Tab. 7.3 stellt eine – lediglich kleine – Auswahl von Produkten zusammen, es werden weitaus mehr vermarktet und genutzt.

Die Bierproduktion und der Bierkonsum haben sich gegenüber Anfang des 20. Jahrhunderts massiv verändert. Die Produktion ist 2018 um 2 % eingebrochen und ging zurück auf 1,9 Mrd HL (Hektoliter), in China, dem mit weitem Abstand größten Biermarkt um 60 Mio HL auf 381 Mio HL. Nach China stellen die USA den zweitgrößten Markt dar (214 Mio HL), danach folgen Brasilien und Mexiko, erst an fünfter Stelle Deutschland (94 Mio HL) (DIE WELT, 24.7.2019, S. 10).

Bedeutende Produkte sind nach wie vor Käse, Brot, Stärkeprodukte,- Hydrolysate wie Dextrine, Glucose[31], Glukose-Fruktose-Sirup -, Aminosäuren[32], Vitamine u. a. (Tab. 7.3) (Übersicht: Soetaert und Vandamme, (Hrg.), 2010, Kap. 10). Unter den traditionellen Produkten biotechnischer Verfahren stellt Glucose, gewonnen durch enzymatische Hydrolyse von Stärke im Umfang von etwa 40 Mio. t, eines der größten dar. Es wird genutzt für die Fermentation zu Ethanol, überwiegend zum Einsatz in Kraftstoffen, in großem Umfang für die Fermentation zahlreicher Produkte in den Bereichen Lebens- und Futtermittel, vor allem Aminosäuren, organische Säuren, wie Zitronensäure, sowie als Süßungsmittel usw.. Einen Hit

---

[31] Glucose wird außerdem in großen Umfang, ca 8 Mio. t, enzymatisch isomerisiert zu Fruktose und Fruktose-Glukose-Syrup (HFCS) ebenfalls als Süßungsmittel mit höherer Süßkraft angewandt. Saccharose wird ebenfalls in großem Maßstab isomerisiert, hydriert und als Isomalt (nicht kariogener Zuckeralkohol) angewandt (Buchholz et al., 2012, Abschn. 12.1).

Aminosäuren und organische Säuren werden seit Jahrzehnten durch Fermentation, aber auch mittels enzymatischen Verfahren (Isomerentrennung synthetischer Produkte) in großem Umfang hergestellt, über 1 Mio t/a, vorwiegend in Nahrungs-, Futtermitteln, Kosmetik u. a. Produkten eingesetzt. Die Erfolge, die mittels metabolic engineering erzielt wurden, sind vorher am Beispiel der Herstellung von L-Lysin erwähnt worden.

[32] Glucose wird außerdem in großen Umfang, ca 8 Millionen t, enzymatisch isomerisiert zu Fruktose und Fruktose-Glukose-Syrup (HFCS) ebenfalls als Süßungsmittel mit höherer Süßkraft angewandt. Saccharose wird ebenfalls in großem Maßstab isomerisiert, hydriert und als Isomalt (nicht kariogener Zuckeralkohol) angewandt (Buchholz et al., 2012, Abschn. 12.1).

Aminosäuren und organische Säuren werden seit Jahrzehnten durch Fermentation, aber auch mittels enzymatischen Verfahren (Isomerentrennung synthetischer Produkte) in großem Umfang hergestellt, über 1 Mio t/a, vorwiegend in Nahrungs-, Futtermitteln, Kosmetik u.a. Produkten eingesetzt. Die Erfolge, die mittels metabolic engineering erzielt wurden, sind vorher am Beispiel der Herstellung von L-Lysin erwähnt worden.

Tab. 7.3 Ausgewählte Fermentationsprodukte (weltweit) (Elander, 2003; RFA, 2005; Heinzle et al., 2006; Soetaert und Vandamme, (eds) 2010; s. a. Buchholz und Collins, 2010, Abschn. 16.4)

Produkt / Prozess	Produktions-umfang (t/a)	Preis (€/kg)	Marktwert (Millionen €)	Firmen
Bier (2009)	1,96 Mrd. HL [1)]		ca 300 Mrd [2]	
Wein (2009)	246,7 Mio HL [3)]			
Käse (2009)	19,4 Mio		100	
Pflanzenöle [4)]				
Essigsäure	3,4 Mio			
Zitronensäure	1,1 Mio	0,8	880	verschiedene
Ethanol	37,5 Mio	0,4	15.000	zahlreiche
Biodiesel	9 Mio m^3			zahlreiche
Acrylamid	500.000			Nitto Chemicals (Japan)
Poly-Milchsäure	140.000			
Stärkeprodukte	> 10 Mio			verschiedene
Glucose	40 Mio			verschiedene
HFCS [5)]	8 Mio	0,8	6.400	ADS, A. E. Stayley, Cargill, CPC (USA)
Aminosäuren	3 Mio		3.000	
L-Glutamin	1,5 Mio	1,2	1.800	Ajinomoto, Tanabe Seiyaku (Japan)
L-Lysin	850.000	2	1.400	Evonic (D)
Enzyme			2.500	Novozymes (DK), Genecor/DuPont (USA)
Xanthan	40.000	8,4	336	
Penicilline	45.000		(19.000) [6)]	DSM (NL), Bayer (D), Kaneka (Japan)
Cephalosporine	30.000			
Vitamin C	80.000	8	640	Roche (CH), BASF (D), Takeda (Japan)

(Fortsetzung)

unter den Aminosäuren stellt Glutamat (Salze der Glutaminsäure) dar- es sorgt für den haut gôut der japanischen Küche – indem es die Sensorik von Gewürzen verstärkt, den speziellen „Umami" („köstlichen")-Geschmack erzeugt – einen unverwechselbares, pikantes, würziges und bouillonartiges Aroma. Die bei weitem größten Mengen an Aminosäuren werden als Zusatz für Futtermittel eingesetzt (s. a. Kap. 5).

Neue Produkte, die in den letzten Jahrzehnten, seit Anfang des Jahrhunderts, durch Fermentation genetisch modifizierter Mikroorganismen produziert

Tab. 7.3 (Fortsetzung)

Produkt / Prozess	Produktions-umfang (t/a)	Preis (€/kg)	Marktwert (Millionen €)	Firmen
Riboflavin [7)]	30.000			BASF (D), DSM (NL)
Biologische Abwasserreinigung	13 Mrd [8)]		13.000	Deutschland

1) https://www.food-service.de
2) Summe für Bier und Wein (FAOSTAT (http://faostat.fao.org/site/339/default.aspx)
) https://www.proplanta.de/
4)z. T. auch für Kraftstoffe
5)High Fructose Corn Sirup, isomerisierter Glucose-Sirup mit ca 50 % Fructose
6)gesamt-Antibiotika
Riboflavin: Vitamin (B_2)
7) Geschätzt (vgl. Jördening & Winter, 2005)

werden sind Laktat (Milchsäure bzw. deren Anhydrid), 1,3-Propandiol und 1,4-Butandiol als Bausteine für biologisch abbaubare Polymere. PLA (polylactic anhydride, ein Polymer aus Milchsäureanhydrid) ist in bedeutendem Maße für Gebrauchsgegenstände eingeführt. Selbst Acrylamid, ein klassischer synthetischer Polymerbaustein, wird mit über 500.000 t/a erfolgreich enzymatisch produziert.

Enzyme erfuhren einen sprunghaften Schub im Bereich technisch eingesetzter Aktivitäten bedingt durch rekombinante Technologien (s. o.). Die Anwendungen ließen sich mittels genetisch modifizierter Enzyme erheblich erweitern, insbesondere durch modifizierte oder verbesserte Selektivität, bedeutend gesteigerte Stabilität, sowohl bezüglich hoher Temperaturen als auch erweiterter pH-Bereiche. Außerdem konnten die Ausbeuten mittels genetisch modifizierter Mikroorganismen erheblich gesteigert, damit die Kosten gesenkt werden. Dadurch erreichte der Markt für technische Enzyme einen Umfang von etwa 2,5 Mrd. € (2012). Die bedeutendsten Anwendungen liegen in den Bereichen Wasch- und Reinigungsmittel (34 %) und Stärkeverarbeitung zu Süßungsmitteln (etwa 30 %) und Bioethanol. In den letzten Jahrzehnten wurden die Anwendungsbereiche von Enzymen kontinuierlich erweitert, insbesondere wegen ihrer hervorragenden Selektivität im Bereich der Synthese von Feinchemikalien (s. u.) (Buchholz et al., 2012, Kap. 1, 4, 7 und 8).

Eine Entwicklung von entscheidender Bedeutung fand im akademischen Bereich, in den 1950er Jahren, statt: die Immobilisierung von Enzymen an festen, meist porösen kugelförmigen Trägern, die die Wiederverwendung von Biokatalysatoren ermöglichte, ein Durchbruch für die Anwendung von sehr teuren Enzymen und für die Wirtschaftlichkeit enzymatischer Verfahren (s. Kap. 5, Enzyme). Den größten Prozess mit immobilisierten Biokatalysatoren – mit etwa 8 Mio t/a Produkt – stellt die Isomerisierung von Glukose zu Fruktose dar (s. hierzu ausführlich Buchholz et al., 2012, Abschn. 8.4 und 12.1).

Die Klonierung und Produktion industrieller Enzyme, Penicillin-Amidase und α-Galactosidase, jeweils in *Escherichia coli,* gelang erstmals Wagner, Mayer und

Collins (GBF, Braunschweig), und Bückel (Boehringer Mannheim) Ende der 1970er Jahre (Mayer et al., 1979, 1980; Bruns et al., 1985; Buchholz & Poulson, 2000). Mayer versuchte zunächst vergeblich, Penicillin-Amidase zu klonieren, eine Idee von Fritz Wagner, damals Direktor der GBF. Das Gen konnte in den Klonen nicht gefunden werden. Der Erfolgt gelang mittels der Cosmid-Technik, die John Collins zusammen mit Barbara Hohn 1978 entwickelt hatte, mit der das gesamte Genom von *E. coli* in 200–400 Klonen erhalten werden konnte. Das Cosmid-Patent wurde 1978 eingereicht und, als drittes rDNA-Patent weltweit, zugelassen (Buchholz & Collins, 2010, S. 123). Bei Boehringer Mannheim wurde α-Galactosidase Ende der 1970er Jahre im industriellen Maßstab produziert[33] (Mattes & Beaucamp, 1983). Die Anwendung in der Zuckerindustrie diskutierten Wissenschaftler der Firma mit dem Autor (KB) ausführlich – in einem kuriosen Kontext[34]. Anfang der 1980er Jahren begann Novo (heute Novozymes) in Dänemark genetische Methoden bei Produktion von Amylasen anzuwenden; 1984 erfolgte die Einführung mit dem Einsatz im Bereich Lebensmittel in sehr großem Maßstab[35].

Feinchemikalien, die biotechnologisch hergestellt werden, umfassen einen breiten Bereich, insbesondere chirale (optisch reine) Bausteine – eine Schlüsselfunktion – für Pharmazeutika und Agrochemikalien, z. B. Sitagliptin (s. o.) (Buchholz & Collins, 2010, Abschn. 9.7.2 und 17.4.2; Buchholz et al., 2012,

[33] Diese Tatsache, die technische Produktion von α-Galactosidase mittels genetisch modifizierten Bakterien (*Escherichia coli)*, widerspricht den später vorgebrachten Behauptungen seitens Hoechst, in Deutschland seien Produktionen mittels rekombinanter Mikroorganismen nicht möglich. Selbst in einer Tochterfirma von Hoechst, der Wacker-Chemie AG in Burghausen bei München, wurden etwa in dieser Zeit technische Enzyme, Cyclodextrintransferasen, mittels gentechnisch modifizierten Mikroorganismen hergestellt und angewandt.

[34] Der Autor (KB) war, wohl aufgrund seiner Expertise im Bereich Enzymtechnologie einerseits, und der Tätigkeit im Zuckerinstitut (Forschungsinstitut in der Zuckerindustrie in Braunschweig) andererseits, in das Werk Tutzing der Boehringer Mannheim eingeladen worden. Thema waren die Möglichkeiten, das Enzym α-Galactosidase, das in Tutzing im großen Maßstab hergestellt wurde, in der Zuckerindustrie einzusetzen. Damit sollte ein Nebenprodukt, Raffinose, zu Saccharose und Galaktose gespalten, die Ausbeute an Saccharose erhöht, und Kristallisationsprobleme behoben werden. Die Zuckerindustrie in Japan praktizierte dieses Verfahren, auch wegen klimatisch bedingter Unterschiede hinsichtlich der Konzentrationen an Raffinose. Mehrere Wissenschaftler des Werkes diskutierten mit dem Autor einen Tag lang Probleme und Möglichkeiten. Der Hinweis, nur technische Versuche könnten zuverlässige Aussagen ergeben, wurde nicht kommentiert – Eine neuartige therapeutische Anwendung spezifischer Zellkulturen lässt die Analyse der komplexen Zusammensetzung mikrobieller Populationen (kommensaler Bakterien), z. B. im Darm erwarten. Diese kann aus der DNA Sequenzierung und der Biochemie ihres Stoffwechsels abgeleitet werden. Ein interessantes Beispiel stellt die Verdrängung von *Klebsiella pneumoniae* dar, die kürzlich veröffentlicht wurde (Osbelt et al., 2021).

[35] So sind z. B. Amyloglucosidasen zum Aufschluß und Hydrolyse von Stärke und Glucoseisomerase zur Isomerisierung von Glucose in Fruktose (der Süßkraft wegen) vielfach gentechnisch verändert worden. Modifizierte Amylasen sind noch bei 130°C stabil und können damit bei 105 bis 110°C in technischen Prozessen eingesetzt werden (Reilly, 1999; Sicard et al., 1990; s. a. Buchholz et al., 2012, S. 278, 279, 335, 336, 493–501).

Kap. 4). Ein bemerkenswerter Erfolg war die enzymatische Synthese von Aspartam, ein intensives Süßungsmittels mit Umsätzen von etwa 850 Mio $ (Cheetham, 2000).

7.3.2.1 Kraft-, Treibstoffe und Energie

Die Produktion von Treibstoffen, auf der Basis von Getreide, Lignocellulosen und Pflanzenölen, war und ist von großer wirtschaftlicher Bedeutung, sie unterliegt jedoch heftigen politischen, ökologischen und sozialen Kontroversen – seit dem ersten Weltkrieg (s. Kap. 4). Rekombinante Technologie und Treibstoffe der zweiten Generation lassen erwarten, dass sie erheblich zu einer Reduktion der Abhängigkeit von fossilen Rohstoffen und der Emission von CO_2 beitragen (Buchholz et al., 2012, Abschn. 12.2). Eine Berechnung der Emissionen – in kg CO_2 – Äquivalenten je MJ – ergab 94 für Benzin, 77 für Bioethanol auf Getreidebasis und 11 für Ethanol auf Cellulose-Basis (Schulz, 2007). Bioethanol stellt eines der bedeutendsten Fermentationsprodukte dar, seit dem 19. Jahrhundert, wenn auch mit großen Schwankungen. 2016 wurden weltweit 118 Mio. m^3 Bioethanol produziert, davon 59,5 Mio m^3 in den USA, 28 Mio m^3 in Brasilien und ca. 3,4 Mio m^3 in der EU, überwiegend (84 %) für den Kraftstoffsektor (www.cropenergies.com/Pdf/de/Bioethanol). Der Prozess ist außerordentlich komplex, wie Abb. 7.5 zeigt. Er umfasst den Aufschluss des Rohmaterials – im Beispiel Weizen, mit Mahlen, Stärkehydrolyse, Fermentation, Destillation und Rektifikation zur Gewinnung von

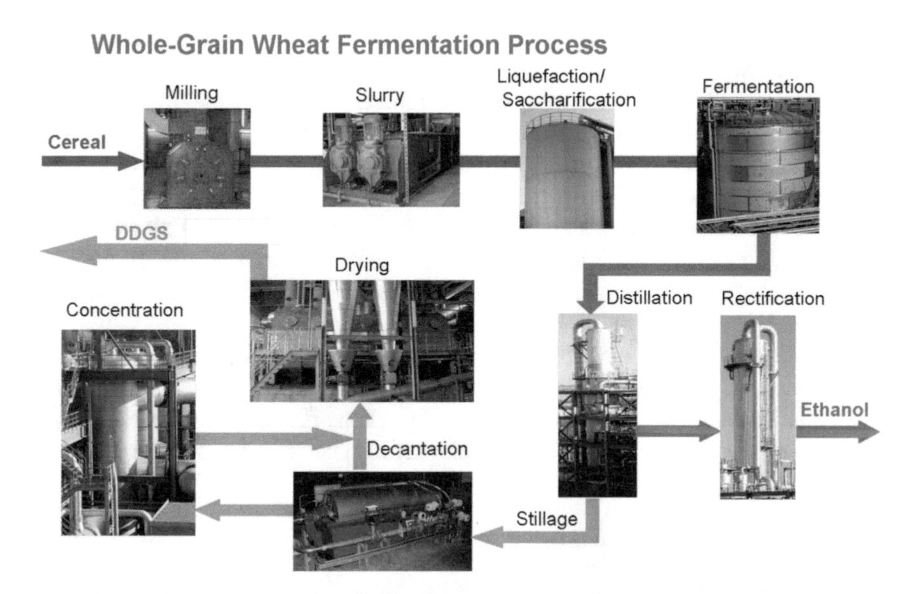

Abb. 7.5 Schema einer Bioethanolanlage mit Weizen als Rohstoff; die Komplexität des Prozesses ist darin illustriert (DDGS: Distillers Dried Grains with Solubles, getrocknete und pelletierte Schlempe – Rückstand der Fermentation -, protein- und fetthaltiges hochwertiges Futtermittel) (Kunz, 2007)

Abb. 7.6 Produktionsanlage zur Herstellung von Bioethanol; die Abbildung zeigt Ethanol-Tanks (links), Mahl- und Hydrolyse-Einheit (dahinter), Fermentationsanlage (Hintergrund links) und Weizensilos (Hintergrund Mitte) (mit freundlicher Genehmigung der Südzucker AG, D)

Ethanol, sowie Aufbereitung der Nebenprodukte, die in großem Umfang anfallen und genutzt werden müssen, überwiegend als Viehfutter, um die Wirtschaftlichkeit des Verfahrens zu gewährleisten[36]. Eine Produktionsanlage zeigt Abb. 7.6. Man beachte die unterschiedlichen Größenordnungen in den Abb. 7.3 und 7.4 einerseits, und Abb. 7.6 andererseits – in beiden werden Umsätze im Bereich mehrerer 100 Mio oder einger Mrd generiert – mit äußerst unterschiedlicher Wertschöpfung je Produkteinheit.

Besonders bedeutend waren Fortschritte mittels gentechnischer Methoden für Cellulasen, sie ermöglichten bedeutend höhere Ausbeuten und Temperaturstabilität, essentiell für die Nutzung Cellulose haltiger Rohstoffe, die nicht mit Nahrungsmitteln konkurrieren (s. Buchholz et al., 2012, Abschn. 12.2.2). Für die Nutzung solcher neuer Rohstoffquellen – insbesondere Lignocellulosen, Holz, Stroh oder Maiskolben und Maisstroh – wurde ein neues Konzept, sog. Bioraffinerien, entwickelt. Darin werden, ausgehend von den verschiedenen Bestandteilen, Cellulose, Hemicellulosen, Pektin und Lignin, eine Reihe von Produkten für unterschiedliche Nutzung erzeugt. Diese umfassen Kraftstoffe, Energieträger und Chemikalien, u. a. Bausteine für die chemische Synthese, z. B. Polymere. Damit sollen alle Bestandteile der Biomasse genutzt werden (U.S. Department of Energy, 2004; Kamm und Kamm, 2007). Das Konzept befindet sich noch im Stadium

[36] Entscheidende Verbesserungen der Technologie, insbesondere der Wirtschaftlichkeit der Bioethanol-Produktion, konnten mittels rekombinanter Techniken erzielt werden, durch die Optimierung der Hefe, *Saccharomyces cerevisiae*, hinsichtlich der Toleranz für osmotischen Druck und höherer Alkoholkonzentrationen von über 100 g l^{-1}. Mittels Gentechnik konnten auch die Ausbeuten an stärkespaltenden Enzymen für die Glucose-Produktion enorm gesteigert und die technischen Eigenschaften, insbesondere die Temperaturstabilität verbessert werden.

von Pilotanlagen, die weitere Entwicklung der wirtschaftlichen Randbedingungen wird über die Realisierung entscheiden. Einen interessanten Ansatz verfolgen Evonik Industries und Siemens, um aus CO_2 und Wasser Hexanol und Butanol herzustellen: Siemens setzt in einem Elektrolyse-Prozess CO_2 und Wasser um in Kohlenmonoxid und Wasserstoff, Evonik will aus diesen fermentativ Hexanol und Butanol erzeugen (Scott, 2019).

Biogas (ein Gemisch von Methan, CO_2 und Wasserstoff) könnte im Prinzip eine Lösung für die Konversion vielfältiger und komplexer Biomasse in einen Energieträger darstellen. Die zugrundeliegende Methanogenese, die Bildung von Biogas, ist zuerst von Volta 1776 beobachtet worden. Er beobachtete die Erscheinung von „brennbarer Luft" (Methan, „hidrogenium carbonatum", von Lavoisier 1787 analysiert) die sich aus Sedimenten und schlammhaltigen Bereichen des Lago Maggiore bildeten. Er notierte, dass „dieses Gas mit einer schönen blauen Flamme brennt" (Wolfe, 1993). Über 100 Jahre später ist dieses Phänomen technisch genutzt worden. 1897 wurde erstmals in Bombay ein Tank für die Sammlung organischer Abfallstoffe mit einem Gas-Kollektor ausgestattet und das Biogas für Leucht- und Heizzwecke genutzt. Die Grundlagen und frühe Anwendungen sind von Buswell und Mitarbeitern beschrieben worden (Buswell, 1930). Zur Erzeugung von Biogas stehen im Prinzip riesige Massen von Reststoffen landwirtschaftlicher Produktion zur Verfügung (Stroh, Rückstände der Mais-, Kartoffel-, Zuckerrohr– und Rübenverarbeitung, Gülle, Klärschlamm usw.), außerdem hochbelastete Abwässer landwirtschaftlicher Industrien. Bemerkenswert ist, dass in China über 3 Mio, in Indien mehr als 1 Mio (eher kleinere) Biogasanlagen seit Anfang des Jahrhunderts in Betrieb sind (Gallert und Winter, 2005). Das Potential dieser Technik ist auf etwa 100 Mio. t (Öl-Äquivalente) geschätzt worden (EU, 2005).

In den letzten Jahren wurden microbial fuel cells (MFCs) für die Nutzung der direkten Umwandlung organischer Stoffe (einschließlich Abwasser-Inhaltsstoffe) in elektrische Energie entwickelt, ein vielversprechendes, umwetfreundliches Konzept für die Gewinnung preiswerter Energie, das im Forschungs- und Entwicklungsstadium vorangetrieben wird. Jüngste hochinteressante Entwicklungen sind in einem Review der Arbeitsgruppe um Uwe Schröder angeführt, auch die Synthese von Chemikalien, wie Acetat und Butyrat, erscheint möglich (Schröder, 2007; Kumar et al., 2017). Eine MFC stellt ein elektrochemisches System dar, in dem mikrobiologisch erzeugte Reduktions-Äquivalente (z. B. H_2 oder Formiat) genutzt werden um Elektronen an eine Brennstoffzell-Anode abzugeben (Abb. 7.7). Substrate können verschiedene organische Substanzen in Lösung sein, wie Methanol, Ethanol, Glucose und andere Zucker, z. B. Hydrolysate von Hemicellulosen, und – sehr wesentlich – auch Abwasser-Inhaltsstoffe, wie Acetat, Lactat und andere organische Säuren. Anaerobe Mikroorganismen dienen als Katalysatoren[37]. Eine Leistung von 1 $kWm^{-3}h^{-1}$ ist erzielt worden (Schröder, 2007, 2009).

[37] Wesentlich ist, den effizienten Transport der Elektronen zur Anode zu ermitteln. Verschiedene Konzepte und Mechanismen sind vorgeschlagen und erprobt worden. U. a sind leitende „Pili" von Bakterien beobachtet worden, außerdem Transport von Zelle zu Zelle mittels membrangebundener bakterieller Redox-Mediatoren (Redox-Proteine der äußeren Zellmembran) (Schröder, 2007;

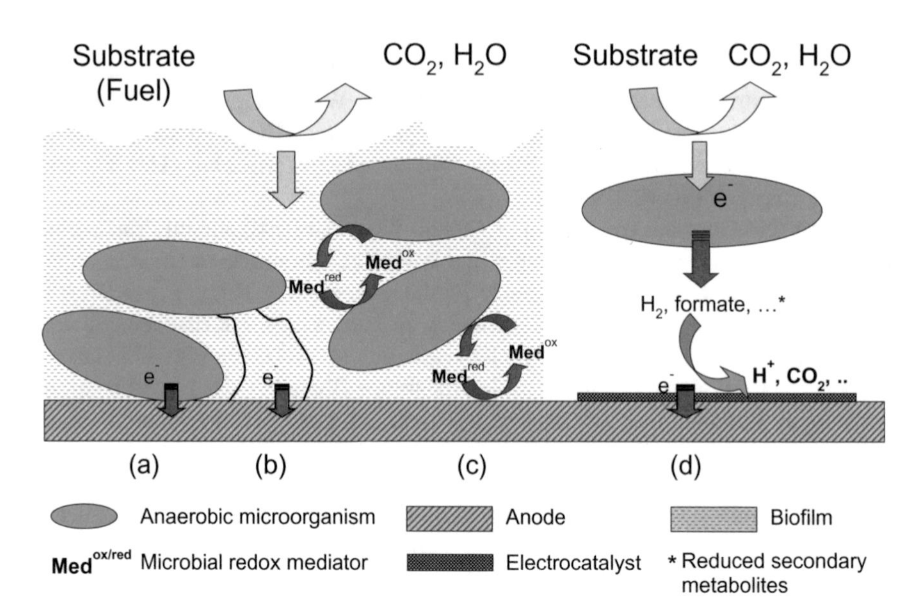

Abb. 7.7 Identifizierte Elektronentransfer-Mechanismen in MFCs: Elektronen-Transfer via (a) zellgebundene Cytochrome, (b) elektrisch leitende Pili (Nanoleiter), (c) mikrobielle Redox-Mediatoren, und (d) Oxidation reduzierender sekundärer Metaboliten (Rosenbaum et al., 2006)

7.3.2.2 Umwelt-Biotechnologie (UBT)

Dieser Bereich ist von größter gesellschaftlicher – und damit wirtschaftlicher – Bedeutung: biotechnologische Verfahren müssen die Reinigung von Abwässern, Abluft und Böden durch Eliminierung von meist organischen Verunreinigungen, also saubere und gesunde Umweltbedingungen gewährleisten (s. ausführlich Kap. 5). Er ist damit auch zum „big business" geworden: alle Städte in entwickelten Ländern müssen Abwasseranlagen betreiben, Industrieanlagen ebenso, darüber hinaus Anlagen zur Abluftreinigung, sofern diese verunreinigte Abluft erzeugen, insbesondere in den Bereichen Lebensmittel-, Pharma- und chemische Industrie. Es handelt sich um Tausende Anlagen unterschiedlicher Konzeptionen. Die Kosten für Abwasserreinigung wurden auf 68 Mrd. $ um 1990 geschätzt, mit Steigerungsraten von etwa 9 % jährlich. Gesetzliche Vorschriften stellten die Triebkraft für Forschung und Entwicklung in diesem Bereich dar. Sie gaben Grenzwerte vor, die

---

Schröder et al., 2003) (Abb. 7.8). Der extrazelluläre Elektronentransport beruht auf Cytochromsystemen der äußeren Zellmembran oder membrangebundenen Redox-Enzymen (Kumar et al., 2017). Durch Zusammenschaltung mehrere mikrobieller Brennstoffzellen können Spannung und Stromstärke erheblich erhöht werden. Neuere Entwicklungen beinhalten auch mikrobielle Elektrosynthese und Elektrokatalyse: Ein Biofilm mit einer Mischkultur, in der *M. palustre* dominiert, reduziert CO_2 zu CH_4; ein acetogener Biofilm mit *S. ovata* reduziert CO_2 zu Acetat; ein Biofilm mit genetisch modifiziertem *C. ljungdahlii* reduziert CO_2 zu Butyrat; weitere CO_2 –Umsetzungen wurden beobachtet (Kumar et al., 2017).

einzuhalten sind, und die technische Neuentwicklungen und deren Optimierung erforderten – auch zur Reduzierung der Kosten durch effizientere Systeme (Winter, 1999; Heinzle et al., 2006; Jördening & Winter, 2005; ausführliche Übersicht in Buchholz & Collins, 2010, Abschn. 16.6).

Der biologische Abbau von Plastik hat in den letzten Jahrzehnten erhebliche Aufmerksamkeit gefunden. Die großen Mengen an Plastik-Materialien hat sich zu einem der dominierenden Umwelt-Problemen entwickelt, verbreitet in den Bereichen Verpackung, Transport, Industrie und Landwirtschaft. Biologisch abbaubare Polymere stellen weniger ein Problem dar, werden jedoch in weit geringerem Umfang eingesetzt als inerte Polymere, wie vor allem Polyethylen, Polypropylen, Polystyrol, Polyurethane, Polyester u. a.. Bedeutende Fortschritte haben die Entdeckung von neuen Mikroorganismen und Enzymen, die solche Materialien abbauen, gemacht, sowie die Aufklärung der Abbaumechanismen, die Klonierung der relevanten Enzyme, und der Bedingungen des biologischen Abbaus (Kale et al., 2015; Shimao, 2001; Sivan, 2011). Eine umfangreiche Übersicht findet sich in Weber et al. (2021).

Ein Beispiel erfolgreicher Forschung stellt die Entdeckung eines Bakteriums, Ideonella sakaiensis, dar, das PET (Poly-Ethylenterephthalat), das mit 56 Mio t/a hergestellt wird, vollständig abbaut. Zwei Schlüsselenzyme hydrolysieren den Polyester, eine „PETase“ zu einem Zwischenprodukt, das vom Bakterium aufgenommen wird, und in einem zweiten Schritt durch eine weitere Hydrolase zu den Ausgangs-Monomeren, Ethylen-Glykol und Terephthalsäure. Diese assimiliert das Bakterium und nutzt es als einzige Kohlenstoffquelle (Bornscheuer, 2016; Yoshida et al., 2016).

7.3.3 Die Bereiche Pflanzen-Biotechnologie und Landwirtschaft

Die Verheißung transgener Pflanzen (GM, genetisch modifizierte Pflanzen) bedeutet die Erzeugung von Nutzpflanzen mit höheren Erträgen, die auf weniger fruchtbaren Böden wachsen, um die zunehmende Weltbevölkerung zu ernähren. Diese sollten resistent gegen Schädlinge sein und weniger Chemikalien, insbesondere weniger Insektizide, Fungizide, Herbizide und weniger Düngemittel benötigen. Die Mehrzahl der Agrarwissenschaftler ist überzeugt, dass sie Nutzpflanzen mit solchen Eigenschaften, zugleich hoher Qualität, zu geringen Kosten und reduziertem negativem Einfluss auf die Umwelt erzeugen können mittels der Methoden der Pflanzen-Biotechnologie, insbesondere rekombinanter Techniken. Viele argumentieren, die Ernährung einer wachsenden Bevölkerung nur so gewährleisten zu können; als ein Beispiel wird „Golden Rice“ genannt (s. u.) (eine umfangreiche Übersicht findet sich bei Slater et al., 2008). Erstmals 1996 erfolgte in den USA der kommerzielle Anbau von GM-Nutzpfanzen.

Viele Wissenschaftler sind überzeugt, dass keine Risiken für die menschliche Gesundheit bestehen. Viele Verbraucher in den entwickelten Ländern und die Mehrzahl in der EU sind jedoch davon nicht überzeugt, zu wenige zuverlässige

Daten lägen für Risiken für die Umwelt vor. Das Vertrauen in Daten sowie Schlussfolgerungen, die seitens der Behörden und großen Firmen verbreitet werden, ist gering, besonders in Europa und bei Umweltgruppen (Slater et al., 2008, Vorwort; Glenn, 2008; s. a. Buchholz & Collins, 2010, Kap. 18). – Generell ist das Vertrauen in Wissenschaft und Technik erschüttert, vor allem durch ihre Beteiligung an der Entwicklung, Produktion und Anwendung von Massenvernichtungswaffen, Giftgas im ersten, Atomwaffen im zweiten Weltkrieg. Die Auswirkungen und Ergebnisse der Debatten hinsichtlich Richtlinien haben Bud (1994) und mit Bezug auf die Pflanzen-Genetik van den Daele et al. (1996) zusammengefasst.

Die erfolgreichste Entwicklung mittels Gentechnik, in Bezug auf Anwendung, war die Herbizid-Resistenz, wobei ein verminderter Einsatz von Herbiziden behauptet wurde. Resistenz gegen Schädlinge stellte eine weitere Priorität dar. Damit sollte ein reduzierter Einsatz chemischer Pestizide verbunden sein. Die Gentechnik erwies sich dabei auch als Methode, die kürzere Entwicklungszeiten benötigte und neue Schädlingsresistenzen ermöglichte im Vergleich zu klassischen Züchtungsmethoden. Grundlagen der Pflanzengenetik und rekombinante Methoden sowie die Anwendung haben Slater et al. (2008) zusammengefasst. Ein Durchbruch erfolgte in den frühen 1980er Jahren mit der Einführung von *Agrobakterium*-Vektorsystemen durch Jozef Schell und Marc van Montagu. Diese übertragen DNA in Pflanzenzellen mit hinreichender Effizienz und erleichtern den Einbau der exogenen DNA in deren Genom. Voraussichtlich 2020 wird die erste mittels CRISPR/Cas9 genetisch veränderte Pflanze vermarktet werden. DuPont Pioneer hat dies 2016 angekündigt – „ […] changing the world of plant breeding, […,] we can go straight after the traits we want, […] CRISPR is much more precise (Chemical & Engineering News, 2017).

Heftige Kontroversen und mediale Aufmerksamkeit beeinflussten die Diskussionen über genetisch modifizierte Nutzpflanzen. Wenige neue Technologien provozierten so viel Opposition und in der Folge gesetzliche oder regulatorische staatliche Kontrolle. Die Methoden waren heftigen politischen, sozialen, ethischen und umweltbezogenen Debatten, Untersuchungen und Prüfungen unterworfen, weit mehr als irgendein anderes Gebiet der Biotechnologie. Die Diskussion von Risiken wurde erstmals grundsätzlich anläßlich einer Konferenz in Asilomar 1975 geführt und resultierte in der (allgemeinen) Formulierung von rDNA-Richtlinien[38]. Die kritische öffentliche Diskussion und die Zurückhaltung bzw. Ablehnung von Konsumenten haben Anwendungen verzögert und z. T. (in Europa mit einem De-facto-Moratorium) verhindert. Ein weiterer Komplex betrifft das Patentieren, mit moralischen Bedenken, die es ablehnen, Lebensformen als Objekte zu behandeln, die man „erfinden" und besitzen kann. Dagegen wird eingewandt, dass es sich hierbei nicht um natürliche Objekte handelt, sondern um das Ergebnis von technischen Eingriffen mit wirtschaftlichem Nutzen (Phillips, 2003; s. a. ausführlicher

[38] Ethische Fragen bezogen sich auf grundlegende Aspekte, das Unbehagen darüber, dass Technologie in Natur, die Evolution eingreift, mit unverantwortlichen Risiken zugunsten von Profit. Die Entwicklung könne soziale Normen verändern, die sowohl die Sicherheit von Nahrungsmitteln und Umwelt als auch sozioökonomische Faktoren betreffen (Phillips, 2003).

Buchholz & Collins, 2010, Kap. 18). Große Risiken bestehen allerdings in der aktuellen Struktur, insbesondere den Monokulturen und den großen sozialen Verwerfungen. Zu bedenken ist auch, dass der Mensch schon seit Jahrtausenden in die Evolution eingreift, nahezu alle Nutzpflanzen sind das Resultat langer, stetig durchgeführter Züchtungen, Kreuzung, Mutation und Selektion.

Die Anwendungen betreffen vorwiegend Nahrungs- und Futtermittel sowie nachwachsende Rohstoffe. 2007 wurden GM-Pflanzen auf 114 Mio ha in 22 Ländern, 2014 auf einer Fläche von 181 Mio. ha in 28 Ländern angebaut mit einem Marktwert von 16 Mrd. $, entsprechend 35 % des globalen Saatguthandels. Sieben Länder dominieren den Markt: die USA (70 Mio ha), Brasilien (40), Argentinien (24), Canada (11), Indien (11) (jeweils Mio ha, 2013), außerdem China und Südafrika mit geringeren Anteilen (USDA, 2013). Die am häufigsten angebauten rekombinanten Nutzpflanzen sind Sojabohnen (64 %), Mais (24 %), Baumwolle (43 %) und Raps (20 %), weitere sind Kürbis, Tomaten, Papaya, Zucchini, Tomaten, Paprika, Luzerne, Pappeln, Petunien und Alfalfa. Drei Aspekte stellen die am häufigsten eingezüchteten Eigenschaften dar: Herbizidresistenz (70 %), Insektenresistenz (19 %) und kombinierte Herbizid- und Insektenresistenz (13 %) (Slater et al., 2008, 316–342; transcript, 2008; Gent, 2016). Die Anwendung gentechnisch veränderter Pflanzen weitet sich kontinuierlich aus, sowohl betreffend die Anbauflächen als auch die Zahl an Pflanzensorten. Auf dem Weltmarkt sind ausschließlich gentechnisch veränderte Sojabohnen verfügbar, überwiegend als Futtermittel, die in Europa zu 70 % der Proteinversorgung von Nutztieren dienen (Gent, 2016). Vier Firmen beherrschen den Weltmarkt: Bayer mit Monsanto (D) (14,3 Mrd $), Syngenta und ChemChina (CH) (13,6), Dow und DuPont (USA) (8,0) und BASF (D) (6,4; jeweils Mrd $ Umsatz 2015) (Bomgardner, 2016).

Die Verbesserung der Erträge blieb bisher begrenzt, außer bei Baumwolle und Mais (Ammann, 2008). Eine wichtige Methode hierzu ist die Entwicklung von Nutzpflanzen mit Zwergwuchs, wodurch weniger Masse für das Wachstum der Halme erforderlich und somit mehr für die Ausbildung der Körner verfügbar ist. Bei der nächsten Generation geht es u. a. um die Widerstandsfähigkeit gegen Trockenheit bei Weizen, außerdem um Hitze- und Kältetoleranz, die mit konventioneller Züchtung kaum zu erreichen sind. Zahlreiche wissenschaftliche Studien haben ergeben, dass GM-Nutzpfanzen genauso sicher sind wie konventionelle Pflanzen (Slater et al., 2008, 237–266; Gent, 2016). Eine Zusammenfassung von 40 Studien im Jahr 2002 kam zu dem Ergebnis, dass die Anwendung von acht rekombinanten Nutzpflanzenarten in den USA die Erträge um 2 Mio t gesteigert, die Kosten um 1,2 Mrd. $, und den Einsatz von Pestiziden um 20.000 t gesenkt habe (Phillips, 2003). Demgegenüber ergab eine Analyse der National Academy of Sciences der USA, dass es in den USA keine erkennbaren Vorteile bez. Erträgen im Vergleich zu konventionellen Nutzpflanzen gab, gleichzeitig ist der Einsatz von Herbiziden in den USA um 21 % gestiegen (Hakim, 2016).

„Golden Rice“ stellt ein Schlüsselprojekt dar, ein Beispiel für äußerst kontroverse Ansichten zu Chancen und Risiken der Gentechnik bei Pflanzen, in diesem Fall für eine Technologie, die seit 1999 bis heute umstritten bleibt, trotz bedeutender Aussichten für gesunde Ernährung insbesondere von Millionen Kindern (ausführlich: Slater et al., 2008 S. 251–255; im Folgenden weitgehend hieraus zitiert). Reis stellt das wichtigste Grundnahrungsmittel weltweit dar, es wird von etwa 4 Mrd. Menschen konsumiert. Dabei ist Vitamin-A-Mangel ein gravierendes Problem; er kann Nachtblindheit und vollständige Blindheit verursachen, Schätzungen gehen von 124 Mio Kindern mit Vitamin-A-Mangel aus, etwa 500.000 Kinder werden jährlich dadurch blind, weitere Krankheiten, wie Diarrhoe, Atemprobleme und Masern, werden dadurch verursacht. Eine hinreichende Vitamin-A-Versorgung könnte den Tod von ein bis zwei Millionen Kindern verhindern.

„Golden Rice" bildet Provitamin A im Endosperm, das damit in der Ernährung zur Verfügung steht – im Gegensatz zur Ernährung mit konventionellem, geschältem Reis. Beim Verzehr von 300 g Reis pro Tag würde ein wesentlicher Teil des Vitamin-A-Bedarfs gedeckt. „[…] a bowl now provides 60 percent of the daily requirement of vitamin A for healthy children."[39] (Harmon, 2013).

Die Perspektiven der Versorgung großer Teile der Bevölkerung Asiens stießen auf gravierende Hindernisse einerseits der Opposition gegen jegliche Einführung von GM-Nahrungsmitteln, andererseits patentrechtliche bzw. schutzrechtliche Probleme[40].

Die Argumente der Gegner sind weitgehend ausgeräumt worden:

- vor allem arme Bevölkerung würde von „Golden Rice" profitieren
- er würde ohne Kosten und Beschränkungen an Bauern übergeben
- er könnte jedes Jahr aus der Ernte des Vorjahres weiter angebaut werden
- er wurde nicht durch die Biotech-Industrie entwickelt, und diese würde nicht davon profitieren

Die Probleme mit Schutzrechten konnten ausgeräumt werden. „Golden Rice" wurde in öffentlichen Labors mit Förderung öffentlicher Institutionen entwickelt, für humanitäre Ziele, um sicherzustellen, dass er eigenständigen, lokalen Bauern zur Verfügung stände, ohne Kosten und Restriktionen[41]. Um den Technologie-Transfer zu erleichtern und zu begleiten, wurde ein „Golden Rice Humanitarian

[39] Provitamin A – ß-Carotin – gibt dem modifizierten Reis eine gelb-orangene Farbe, daher die Bezeichnung „Golden Rice". Der Biosyntheseweg für Provitamin A wurde durch den Transfer entsprechender Plasmide mittels *Agrobacterium* in Reis eingeführt. Zu den Argumente gegen „Golden Rice" zählte z. B., es sei besser, die Vitamin-A-Versorgung durch lokal angebaute Gemüse sicherzustellen, was jedoch wegen nur saisonaler Verfügbarkeit und höherer Kosten begrenzt wäre (Slater et al., 2008 S. 251–255).

[40] Es stellte sich heraus, dass mehrere Verfahren und Techniken angewandt wurden, die durch zahlreiche Schutzrechte von insgesamt 32 Firmen und Universitäten blockiert waren. Es gelang jedoch, von diesen weitgehend Schutzrechtsfreiheit zu erlangen, teilweise im Eigeninteresse der Industrie, um das Ansehen von GM-Nahrungsmitteln zu fördern – im anderen Fall würden Firmen, die sich dem widersetzten, einen erheblichen Image-Schaden riskieren (Slater et al., 2008 S. 251–255).

[41] Ethische Fragen bezogen sich auf grundlegende Aspekte, das Unbehagen darüber, dass Technologie in Natur, die Evolution eingreift, mit unverantwortlichen Risiken zugunsten von Profit. Die

Board" eingerichtet. Dieser soll gewährleisten, dass für jede Region eine angemessene Einschätzung der Bedürfnisse und eine optimale Anwendung von „Golden Rice" erfolgt, und dass die Bioverfügbarkeit, Nahrungsmittelsicherheit und allergene Effekte beurteilt und beachtet werden.

Die EU-Kommission bewertet aufgrund umfangreicher Untersuchungen GM-Nutzpfanzen als sicher, mit keinem höheren Risiko behaftet als mit konventionellen Züchtungstechniken erzeugte Pflanzen: Die wissenschaftlich sehr eingehende Evaluierung der Europäischen Kommission von GMO-Nutzpflanzen wurde 2010 publiziert: „Die wichtigsten Schlussfolgerung, die aus den Arbeiten der über 130 Untersuchungen zu ziehen ist, die sich über eine Periode von über 25 Jahren erstreckte, und die mehr als 500 unabhängige Forschungsgruppen umfasste, ist die, dass Biotechnologie, und speziell GMOs, nicht per se risikoreicher sind als z. B. konventionelle Züchtungsmethoden."[42] (EU, 2010; Dubock, 2014).

Bei der Opposition zu „Golden Rice" scheinen weltanschauliche Schranken über dem Wohl von Millionen, meist ärmeren Bevölkerungsschichten, zu stehen, Ideologie zum Schaden der Gesundheit Vieler, besonders von Kindern, in asiatischen Ländern zu dominieren. „With respect to Golden Rice the costs of opposition to GMO-crops in India alone have been calculated at $200 million per year for the past decade. Globally in 2010 vitamin A deficiency killed more children than either HIV/Aids, or TB or malaria – somewhere around 2 million preventable deaths in that one year alone. That is 6000 preventable deaths, mostly of young children, every single day." (Dubock, 2014). „This technology can save lives [...]". „But false fears can destroy it.".„Greenpeace, for one, dismisses the benefits of vitamin supplementation through G.M.O.'s and has said it will continue to oppose all uses of biotechnology in agriculture."[43] (Harmon, 2013). Dennoch: Nur in den Philippinen könnte „Golden Rice" in absehbarer Zeit zum Anbau kommen („[...] the

Entwicklung könne soziale Normen verändern, die sowohl die Sicherheit von Nahrungsmitteln und Umwelt als auch sozioökonomische Faktoren betreffen (Phillips, 2003).

[42] Es bleibt kein einziger begründeter Fall von Schädigung menschlicher Gesundheit oder der Umwelt durch die Nutzung genetischer Modifizierung bei der Pflanzenzüchtung. „[...] there remains not one substantiated case of harm to human health or the environment from the use of genetic engineering in connection with crop breeding. And biologically this is not surprising, at the molecular level there is no difference between conventional breeding, including techniques of inducing random genome changes using chemicals and radiation as mutagens common since the 1940's, and recombinant DNA technology use in genetic engineering" (FAO/IAEA). Basierend auf Studien, entsprechend dem „Best Available Science Concept", kommen Moghissi et al. (2016) zu dem Schluss, dass die Opposition gegen „Golden Rice" auf Glauben, nicht auf wissenschaftlichen Grundlagen bez. Nährwert, Sicherheit oder Umweltaspekten basiert („[...] based on belief rather than any of its scientifically derived nutritional, safety or environmental properties") (Moghissi et al., 2016).

[43] In Deutschland haben zwei Landesverbände der Grünen Jugend auf ihrem Bundeskongress im November 2019 sich für einen Kurswechsel entschieden, für eine neue Ausrichtung in Sachen Gentechnik, und der Partei nahegelegt, den Stand der Wissenschaft anzuerkennen. Die neue Gentechnik, insbesondere mit CRISPR/Cas, könne robustere Pflanzen, mit mehr Ertrag und günstigerer Zusammensetzung von Nährstoffen erzeugen (Süddeutsche Zeitung, 29. 11. 2019, S. 16).

release of Golden Rice is on the horizon only in the Philippines"). Der Preis würde nicht über dem von konventionellem Reis liegen (Stone und Glover, 2017).

Einen weiteren, besonders umstrittenen und – für die Problematik bezeichnenden – Fall stellt die Übernahme des US-Saatgutherstellers Monsanto durch die Bayer AG im August 2019 mit mehr als 55 Mrd. € dar – eine Rekordsumme für Übernahmen durch einen deutschen Konzern. Der von Monsanto vertriebene Wirkstoff Glyphosat in dem Herbizid Roundup ist äußerst umstritten. „Mehr als 18.000 Menschen haben Monsanto in den USA verklagt. Sie machen das Pflanzenschutzmittel Roundup […] für Krebserkrankungen verantwortlich. […] die Internationale Krebsforschungsagentur [hat] Glyphosat 2015 als „wahrscheinlich krebserregend" eingestuft."[44] (Müller, 2019; Reisch, 2019). Bayer beruft sich in seiner Reaktion auf die Kritiker auf die Zulassungen durch die Behörden in den USA und Europa, die keine Belege für krebserzeugende Eigenschaften des Herbizids sehen. Monsanto hatte einen schlechten Ruf auch aufgrund seiner rigorosen Geschäftspraktiken: „Im Laufe der Prozesse wurde öffentlich, wie Monsanto Wissenschaftler, Studien, Politiker und Behörden beeinflusst hat". (DER SPIEGEL, 2019). Monsanto hat darüber hinaus Bauern durch Knebelungsverträge, sowohl an das genetisch modifizierte Saatgut als auch an das Herbizid, gebunden[45]. Grundsätzlich drängt sich die Frage nach der Verantwortung von Firmen wie Monsanto und Bayer auf, die trotz der in hohem Maße kritischen Einstufung der Internationalen Krebsforschungsagentur ein wahrscheinlich krebserregendes Produkt mit Macht und Tricks in den Markt bringen.

Eine weitere grundsätzliche Frage werfen resistente Unkräuter gegen Glyphosat und andere Herbizide auf. Schnell wachsendes Amaranthus palmeri zeigt Resistenz gegen zahlreiche Herbizide (Bomgardner, 2019).

7.4 Fazit, Schlussfolgerungen

Der leichte Transfer von Antibiotika-Resistenz zwischen unterschiedlichen Bakterien hatte die Neugier und das Interesse von Molekularbiologen angeregt und

[44] Glyphosat ist der Wirkstoff in Roundup, mit dem Landwirte und Hobbygärtner seit Jahrzehnten Unkraut bekämpfen. „Bayer weist den Zusammenhang [die krebserregende Wirkung] zurück. Roundup sei „bei sachgerechter Anwendung" sicher, […] Glyphosat „nicht krebserregend". Bayer verweist auf jahrzehntelange Forschung sowie auf das Votum mehrerer Genehmigungsbehörden weltweit. Jedoch – „Drei Gerichtsverfahren in den USA hat Bayer bislang in der ersten Instanz verloren." (Müller, 2019).

[45] „Einige Regulierer haben Monsantos Glyphosat-Studien ungeprüft übernommen. Und gerade wurde bekannt, dass die Firma Kritiker in sieben europäischen Ländern, auch in Deutschland, bespitzelt […] hat" (DER SPIEGEL, 2019). Zudem wurde Ende 2019 bekannt, dass Monsanto eine angeblich unabhängig wissenschaftliche Studie „in Auftrag gegeben, mitfinanziert und die Ergebnisse als scheinbar neutrale Studie(n) zu Lobbyzwecken genutzt hat" (Balser & Ritzer, 2019). Der [Bayer-]Konzern hat [im August 2019] an der Börse ein Drittel an Wert verloren […]. Ganz zu schweigen vom schlechten Ruf des Gentechnik-Glyphosatkonzerns, den Bayer mit eingekauft hat." (Müller, 2019).

zu intensiver, vertiefter Forschung stimuliert. Es war ein Rätsel, ein epistemisches Ding, das im Widerspruch stand zu einer weit verbreiteten Ansicht, dass nämlich nur verwandte Spezies genetische Information übernehmen und übertragen könnten und dass Hybride sehr unterschiedlicher Spezies „exist only in mythology" (Cohen, 2013). Als sich die Zusammenhänge und Mechanismen zu klären begannen, entwickelten drei Pioniere der Molekularbiologie eine kühne Idee.

Boyer, Falkow und Cohen entwarfen ein Konzept, gegen das Vieles sprach: den Transfer insbesondere humaner DNA über Speziesgrenzen hinweg in Mikroorganismen. Boyer und Swanson hatten den Mut, auf diesem Konzept aufbauend eine Firma, Genentech, zu gründen, die erfolgreich menschliche Hormone produzierte, mit dem „Blockbuster" Humaninsulin. Dieses schlug nicht nur wie eine Bombe ein bei der pharmazeutischen Industrie, es bedeutete auch einen großen Fortschritt für Patienten, Millionen von Diabetikern. Der Gründung und dem Erfolg von Genentech folgte ein „gold rush", die Gründung weiterer Start-ups und die Entwicklung zahlreicher rekombinanter Medikamente von größter medizinischer – und wirtschaftlicher Bedeutung. Neue Medikamente, die zuvor nicht zugänglich waren, umfassten: menschliche Hormone, EPO (Erythropoietin, das auch im Doping Karriere machte), spezifische Antikörper, die die erfolgreiche Bekämpfung zahlreicher Krebsarten ermöglichten, Botenstoffe wie Interferone und Interleukine, ebenfalls zur Behandlung verschiedener Krebsarten und Impfmittel. Zu den großen Durchbrüchen zählen weiterhin: die Entdeckung und Charakterisierung und Herstellung zuvor völlig unbekannter Proteine, wie Interferone, Lymphokine, Zellwachstumsfaktoren, Impfmittel gegen HIV-Viren etc.

Ein ebenso bemerkenswertes Ereignis stellt eine Erfindung dar, die durch raffinierte Kombinationen von unterschiedlichen Techniken durch Kary Mullis gelang – unter ungewöhnlichen Umständen: die PCR (Polymerase Chain Reaction), die die biochemische, molekularbiologische und medizinische Analytik, bis hin zu Anthropologie und Forensik, revolutionierte. Beide Beispiele zeigen, wie Pioniere in anregender, gelöster und heiterer Atmosphäre entscheidende Ideen entwickelten. Zur Realisierung bedurfte es allerdings intensiver Forschungs- und Entwicklungsarbeiten durch hochqualifizierte, äußerst engagierte Teams von Mitarbeitern.

Voraussetzungen für diese Innovationen waren Methoden, die den Gen-Transfer und die Produktion der darin codierten Proteine möglich machten (s. Kap. 6). Eine weitere Voraussetzung ist der Bedarf für Erfindungen, die in Innovationen, Produkte oder Verfahren, umgesetzt werden: Humaninsulin zur Versorgung von Diabetikern und zahlreiche Medikamente, die nur gentechnisch herstellbar sind, für die Therapie schwerwiegender Krankheiten.

Neue Hoffnungen richten sich auf die Gen-Therapie, die Behandlung (monogenetisch) bedingter Krankheiten – die FDA hat 2017 drei Arten von Gen-Therapien zugelassen – ein Durchbruch? Große Erwartungen gelten dabei einem neuen Werkzeug, CRISPR/Cas9 durch Doudna und Charpentier. Das Ergebnis war eine „Explosion in Forschung und ihrer Nutzung" in allen Bereichen der Biotechnologie und Medizin. Es kann zur Editierung im Genom mit erstaunlicher

Genauigkeit dienen. Die Hoffnungen richten sich auf bessere, einfachere und präziser durchzuführende Strategien für zahlreiche Krankheiten.

Bedenken zu medizinischen und sozialen Aspekten, insbesondere Veränderungen betreffend Stammzellen, sind früh und bei aktuellen Entwicklungen erhoben worden. Es stellen sich gravierende, schwerwiegende ethische, moralische, soziale und politische Fragen, die in kompetenten Gremien zu diskutieren und zu allgemein akzeptierten Lösungen, auch gesetzlichen Regelungen, führen müssen.

Die Biosystemtechnik, das „biosystems engineering", wird zur Methode der Wahl für komplexe Neuentwicklungen. Sie koordiniert und integriert alle Prozesse von der Genetik bis hin zur Synthese sowie die nachfolgenden technischen Operationen im Bioreaktor und die Isolierung der Wert- bzw. Wirkstoffe bis hin zu höchster Reinheit, die die medizinische Anwendung erfordert, auch unter Einbeziehung künstlicher Intelligenz für Systeme hoher Komplexität („systems biology"). Sie zielt auf das Design sog. Zellfabriken mit optimiertem Metabolismus zur Herstellung von Produkten von hohem gesellschaftlichem und wirtschaftlichem Interesse, insbesondere von Pharmazeutika und Energieträgern auf der Basis nachwachsender Rohstoffe, u. a. auf der Basis von Lignocellulosen. Die rekombinanten Techniken werden in großem Umfang in verschiedenen Bereichen genutzt: in industriellen Fermentationsverfahren, zur Entwicklung ökologisch anspruchsvoller Verfahren, insbesondere emissionsarmer Prozesse, zum Ersatz für umweltbelastende chemische Prozesse und Produkte z. B. mittels modifizierter und optimierter Enzyme. Gemäß McKinsey könnten die CO_2-Emissionen erheblich durch die Anwendung biotechnologischer Verfahren gesenkt werden, u. a. mit nachhaltigen Energieträgern (GDCh, 2008).

Genetisch modifizierte Pflanzen riefen große, übergroße Erwartungen für Gesundheit, Leben und Ernährung hervor: die Erzeugung von Nutzpflanzen mit höheren Erträgen, Resistenz gegen Schädlinge und geringerem Bedarf an Chemikalien, insbesondere weniger Insektiziden, Fungiziden, Herbiziden und Düngemitteln. Den Erwartungen stehen jedoch schwerwiegende Fragen und heftige Kontroversen gegenüber, die Kultivierung von genetisch modifizierten Pflanzen bleibt umstritten bezüglich der Vorteile und Risiken. Jedoch bestehen auch große Risiken in der aktuellen Struktur der Landwirtschaft, insbesondere in den Monokulturen und sozialen Verwerfungen. Zu bedenken ist auch, dass der Mensch schon seit Jahrtausenden in die Evolution eingreift – nahezu alle Nutzpflanzen sind das Resultat langer, stetig durchgeführter Züchtungen, Kreuzungen, Zufallsmutationen und Selektionen.

Einen besonders umstrittenen und – für die Problematik bezeichnenden – Fall stellt die Übernahme des US-Saatgutherstellers Monsanto durch die Bayer AG im August 2019 dar. Das Risiko krebserregender Eigenschaften des Pflanzenschutzmittels Glyphosat trifft in der Öffentlichkeit, den Medien und NGOs auf heftige Kritik. Sie steht dessen umfangreicher Anwendung entgegen, außerdem die vertragliche Bindung von Bauern durch Knebelungsverträge von Monsanto, sowohl an das genetisch modifizierte Saatgut als auch an das Herbizid, und die damit verbundene Abhängigkeit. Bayer beruft sich in seiner Reaktion auf die Kritiker auf die Zulassungen durch Behörden in den USA und Europa, die keine Belege für krebserzeugende Eigenschaften des Herbizids sehen.

„Golden Rice“ stellt ein Schlüsselprojekt dar, ein Beispiel für die äußerst kontroversen Ansichten zu Chancen und Risiken der Gentechnik bei Pflanzen. Es bietet die Aussicht auf Vermeidung der Blindheit einer sehr großen Anzahl von Kindern und der tödlichen Folgen des Vitamin-A-Mangels in asiatischen Ländern – vorwiegend für ärmere Bevölkerungsschichten. Die Argumente der Gegner sind weitgehend ausgeräumt worden. Bei der Opposition scheinen weltanschauliche Schranken über dem Wohl von Millionen zu stehen, Ideologie zum Schaden der Gesundheit Vieler, besonders von Kindern, zu dominieren.

Seit dem Beginn der Entwicklung der Gentechnik stehen auch Fragen der Verantwortung politischer, sozialer, ethischer und moralischer Art im Vordergrund – seit Asilomar, 1975 – vom Eingriff in die Natur, insbesondere bei Nutzpflanzen und Nutztieren, bis hin zum Eingriff in menschliche Gene und insbesondere in die Keimbahn. Es ist auch das Unbehagen darüber, dass Technologie in die Natur, die Evolution eingreift. Andererseits ist die molekulare Biologie, seit der Aufklärung der Struktur der DNA, in den Fokus der Naturwissenschaften gerückt. Die Nobelpreise für Chemie sind seit 2001 zur Hälfte für Arbeiten zur Biochemie und zu den Lebenswissenschaften verliehen worden (Lemonick, 2019). Analoges gilt seit Beginn des 21. Jahrhunderts für die Biotechnologie – sichtbar mit den Nobelpreisen 2020 für die Erfinderinnen des CRISPR/Cas9-Systems.

Eine ungewöhnliche Herausforderung stellt die Covid-19-Pademie (mit dem Virus Sars-CoV-2) seit Anfang 2020 dar. Es folgten Glanzleistungen der Wissenschaft und Industrie, sie betrafen die Strukturanalyse des Coronavirus SARS-CoV-2, das erstmals 2019 beobachtet wurde. Strukturelle Details von Varianten von Covid-19, insbesondere des Spike-Proteins – Grundlagen der Entwicklung von mRNA-Impfstoffen, konnten schnell aufgeklärt werden (Howes, 2021). Schließlich gelang es in kurzer Zeit wichtige Informationen zum Verlauf der Immunantwort, der Bildung von Antikörpern, nach der Impfung mit mRNA-Vaccinen von BionTech/Pfizer und Moderna gegen Covid-19 zu ermitteln. Es handelt sich dabei um vier Antikörper (Virus-spezifische Antikörper, „Gedächtnis-B-Zellen“ und spezifische T-Zellen) gegen das „Spike Protein“, speziell die Rezeptor-Bindungsstelle. Ihre Konzentrationen in Patienten steigen innerhalb von zwei bis vier Wochen steil an, danach nehmen sie langsam wieder ab. (Wheeler et al., 2021). Richard Horten (2020), der Herausgeber von The Lancet, kommentierte: „ The extent of industrial-academic collaboration and international collaboration that has occurred during this pandemic is unprecedented in history and has lead to the fastest development of effective treatments ever recorded.“

Laut der WHO befanden sich im November weltweit über 100 Impfstoffe, mehrere mit klinischen Tests, in der Entwicklung (Abschn. 7.3). Nach Anträgen auf bedingte Zulassung wurde der Impfstoff von BioNTech und Pfizer am 2.12.20 vorläufig in Großbritannien zugelassen, in den USA Anfang Dezember, am 8.12. 2020 begann eine erste Massenimpfung in Großbritannien, am 14.12.20 in den USA – ein großer Erfolg für Wissenschaft und Industrie. Dieser herausragende Erfolg bei der Entwicklung von Impfstoffen – in nur zehn Monaten bis zur Zulassung und Anwendung –, die Lösung eines bedrückenden, alles soziale und wirtschaftliche Leben lähmenden Problems – könnte die führende Rolle der BT im Bereich Pharma, sowohl in der Wissenschaft als auch in der Industrie, bedeuten.

Literatur

Aggarwal, S. (2007). What's fueling the biotech engine? *Nature Biotechnology, 25,* 1097–1104.

Aggarwal, S. (2014). What's fueling the biotech engine? – 2012–2013. *Nature Biotechnology, 32,* 32–39.

Ammann, K. (2008). Balance zwischen Risiko und Nutzen (Interview). *CHEManager 20,* 1, 2.

Arnaud, C. (2020). Coronavirus replication structure revealed. C&EN 2020, August 10/17, Bezug: Science 2020, DOI:https://doi.org/10.1126/Science.abd3629.

Arnold, F. H., & Georgiou, G. (Hrsg.). (2003). *Directed enzyme evolution: Screening and selection methods* (Bd. 230). Humana Press.

Balser, M. (2019). *U Ritzer, Süddeutsche Zeitung,* S. 17.

Baumgardner, M. (2019). *A most troublesome weed. C&EN,* S. 26.

Behrendt, U. (2009). Genentech, Data, Technologietransfer-Workshop, VBU, Dechema, Frankfurt.

Beisel, M., Fried, N., & Zinkant, K. (2020a). *Wann kommt die Corona-Impfung? Süddeutsche Zeitung,* S. 2.

Beisel, M., & Dostert E. (2020b). *Interview mit T Strüngmann und M Motschmann, Süddeutsche Zeitung,* S. 23.

Berg, P., & Mertz, J. E. (2010). Personal reflections on the origins and emergence of recombinant DNA technology. *Genetics, 184,* 9–17.

Biedendieck, R., Bunk, B., Fürch, T., Franco-Lara, E., Jahn, M., & Jahn, D. (2010). Systems biology of recombinant protein production in *Bacillus megaterium.* In T. Scheper & Ed.): Adv. Biochem. Eng. Biotechnol. Vol. 10, Wittmann, C, Krull, R (Vol. (Hrsg.), *Biosystems Engineering I - Creating Superior Biocatalysts, Series* (S. 133–161). Springer Verlag.

Bomgardner, M. (2016). Four ag giants to rule them all. *Chemical & Engineering News,* S. 36.

Bomgardner, M. (2019). A most troublesome weed. *Chemical & Engineering News,* S. 26.

Bornscheuer, U. (2016). *Feeding on plastic. Sciencs, 351,* 1154–1155.

Bornscheuer, U. T., Huisman, G. W., Kazlauskas, R. J., Lutz, S., Moore, J. C., & Robins, K. (2012). Engineering the third wave of biocatalysis. *Nature, 485,* 185–194.

Bornscheuer, U. T., Hauer, B., Jaeger, K. E., & Schwaneberg, U. (2019). Directed evolution empowered redesign of natural proteins for sustainable production of chemicals and pharmaceuticals. *Angewandte Chemie International Edition, 58,* 36–40.

Bruns, W., Hoppe, J., Tsai, H., Brüning, H. J., Maywald, F., Collins, J., & Mayer, H. (1985). Structure of penicillin acylase gene from *Escherichia coli*: A periplasmic enzyme that undergoes multiple proteolytic processing. *J. Mol. Appl. Genetics, 3,* 36–44.

Buchholz, K., & Bornscheuer, U. (2017). Enzyme Technology: History and current trends. In T. Yoshida (Hrsg.), *Applied Bioengineering* (S. 11–46). Wiley-VCH.

Buchholz, K., & Collins, J. (2010). *Concepts in Biotechnology: History.* Wiley-VCH Verlag GmbH, Weinheim.

Buchholz, K., & Hempel, D. (2006). From Gene to Product. *Editorial. Eng. Life Sci., 6,* 437.

Buchholz, K., & Poulson, P.B. (2000). *In Applied Biocatalysis* A.J.J. Straathof & P. Adlercreutz (Hrsg.), Harwood Academic, S. 1–15.

Buchholz, K., Kasche, V., & Bornscheuer, U. (2012). *Biocatalysts and Enzyme Technology.* Wiley-VCH.

Bud, R. (1994) In the engine of industry: Regulators of biotechnology, 1970–1986. In M. Bauer (Hrsg.)*Resistance to New Technology*, S. 293–309. Cambridge University.

Buswell, A. M. (1930). Production of fuel gas by anaerobic fermentations. *Industrial and Engineering Chemistry, 22,* 1168–1172.

Campos, B. (2017). *Who owns CRISPR? Chemical & Engineering News,* 3.

Charisius, H. (2020). *Abwehr mit Lücken. Süddeutsche Zeitung,* 13.
Charpentier, E. (2017). CRISPR gehört nun der Welt. *Süddeutsche Zeitung,* 16.
Charpentier, E., & Doudna, JA. (2013). Biotechnology: Rewriting a genome. *Nature volume 495,* 50–51.
Cheetham, P.S.J. (2000). In A.J.J. Straathof & P. Adlercreutz (Hrsg.), *Applied Biocatalysis* (S. 93–152.). Harwood Academic.
Chemical & Engineering News. (2014). S. 6.
Chemical & Engineering News. (2015). S. 22.
Chemical & Engineering News. (2015). CRISPR/Cas9 gene editing. *Chem. Eng. News Supplement.*
Chemical & Engineering News. (2016a). S.41.
Chemical & Engineering News. (2016b). S. 22, 23.
Chemical & Engineering News. (2017). S. 30–34.
Chemical & Engineering News. (2018a). S. 11.
Chemical & Engineering News. (2018b). S. 5.
Chemical & Engineering News. (2018c). S. 6.
Chemical & Engineering News. (2019a). S. 13.
Chemical & Engineering News. (2019b). S. 17.
Chemical & Engineering News. (2019c). S.4.
Chemical & Engineering News. (2020). S. 3, 19–21.
Chemical & Engineering News. (2021). A year in the COVID-19 pandemic.
Cohen, S. N., Chang, A. C. Y., Boyer, H. W., & Helling, R. B. (1973). *Proceedings of the National Academy of Sciences of the United States of America, 70,* 3240–3244.
Cohen, S. N. (2013). DNA cloning: A personal view after 40 years. *Proceedings of the National academy of Sciences of the United States of America, 110,* 15521–15529.
Collins, J. (1977). Gene cloning with small plasmids. *Current Topics in Microbiology and Immunology, 78,* 122–170.
Collins, J. (2017). in Demain, Arnold L., Erick J. Vandamme, John Collins and Klaus Buchholz, 2017, History of Industruial Biotechnology. In *Industrial Biotechnology,* Bd. 3a, Section 1.5.
Cross, R. (2017a). CRISPR's breakthrough problem. *Chemical & Engineering News,* S. 28–33.
Cross, R. (2017b). CRISPR patent decision bodes well for Broad Institute. *Chemical & Engineering News,* S. 7.
Cross, R. (2018a). CRISPR comes to the clinic. *Chemical & Engineering News,* S. 18.
Cross, R. (2018b). Broad prevails over Berkely in CRISPR patent dispute. *Chemical & Engineering News,*S. 4.
Cross, R. (2018c). Sanofi boosts rare blood disease pipeline. *Chemical & Engineering News,* S. 12.
Cross, R. (2018d). CRISPR's Controversies. *Chemical & Engineering News,* Dez. 3, S. 36.
Cross R. (2019). The redemption of James Wilson. *C&EN,* Sept. 19, S.32–39.
Cross, R. (2019a). Roche to acquire gene-therapy firm Spark. *Chemical & Engineering News,* March 4, S. 10.
Cross, R. (2019b). *Chemical & Engineering News,* Bd.97, No.24, 12–12.
Cross, R. (2019c). FDA sees huge growth in cell, gene therapies. *Chemical & Engineering News,* January 21, S. 13.
Cross, R. (2020). COVID-19 vaccines move toward clinic. *Chemical & Engineering News, Digital Magazine, 20*(4), 20.
Cross, R. (2020b). Covid-19 vaccines and antibodies advance even faster than expected. *Chemical & Engineering News,* June 22, S. 12
Cross, R. (2020c). *Chemical & Engineering News,* October 31
Cross, R., Mullin, R., Satyanarayana, M., & Tremb lay, J.-F. (2018). First gene-edited babies born, scientist claims. *Chemical & Engineering News,* December 3, S. 6–7.
Deckwer, W.-D., Jahn, D., Hempel, D., & Zeng, A.-D. (2006). Systems biology approaches to bioprocess development. *Engineering in Life Sciences, 6v* 455–469.
Demain, A. L., Vandamme, E. J., Collins, J., & Buchholz, K.(2017). History of Industruial Biotechnology. In C. Wittmann & J. Liao (Hrsg.), *Industrial Biotechnology: Bd. 3a* (S. 3–84). Wiley-VCH.

DER SPIEGEL (2019). Nr. 27, /29.6.2019, S. 56–59.
DER SPIEGEL (2020). *Der „Sputnik-Moment“. Nr. 33,* 86, 87.
Desai, A. A. (2011). Sitagliptin manufacture: A compelling tale of green chemistry, process intensification, and industrial asymmetric catalysis. *Angewandte Chemie International Edition, 50,* 1974–1976.
Dostert, E. (2020). *Bekannt durch Corona. Süddeutsche Zeitung,* 20
Doudna, J. A., & Charpentier, E. (2014). The new frontier of genome engineering with CRISPR/Cas9. *Science, 346,* 1077. https://doi.org/10.1126/science.1258096.
Doudna, J. A., & Sternberg, S. H. (2017). *A Crack in Creation. Houghton Mifflin Harcourt.* Boston.
Drahl, C. (2010). Dirt tells resistance tales. *Chemical & Engineering News,* Jan. 4,10.
Dubock, A. (2014). The politics of Golden Rice. *GM Crops & Food, 5*(2014), 210–222.
Elander, R. P. (2003). Industrial production of ß-lactam antibiotics. *Applied Microbiology and Biotechnology, 61,* 385–392.
Ergezinger, M., Bohnet, M., Berensmeier, S., & Buchholz, K. (2005). Integrierte enzymatische Synthese und Adsoption von Isomaltose in einem Mehrphasenreaktor. *Chemie Ingenieur Technik, 77,* 167–171.
Ernst & Young. (2001). Yearly Report, zitiert in the VCI (Verband der chemische Industrie), Jahresbericht, Frankfurt, S. 24.
EU (2005). http://ec.europa.eu/research/Q52energy/index_eu.htm.
EU (2010). Biotechnologies. A Decade of EU-Funded GMO Research (2001–2010). Available from: https://www.researchgate.net/publications/233770770.
Falkow, S. (2001). I'll have the chopped liver please, or how I learned to love the clone. A recollection of some of the events surrounding one of the pivotal experiments that opened the era of DNA cloning. *ASM News, 67,* 555–559.
Gallert, C., & Winter, J. (2005). Bacterial metabolism in wastewater treatment systems. In Jördening, H.-J. & J. Winter (Hrsg.), *Environmental Biotechnology* (S. 1–48). Wiley-VCH.
GDCh (2008). Gesellschaft Deutscher Chemiker, Wissenschaftlicher Pressedienst Nr. 08/08, Frankfurt (Germany).
Gent, R. (2016). 20 Jahre grüne Biotechnologie. *CHEManager, 6*(2016), 9.
Glenn, K. C. (2008). Nutritional and safety assessment of foods and feeds nutritionally improved through biotechnology – case studies by the International Food biotechnology Committee of ILSI. *Asia Pacific Journal Clinical Nutrition, 17*(Suppl 1), 229–232.
Hakim, D. (2016). The Unfilled Promise of Genetically Modified Crops. *New York Times.*
Hall, S.S. (1987). *Invisible Frontiers.* Tempus Books of Microsoft.
Harmon, A. (2013). *Golden Rice: Lifesaver? New York Times,* August 24.
Hempel, D. C. (2006). Development of biotechnological processes by integrating genetic and engineering metods. *Engineering in Life Sciences, 6,* 443–447.
Heinzle, E., Biwer, A. P., & Cooney, C. L. (2006). *Development of Sustainable Bioprocesses, Modelling and Assessment.* John Wiley & Sons Inc.
Höfle, G. (2007). persönliche Mitteilung
Höfle, G. (2009). *History of Epothilone, discovery and development, in Progress in the Chemistry of O rganic Natural Products (Zechmeister),* Bd. 90 (Hrsg. A.D. Kinghorn, H., Falk and J. Kobayashi), S. 5–15. Springer.
Höfle, G., Bedorf, N., Steinmetz, H., Schomburg, D., Gerth, K., & Reichenbach, H. (1996). Epothilon A und B – neuartige, 16gliedrige Makrolide mit cytotoxischer Wirkung: Isolierung, Struktur im Kristall und Konformation in Lösung. *Angewandte Chemie, 108,* 1671–1673.
Höhne, M., Schätzle, S., Jochens, H., Robins, K., & Bornscheuer, U. T. (2010). Rational assignment of key motifs for function guides *in silico* enzyme identification. *Nature Chemical Biology, 6,* 807–813.
Horten, R. (2020). *Editor The Lancett, CNN interview.*
Hotchkiss, R.D. (1979). In P.R. Srinivasan, J.S. Fruton, & J.T. Edsall (Hrsg.), *The origins of modern biochemistry* S. 321–342. New York Academy of Sciences.
Howes, L. (2021). *COVID-19: What you need to know about SARS-COV-2 variants.* C&EN, May 31, S. 18, 19.

Hubschwerlen, C. (2007). *ß-Lactam antibiotics, in Comprehensive Medicinal Chemistry II*, Bd. 7 (Hrsg. J.J. Plattner & M.C. Desai) S. 497–517. Elsevier.

Jahn, D., Krull, R., & Wittmann, C. (Hrsg.). (2012). *From Gene to Product – Development of biotechnological processes by integrating genetic and engineering methods. Concluding Reports, Collaborative Research Centre SFB 578.* Cullivier Verlag Göttingen.

Jarvis, L.M. (2007). *Chem. Eng. News,* 15–20.

Jarvis, L.M. (2015). The year in new drugs. *Chemical & Engineering News, 93*(5), 11–16.

Jarvis, L.M. (2017). M&A on pace to hit industry's „New Normal". *C&EN 2017,* 39.

Jarvis, L.M. (2019a). BMS to buy Celgene in deal worth $74 billion. *C&EN 2019,* 4.

Jarvis, M. (2019b). AbbVie to acquire Allergan for $63 billion. *Chemical & Engineering News,* S. 5.

Jarvis, L. M. (2019c). Pfizer will pay $10.6 billion for Array BioPharma. *Chemical & Engineering News,* Bd. 97, No.25, 12.

Jördening, H.-J., & Winter, J. (2005). *Environmental Biotechnology.* Wiley-VCH Verlag GmbH.

Kale, S.K., Deshmukh, A. G., Dudhare, M.S., & Patil, V.B. (2015). Microbial degradation of plastic: a review. *J Biochem Tech, 6*(2), 952-961

Kamm, B., & Kamm, M. (2007). Biorefineries – multi product processes. *Adv. Biochem. Eng./Biotechnol., 105,* 175–204.

Katsnelson, A. (2020). What we know about the novel coronavirus' proteins. *Chemical & Engineering News,* 19–21.

Klein-Marcuschamer, D., Yadav, V. G., Ghaderi, A., & Stephanopoulos, G. N. (2010). De Novo metabolic engineering and the promise of synthetic DNA. *Advances in Biochemical Engineering Biotechnology, 120,* 101–131.

Kornberg, A. (1995). *The Golden Helix.* University Science Books.

Kreye, A, Grenzenlos. (01/02. Dezember 2018). *Süddeutsche Zeitung,* 15

Kumar, A., Hsu L. H.-H., Kavanagh, P., Barrière, F., Lens, Piet N. L., Lapinsonnière, L., Lienhard, J. H., Schröder, U., Jiang, X., & Leech, D. (2017). The ins and outs of microorganism–electrode electron transfer reactions. *NATURE REVIEWS | CHEMISTRY*, Bd. 1 | ARTICLE NUMBER 0024 | 1–13.

Kunz, M. (2007). Bioethanol: Experiences from running plants, optimization and prospects. *Biocat. Biotrans., 26,* 128–132.

Lapin, A., Klann, M., & Reuss, M. (2010). Multi-Scale Spatio-Temporal Modeling: Lifelines of Microorganisms in Bioreactors and Tracking Molecules in Cells. *Advances in Biochemical Engineering/Biotechnology, 121,* 23–43.

Lear, J. (1978). *Recombinant DNA: The Untold Story.* Crown.

Lähteenmäki, R., & Lawrence, S. a. (2005). Public biotechnology 2004 – The numbers. Nat. Biotechnol., **23,** 663–671.

Lähteenmäki, R., & Lawrence, S. (2006) Public biotechnology 2005 – The numbers. *Nature Biotechnology, 24,* 625–634.

Läsker, K. (2008). *Sueddeutsche Zeitung,* 20, 23.

Lemonick, S. (2019). Chemistry Nobels are trending toward life sciences. *Chemical & Engineering News,* 5.

Letko, M., Marzi, A., & Munster, V. (2020). Functional assessment of cell entry and receptor usage for SARS-CoV-2 and other lineage B betacoronaviruses. *Nature Microbiology, 5,* 562–569.

Lipkin, S.M., & Luoma, J. (2016). *The Age of Genomes: Tales from the Front Lines of Genetic Medicine.* Beacon.

Lorenz, P., & Eck, J. (2005). Metagenomics and industrial applications. *Nature Reviews Microbiology, 3,* 510–516.

Malten, M., Biedendieck, R., Gamer, M., Drews, A-C., Stammen, S., Buchholz, K., Dijkhuizen, L., & Jahn, D. (2006). A Bacillus megaterium plasmid system for the production, export, and one-step purification of affinity tagged heterologous levansucrase from growth medium. *Appl. Env. Microbiol., 72*(2), 1677–1679.

Mattes, R., & Beaucamp, K. (1983). DNA-Neukombination: Eine praktische Anwendung in der Zuckerindustrie. *Chemie in unserer Zeit, 17,* 54–58.

Mayer, H., Collins, J., & Wagner, F. (1979). Patent DE2930794.
Mayer, H., Collins, J., & Wagner, F. (1980). Cloning of the penicillin acylase ATCC 11105 on multicopy plasmids. In H. H. Weetall & G. P. Royer (Hrsg.), *Enzyme Engineering* (S. 61–69). Springer.
McCoy, M. (2019). Gilead and Galapagos strike a big R&D deal. *Chemical & Engineering News,* 13.
Melmer, G. (2005) in Production of Recombinant Proteins. In G. Gellissen (Hrsg.), *Novel Microbial and Eukariotic Expression Systems* (S. 361–383). Wiley-VCH Verlag GmbH.
Melzer, G., Eslahpazir, M., Franco-Lara, E., & Wittmann, C. (2009). Flux design: In silico design of cell factories based on correlation of pathway fluxes to desired properties. *BMC Syst. Biol., 3,* Art. No. 120.
Moghissi, A. A., Pei, S., & Liu, Y. (2016). Golden rice: Scientific, regulatory and public information processes of a genetically modified organism. *Critical reviews in biotechnology, 36*(3), 535–541.
Moos, W.H. (2007). The intersection of strategy and drug research, In J.J. Plattner & M.C. Desai (Hrsg.), *Comprehensive Medicinal Chemistry II, Bd. 7* (S. 2–83). Elsevier.
Müller, B. (2019). Verwirrung im Glyphosat-Steit. *Süddeutsche Zeitung 10,* S. 25.
Mullis, K. B. (1990). The unusual origin of the polymerase chain reaction. *Scientific American, 262,* 56–61.
Nature Biotechnology. (2007b). *Biotech drugs cost $ 1,2 billion. 25,* S. 9.
Osbelt, L., Wende, M., Almási, É. et al. (2021). Klebsiella oxytoca causes colonization resistance against multidrug-resistant K. pneumonia in the gut via cooperative carbohydrate competition. Cell Host & Microbe 29 1–17 November 10, 2021. https://doi.org/10.1016/j.chom.2021.09.003.
OTA (US Office of Technology Assessment). (1984). *Impact of Applied Genetics.* OTA.
Pandey, N., & Cascella, M. (2020). Beta Lactam Antibiotics. StatPearls [Internet], 2020 - ncbi.nlm.nih.gov.
Pandika, M. (2017). C&EN talks with Jennifer Doudna, CRISPR pioneer. *Chemical & Engineering News,* 28, 29.
Papini, M., Salazar, M., & Nielsen, J. (2010). Systems biology of industrial microorganisms. *Adv. Biochem Eng./Biotechnol., 120,* 51–99.
Pfefferle, W., Möckel, B., Bathe, B., & Marx, A. (2003). Biotechnological manufacture of lysine. *Advances in Biochemical Engineering/Biotechnology, 79,* 59–112.
Phillips, P.W.B. (2003). Development and commercialization of genetically modified plants. In B. Thomas, D. J. Murphy, & B. G. Murray (Hrsg.), *Encyclopedia of Applied Plant Sciences: Bd. 3* (S. 273–279, 289–295). Elsevier, Oxford.
Rader, R.A. (2008). Paucity of biopharma approvals raises alarm. *Genetic Engineer and Biotechnologist News,* 10–14.
Reilly, P. J. (1999). Protein engineering of glucoamylase to improve industrial performance – A review. *Starch/Stäke, 51,* 269–274.
Reisch, M. (05. Aug. 2019). *Chem. & Eng. News,* S. 16.
Reuss, M. (2001). Bioprocess and biosystems engineering, editorial, 24, No 1, January.
RFA (Renewable Fuels Association). (2005).
Roche. (2003). *Communication, Roche Diagnostics.*
Roche. (2008). Geschäftsbericht 2008, F. Hoffmann La-Roche AG, Basel.
Rosenbaum, M., Zhao, F., Schröder, U., & Scholz, F. (2006). Interfacing electrocatalysis and Biocatalysis with tungsten Carbide: A high performance, noble-metal-free microbial fuel cell. *Angewandte Chemie, 118,* 6810–6813.
Sahm, H., Eggeling, L., & de Graaf, A. (2000). Pathway analysis and metabolic engineering in *Corynebacterium glutamicum. Biological Chemistry, 381,* 899–910.
Satyanarayana, M. (2019). New CRISPR enzyme shows unusual properties. *Chemical & Engineering News,* 9.
Satyanarayana, M. (2020a). Another novel coronavirus structure solved. *Chemical & Engineering News,* 6.

Satyanarayana, M. (2020b). *Antibody tests raise as many questions as they answer. Chemical & Engineering News.*

Schröder, U. (2007). Anodic electron transfer mechanisms in microbial fuel cells and their energy efficiency. *Physical Chemistry Chemical Physics, 9,* 2619–2629.

Schröder, U. (2009). Personal communication.

Schröder, U., Niessen, J., & Scholz, F. (2003). A generation of microbial fuel cells with current outputs boosted by more than one order of magnitude. *Angewandte Chemie, 115,* 2986–2989.

Schulz, W.G. (2007). The costs of biofuels. *Chem. Eng. News, 85* (51), 12–16 (emissions adapted form Science (2006) 311, 506).

Scott, A. (21. Okt. 2019). Hexanol and Butanol from CO_2 and water. *Chem. Eng. News,* 17.

Seibel, J., & Buchholz, K. (2010). Tools in oligosaccharide synthesis: Current research and application. *Advances in Carbohydrate Chemistry and Biochemistry, 63,* 101–138.

Seibel, J., Jördening, H.-J., & Buchholz K. (2010). Extending Synthetic Routes for Oligosaccharides by Enzyme, Substrate and Reaction Engineering. *Advances in Biochemical Engineering/Biotechnology, 120,* 163–193. Springer, Heidelberg

Shimao, M. (2001). Biodegradation of plastics. *Current Opinion in Biotechnology, 12*(3), 242–247.

Sicard, P. J., Leleu, J.-B., & Tiraby, G. (1990). Toward a new generation of glucose isomerase through genetic engineering. *Starch/Stäke, 42,* 23–27.

Sivan, A. (2011). New perspectives in plastic biodegradation. *Current Opinion in Biotechnology, 22*(3), 422–426.

Slater, A., Scott, N. W., & Fowler, M. R. (2008). *Plant biotechnology: The genetic manipulation of plants.* Oxford University.

Soetaert, W., & Vandamme, E. (Hrsg.). (2010). *Industrial Biotechnology.* Wiley-VCH Verlag GmbH.

Stein, R. A. (2020). The 2019 coronavirus: Learning curves, lessons, and the weakest link. The International Journal of Clinical Practice, First published: 13 February 2020, https://doi.org/10.1111/ijcp.13488.

Stephanopoulos, G. (1999). Metabolic fluxes and metabolic engineering. *Metab. Eng., 1,* 1–11.

Stone, G. D., & Glover, D. (2017). Disembedding grain: Golden Rice, the Green Revolution, and heirloom seeds in the Philippines. *Agriculture and Human Values, 34*(1), 87–102.

Sun, J, & Alper, H. (2017). Synthetic Biology: An Emerging Approach for Strain Engineering, In C. Wittmann & J. Liao (Hrsg.), *Industrial Biotechnology: Bd. 3a* (S. 85–110). Wiley-VCH.

Thayer, A. (2008). *Pipeline woes. Chemical & Engineering News,* 12.

Thayer, A. M. (2015). Genome editing writ large. *Chem. Eng. News,* 14–20.

Uhlmann B. (2020a). *Wer hat den besten?, SZ,* 15.

Uhlmann B. (2020b). *Antrag auf EU-Zulassung. SZ,* 14.

Ullrich, A. (1980). Genentech-story. *Nachrichten aus Chemie Technik und Laboratorium, 28,* 726–730.

U.S. Department of Energy (DEO). (2004). *Energy Efficiency and Renewable Energy, Biomass: Top Value Added Chemicals from Biomass* (Hrsg., T. Werpy and G. Petersen), U.S. Department of Commerce, Springfield, VA.

USDA. (2013). United States Department of Agriculture Report.

van den Daele, W., Pühler, A., & Sukopp, H. (1996). *Grüne Gentechnik im Widerstreit.* VCH.

Walls, A. C., Park, Y.-J., Tortorici, M. A., Wall, A., McGuire, A. T., & Veesler, D. (2020). Structure, Function, and Antigenicity of the SARS-CoV-2 Spike Glycoprotein. *Cell, 180,* 281–292.

Walsh, G. (2005) Current status of biopharmaceuticals: approved products and trends in approvals. In J. Knaeblein (Hrsg.), *Modern Biopharmaceuticals* (Bd. 1, S. 1–34). Wiley-VCH Verlag GmbH.

Walsh, G. (2007). *Pharmaceutical Biotechnology.* JohnWiley & Sons Ltd.

Watson, J. D., & Crick, F. H. C. (1953). The Structure of DNA. *Cold Spring Harbor Symposia on Quantitative Biology* (S. 123–131). Cold Spring Harbor.

Weber, G. Bornscheuer, U., & Wie, R. (2021). Enzymatic Plastic Degradation. Methods Enzymol. Bd. 648. https://www.elsevier.com/books/enzymatic-plastic-degradation/weber/978-0-12-822012-2.

Wehnelt, C. (2010). *Hoechst Untergang des deutschen Weltkonzerns.* Kunstverlag Josef Fink.
Wendisch, V. F., Bott, M., & Eikmanns, B. J. (2006). Metabolic engineering of *Escherichia coli* and *Corynebacterium glutamicum* for biotechnological production of organic acids and amino acids. *Current Opinion in Microbiology, 9,* 268–274.
Weuster-Botz, D., Hekmat, D., Puskeiler, R., & Franco-Lara, E. (2007). Enabling technologies: fermentation and downstream processing. *Adv. Biochem. Eng./Biotechnol., 105,* 205–247.
Wheeler, E. W., Shurin, G. V., Yost, M., Anderson, A., Pinto, L., Wells, A., Shurina, M. R. (2021). Antibody Response to mRNA COVID-19 Vaccines in Healthy Subjects. *Microbiol Spectr* 9, e00341-21. https://urldefense.com/v3/__https://doi.org/10.1128/Spectrum.00341-21__;!!NLFGqXoFfo8MMQ!-FKQI46ftOonnTkLcRetWL-mYsZEQbQslkYTnjB2VN4-mUx5qhQ0oXwaJP6AOilu76TkRpE$.
Widener, A. (2020). NIH consortium to tackle COVID-19 research. C&EN, April 27, S. 17
Winter, J. (Hrsg.). (1999). Biotechnology. In *Environmental Processes*: *Bd. 11a.* Wiley-VCH.
Wittmann, C. (2010). Analysis and engineering of metabolic pathway fluxes in *Corynebacterium glutamicum* for amino acid production. *Adv. Biochem. Eng./Biotechnol., 120,* 21–49.
Wolfe, R.S. (1993). An historical overview of methanogenesis. In J.G. Ferry (Hrsg.), *Methanogenesis.* Chapman and Hall.
Yoshida, S , Hiraga, K, Takehana, T, et al. (2016). A bacterium that degrades and assimilates Poly(ethylene terephthalate). *Science, 351*(6278), 1196-1199.
Zinkant, K. (2020a). *Russland lässt Covid-Impfstoff zu. Süddeutsche Zeitung, 12*(4), 6.
Zinkant, K. (2020b). *Auf der Suche nach Immunität. Süddeutsche Zeitung,* 14.
Zinkant, K. (2020c). *Eine präzise Waffe gegen das Virus. Süddeutsche Zeitung,* 14.

Zusammenfassung und Schlussfolgerungen

8

Inhaltsverzeichnis

8.1 Bedeutende Entwicklungen in der Biotechnologie und Auswirkungen auf die Gesellschaft

Mythen überlieferten über Jahrtausende Erzählungen von göttlichen Geschenken, dem Wein als dionysischem Geschenk und Kunst, dem Bier als berauschendem Getränk zu religiösen Riten. Die Kunst verfestigte sich zum Handwerk, zu Finanzquellen der Steuer in den Staaten Mesopotamiens und Ägyptens, festgehalten in Hieroglyphen. Sie wurde fester Bestandteil des Handwerks und der Wirtschaft im Mittelalter, in der Tradition der Schulen, seit Gründung der ersten Brauerei 1143, der Klosterbrauerei von Freising, und gesetzlich verankerte Qualität im deutschen Reinheitsgebot von 1516.

Die Brauer in Mesopotamien stellten Bier nach festgelegten Rezepturen her. Dr. Johannes Faust beschreibt in fünf Büchern die „göttliche und noble Art des Brauens“. Die Etrusker etablierten vor etwa 2500 Jahren den Weinbau im heutigen Frankreich, er wurde durch die Benediktiner in Cluny gefördert. Über Tausende von Jahren wurden Käse und Brot mittels Fermentation hergestellt, um 100 v. Chr. existierten über 250 Bäckereien im antiken Rom (s. Abschn. 2.1).

K. Buchholz und J. Collins, *Eine kleine Geschichte der Biotechnologie*,
https://doi.org/10.1007/978-3-662-63988-7_8

Der Einfluss der BT auf das Leben, die Wirtschaft und die Gesundheit hat erhebliche Verschiebungen über die Jahrhunderte erfahren, von konsum- und genussorientierten Produkten, Bier und Wein, hin zu praktisch und wirtschaftlich relevanten Produkten und zu bedeutenden Medikamenten, die seit etwa 75 Jahren im Vordergrund stehen.

> „Keine Art der Gährung ist für die Industrie […] von solcher Bedeutung, als die sogenannte ‚geistige Gährung' weil die Darstellung aller geistigen Getränke, des Weins, Biers, des Branntweins, dieselbe zum gemeinschaftlichen Ausgangspunkt hat." (Knapp, 1847, S. 271).

Knapp berichtet, dass das Bierbrauen in Deutschland als Handwerk erfolgte, während es in England im industriellen Maßstab betrieben wurde, in großen Fabriken, mit erheblichen Investitionen an Kapital. Ende des 19. Jahrhunderts war die Bierbrauerei der zweitgrößte Wirtschaftszweig in Deutschland. Bedeutende Fortschritte zum Verständnis der Fermentationen erarbeiteten Schwann (1837), Cagniard-Latour (1838) u. a. in den 1830er Jahren, wobei zunächst das Interesse der Praxis der Fermentation galt, vor der Beobachtung natürlicher Vorgänge (s. Abschn. 2.2).

Außerordentliche Fortschritte erfuhr die Biotechnologie durch Louis Pasteur, seine experimentellen Forschungen und seine Theorie der Fermentation, die eine neue wissenschaftliche Disziplin, die *Mikrobiologie*, begründete (Kap. 3). Er löste die praktischen, industriellen Probleme der Fermentation und deren gravierende Produktionsschwierigkeiten durch Fremdkeime, u. a. durch das Konzept eines neuen Fermenters. Pasteur entwickelte auch erstmals eine Konzeption für das Impfen und führte die Anwendung eines Impfstoffes am Menschen durch. Etwa zur gleichen Zeit wie Pasteur arbeitete Robert Koch über das Bakterium, das Anthrax (Milzbrand) verursacht; er gilt mit seinen grundlegenden Arbeiten als Mitbegründer der Bakteriologie bzw. *Mikrobiologie.*

Buchners Forschung schuf, mit der Etablierung der Biochemie, eine neue rationale, wissenschaftliche Basis für die Entwicklung und Optimierung von Fermentationen und enzymatischen Verfahren. Zwei *bedeutende Innovationen* wurden – basierend auf Fernbachs Arbeiten –, durch externe Faktoren ausgelöst: die fermentative Herstellung von Butanol für die Gummi-, und von Aceton für die Sprengstoffindustrie – neben nützlichen Erfindungen eben auch solche, die Kriegszwecken dienten. Auf dem Weltmarkt war ein Engpass bei Gummi aufgetreten, das von strategischer Bedeutung für die Autoindustrie war. Fernbach hatte einen Fermentationsprozess von „höchster Bedeutung" entdeckt, durch den Aceton und Butanol (Butylalkohol) mittels Fermentation hergestellt werden konnten. Butanol ließ sich chemisch in Butadien umwandeln, dieses dann zu synthetischem Gummi polymerisieren. Bei Kriegsausbruch 1914 entstand ein großer Bedarf für Aceton als unentbehrliches Lösungsmittel für die Sprengstoffherstellung. Chaim Weizmann entwickelte, basierend auf Fernbachs Arbeiten, einen neuen industriellen Fermentationsprozess, der in England in großem Maßstab angewandt wurde. In Deutschland war kriegsbedingt Glycerin für die Sprengstoffherstellung knapp, das mittels Fermentation mit „oberster Priorität" in mehreren Fabriken hergestellt wurde (Abschn. 4.5.1).

Mit diesen Beispielen neuer Entwicklungen erhebt sich die Frage nach der Verantwortung von Wissenschaft und Technik: Wie sind solche Entwicklungen ethisch zu bewerten, die in jeweils nationalem militärischem Interesse vorangetrieben wurden und zerstörerischen Zwecken dienten? Dürfen Wissenschaftler (Chaim Weizmann wurde später der erste Präsident Israels!) und Techniker sich an solchen Entwicklungen beteiligen?

Um die Jahrhundertwende wurden einige organische Säuren mittels biotechnologischer Verfahren hergestellt. Besondere Bedeutung kam Citronensäure für die Lebensmittelindustrie zu, schon 1933 stellte die fermentative Herstellung etwa 85 % der Weltproduktion von 10.400 t dar und hatte die traditionelle Gewinnung der Säure aus Zitronen, vorwiegend in Italien, verdrängt. Enzyme gewannen große Bedeutung, zunächst für die Gerberei, dann für Waschmittel.

Fleming entdeckte 1928 *Penicillin,* eine Pionierleistung, die von Florey und Chain weitergeführt wurde, jedoch – wegen äußerst schwieriger Probleme – an Grenzen der Isolierung und Herstellung stieß. Erst Anfang der 1940er Jahre konnte es in einem komplexen Fermentationsverfahren hergestellt werden. Dies gelang mittels eines neuartigen Konzepts der koordinierten Planung und Steuerung von Forschung und Entwicklung in einem Großprojekt, dem integrierten Einsatz zahlreicher Disziplinen: Mikrobiologie, Biochemie, Medizin und Engineering bzw. neuartige Ingenieurtechnik. Es war ein ganz neuer Ansatz, die Integration von Wissenschaft und technischer Entwicklung voranzutreiben – paradigmatisch für das Potenzial dieser Organisation von Wissenschaft und Technik (Kap. 5).

Penicillin ermöglichte die Behandlung einer beachtlichen Zahl bakterieller Infektionen, die zuvor oft mit schweren Erkrankungen oder tödlich verliefen. Es war wirksam bei der Behandlung u. a. von Lungenentzündung, rheumatischem Fieber, Wundbrand, Syphilis und Ghonorroe. In der Folge wuchs die wissenschaftsbasierte medizinisch-pharmazeutische Industrie enorm – auch die industrielle Forschung. Das ungewöhnliche Wachstum einiger Firmen wie Pfizer, Merck (USA) und Glaxo zu bedeutenden Akteuren auf dem Weltmarkt kann direkt mit dieser Entwicklung begründet werden. Eine bedeutende Zahl weiterer Antibiotika wurde entdeckt und produziert, die gegen zahlreich Infektionen wirksam waren und z. B. Tuberkulose heilen konnten. Allerdings traten Resistenzen auf, die diese Fortschritte relativierten. Weitere Pharmazeutika und neue Produkte wurden entwickelt: Steroide, Aminosäuren und besonders Enzyme, die in großem Maße in der pharmazeutischen und Lebensmitteltechnik Einsatz fanden. Schließlich etablierte sich ein bedeutendes neues Arbeitsgebiet: die Umweltbiotechnologie, insbesondere die biologische Abwasser- und Abluftreinigung.

Ein epochales Ereignis war die Aufklärung der DNA-Struktur durch Watson und Crick, Röntgenbeugungsmuster von DNA-Kristallen, die Rosalind Franklin ermittelt hatte, nutzten. Sie entwarfen ein Modell, das sie in einer Mitteilung von einer Seite Länge im April 1953 an die Zeitschrift *Nature* schickten. Es stellte ein Molekül von „symmetrischer Schönheit" dar, das implizierte, es könnte einen geeigneten Träge für genetische (vererbbare) Information in Form eines langen linearen Codes darstellen (Abschn. 6.5). Auf dieser Basis folgten – etwa 20 Jahre später – die Entwicklung der Gentechnik durch Boyer, Cohen und Falko und die Gründung von Genentech durch Boyer und Swanson. Sie ermöglichte die Produktion menschlicher Hormone, insbesondere von Humaninsulin zur effizienten Behandlung von Millionen Diabetikern. Der Gründung und dem Erfolg von Genentech folgten ein „gold rush", die Gründung weiterer Start-ups und die Entwicklung zahlreicher rekombinanter Medikamente von größter medizinischer – und wirtschaftlicher – Bedeutung. Neue Pharmazeutika, die zuvor nicht zugänglich waren, umfassten: Impfmittel, menschliche Hormone, EPO (Erythropoietin, das auch im Doping Karriere machte), spezifische Antikörper, die die erfolgreiche Bekämpfung zahlreicher Krebsarten ermöglichten, Botenstoffe wie Interferone und Interleukine, ebenfalls zur Behandlung verschiedener Krebsarten sowie von Hepatitis. Zu den großen Durchbrüchen zählen weiterhin: die Entdeckung, Charakterisierung und Herstellung zuvor völlig unbekannter Proteine, darunter wirkungsmächtige biologische Regulatoren, wie Interferone, Lymphokine, Zellwachstumsfaktoren, Impfmittel gegen HI-Viren etc. Dies veränderte die medizinische Forschung und Diagnostik und erweiterte erheblich den Bereich pharmazeutischer Produkte (Abschn. 6.7.2, 7.3). Eine ebenso bemerkenswerte Folge stellt eine Erfindung dar, die durch raffinierte Kombinationen von unterschiedlichen Techniken durch Kary Mullis (Nobelpreis 1985) gelang, die PCR (Polymerase Chain Reaction), die die biochemische, molekularbiologische und medizinische Analytik, bis hin zu Anthropologie und Forensik, revolutionierte (Abschn. 7.1).

Eine sehr effiziente Erweiterung der Methoden, spezifische Mutationen zu erzielen, war die „sexuelle PCR" (DNA-Shuffling), die Pim Stemmer (1994) entwickelte, um rekombinante Mutanten in Bibliotheken in großer Zahl zu erzeugen. Parallel entwickelte Frances Arnold (Nobelpreis Chemie 2018) die Methode der „gerichteten Evolution" („directed evolution") durch die Erzeugung von zufälligen Mutantenbibliotheken durch die sogenannte „error-prone PCR". Beide Konzepte wurden äußerst effektiv genutzt, um die Spezifität von Enzymen zu verändern und zu optimieren, die in weiten Bereichen, von der Synthese pharmazeutischer Wirkstoffe bis hin zu umfangreichen Anwendungen in der Lebensmitteltechnik und in Waschmitteln, eingesetzt werden.

Die Sequenzierung des Humangenoms war erheblich schwieriger zu bewältigen als die vorangehenden Sequenzierungen. Das Humangenomprojekt wurde in den USA im Jahr 2000 abgeschlossen (im Endeffekt gelang dies 1999 schneller – mit wenigen fehlenden Sequenzen – mithilfe des unabhängigen Ansatzes der Firma Celera). Die frühe Phase der Sequenzierung des Humangenoms führte zu einem schnellen Fortschritt bei der Auffindung von Genen, die bei zahlreichen der Tausenden Erbkrankheiten eine Rolle spielen, bei Syndromen oder Merkmalen, die von Humangenetikern identifiziert worden waren (Abschn. 6.7.2). Die vollständige Sequenzierung Human-Genoms gelang erst 2021 (Howes, 2021).

Die Biosystemtechnik, das „biosystems engineering", wurde zur Methode der Wahl für komplexe Neuentwicklungen. Sie koordiniert und integriert alle Prozesse von der Genetik bis hin zur Synthese sowie die nachfolgenden technischen

Operationen im Bioreaktor und die Isolierung der Wert- bzw. Wirkstoffe bis hin zu höchster Reinheit. Sie zielt auf das Design sog. Zellfabriken mit optimiertem Metabolismus zur Herstellung von Produkten von hohem gesellschaftlichem und wirtschaftlichem Interesse, insbesondere von Pharmazeutika und Energieträgern auf der Basis nachwachsender Rohstoffe (Abschn. 7.2).

Genetisch modifizierte Pflanzen riefen große Erwartungen hervor: die Erzeugung von Nutzpflanzen mit höheren Erträgen, Resistenz gegen Schädlinge und geringerem Bedarf an Chemikalien, insbesondere weniger Insektiziden, Fungiziden, Herbiziden und Düngemitteln. Sie werden in großem Umfang in Amerika und Asien kultiviert. Den Erwartungen stehen jedoch schwerwiegende Fragen und heftige Kontroversen gegenüber, die Kultivierung genetisch modifizierter Pflanzen bleibt umstritten bezüglich der Vorteile und Risiken und bleibt in Europa weitgehend ausgeschlossen (Abschn. 7.3.3).

Große Erwartungen gelten einem neuen Werkzeug, CRISPR/Cas9, das Doudna und Charpentier entwickelten (Nobelpreis für Chemie 2020). Das Ergebnis war eine "Explosion in Forschung und ihrer Nutzung" in allen Bereichen der Biotechnologie und Medizin. Die Methode bedeutet einen erheblichen Fortschritt bezüglich der Möglichkeiten, genetisches Material mit erstaunlicher Genauigkeit durch DNA-Ersatz (bzw. Rekombination) direkt in lebenden Zellen oder ganzen Organismen zu manipulieren. Die Hoffnungen richten sich insbesondere auf bessere, einfachere und präziser durchzuführende Strategien für die Behandlung zahlreicher Krankheiten (Abschn. 7.1).

Glanzleistungen der Wissenschaft und Industrie betrafen die Strukturanalyse des Coronavirus SARS-CoV, das erstmals im Dezember 2019 beobachtet wurde und sich Anfang 2020 zu einer Pandemie entwickelte, sowie die Entwicklung von Impfstoffen. Chinesische Wissenschaftler hatten schon am 10. Januar 2020 die Gensequenz des neuen Virus, später als SARS-CoV-2 bezeichnet, publiziert. Strukturdetails des Coronavirus wurden in kürzester Zeit aufgeklärt und im Februar 2020 publiziert. Auf dieser Grundlage konnten in wenigen Monaten durch mehrere Pharmafirmen Impfmittel entwickelt, zugelassen und angewandt werden (Chemical & Engineering News, 2021; Cross et al., 2021). Bei der Entwicklung eines COVID-19-Impfstoffes wurden auch ganz neue Ansätze, basierend auf mRNA, entwickelt und erstmals Ende 2020 eingesetzt. Die mRNA-Technik wird euphorisch als neue Methode angesehen, die Chancen der Entwicklung zahlreicher Medikamente weit über Impfstoffe hinaus biete, bei der Behandlung verschiedener Krebsarten u. a. Der unglaubliche Erfolg bei der Entwicklung von Impfstoffen – in nur zehn Monaten bis zur Zulassung und Anwendung – und die Lösung eines bedrückenden, alles soziale und wirtschaftliche Leben lähmenden Problems könnte die führende Rolle der BT im Bereich Pharma bedeuten (Abschn. 7.3.1).

8.1.1 Innovationen, Quellen, Faktoren und Bedingungen

Hier stellt sich die Frage: Wie entstehen Innovationen, welche sind die Quellen, Faktoren und Bedingungen? Wissenschaftliche Durchbrüche, Entdeckungen, Innovationen und die Entwicklung neuer Methoden und Anwendungen sind Produkte menschliches Handelns. Können wir Muster erkennen, die auf Tendenzen oder Änderung in der Art und Weise, wie Forschung und Entwicklung im Laufe der Zeit sich verändert hat oder sich besonders erfolgreich oder ineffizient war? Welche übergeordneten Tendenzen lassen sich beobachten? Es gibt offenbar kein allgemeines Schema, keine allgemeine Interpretation der Bedingungen für Innovationen. Verschiedene Aspekte und Beispiele hat Weyer (2008) in seinem Buch behandelt. Darin stellt er umfangreiche Untersuchungen in unterschiedlichen Branchen und Industriezweigen dar, die sich jedoch kaum auf die hier behandelten Beispiele aus der BT übertragen lassen.

Einige Gesichtspunkte lassen sich aus der Geschichte der BT anführen:

Der Fortschritt der Wissenschaften trug in besonderem Maße zu technischen Innovationen bei, in der Mikrobiologie und der Biochemie. Entscheidende Impulse brachte – nach einer Art Inkubationsphase – die genetische Grundlagenforschung mit der Aufklärung der Struktur der DNA. Die Entwicklung der Gentechnologie begründete schließlich einen ganz neuen Industriezweig (Kap. 6 und 7).

Pioniere haben in vielen Fällen bedeutende Innovationen hervorgebracht – aufbauend auf vorangehenden Forschungen und meist mit einem Team gut ausgebildeter, kompetenter Mitarbeiter. Wie oben ausgeführt, sind herausragende Beispiele: *Pasteur* mit seinen Arbeiten zur Fermentation, *Fernbach* und *Weizmann* mit der Entwicklung von Prozessen zur biotechnologischen Gewinnung von Aceton und Butanol, *Fleming* mit der Entdeckung von Penicillin und dessen Potenzial, das *Florey und Chain,* die Flemings Forschung weiterführten, bestätigten. *Watson und Crick* gelang 1953 die Formulierung der *Struktur der DNA* als Basis der Vererbung und der Steuerung biologischer Prozesse. Auf dieser Grundlage entwarfen etwa 20 Jahre später *Cohen, Boyer und Falkow* ein Konzept zur Klonierung humaner Proteine in Bakterien, das Boyer und Cohen 1973 experimentell realisierten. *Boyer und Swanson* gründeten 1976 Genentech, das mit diesem Konzept die industrielle Produktion von Humaninsulin umsetzten konnte. *Kary Mullis* gelang die Erfindung der PCR (Polymerase Chain Reaction), *Doudna und Charpentier* erfanden CRISPR/Cas9, das Ehepaar *Türeci und Sahin* erkannte früh, Anfang 2020, die Dringlichkeit der Entwicklung und konnte mit Erfolg die Produktion eines Impfstoffs für COVID-19 umsetzen.

Organisierte, insbesondere staatliche, Programme waren und sind in manchen Fällen unerlässlich, um aufwendige Techniken bzw. Technologien zum Erfolg zu führen. Zu nennen sind die Aceton-Butanol-Fermentation, die im ersten Weltkrieg in Großbritannien forciert wurde. Die Alkoholproduktion in großem Stil ging häufig auf politische Entscheidungen zurück, auf den Mangel im ersten und zweiten Weltkrieg, auf ökologische Ziele seit etwa den 1970er und 1980er Jahren, um die Produktion von Treibstoffen basierend auf nachwachsenden Rohstoffen zu fördern. Das herausragende Beispiel eines erfolgreichen staatlichen Programms stellt die Entwicklung des Produktionsverfahrens für Penicillin dar (s. o. und Kap. 5).[1]

Eine grundlegende Basis für Innovationen ist eine adäquate Ausbildung von Wissenschaftlern und Ingenieuren, die in der Lage sind, Innovationen in der Breite umzusetzen, sowie ein kreatives Umfeld, das neue Ideen fördert. Weitere Voraussetzungen sind gesellschaftlicher, medizinischer oder industrieller Bedarf sowie Wirtschaftlichkeit und technische Machbarkeit. Offensichtlich ist dies beim – oft dringenden – Bedarf an Medikamenten, wie Penicillin, Insulin und zahlreichen Medikamenten, die nur gentechnisch herstellbar sind, für die Therapie schwerwiegender Krankheiten wie Krebs. Die Anforderungen des Umweltschutzes sind weitere Beispiele für die Rolle des gesellschaftlichen Bedarfs.

8.2 Wissenschaftliche Entwicklungen und Bedeutung der Wissenschaften für die Biotechnologie

Die Grundlage der Wissenschaft stellt Wissen dar, dessen Erhaltung und Speicherung, Weitergabe und Zugänglichkeit. Seit dem Altertum wurde Wissen von Mund zu Mund und von Generation zu Generation weitergegeben; im Mittelalter und bis zum 18. Jahrhundert war Wissen in schriftlicher und/oder mündlicher Form an wenigen Zentren konzentriert und in den Anfängen nur eine Elite zugänglich. Wenige Individuen hüteten das Wissen, als Berater von Königen, Kirchen oder Ministerien, in privilegierten Schichten, eingebettet in religiösen Gemeinschaften (die nicht immer an neuen Ideen orientiert waren).

In jüngster Zeit dagegen erfolgten dramatische Veränderungen, z. B. in den 1970er Jahren, als Sydney Brenner als Direktor des LMB (Laboratory of Molecular Biology) in Cambridge, UK, dafür sorgte, dass die Kantine 24 h am Tag offen war. „Dadurch war keiner mehr als 20 min von einer Antwort auf seine Fragen entfernt." Das galt am LMB für die Mitglieder des „RNA Tie Club" und die Studenten der Nobelpreisträger. Heute gilt das für alle User des Internets – das Wissen

[1] Die staatliche „Großforschung" hat Weyer ausführlich anhand verschiedener Beispiele (Atombombe u. a.) diskutiert (Weyer, 2008, S. 266–275). Er führt sowohl Fehlschläge als auch positive Entwicklungen an, z. B. bei „Marktversagen". Dies betrifft „Defizite vor allem im Bereich öffentliche Güter (Gesundheit, Umwelt [...].), deren Bereitstellung eine genuine Staatsaufgabe ist, die u. a. durch die Förderung technischer Innovationen geleistet werden kann." Kritische Fragen betreffen die Steuerungsfähigkeit des Staates, u. a. ob die staatlichen Akteure über die Kompetenz und Eingriffsmöglichkeiten verfügen (Weyer, 2008, S. 266). Staatliche Programme können zu Fehlleistungen führen, wenn mangelnde Kompetenz oder falsche Beratung zugrunde liegen. Ein Beispiel ist das „Single Cell Protein"- (SCP-)Programm des BMFT (s. Abschn. 5.6). Das Verfahren führte zu gravierenden technischen Problemen (Abtrennung von Nucleinsäuren), woraus ein hoher Preis resultierte, der gegen die Konkurrenz preisgünstiger klassischer Futtermittel mit höherer Qualität keine Chance hatte. Die Beratung durch Industrievertreter (die andere Ziele mit dem Vorhaben verbanden, nämlich den Bau eines Biotechnikums mit staatlichen Mitteln) spielte hierbei eine Rolle.

ist weitestgehend dezentralisiert verteilt und auch nahezu kostenlos zugänglich. Ein Problem dabei ist die Kontrolle der Qualität, die aktuell immer noch durch Referees erfolgt und in „peer-reviewed" Fachzeitschriften gewährleistet wird.

Mit Beginn der Renaissance im 16. Jahrhundert wurden das Handwerk und die Bauschulen zu einer Quelle der Wissenschaft. Den Übergang haben Böhme et al. (1977) ausführlich analysiert, ebenso Mittelstrass (1970, S. 167–179) im Kontext der „Nuova Scienza", mit Bezügen zu herausragenden Handwerkern, Künstlern, Wissenschaftlern und Ingenieuren wie Brunelleschi, Leonardo da Vinci und Tartaglia. Die in der Folge gegründeten Akademien, die Royal Society in London (1662) und die Académie des Sciences in Paris (1666), akzeptierten und förderten Beobachtung, Experimentieren und Messen als Grundlage wissenschaftlicher Arbeit. Dies führte zur Akkumulierung empirischen Wissens, das oft in Form mathematisch formulierter Gesetze beschrieben wurde. Traditionelle Verfahren, die im Handwerk und in den Künsten – in „Werkstätten" – entwickelt und angewandt wurden, ebenso wie technische Fertigkeiten, wie Backen und Brauen, entwickelten sich zu Quellen empirischen Wissens (Böhme et al., 1977, S. 13–128, 136–139, 188–190). Im Hinblick auf die Biotechnologie sieht Bud (1992) Stahls „Zymotechnica Fundamentalis" (publiziert 1697) als den „Gründungstext (founding text)" an. „Für Stahl [...] war die Wissenschaft die Basis der Technologie, die grundlegende Ideen [...] dieser so bedeutenden deutschen Gärungskunst" formulierte. Als Lavoisier die Grundlagen der modernen Chemie entwickelte, wurden Stahls Theorien als falsch angesehen. Alexander von Humboldt hat schon im 19. Jahrhundert das aktuelle Konzept der interdisziplinären biologischen und ökologischen Forschung konzipiert. Er untersuchte die gegenseitige Abhängigkeit von Geografie, Botanik, Zoologie, Medizin, Mathematik, Chemie und Physik. Seit Beginn des 19. Jahrhunderts sind empirische Methoden und Theorien der Naturwissenschaften essenziell: Lavoisiers analytische und elementare Konzepte begründeten die wissenschaftliche Chemie.

Einen kritischen Gesichtspunkt stellt die Akzeptanz dar, die Forschern und Forscherinnen versagt wurde. Lange blieben Pioniere wie Gregor Mendel, Gründer der Vererbungslehre, oder Alexandre Yersin, Entdecker des Krankheitserregers der „Schwarzen Pest", nicht anerkannt. Insbesondere wurden Frauen erst spät in den Wissenschaften akzeptiert, z. B. Beatrix Potter, 1897 Entdeckerin der Symbiose zwischen Pilzen und Algen in Form von Flechten; sie durfte ihr Ergebnis der „Linnean Society" nicht präsentieren, weil Frauen keinen Zugang hatten (in der „Linnean Society", gegründet 1788, wurde die Evolutionstheorie 1858 erstmals veröffentlicht). Es sei erwähnt, dass 1826 das University College London gegründet wurde und dieses das erste in England war, in dem Studierende ungeachtet ihrer Rasse, Religion oder politischen Anschauung studieren konnten. Inzwischen lässt sich eine wachsende Akzeptanz von Frauen und Menschen unterschiedlicher Herkunft feststellen. Jüngste Nobelpreise für Chemie (2018 an Frances H. Arnold und 2020 an Jennifer A. Doudna und Emmanuelle Charpentier) gingen an Wissenschaftlerinnen.

Fundamental für die BT waren drei wissenschaftliche Disziplinen, die im Verlauf der beiden Jahrhunderte, in denen die BT zu Bedeutung gelangte, sich herausbildeten: die *Mikrobiologie,* die *Biochemie* sowie die *Genetik* und *Molekularbiologie.* Der Begründer der Mikrobiologie, *Louis Pasteur,* war ein Pionier, ein begnadeter Theoretiker und Experimentator, der kühne Ideen, Hypothesen und Konzepte entwarf – und sie experimentell prüfte und bestätigte. Bemerkenswerterweise ging er von technischen Problemen der Alkoholfermentation aus (nicht von der Beobachtung natürlicher Phänomene). Er formulierte es eindeutig: „L'idée de ces recherches m'a été inspirée par nos malheurs." (Die Idee zu meinen Forschungen wurden inspiriert durch unsere Probleme.) (Pasteur, 1876, Préface). Zur Bedeutung der Wissenschaft merkt er an: „C'est le propre de la Science de réduire sans cesse le nombre des phénomènes inexpliqués." (Es ist die eigentliche Aufgabe der Wissenschaft, die Zahl der unerklärlichen Phänomene zu reduzieren) (Pasteur, 1876, S. 229). In der Folge begann das *„Zeitalter der Bakteriologie"* (bzw. Mikrobiologie) mit einem leitenden *Paradigma* der neuen wissenschaftlichen Disziplin, der experimentellen Untersuchung mikrobiologischer Vorgänge (s. a. Anhang). Es entstanden spezielle Zeitschriften und Bücher und Forschungsinstitutionen mit Schulen, die fortgeschrittene Ausbildung sowie die Qualität, Verbesserung und Optimierung von Prozessen und Produkten gewährleisteten (Abschn. 3.6).

Buchners Arbeiten schufen Ende des 19. und Anfang des 20. Jahrhunderts allgemeine Grundkenntnisse biologischer Vorgänge: die Alkohol-Fermentation entschlüsselte er als (bio-)chemischen Prozess, der nicht von einer mysteriösen „Lebenskraft", einer „vis vitalis", abhängig ist. Buchners Befunde begründeten die *Biochemie* als neue Wissenschaft mit dem *Paradigma* der Erforschung biologischer Vorgänge als enzymkatalysierte biochemische Reaktionen, wobei die biologischen Vorgänge allgemeinen physikalisch-chemischen Gesetzmäßigkeiten folgen. Sie bildeten eine rationale Grundlage für die Entwicklung der BT und biotechnologischer Prozesse. Ausführliche Darstellungen der Geschichte der Biochemie haben Florkin (1972), Fruton und Simmonds (1953) und Kohler () publiziert. Als erster komplexer, zentraler Stoffwechselweg wurde die Glykolyse aufgeklärt (Abschn. 4.4). Der Fortschritt biochemischer Forschung stellte die Grundlage für die intensive Suche nach weiteren Antibiotika dar, schon während der Entwicklung der Penicillinproduktion und in den nachfolgenden Jahrzehnten (Demain et al., 2017, Abschn. 1.3). Das Gleiche gilt für die Entwicklung von Produktionsverfahren für organische Säuren, Aminosäuren und Enzyme für Waschmittel und Lebensmittel (Kap. 5).

Flemings Entdeckung des Penicillins, *Florey und Chains* Arbeiten, ebenso das interdisziplinäre Großforschungsprogramm zur Penicillinherstellung in den USA sind oben erwähnt worden. Eine entscheidende Rolle für die Entwicklung der Penicillinproduktion spielte die *Verfahrenstechnik, das „chemical engineering"*, das sich seit den 1920er Jahren als eigene Wissenschaft herausgebildet hatte (Buchholz, 1979). Die Bedeutung dieser Ingenieurswissenschaft hat sich seitdem weiterentwickelt und als ein wesentlicher Zweig der modernen BT etabliert: die *Bioverfahrenstechnik* und in jüngster Zeit das *„biosystems engineering"* bzw. die Biosystemtechnik, die auch die synthetische Biologie und das *„metabolic engineering"* einschließt (s. Abschn. 7.2).

Seit Mitte des 20. Jahrhunderts entwickelten sich molekulare Genetik und Molekularbiologie als Grundlagen der modernen, der „Neuen Biotechnologie" (s. Kap. 6; Glick & Pasternak, 1995).

8.3 Die Biotechnologie als neue, eigenständige Wissenschaft

Die der traditionellen BT zugrunde liegenden Disziplinen waren Mikrobiologie, Biochemie, und – in begrenztem Umfang – Genetik und Molekularbiologie sowie die Verfahrenstechnik. Bis in die 1970er Jahre waren die Probleme der BT zu komplex, um sie mit rationalen theoretischen Ansätzen zu erklären, sie blieben inkompatibel mit dem hohen Erklärungsniveau der grundlegenden Disziplinen, die auf der molekularen Ebene die behandelten Phänomene deuteten und modellierten. Versuch-und-Irrtum-Strategien („trial and error") dominierten in der biotechnologischen Forschung. Die Biotechnologie kann in dieser Phase – bis etwa 1980 – nicht als eigenständige wissenschaftliche Disziplin bezeichnet werden. Es fehlte ein einheitliches Paradigma als forschungsleitende Instanz (Abschn. 5.6, 5.7; s. a. Anhang).

Der Status als wissenschaftliche Disziplin änderte sich grundlegend, als die Gentechnologie entwickelt und etabliert wurde und damit die Genetik mit ihren wissenschaftlichen Grundlagen für die BT höchst relevant wurde und die traditionelle BT umformte und revolutionierte. Neue experimentelle Methoden, vorwiegend genetischen Techniken, neue theoretische Konzepte, Forschungsstrategien und -ziele führten zu einer Umorientierung in der „Neuen Biotechnologie". Dazu kam in der Folge eine außerordentliche ökonomische Entwicklung mit neuen Produkten, Verfahren und der Gründung von Start-ups, die sich z. T. zu großen Pharmafirmen entwickelten.

Um die Veränderungen im Status der BT zu analysieren, hat der Autor (KB) Ende der 1990er Jahre Interviews mit Wissenschaftlern, die in diesem Beriech aktiv waren, geführt, sowie einen Fragebogen entwickelt und versandt.[2] Die Fragen bezogen sich auf Indikatoren und Kriterien wie die Entwicklung von Theorien, neue experimentelle Methoden, institutionelle Aspekte, die Integration der Basiswissenschaften, insbesondere Mikrobiologie, Biochemie und Ingenieurwissenschaften. Die wichtigste Schlussfolgerung war, dass die BT in den 1990er

[2] Im Zentrum stand die Frage, ob die BT eine eigenständige Wissenschaft sei. Unter den Befragten waren sowohl international anerkannte als auch junge Wissenschaftler mit Abschlüssen in BT-Studiengängen. Der Autor stützte sich auch auf relevante Studien, die Dechema-Studie (1974) und den OTA-Report (1984) sowie die aktuelle wissenschaftliche Literatur in der zunehmenden Zahl von Zeitschriften mit Orientierung auf Themen im Bereich der BT (s. Abb. 8.1). Die Antworten auf den Fragebogen und in den geführten Diskussionen waren durchaus heterogen und z. T. kontrovers. Dennoch ließen sich daraus Schlussfolgerungen hinsichtlich der Kernfrage ziehen (Buchholz, 2007).

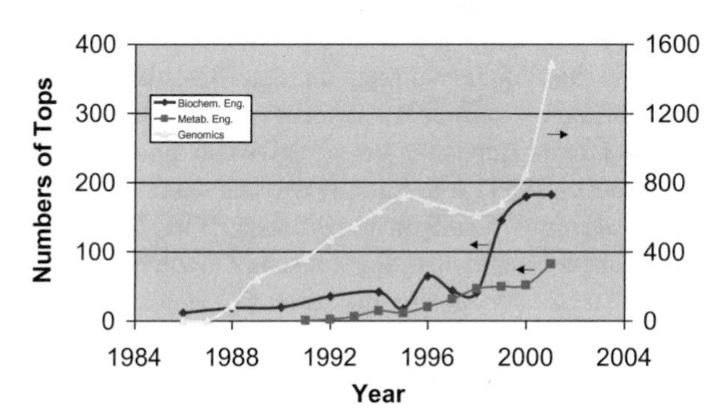

Abb. 8.1 Zunahme der Zitationen in Biological Abstracts für die Spezialgebiete Biochemical Engineering, Metabolic Engineering, Functional Genomics, Proteomics (links Zahl der diesbezüglichen Zitate; rechts die für Genomics). Sie zeigen die Zunahme der Forschungsaktivitäten in diesen Teilgebieten; die Abbildung beschränkt sich auf die Phase der Herausbildung der BT als eigenständige Wissenschaft

Jahren sich zu einer eigenständigen Wissenschaft entwickelt hatte, die interne Problemstellungen entwickelte und bearbeitete, insbesondere durch neue genetische, molekularbiologische, biochemische und Engineeringtechniken (Buchholz, 2007).

Ein Motor der neuen Entwicklungen war diejenige in den USA, zusammengefasst in dem OTA-Report (OTA, US Office of Technology Assessment, 1984). Im Gegensatz zu den zuvor in anderen Ländern publizierten Studien lag der Schwerpunkt dieser Studie bei gentechnischen Entwicklungen und ihrer Umsetzung in die industrielle Praxis: „This report focuses on the industrial use of rDNA, cell fusion, and novel bioprocessing techniques.“ „In the past 10 years, dramatic new developments in the ability to select and manipulate genetic material have sparked unprecedented interest in the industrial uses of living organisms.“ (OTA, 1984, S. 3).

Die „Neue BT“ folgt einem Paradigma, das auf das Verständnis von Phänomenen auf der molekularen Ebene abzielt, die wesentlich durch neue Methoden zugänglich geworden sind. Theoriegeleitete Fragestellungen gewannen an Bedeutung, die Erklärung auf der molekularen Ebene (z. B. die Struktur von Proteinen, deren Wechselwirkungen, die Organisation genetischer Information) und mathematische Modellierung (z. B. komplexe Kinetik von Stoffwechselwegen) sind seitdem wissenschaftlich hoch renommierte Ziele. Führende Forschergruppen der angewandten Mikrobiologie, der BT und der Bioverfahrenstechnik („biochemical engineering“) orientieren ihre Forschung an rationalen, kohärenten Theorien.[3] Die

[3] In der Folge bildeten sich neue Subdisziplinen heraus, als „Omics“ bezeichnet (s. Abschn. 7.2): „genomics, „transcriptomics, „proteomics“, „metabolic flux analysis“, „biochemical engineering“ und „bioinformatics“, integriert in „biosystems engineering“ (betreffend die Aspekte des

Strategien folgen reduktionistischen Konzepten mit kausalen mechanistischen Ansätzen (Stephanopoulos & Vallino, 1991; Rizzi et al., 1997; Christensen & Nielsen, 2000) (s. a. Anhang).

Die Theorie muss hierbei bestimmte, an den Basisdisziplinen (Biochemie, Genetik, Molekularbiologie) orientierte Kriterien erfüllen.[4] Empirische Daten als Grundlagen und ihre Überprüfung sind essenziell – Theorien müssen grundsätzlich falsifizierbar sein (Popper 1984). Führende Wissenschaftler betonen die Bedeutung der Integration der relevanten Disziplinen (Sinskey, 1999; Stephanopoulos, 1999; Reuss, 2001). Als Beispiel für die paradigmatische Orientierung sei Stephanopoulos (1999) zitiert: „Metabolic engineering aims at the directed improvement of product formation or cellular properties through the modification of specific biochemical reactions or introduction of new ones with the use of recombinant DNA technology. This information will allow for the understanding of the fundamentals of cellular metabolism, [...] utilizing basic biological methods, as well as engineering, crossing disciplinary frontiers, and progressing in the more general context of biotechnology".[5]

Die seit den 1990er Jahren erfolgten konzeptionellen Veränderungen in der BT, insbesondere in theorieorientierter Forschung, lassen sich mit einer Hypothese deuten: Sie beinhaltet die Akzeptanz eines leitenden Paradigmas – der Molekularen Biotechnologie –, [6] das allgemein akzeptiert wird. Es organisiert die

---

Genoms, der Transkription in Proteine, der Gesamtheit der Proteine und ihrer Funktionen, des Stoffwechsels und seiner Regulation, sowie der Strömungsvorgänge im Bioreaktor). Neue Trends – wie „machine learning", „artifical intelligence" u. Ä. sind wichtig, um die große Anzahl an Daten, die in „functional genomics", „proteomics", „metagenome analysis" und aus Mutanteneigenschaften durch gerichtete Evolution anfallen, möglichst intelligent zu analysieren. Die Bioverfahrenstechnik, das „biochemical engineering", hat sich zur der *Biosystemtechnik*, dem „biosystems engineering", weiterentwickelt. Es koordiniert und integriert die als „Omics" bezeichneten Teildisziplinen. Sie bearbeitet das „engineering" aller Teilaspekte und ihrer Zusammenhänge – äußerst komplexe Vorgänge im Organismus, die in einem holistischen Ansatz erfasst, integriert und modelliert werden, auch unter Einbeziehung künstlicher Intelligenz für Systeme hoher Komplexität.

[4] Theorie, eine Schlüsselkategorie in der Chemie, Molekularbiologie und der Bioverfahrenstechnik, bezieht sich auf chemische Bindungen, sowohl starke, kovalente und ionische als auch schwache Wechselwirkungen, Wasserstoffbrücken, Van-der-Waals-Wechselwirkungen. Sie beinhaltet Reaktionsmechanismen, Strukturen molekularer und supramolekularer Einheiten und deren Modelle. Die Theorien haben zum Ziel, die beobachteten Phänomene zu erklären und zu verstehen und Prognosen von Experimenten zu erstellen, sowohl zur Synthese von Substanzen als auch zur Konzeption von Instrumenten, Maschinen und technischen Apparaten.

[5] Das Niveau der Forschung sei illustriert an der Darstellung enzymatischer Reaktionen, sowohl Abbaureaktionen als auch Synthesen. Diese laufen oft mit höchster Präzision bez. (Regio- und Stereo-)Selektivität ab, bei Proteinen, Nucleinsäuren (RNA, DNA), Fetten, Kohlenhydraten usw., bei letzteren insbesondere mit Stereoselektivität. Deren Analyse, Erklärung und Deutung in molekularen Modellen sind zentral für das aktuelle Niveau der Forschung (die Stereochemie hatte schon Pasteur fasziniert, als er isomere Kristallformen und deren optische Drehung untersuchte, s. Abschn. 3.1).

[6] Der Titel eines Lehrbuchs (Glick & Pasternak, 1995) bringt dies zum Ausdruck. Die Konzeption fasst Stephanopoulos zusammen: „Analysis and understanding of the molecular details of

Forschung hinsichtlich der Analyse, des Verständnis und der Interpretation biologischer, biochemischer und technischer Vorgänge auf molekularer Basis. Es schließt die Untersuchung komplexer genetischer und struktureller Aspekte, biochemischer Reaktionen, der Biokatalyse und der Regulationsphänomene ein. Es integriert Probleme von Transportreaktionen in Reaktoren und ihre Wechselwirkungen mit biologischen Strukturen. Es hat ebenso zum Ziel, experimentelle Befunde mathematisch zu modellieren und quantitativ zu erklären; exemplarisch geht das aus der Konzeptionen von „systems biology" und „biosystems engineering" hervor (Rizzi et al. 1997; Sinskey 1999; Stephanopoulos 1999; Reuss 2001)[7].

Für die Ausbildung wurden ab den 1970er Jahren erste integrierte Curricula eingerichtet. Allerdings dominierten noch traditionelle Ausbildungsgänge (Genetik, Biologie/Mikrobiologie, Chemie/Biochemie, Verfahrenstechnik) mit Spezialisierung in den neuen Wissenschaften. Bis Mitte der 1970er Jahre erschienen erst etwa fünf Zeitschriften, die der BT gewidmet waren.[8] Danach stieg die Zahl neuer Zeitschriften steil an, auf etwa 30 um 1990, oft mit Spezialisierung auf einzelne Subdisziplinen (z. B. „metabolic engineering", „proteomics", „bioinformatics"; danach stieg die Anzahl der Zeitschriften weiterhin an) (Abb. 8.1). Die beträchtliche Zahl neuer Zeitschriften und die neuen Lehrstühle sowie die Curricula, die der BT gewidmet sind, legen ebenfalls den Schluss nahe, dass sich die BT zu einer neuen, eigenständigen Disziplin entwickelt hat.

Kritische Aspekte begleiteten insbesondere die Entwicklung der Neuen BT, unterschiedlich in den Bereichen pharmazeutische („rote"), Lebensmittel-, industrielle („graue") und Pflanzen- („grüne") Biotechnologie (Campos, 2017; Phillips, 2003). Allgemein ist die Kontrolle der Technik zu einer grundlegenden Frage geworden, mit ethischen Gesichtspunkten, mit Fragen, was erlaubt sein darf und soll. Die Diskussion von Risiken wurde erstmals grundsätzlich anlässlich einer

the pathways and regulation of microbial amino acid synthesis and their modeling in quantitative terms is an example that could not have been a topic of BT research during the 70's." (Stephanopoulos 1999).

[7] Die Forschungsfronten beinhalten Strukturen biologischer Moleküle, insbesondere von Makromolekülen und supramolekularen Einheiten (Proteine, DNA, RNA, das Ribosom usw.), weiterhin Struktur-Funktions-Beziehungen, Mechanismen biologischer Reaktionen, zellulärer Metabolismus und Regulationsphänomene. Grundlagen sind Thermodynamik, Kinetik, Stofftransport, deren Integration und mathematische Modellierung. Mathematische Modelle und besonders Gleichungen und Korrelationen für Reaktionen, Kinetik, Thermodynamik und Transportphänomene und ihre Integration stellen fundamentale Aspekte dar. Besondere Bedeutung für die BT kommt rekombinanten Technologien zu mit Bezug zu neuen Produkten und Prozessen, dem „metabolic engineering" für neue Synthese- und Abbauwege, dem Design von Biokatalysatoren, der Bioprozesstechnologie und der Systembiotechnologie.

[8] Wichtige Zeitschriften, die in den Jahren ab 1950 im Bereich der BT neu erschienen, sind: Journal of Microbiological and Biochemical Engineering, später umbenannt in Biotechnology and Bioengineering, Applied Microbiology, umbennant in Environmental and Applied Microbiology, Applied Microbiology and Biotechnology – heute noch wichtige Fachzeitschriften. Als neue Zeitschriften erschienen z. B. Genomics, Metabolic Engineering, Proteomics und Bioinformatics. Die beachtliche Zunahme der Zitate in Biological Abstracts im Zeitraum von 1985 bis 2001 belegt die beträchtlich gestiegenen Forschungsaktivitäten und die Dynamik in diesen Gebieten (Abb. 8.1).

Konferenz in Asilomar 1975 geführt, die schließlich verbindliche Richtlinien, „Guidelines for recombinant DNA work“ zur Folge hatte (Kap. 6 und Abschn. 7.4). Die Kritik bezieht sich insbesondere auf Eingriffe in menschliche Gene und ganz besondere in die Keimbahn sowie auf die Anwendungen der Pflanzengenetik (Abschn. 7.1, 7.3.3).

Im Gegensatz dazu fanden sich euphorische Kommentare zu den Erfolgen biotechnologischer Entwicklungen während der COVID-19- Pandemie: “We consider the way the public perceives science after a year that is both tumultuous and triumphant. We weigh the many ways the culture of science has changed. We highlight the key mechanical advances that allowed an amazingly fast response to the virus.” (Jarvis, 2021).

8.4 Rätsel in der Wissenschaft – Faszination der Forschung – Epistemische Dinge

Was bewegt Wissenschaftler, komplexe, unerklärliche und unverstandene Phänomene, scheinbar aussichtslose Fragen zu verfolgen? Welche sind die treibenden Kräfte? Wie erklärt sich hartnäckiges Forschen, auch über lange Zeiträume, ohne dass erkennbare oder hinreichende Fortschritte im Sinne von Erklärung und Verstehen von Phänomenen erfolgen? Warum lockt das Unerklärliche, das Geheimnisvolle viele große Wissenschaftler und fordert sie heraus? Noch in einem Artikel über „The Heroes of CRISPR“ (Lander, 2016) ist die Rede von „ …devoted the next decade of his career to unraveling the mystery” in „…the then-obscure field of CRISPR”.

Oft wurde in diesem Kontext die wissenschaftliche Neugier genannt, unerklärliche Phänomene als Quellen der Faszination. Diese unspezifische und vage Bezeichnung erscheint jedoch dem Problem nicht angemessen, angesichts des Aufwands und der Hartnäckigkeit, mit der Wissenschaftler Forschung in noch unbekannten Gebieten oft verfolgen. Rheinberger (1997, 2001) hat hierfür den Begriff *„epistemische Dinge“* geprägt, ausgehend von einem Beispiel (die Forschung Zamecniks zur Identifizierung der RNA), das er ausführlich und akribisch untersucht hat.[9] Sie bezeichnen dynamische Elemente der Forschung und können Triebkräfte des Fortschritts in Wissenschaft und Technik darstellen.

Ein epistemisches Ding bezeichnet ein rätselhaftes Phänomen; es kann charakterisiert werden als ein Forschungsgebiet bestimmter, noch nicht klar definierter Objekte, experimenteller Techniken und Befunde („implicit knowledge“), ein Gebiet neuer Probleme und Phänomene, die zunächst nicht gedeutet werden können. „Epistemische Dinge sind Dinge, denen die Anstrengung des Wissens gilt – nicht unbedingt Objekte im engeren Sinn, es können auch Strukturen, Reaktionen, Funktionen sein.“ Sie „liegen im Überschneidungsbereich verschiedener

[9] Episteme: „Wissen, Erkenntnis, Wissenschaft, Einsicht“; Epistemologie: „die Lehre vom Wissen, Erkenntnislehre“ (Brockhaus, Bd.6, F.A. Brockhaus, Leipzig, Mannheim, 2001).

Disziplinen, [...] sie [strukturieren] ein ganzes Experimentierfeld neu". „Als epistemische präsentieren sich diese Dinge in einer für sie charakteristischen, irreduziblen Verschwommenheit und Vagheit. [...] epistemische Dinge verkörpern, paradox gesagt, das, was man noch nicht weiß." [...] (Rheinberger 2001, S. 24, 25, 33).

Hierzu sollen einige Beispiele aus der Geschichte der BT angeführt werden.

In der ersten Hälfte des 19. Jahrhunderts blieb die akademische Diskussion der Fermentation, die in den biologischen und chemischen Wissenschaften eine dominante Stellung innehatte, äußerst widersprüchlich hinsichtlich theoretischer Erklärungsversuche. Eine wissenschaftliche Disziplin konnte bei den kontroversen und widersprüchlichen Ansichten, Konzepten und Theorien nicht entstehen, wie man aufgrund der Bedeutung des Gegenstandes erwartet hätte. Die Fermentation blieb weitgehend ein Rätsel, ein epistemisches Ding (Abschn. 2.2). Die vitalistische Schule schuf eine starke empirische Basis auf der Grundlage umfangreicher Beobachtungen technischer Prozesse und wissenschaftlicher Untersuchungen verschiedener Forscher (Schwann, Cagniard-Latour, Kützing u. a.). Sie entwickelten überzeugende Argumente, die die vitalistische Theorie der Fermentation begründeten (Barnett 1998).

Eine heftige Debatte entwickelte sich zu den Fragen der Fermentation – ob die Fermentation durch lebende Organismen und eine „Lebenskraft", eine „vis vitalis", bedingt war, die die rein chemischen Kräfte (Gesetze der Affinität) überwanden und außer Kraft setzten, entsprechend der Ansicht der „Vitalisten", oder ob sie einen rein chemischen Vorgang darstellte. Liebig und die dominierende chemische Schule ignorierten nicht nur die experimentellen Befunde der „Vitalisten", sondern vertraten hartnäckig eine abstruse Theorie eines rein chemischen Fäulnisprozesses. Weiterhin diskutierten die „Vitalisten" die Frage, ob die Fermentation ein spontanes Phänomen sei, das durch eine „Urbildung" lebender Organismen, eine „generatio spontanea" bedingt sei, oder ob die Zugabe eines Ferments (Animpfung aus einer vorangegangenen Fermentation) erforderlich war, wie es Schwann experimentell gezeigt hatte und wie es übliche Praxis in der Brauerei war.

Kützing (1837) diskutierte ausführlich den Mythos der „Lebenskraft" („vis vitalis"): „[...] durch eine Reihe von zahlreichen Beobachtungen [begründet er], dass während der Bildung eines jeden organischen Körpers zugleich zwei Kräfte, die organische Lebenskraft und die chemische Verwandtschaft thätig sind. Beide sind im organischen Leben stets im Kampfe miteinander begriffen und so lange ein Körper noch organisches Leben besitzt, ist die organisierende Lebenskraft vorherrschend." Ähnlich formulierten Béral und ein frühes Lehrbuch der Technologie die mysteriösen Konzepte zur Deutung der Fermentationen (Poppe 1842, S. 229):[10]

[10] *Béral* (1815) formulierte die Probleme folgendermaßen: „Alle einfachen Körper in der Natur sind der Wirkung zweier Kräfte unterworfen, von denen eine, die Anziehung [Affinität in der Theorie Berthollets (1803)] dazu tendiert, die Moleküle der Körper miteinander zu vereinen, während die andere, erzeugt durch Wärme, sie auseinander drängt [...]. Einige dieser einfachen Körper sind in der Natur einer dritten Kraft unterworfen, bedingt durch den ‚vitalen Faktor', der die beiden

In seinem Lehrbuch der chemischen Technologie fasste Knapp (1847, S. 271) die Probleme zusammen: „Ueber das Wesen dieser Ursache oder Kraft, welche den Gährungserscheinungen im Allgemeinen zugrunde liegt, ist die Wissenschaft bis jetzt noch zu keiner klaren Anschauung oder bestimmtem Begriff gelangt; über die Ansichten, welche darüber aufgestellt worden, sind die Verhandlungen noch lange nicht geschlossen und keine derselben hat sich bis jetzt zur unbestrittenen Wahrheit durchgerungen.“ Ungeformte Fermente (Enzyme in heutigem Sinn) stellten vergleichbar mysteriöse Phänomene dar, die Knapp als „Symbol“, „...eine, in der Zukunft zu erhebende Thatsache...“ bezeichnete.[11]

Die Dynamik des Gebiets, sowohl wissenschaftlich als auch praktisch, blieb dennoch bedeutend, da es eine große Herausforderung darstellte. Das Problem weist jedoch, im Vergleich zu dem von Rheinberger untersuchten, einen fundamentalen Unterschied auf: Es war durch die große wirtschaftliche Bedeutung angetrieben, nicht allein durch das wissenschaftliche Interesse. Dies gilt auch für Pasteurs Forschungen über die Fermentation. „L'idée de ces recherches m'a été inspirée par nos malheurs.“ („Die Idee für unsere Forschungen sind durch unsere Probleme [des Bieres] inspiriert)“ (Pasteur, 1876, Préface). Es erscheint dennoch legitim, den Begriff „epistemische Dinge“ hier zu verwenden, auch wenn neue wissenschaftliche Themen von praktischen Problemen ausgehen (J. Rheinberger, persönliche Mitteilung, Berlin 2008 und 2021).

Zwei rätselhafte Phänomene trieben *Pasteur* an: das erste waren die geheimnisvollen optischen Eigenschaften der Weinsäure, die bei der Weinfermentation gebildet werden. Es war ein scheinbar unlösbares Rätsel, ein *epistemisches Ding,* – das Pasteur zu fieberhaftem Suchen anregte, und das ihn antrieb: „ [...] ich werde nach Triest reisen [...] ich gehe bis ans Ende der Welt, ich muss die Quelle der Traubensäure entdecken und diesen Weinstein bis an seinen Entstehungsort verfolgen.“ (Abschn. 3.1).[12]

---

anderen verändert, modifiziert und überwindet, dessen Grenzen bisher noch nicht verstanden werden.“ In seinem Lehrbuch ... schrieb Poppe (1842, S. 229): „Unter Gährung überhaupt versteht man eine, nach Zeit und Umständen schon von freien Stücken erfolgende *gewaltsame Bewegung* in einer aus verschiedenartigen Bestandteilen bestehenden Flüssigkeit oder in manchen mit einer Flüssigkeit versehenen festen Körpern, eine Bewegung, welche dadurch veranlaßt wird, daß manche Bestandteile freundschaftlich, andere feindschaftlich aufeinander wirken, folglich jene einander anziehen, diese einander abstoßen. Dadurch werden manche Bestandteile *zersetzt und andere Bindungen* veranlaßt, wodurch der, flüssige oder feste, Körper selbst ganz andere Eigenschaften erlangen kann.“

[11] Knapp (1847, S. 303) stellte anschaulich die Situation bezüglich „unorganisierter Fermente“ am Beispiel der Diastase und ihrer Stärke hydrolysierenden Fähigkeit folgender maßen dar: „Obgleich diese sogenannte Diastase nur ein Gemenge von Stoffen sein kann, obgleich man von ihrer chemischen Zusammensetzung nicht das Geringste kennt, [...] so hat man doch diesem, ganz und gar hypothetischen Körper, in Wissenschaft und Literatur das Bürgerrecht gewährt. Sie ist somit nur eine Art Symbol und unter diejenigen Begriffe zu verweisen, welche (wie manche Wertpapiere) als Anweisung auf eine, in der Zukunft zu erhebende Thatsache, schon in der Gegenwart circulieren.“

[12] Pasteur konnte das Problem aufklären mit zwei Kristallformen der sonst chemisch identischen Verbindung, die er als unterschiedliche Anordnung der Atome im Raum deutete. Das zweite Phänomen war die noch immer umstrittene Deutung und Interpretation der Fermentation. Mit seinen

Buchner hatte einen Wendepunkt im Verständnis der Fermentation eingeleitet, das noch von Pasteur festgehaltene Dogma der „vis vitalis" eliminiert – zugleich aber tauchten dabei neue, äußerst komplexe Fragen auf: Wie kann ein einziges Enzym, die „Zymase", eine so weitgehende, umfassende molekulare Umlagerung eines Zucker- in ein Alkoholmolekül bewirken? „[...] so gehört der Zerfall von Zucker in Alkohol und Kohlensäure doch immer noch zu den complicierteren Reaktionen; es werden dabei Kohlenstoffverbindungen gelöst, wie es in dieser Vollständigkeit durch andere Mittel bisher nicht erreicht wird." „Ueber den Mechanismus der Zuckerspaltung bei der alkoholischen Gährung fehlen bisher experimentell gestützte Anhaltspunkte" (Buchner, 1897). Auch einer seiner Kritiker hatte schon 1897 eingewandt, dass die Komplexität der Transformation unvereinbar sei mit der Aktivität eines einzigen Enzyms. Das Problem, die Glykolyse, zog eine bedeutende Zahl kompetenter, später prominenter Forscher in ihren Bann, es blieb für Jahrzehnte eine Herausforderung, das die Forschung antrieb. In der Folge kennzeichneten umfangreiche Arbeiten den Prozess, der Dynamik, Fortschritt und Stagnation im Forschungsprozess bedeutete und der bis zur Lösung etwa vier Jahrzehnte intensiver Forschung in Anspruch nahm. Er stellte ein hochkomplexes wissenschaftliches Puzzle, ein epistemisches Ding, dar, mit korrekten Ergebnissen, zahlreichen Hypothesen (richtigen und falschen), Widersprüchen und Irrtümern, die den erratischen Prozess illustrieren (Kap. 4).

Ein weiteres Rätsel ergab sich mit *Flemings* Entdeckung des Penicillins, das große Erwartungen und Hoffnungen weckte, aber über mehr als ein Jahrzehnt ein unlösbares Problem blieb. Fleming deutete eine Zufallsentdeckung nicht (nur) als experimentellen Fehler, sondern erkannte mit genialem Blick ein neues Phänomen, dem er – vergeblich – versuchte auf die Spur zu kommen. Die Wirkung war messbar, ein Stoff jedoch nicht isolierbar und identifizierbar. Das Problem forderte, nach etwa einem Jahrzehnt, *Florey und Chain* heraus, sie griffen erneut das Thema auf, ohne zu einer Lösung – der Isolierung des Penicillins – zu gelangen. Sie delegierten das Problem der Gewinnung und schließlich der Produktion von Penicillin an ihre Kollegen in den USA, die es mit enormem Aufwand lösten (Abschn. 5.1, 5.2).

Frühe Befunde zum Gentransfer durch *Avery* hatten die Forschung von Genetikern beflügelt. In der Folge tauchte ein weiteres überraschendes Problem auf, die schnelle Entwicklung und Übertragung von Resistenzen bei pathogenen Bakterien, der leichte Transfer von Antibiotikaresistenz zwischen unterschiedlichen Bakterien. Bis etwa 1971 herrschte die Ansicht vor, dass Gentransfer, kontrollierte Genexpression und stabile Vererbung über Speziesgrenzen hinweg unwahrscheinlich wären oder dass sie zu degenerierten, instabilen Hybriden führten, mit

umfangreichen, immer wieder kritisch überprüften Experimenten klärte er die Widersprüche auf und konnte die beobachteten Befunde mit der Aktivität lebender Mikroorganismen endgültig erklären. Seine Forschung führte schließlich zu bahnbrechenden wissenschaftlichen Ergebnissen, die in eine neue wissenschaftliche Disziplin mündeten, die Mikrobiologie – und zu praktischen Innovationen und technischen Lösungen.

geringer Expression, die ungeeignet wären als Ausgangspunkt für biotechnologische Verfahren. Die Verbreitung antibiotischer Resistenz regte die Neugier und das Interesse von Molekularbiologen an und stimulierte zu weitergehender, intensiver Forschung. Als sich die Zusammenhänge und Mechanismen zu klären begannen, entwickelten drei Pioniere der Molekularbiologie eine kühne Idee, die den Ursprung der Gentechnik bildete: *Herb Boyer, Stanley Falkow* und *Stanley Cohen* entwarfen das Konzept, gegen das Vieles sprach: den Transfer humaner DNA über Speziesgrenzen hinweg in Mikroorganismen. Dieser Ansatz, der Gedankenblitz, der die Erfindung initiierte, ist Cohen in lebhafter Erinnerung: „As Herb [Boyer] and I talked, I realized that EcoRI was the missing ingredient needed for molecular analysis of antibiotic resistance plasmids." (Cohen, 2013) (Abschn. 7.1).

Doudna begann ihre Untersuchungen eines „mysteriösen" Phänomens, „eines tiefen Geheimnisses", aus wissenschaftlichem Interesse, das schließlich zu einer revolutionären gentechnischen Methode führte. Am Beginn ihrer Forschung stand „[...] the mysterious Csn1" gefolgt von „[...] the multitude of follow-up questions we urgently wanted answered." "[...] something that might unlock the deepest secrets about CRISPR". (s. Abschn. 7.1) (Doudna & Sternberg, 2017, S. 72, 80).

Alle diese Beispiele sind gekennzeichnet durch eine enorme, fast unglaubliche Ausdauer der beteiligten Forscher. Offensichtlich ist die Ursache dieser Anstrengungen die Faszination, die zunächst unbekannte, scheinbar unlösbare Phänomene hervorrufen. Sie sind oft großen, bedeutenden Entdeckungen vorausgegangen. Solche Phänomene können, gerade in den Lebenswissenschaften, neue Perspektiven ergeben, die beharrliche Forschung provozieren und neue Erkenntnisse und Wissen generieren. Die Lösung epistemischer Dinge gelang mit fortschreitender wissenschaftlicher Forschung, der Erklärung und Deutung im Rahmen rationaler physikalisch-chemischer und/oder biologischer Strukturen und Reaktionen. Dies setzte hinreichende experimentelle bzw. empirische Befunde und vielfache Bestätigung (unabhängig von Ort, Zeit und Personen) voraus. Die Erklärungen müssen allgemeine Akzeptanz der Scientific Community finden. Pasteur gelang dies mit seiner Theorie der Fermentation (s. Abschn. 3.3). Die Herausforderung, der ungeheure Widerspruch einer komplexen Stoffumwandlung durch nur ein Enzym bei den Forschungen Buchners klärte sich nach Jahrzehnten intensiver, umfangreicher Forschung auf: mit der komplexen Abfolge mehrere enzymatischer Reaktionen bei der Glykolyse (s. Abschn. 4.4).

Anhang: Das Phasenmodell wissenschaftlicher Entwicklung

Um den Fortschritt und die Dynamik in Wissenschaft und Technik zu verstehen, sollen hier Bezüge zu Konzepten und Theorien diskutiert werden, die in der Geschichte und Soziologie der Wissenschaft und Technik entwickelt wurden.

In der frühen Periode blieb die akademische Diskussion der Fermentation, die in den biologischen und chemischen Wissenschaften eine dominante Stellung innehatte, äußerst kontrovers hinsichtlich theoretischer Erklärungsversuche. Dennoch behandelten alle Lehrbücher (zitiert in Kap. 2) Fermentationsprozesse detailliert und umfangreich wegen ihrer großen technischen und wirtschaftlichen und daher auch wissenschaftlichen Bedeutung. Eine wissenschaftliche Disziplin konnte sich wegen der kontroversen Ansichten nicht herausbilden, wie man aufgrund der Bedeutung des Gegenstandes erwartet hätte.

Ein Modell von van den Daele et al. (1979) behandelt verschiedene Phasen wissenschaftlicher Aktivität: die explorative oder präparadigmatische, die paradigmatische und die postparadigmatische Phase der Forschung. Die explorative oder präparadigmatische Phase ist gekennzeichnet dadurch, dass keine einheitliche Theorie die Forschung anleitet oder vorantreibt, Versuch und Irrtum sind vorherrschende Methoden: Kontinuierliche und kontroverse Debatten beherrschen die Ansichten über Methoden, Problemstellungen und Erklärungsansätze. Verschiedene konkurrierende Schulen bestehen nebeneinander. Die frühe Phase der Fermentationsforschung in der ersten Hälfte des 19. Jahrhunderts kann durch dieses Konzept beschrieben werden (s. Kap. 2).

Der Typ Forschung in der BT bis Anfang der 1990er Jahre lässt sich der ersten Phase des Modells von van den Daele et al. (1979) zuordnen. Die grundlegenden Disziplinen Mikrobiologie, Biochemie, technische Chemie und Verfahrenstechnik folgen jeweils eigenen Paradigmen, deren wissenschaftliche Konzepte jedoch nicht integriert, sondern isoliert in ihren jeweiligen Ansätzen nebeneinander angewandt wurden. In der BT dominierten „Trial-and-error"-Methoden, im Gegensatz zu der nachfolgenden, theoriegeleiteten paradigmatischen Phase etwa ab den 1990er Jahren (s. Abschn. 5.7 und 8.2).

In einem der präparadigmatische Phase vergleichbaren Ansatz beschreibt Foucault (1981, S. 254–260) Phasen praktischen Diskurses und Vorgehens, die der Theoriebildung vorangehen. Diese Phasen beinhalten Beschreibungen, Korrelationen von Phänomenen, empirische Regeln und theoretische Ansätze, die versuchen, die Elemente des Untersuchungsgegenstandes zu erklären und zu verstehen und die später zur Bildung einer Disziplin führen können. Dies entspricht etwa der Phase der BT bis 1990.

In der paradigmatischen Phase leitet eine kohärente Theorie die Forschung an, die sich an der Erklärung, dem Verständnis natürlicher (und technischer) Phänomene orientiert. Die Dynamik der Forschung gilt sowohl der Weiterentwicklung der Theorie als auch dem Fortschritt empirischer Grundlagen. Pasteurs Forschung folgte diesen Prinzipien (s. Kap. 3). Dies gilt ebenso für die Molekularbiologie und die Neue Biotechnologie, die sich an der Forschung und Entwicklung biologischer und biotechnologischer Phänomene und Konzepte auf der molekularen Ebene orientieren (s. o., Abschn. 8.3).

In der postparadigmatischen Phase werden Phänomene weitergehend und differenziert untersucht. Die Forschung expandiert in detailliertere Problemstellungen und Phänomene, die sich durch etablierte Theorien erklären lassen. Die Forschung ist offener für externe, praktische oder technische Zwecke und Ziele.

Literatur

Béral, 1815, zitiert in: Roberts, S. M., Turner, N. J., Willets, A. J., & Turner, M. K. (1995). *Biocatalysis.* Cambridge University Press.
Böhme, G., van den Daele, W., & Krohn, W. (1977). *Experimentelle Philosophie.* Suhrkamp.
Buchholz, K. (1979). Verfahrenstechnik, its development, present state and structure. *Social Studies of Science, 9*, 33–62.
Buchholz, K. (2007). Science – Or not? The status and dynamics of biotechnology. *Biotechnology Journal, 2*, 1154–1168.
Buchner, E. (1897). Alkoholische Gährung ohne Hefezellen. *Berichte der Deutschen Chemischen Gesellschaft, 30*, 117–124.
Bud, R. (2007). *Penicillin – Triumph and tragedy.* Oxford University Press.
Bud, R. (2008). Upheaval in the moral economy of science? Patenting, teamwork and the World War II experience of Penicillin. *History and Technology, 23*, 173–190.
Campos, B, (20. February 2017). Who owns CRISPR? *Chemical & Engineering News*, 3.
Chemical & Engineering News. (25. January 2021). *A year in the COVID-19 pandemic.*
Christensen, B., & Nielsen, J. (2000). Metabolic network analysis of Penicillium chrysogenum using 13C-labeled glucose. *Biotechnology and Bioengineering, 68*, 652–659.
Cohen, S. N. (2013). DNA cloning: A personal view after 40 years. *Proceedings of the National academy of Sciences of the United States of America, 110*, 15521–15529.
Cross, R., Howes, L., & Satyanarayana, M. (25. January 2021). 8 tools that helped us tackle the coronavirus. *Chemical & Engineering News.*
Crueger, W., & Crueger, A. (1990). Biotechnology: A textbook of industrial microbiology. *Sinauer Associates, 1990.* https://doi.org/doi.org/10.1016/0307-4412(90)90229-H.
van den Daele, W., Krohn, W., & Weingart, P. (1979). Die politische Steuerung der wissenschaftlichen Entwicklung. In W. van den Daele, W. Krohn, & P. Weingart (Hrsg.), *Geplante Forschung* (S. 11–63). Suhrkamp.
Dechema. (1974). *Biotechnologie.* Dechema.
Demain, Arnold, L., Erick J. Vandamme, John Collins, and Klaus Buchholz. (2017). History of industruial biotechnology. In C. Wittmann & J. Liao, (Edts.), *Industrial Biotechnology*, (Vol. 3a, S. 3–84). Wiley-VCH.
Doudna, J. A, & Sternberg, S. H. (2017). *A Crack in Creation.* Houghton Mifflin Harcourt.
Falkow, S. (2001). I'll have the chopped liver please, or how I learned to love the clone. A recollection of some of the events surrounding one of the pivotal experiments that opened the era of DNA cloning. *ASM News, 67*, 555–559.
Florkin, M. (1972a). *A history of biochemistry, in Comprehensive Biochemistry* (Bd. 30, Hrsg. M. Florkin and E.H. Stotz, S. 30–33). Elsevier.
Florkin, M. (1972b). The nature of alcoholic fermentation, the theory of the cells., and the concept of cells as units of metabolism. *A history of biochemistry. Florkin, M, Comprehensive Biochemistry, 30*, 129–144.
Florkin, M. (1972c). The rise and fall of Liebigs metabolic theories. *A history of biochemistry. Florkin, M, Comprehensive Biochemistry, 30*, 145–162.
Florkin, M. (1972d). The reaction against Analysm.: Antichemicalists and physiological chemists of the 19th century. *A history of biochemistry. Florkin, M, Comprehensive Biochemistry, 30*, 173–189.
Florkin, M. (1975). The discovery of cell free fermentation. *A History of Biochemistry, Comprehensive Biochemistry, 31* (Hrsg. M. Florkin), 23–37.
Florkin, M. & Stotz, E. H. (Hrsg). *Comprehensive Biochemistry.* Elsevier
Foucault, M. (1981). *Archäologie des Wissens, Suhrkamp.* (Original: L'Archéologie du savoir), Gallimard
Fruton, J. S., & Simmonds, S. (1953). *The scope and history of biochemistry, General Biochemistry.* Wiley (a) 1–14, (b) 17–19, (c) 199–205.
Glick, B. R., & Pasternak, J. J. (1995). *Molekulare Biotechnologie.* Spektrum Akademischer.

Howes, L. (2021). *Full human genome finally sequenced. Chemical & Engineering News*, June 7, S. 5.

Jarvis, L. M. (25. January 2021). *COIV-19: Science's greatest test. Chemical & Engineering News.*

Knapp, F. (1847). *Lehrbuch der chemischen Technologie* (Bd. 2). Vieweg

Kohler, R. (1971). The background to Eduard Buchner's discovery of cell-free fermentation. *Journal of the History of Biology, 4*, 35–61.

Kohler, R. (1972). The reception of Eduard Buchner's discovery of cell-free fermentation. *Journal of the History of Biology, 5,* 327

Kohler, R. (1973). The enzyme theory and the origin of biochemistry. *Isis, 64,* 181–196.

Kohler, R. (1975). The History of Biochemistry – A Survey. *Journal of the History of Biology, 8,* 275–318.

Kützing, F. (1837). Microscopische Untersuchungen über die Hefe und Essigmutter, nebst mehreren anderen dazu gehörigen vegetabilischen Gebilden. *Journal für Praktische Chemie, 11,* 385–409.

Kuhn, T. S. (1973). *Die Struktur wissenschaftlicher Revolutionen.* Suhrkamp.

Kuhn, T. S. (1967). *The structure of scientfic revolutions.* The University of Chicago Press

Lander, E. S. (2016). The Heroes of CRISPR. *Cell, 164,* 18–28.

Mach, E. (1883). *Die Mechanik in ihrer Entwicklung.* F. A. Brockhaus

Mittelstrass, J. (1970). *Neuzeit und Aufklärung, in Studien zur Entstehung der neuzeitlichen Wissenschaft und Philosophie.* De Gruyter.

OTA (US Office of Technology Assessment). (1984). *Impact of Applied Genetics.*

Pasteur, L. (1876). *Etudes sur la Biére. Avec une Théorie Nouvelle de la Fermentation.* Gauthier-Villars.

Phillips, P. W. B. (2003). Development and commercialization of genetically modified plants. In B. Thomas, D. J. Murphy, & B. G. Murray (Hrsg.) (2003). *Encyclopedia of applied plant sciences* (Bd. 3, S. 273–279, 289–295). Elsevier.

Poppe, J. H. M. v. (1842). *Volks-Gewerbslehre Oder Allgemeine und Besondere Technologie* (5. Aufl., die ersten drei Auflagen erschienen vor 1837). Carl Hoffmann.

Popper, K. R. (1984). *Logik der Forschung.* Mohr.

Rehm, H. J. (1967). *Industrielle, Mikrobiologie.* Springer.

Rheinberger, H.-J. (1997). *(2001) Experimentalsysteme und epistemische Dinge, Wallstein – Verlag, Göttingen, und: H-J Rheinberger.* Stanford University Press.

Reuss, M. (2001). Editorial. *Bioprocess and Biosystems Engineering, 24,* 1.

Rizzi, M., Baltes, M., Theobald, U., & Reuss, M. (1997). In vivo analysis of metabolic dynamics in *Saccharomyces cerevisiae*: II. Mathematical model, *Biotechnology Bioeng, 55,* 592–608.

Simonyi, K. (1995). *Kulturgeschichte der Physik.* Harry Deutsch.

Sinskey, A. J. (1999). Foreword. *Metabolic Engineering, 1,* iii–v.

Stephanopoulos, G., Metabolic fluxes and metabolic engineering. *Metab. Eng.* 1999, *1*, 1–11.

Weinberg, A. M. (1970). *Probleme der Grossforschung.* Suhrkamp

Weyer, J. (2008). *Techniksoziologie.* Juventa.

Glossar[1]

B-Zellen eine Gruppe weißer Blutkörperchen, B-Lymphozyten, die Antikörper bilden

contigs clusters of overlapping seuquences, Cluster überlappender Sequenzen

crown gall-tumor Pflanzen-Tumor

Elektrophorese Trennung von Molekülen – DNA, RNA oder Proteine – auf der Basis der unterschiedlichen Wanderungsgeschwindigkeiten in einem Gel mit einem angelegten elektrische Feld

Episomal außerhalb eines Chromosoms gelegene DNA-Sequenzen (z. B. Plasmide) (Winnacker, S. 190)

EST-Konzept expressed sequence tag-based approach for the identification of coding regions (genes)

Expression (enzymatische) Übersetzung eines Gen-Abschnittes in das entsprechende Protein in Mikroorganismen

Fibrose krankhafte Bindegewebsvermehrung

Fingerprint Fingerabdruck, in der Genetik für genetischen Fingerabdruck, bei Proteinen für typische, charakteristische Abbau- (Hydrolyse-) Produkte

gene mapping Zuordnung eines Gens und seines Produkts

gene mining Suche nach neuen DNA-Quellen (z. B. für enzym-codierende Gene bez. neuen Eigenschaften) in beliebigen (Umwelt-) Proben

Hämophilie Bluterkrankheit

h-Insulin Human-Insulin

Hybridom Das Produkt der Fusion einer Myelomzelle (Plasmazellkrebs-Zelle) mit einem antikörper-produzierenden Lymphozyt. Diese Zellkombination (Hybridom) bleibt in Zellkultur unbegrenzt teilungsfähig und produziert einen einzigen Antikörpertyp

Insertions-Element kleine mobile (springende) DNA-Sequenzen (z. B. Transposons)

Insert DNA die in einen Klonierungsvektor eingebaut ist

[1] Teilweise aus Glick, B R und Pasternak J J 1995, Molekulare Biotechnologie, Spektrum Akademischer Verlag, Heidelberg; Alberts,B et al., 2005, Lehrbuch der Molekularen Zellbiologie, Wiley–VCH, Verlag, Weinheim; Roche Lexikon Medizin, Hrg. Hoffmann-La Roche AG und Urban und Fischer, München.

K. Buchholz und J. Collins, *Eine kleine Geschichte der Biotechnologie*,
https://doi.org/10.1007/978-3-662-63988-7

in silico mittels Computer-Modellierung ermitteltes Ergebnis, z. B. Struktur
Intercalierend einlagernd, z. B. von Farbmolekülen in große DNA-Moleküle
Interferone biologischen Regulatoren (response modifiers)
Intron Genabschnitt, der transkribiert wird (in RNA), aber bei der Prozessierung zu Messenger-RNA herausgeschnitten wird
Introns nicht kodierende Regionen in der DNA bzw. RNA, werden aus der RNA durch Splicing ausgeschnitten
Konjugation Der unidirektionale Transfer von DNA
Lymphokine biologischen Regulatoren (response modifiers)
mapping Zuordnung eines Gens und seines Produkts
Meiose Spezieller Typ der Zellteilung, bei der vier haploide Tochterzellen entstehen
Muskeldystrophie nicht-neurogene Muskelschwunderkrankungen
Mutation Genetische Veränderung von Mikroorganismen durch Einwirkung von UV- oder Röntgenstrahlen, oder durch chemische Agentien
mRNA messenger, „Boten"-RNA, überträgt RNA-Abschnitte zur Synthese von Proteinen
Northern Blotting Identifizierung rekombinanter RNA-Fragmente durch Transfer von Gelen auf Nitrocellulose-Filter
Nucleotid bestehend aus einer Base (A, C, G, T), einer Desoxyribose (ein Zuckermolekül), und einer Phosphatgruppe (jeweils über spezifische Bindungen verknüpft)
open-reading frame offenes Leseraster
Operator DNA-Bereich strangaufwärts von prokaryotischen Genen, an den ein Repressor oder ein Aktivator bindet
phage-display Methode mit der ein Gen-Produkt an der Oberfläche einer Bakteriophagen-Hülle präsentiert wird (zugänglich als Bindungspartner eines Zielmoleküls)
Polymorphismen variable Abschnitte in kurzen Sequenzen
post-docs wissenschaftliche Mitarbeiter, die nach der Dissertation in (meist renommierten) Labors sich weitere, spezielle Kenntnisse aneignen
Primer kurzes Oligonucleotid, das mit einem Matrizenstrang hybridisiert und ein 3'-Hydroxyende für die Initiation einer Nucleinsäuresynthese bereitstellt
Proteomics Analyse des Proteoms, der Gesamtheit der Proteine in einem Organismus
Scale-Up Maßstabsvergrößerung; die Übertragung von Laborergebnissen in technische Dimensionen
Screening Sieben; Suche nach Wirkstoffen, Mikroorganismen; Selektion nach Wirkungen; Aussieben, Aussuchen von Mikroorganismen mit verbesserter Leistung (Produktivität) aus einer (sehr großen Zahl) genetisch veränderter Mikroorganismen; Aussieben, Herausfinden eines gesuchten Klons aus einer Agarplatte mit – in der Regel sehr vielen – Varianten bzw. Mutanten eines Mikroorganismus
„shotgun"-Technik „shotgun genome sequencing": „Schrotschuß-Sequenzieren", Unterteilung des Genoms in zufällige Fragmente, die einzeln sequenziert, und

dann mittels Computer-Algorithmen nach ihrer Sequenzüberlappung geordnet werden

Sichelzellanämie erbliche Strukturanomalie des Hämoglobinmoleküls

Spleißen Intronsequenzen (nicht kodierende Abschnitte eines eukariotischen Gens) werden aus neu synthetisierter RNA entfernt

start-ups Neugründungen

synthetische Biologie Die Synthetische Biologie stellt einen weiteren neuen Zweig („an emerging technology") der BT dar, der eine integrierte Strategie anstrebt zum Design von Mikroorganismen und Zellen, mit dem Ziel der effektiven Produktion von Chemikalien, Energieträgern und Treibstoffen, Pharmazeutika und der Nutzung pflanzlicher Biomasse (Übersicht: Sun und Alper, 2017).

teratogene (Substanzen) Substanzen, die Missbildungen in Embryonen verursachen

ß-Thalessemie erbliche Störung der Hämoglobinbildung

Transduktion virenvermittelter Transfer von DNA von einer Zell in eine andere

Transformation Vorgang, bei dem Zellen freie (nackte) DNA-Moleküle aus ihrer Umgebung aufnehmen und gegebenenfalls in das Genom einbauen

Transkription Umschreiben eines DNA-Strangs in eine komplementäre RNA-Sequenz durch das Enzym RNA-Polymerase

Translation Übersetzung von DNA-Sequenzen in Proteine (mittels mRNA in Ribosomen)

Transposon DNA-Segment, das in ein Chromosom integriert werden kann, diese Position wieder verlassen kann und an anderer Stelle erneut integrieren kann (kann z. B. Resistenz-Gene enthalten)

tRNA transfer-RNA: kleine RNA-Moleküle, die bei der Proteinsynthese kovalent eine bestimmte Aminosäure binden und zur Synthese bereitstellen

Western Blotting Proteine werden durch Elektrophorese getrennt und ein „Abdruck" auf einem FIlter hergestellt (geblottet), spezifische Proteine werden auf dem Abdruck mit markierten Antikörpern (z. B. mit ELISA) sichtbar gemacht (Towbin, et al.,1979)

YAC yeast artificial chromosome, künstliches Hefe-Chromosom, Vektorsystem zur Klonierung von DNA-Fragmenten, die mehrere hundert Kilobasen lang sein können

zystisch in Form einer Zyste

Stichwortverzeichnis

K. Buchholz und J. Collins, *Eine kleine Geschichte der Biotechnologie*,
https://doi.org/10.1007/978-3-662-63988-7

H

T

Printed in the United States
by Baker & Taylor Publisher Services